第四版

水利工程学基础

[美]罗伯特·J.霍夫塔伦(Robert J. Houghtalen)
[美]奥斯曼·阿肯(A. Osman Akan)
[美]黄奈德(Ned H. C. Hwang)
著

主译　　许　栋　徐万海　及春宁　白玉川　王凡俊
　　　　主审　　　徐万海　王凡俊
　　　　主校　　　及春宁　白玉川

天津大学出版社
TIANJIN UNIVERSITY PRESS

图书在版编目(CIP)数据

水利工程学基础：第四版／（美）罗伯特·J·霍夫塔伦（Robert J. Houghtalen），（美）奥斯曼·阿肯（A. Osman Akan），（美）黄奈德著；许栋等主译. —天津：天津大学出版社，2021.3

书名原文：FUNDAMENTALS OF HYDRAULIC ENGINEERING SYSTEMS,4th Edition

ISBN 978-7-5618-6725-9

Ⅰ.①水… Ⅱ.①罗…②奥…③黄…④许… Ⅲ.①水利工程 Ⅳ.①TV

中国版本图书馆 CIP 数据核字（2020）第 141436 号

天津市版权局著作权合同登记图字第 02－2018－343 号

Authorized translation from the English language edition, entitled FUNDAMENTALS OF HYDRAULIC ENGINEERING SYSTEMS, 4e, ISBN：9780136016380 by HOUGHTALEN ROBERT J.；AKAN A. OSMAN；HWANG NED H. C.，published by Pearson Education, Inc.，Copyright © 2010 by Pearson Education, Inc.

出版发行	天津大学出版社
地　　址	天津市卫津路 92 号天津大学内（邮编：300072）
电　　话	发行部：022-27403647
网　　址	www.tjupress.com.cn
印　　刷	北京盛通商印快线网络科技有限公司
经　　销	全国各地新华书店
开　　本	185mm×260mm
印　　张	27
字　　数	674 千
版　　次	2021 年 3 月第 1 版
印　　次	2021 年 3 月第 1 次
定　　价	78.00 元

序言

本书讲述了水利工程学的基础知识,主要用作工程专业本科学生的教科书。同时,对于想要回顾水利工程系统中的基本原理及其应用的实践工程师来说,本书也是一本非常有用的参考书。

工程水力学是流体力学的延伸,其中应用了许多经验关系,并简化了为实现实际工程解决方案而做出的假设。经验表明,许多精通基础流体力学的工程专业学生可能难以解决水利工程系统中出现的实际问题。本书旨在弥合基本原理与应用于水利工程系统设计和分析的技术之间的差距。因此,读者通常会遇到许多在实践中出现的问题,以及各种解决方案,包括有效的设计程序、方程、图表,以及可以利用的计算机软件。

本书包含12章。前5章涵盖了流体静力学、流体动力学和管道流动的基本原理。第1章讨论了水作为流体的基本属性,提及了SI系统(Le Système International d'Unitès)与英国单位之间的基本差异。第2章介绍了与水接触的表面上的静水压强和压力的概念。第3章介绍了管道中水流的基本原理,这些原理适用于第4章中管道和管道网络的实际问题,重点是水力系统。第5章讨论了水泵的理论、分析和设计等内容,再次强调了系统方法,详细说明了管道、分支管道系统和管道网络中的水泵分析,以及水泵的选择和设计。

接下来的3章涉及明渠水流、地下水和各种水工结构的设计。第6章介绍了明渠中的水流,包括均匀流(正常深度)、急变流(水跃和水跌)和渐变流(分类和水面线)的详细讨论,以及明渠设计。第7章介绍了地下水的两个关键主题——井的径流和渗流问题,井水力学包括在承压和非承压含水层中的平衡和非平衡条件。第8章介绍了一些最常见的水工结构,如水坝、堰、溢洪道、涵洞和消力池,给出了这些水工结构的功能、水力原理、实际经验和设计程序。

本书以4个辅助章节结束,包括了测量、模型研究、水力设计的水文学和水文学的统计方法。第9章讨论了管道和明渠中水压力、流速和流量的测量。由于相似模型的正确使用是水利工程的重要组成部分,因此第10章介绍了水力模型的使用和工程相似法则。所有水工结构的设计都需要知道流速,其中许多流速是使用水文学原理获得的,因此最后两章介绍了用于获取水文设计流程的常用技术,获取程序见第11章,统计方法见第12章。此外,第11章还介绍了雨水收集、运输和储存系统(路线)的设计。

此版本的新内容

根据从业者、大学教师和评书人的反馈,对这一新版本进行了大量修订,这些修订包括以下内容。

- 本书中提供的课后习题中有一半以上是新的,或上一版的修订版。
- 第3章新增摩擦损失与流量的关系和等效管道的方法。
- 第4章新增管道网络的哈迪 – 克罗斯分析程序,该管道网络具有来自水库(或水塔)的多个流入。此外,还使用牛顿法引入管道网络的矩阵分析。
- 第5章新增分支管道系统和包含水泵的管道网络的分析程序。
- 第6章新增明渠水力设计(尺寸)。
- 第7章新增对承压和非承压含水层的井水方程(平衡和非平衡)更全面的介绍。此外,还更详细地研究了含水层特征的现场确定。
- 第8章简要介绍了低水头坝的安全性,并更清晰地介绍了指导涵洞设计的水力原理。
- 新增两个关于水文学的章节,将水文学与水力学相结合来进行讲解。第11章介绍了获得设计水流的常用水文学方法,这是水力设计的主要要求。第12章是全新的内容,包含水文学中常用的统计方法。

本书信息和资源

本书主要用于本科课程的1个学期(16周)、每周3小时课程。此版本继续提供SI和英制单位的课后习题和章节例题,更倾向于SI。阅读之前强烈建议但不要求必须具备流体力学的基础知识。也有读者将本书用于水利工程课程(要求必须具备流体力学的基础知识),并在快速回顾前3章后从第4章开始讲解。1个学期不可能完全教授完本书。然而,许多后面的章节(地下水、水工结构、模型研究和水文学)可以根据教师的偏好从教学大纲中增添或删除,而不失连贯性。一些教师将本书用于2个学期的水力学系列课程,然后再教授水文学。

书中有115道例题和560道课后习题,覆盖了本书中的每个主要章节。一般来说,课后习题按照布卢姆的分类法排序;前面的习题主要是衡量对知识的理解和应用,然后是一些分析和综合习题。此外,教师还可以使用练习题集来帮助他们快速为学生考试出卷或分配额外的课外练习题。练习题集包括简答题和本书每个主要部分的 2~3 个问题(总共 178 个问题),可用于补充作业习题。本书中所有图像和表格的参考答案和练习题集以及 Power-Point 图表都可以从位于 www. pearsonhighered. com(http://www. pearsonhighered. com/)的教师资源中心下载电子版。由教师资源中心提供的材料仅供教师使用,用于教授课程和评估学生的学习效果。所有教师访问请求都通过我们的客户数据库,或通过联系相关机构进行验证。

使用计算机软件对相应章节进行学习很有帮助,具体章节包括:管道中的能量平衡(第 3.4 至 3.12 节);管道、分支管道系统和管道网络(第 4.1 至 4.4 节);水泵、管道系统分析(第 5.4 至 5.8 节);水泵的选择(第 5.11 节);明渠的正常和临界深度(第 6.2 至 6.4 节);明渠水面剖面(第 6.8 节);涵洞分析(第 8.9 节);单位水文学,SCS 程序和存储路径应用(第 11.5 至 11.7 节)以及水文学统计方法(第 12 章)。在工程实践中,有大量计算机软件可供这些章节涉及的领域使用,以加速和简化设计和分析过程。一些公司使用由他们的计算机科学家或工程师编写的内部软件,其他公司使用私人软件供应商和政府机构提供的软件。作者在一些章节中编写了电子表格(在参考答案中很明显,可供采用本书的课程教师使用),偶尔也会使用软件来检查参考答案。

作者鼓励课程教师让他们的学生使用现成的软件,并在某些情况下,用电子表格或计算机数学软件(例如,Mathcad、Maple 或 Mathematica)编写他们自己的程序。作者推荐使用的专用非专有软件包括用于管道网络的"EPANET(环境保护局)",用于正常和临界水深以及水面线的"HEC – RAS(美国陆军工程兵团)"和用于单位水文学和水库路线的"HEC – HMS(美国陆军工程兵团)"。其他用于水压力、管道流量、明渠流量和水泵分析及设计的软件可在互联网上免费获得。互联网发布了免费提供的 Mathcad 电子表格,可以解决许多水利工程问题(例如 http://www2. latech. edu/~dmg/,授权自 D. M. Griffin, Jr., Ph. D., P. E., D. WRE)。此外,还有大量的专用软件包可以解决特定的水力问题,这些问题可以在互联网上快速找到。几乎所有的习题答案都适用于电子表格或计算机数学软件编程,并且可以成为优秀的学生项目。如果您需要帮助,请联系作者:robert. houghtalen@ gmail. com 或 oakan @ odu. edu。

本书中的许多课后习题鼓励使用这些计算机软件。此外,本书中还包括"课堂计算机练习",以介绍合适的计算机软件及其功能,这些练习应在课堂或实验室完成。它们旨在促进学习团队积极参与工程分析和设计的合作学习环境,并希望能够促进一些丰富的课堂讨论。"课堂计算机练习"的主要目标是促进对章节内容更深入地理解,但需要安装有相应软件的计算机(或笔记本电脑)。教师可以选择 2~3 名学生作为一个团队进行实践并加强学习过程,或者学生可以继续完成家庭作业练习,并将结果打印出来在上课时讨论。

尽管作者试图潜移默化地推动学生熟悉水文和水力软件,但本书并没有完全依靠软件。如前所述,许多章节鼓励使用软件,但每个部分(章节)末尾的前几个问题都需要手工计算,只有在学生了解答案算法之后,才可以通过引入软件解决更复杂的问题。因此,学生将能够预测利用软件解决问题所需的数据,并了解软件在计算中的作用。此外,教师可以询问学生与这些课后习题有关的许多"假设"问题,这将极大地增强他们对章节内容的理解,而不会给他们带来烦琐的计算负担。

致谢

十年前,我很荣幸被黄奈德邀请参与编写本书的第三版。他现在很高兴由我和我们的新合著者奥斯曼·阿肯继续本书第四版的编写。黄奈德在 20 世纪 80 年代早期的第一版中写得非常出色。写一本教科书是一项艰巨的任务,值得赞扬的是,本书已被许多大学和学院使用了近 30 年,第三版曾被 40 多所美国大学使用,在东南亚、加拿大和英国也销售了很多册。

我们的新合著者对我们团队起到了很好的补充作用。奥斯曼·阿肯博士在水文学和水力学专业方向发表了大量文章,他是一位出色的老师和学者,在这两个领域还出版了其他教科书。我很幸运能与他合著另一本关于城市雨水管理的书。他为本书增加了重要内容,特别是在管道、管道网络、水泵、明渠流和地下水方面。多年来,我很荣幸有机会与奥斯曼·阿肯和黄奈德合作,在我成人和成长为一个专业人士的过程中,他们一直是我的好友和导师。

自从我们在 1996 年推出第三版以来,我已经数不清修改本书花费了多少时间和精力。感谢我的妻子朱迪和我的三个儿子在这两年的奋斗中对我的支持。本书中的大多数工作都是我在苏丹休假时为一个人道主义组织研究生物砂过滤器期间完成的。我的大儿子耶西花了好几个小时来审查习题和参考答案。他刚取得土木工程理学学位,并且知道对于学生来说参考答案的正确性和解释是多么重要。我还要感谢我在北卡罗来纳州立大学的硕

1

士生导师鲁尼·马尔科姆博士对我早期的职业发展的帮助。我也很感谢我的朋友和导师——已故的杰罗姆·诺曼,多年来他与我分享了水力学和水文学专业实践过程中的美妙之处。在1995—1996年,我在科罗拉多州丹佛市与水务工程师赖特一起度过了一年的时光,磨炼了我在水利和水文工程方面的技能。感谢出色的工程师乔思·琼斯、韦思·劳伦兹和肯·赖特,他们教会我许多我们职业的骄傲和闪光之处,并且我将继续与他们合作开展特别项目。最后,我要感谢戴夫·霍南拍摄的照片,这些照片丰富了本书的封面和每章的开头页面。在学生时代,他很可能兼顾了土木工程事业与专业摄影。

我还要感谢审稿人:爱荷华大学的福雷斯·M.霍利;俄亥俄州立大学的基思·W.贝德福德;路易斯安那理工大学的格里芬博士;里海大学的罗伯特·M.索伦森。

罗伯特·J.霍塔伦
罗斯–霍曼理工学院

罗伯特和黄奈德邀请我参与他们新版图书的编写,我感到非常荣幸。但是,给已经十分出色的教科书锦上添花却是充满了挑战。我希望读者能发现我的贡献是有用且有意义的。

黄奈德是本书最值得赞扬的人,他撰写了早期版本,而罗伯特参与了第三版。许多教授,包括我自己和学生都将这些版本用作教科书或参考书。罗伯特领导了第四版的工作并做得非常出色。我最近有机会与他合著另一本书。他是一位真正的学者,一位敬业的教育家,也是一位优秀的人。几十年来,我非常幸运能够成为他的同事和朋友。

我感谢我在土耳其安卡拉的中东技术大学作为本科生时和伊利诺伊大学作为研究生时的所有教授。然而,已故的Ben C. Yen,我的学位论文和博士论文导师,总是在我心中占有特殊的位置。我从他身上学到了很多东西,在他2001年去世之前,他一直是我的老师、导师和朋友。

我非常感谢我的妻子古津和我的儿子多曼克,他们都是工程师,我感谢他们在这个项目中对我的鼓励和支持。

A. 奥斯曼·阿肯
欧道明大学

我第一次尝试将我的讲义写成教科书是在1974年。我在休斯敦大学的同事,特别是小费雷德·W.兰金和杰里·罗杰斯教授,提供了宝贵的建议和帮助,这些建议奠定了本书的基础。罗杰斯博士还仔细审阅了第一版的内容。

我也非常感谢我的学生,特拉维斯·T.斯特里普林博士、约翰·T.考克斯博士、杰姆斯·C.张博士和陆清波博士在准备的各个阶段都提供了帮助。艾哈迈德·M.萨拉姆博士在水力学课程中使用了本书的初稿,并提出了许多建议。第二版合著者卡洛斯·E.希塔博士提供了很有价值的建议,并提供了书中使用的许多例题。

我亲爱的朋友,戴维·R.格罗斯博士,一位对水力问题非常感兴趣和好奇的生理学家对第一版进行了审核,并提出了许多无可辩驳的批评。

在第一版的准备期间,我病了一段时间。玛丽亚、列昂和勒鲁瓦的持续鼓励、忠诚和爱让我在过去的黑暗时刻保持乐观。我出版本书也是为了他们。

黄奈德
迈阿密大学,荣誉退休

简介

　　水力系统被设计用于运输、存储或调节水资源。所有水力系统都需要应用流体力学的基本原理。然而,许多人还需要理解水文学、土力学、结构分析、工程经济学、地理信息系统和环境工程,以便进行适当的规划、设计、建造和运营。

　　与某些工程分支不同,每个水利工程项目都会遇到一系列必须符合的特殊物理条件,并没有标准的解决方案或简单的参考答案。水利工程必须满足每个项目各自的特殊条件,这就有赖于水力学的基础知识。

　　水力系统的形状和尺寸从几厘米大小的流量计到长达数百千米的堤坝。与其他工程学科的项目相比,水工结构通常尺寸相对较大。因此,大型水力系统的设计是针对特定场地的,并不总是能够为特定系统选择最理想的位置或材料。通常,水力系统的设计应符合当地条件,包括地形、地质、生态、社会问题和易获得的原材料等。

　　水利工程与文明本身一样古老,这证明了水对人类生活的重要性。有大量证据表明,几千年前就已存在相当大的水力系统。例如,埃及的大规模水利和灌溉系统的历史可以追溯到公元前 3 200 年;人们为了将水带到古罗马,建造了相当复杂的供水系统,包括数百千米的渡槽;都江堰是位于中国四川的一个大型灌溉系统,建于约 2 500 年前,至今仍在有效使用。这些和其他最近的水利工程的实际应用必须具备丰富知识。

除了分析方法之外,一些现代水力系统的设计和操作依赖于与实验室结果吻合良好的经验公式,可以预计在不久的将来没有更好的公式可以替换它们。不幸的是,这些经验公式大多数无法在理论上进行分析或证明。一般来说,它们不是量纲和谐的。出于这个原因,时常需要将单位从英制单位转换为国际单位,反之亦然,这不仅仅是为了方便。有时,严格的公式形式(例如用于测量水流的帕歇尔方程)必须保持其原始单位。在这些情况下,所有数值都应转换为计算公式指定的原始单位。

本书倾向于使用国际单位,它是世界上使用最广泛的单位制,尤其在商业和科学中占主导地位。用托马斯·弗里德曼的话说,随着地球变得"平坦",向国际单位制转变的速度正在加快。欧盟于 2010 年开始禁止无国际单位标记的进口货物(如管道、泵等)。本书中大约三分之一的内容是使用英制单位编写的,以方便同时使用两种单位制的美国读者。然而,水文学章节几乎完全使用英制单位。美国水文学领域的国际单位制过渡似乎进展很慢。本书的附录提供了两种单位制详细的转换表,以方便读者参考使用。

目录

1

水的基本性质

"水力"一词来自两个希腊语：hydor（水）和 aulos（管道）。经过多年的发展，水力学的定义已经不仅局限于管道水流，水力系统是被设计用来调节静水和动水的系统，水力系统的基础知识包括水的规划、控制、运输、储存和利用的工程原理与方法。

对于我们而言，认识水的物理性质对于恰当地解决各种水利工程系统问题十分重要，例如水的密度、表面张力和黏度都以不同的方式随水温而变化。密度是一个与大型水库运行直接相关的水的基本性质。比如，夏天水体密度随温度的变化会使温水位于冷水上方，从而导致水体的分层。但在秋季后期，表层水温迅速下降，表层水体开始向水库底部下沉。在北方气候下，靠近底部的温水上升到表层，导致水温"颠倒"。在冬季，表层水结冰，而温水在冰层下保持隔热。冬季分层之后是"春季翻转"，冰层融化，表层水变热至 4 ℃（最高水密度），在表层水下沉时下方的温水上升。类似地，表面张力的变化直接影响着大型水库在储存过程中的水蒸发损失；水的黏度随温度的变化对涉及动水的所有问题都很重要。

这一章节将会讨论水的基本物理性质，这对于水利工程系统中的问题十分重要。

1.1　地球大气层和大气压

地球大气层是一层很厚(约 1 500 km)的混合气体,其中氮气大约占 78%,氧气大约占 21%,剩余大约 1% 的气体主要包括水蒸气、氩气和其他微量气体,由于每一种气体都具有一定质量,因而有一定重量。大气层的总重量对与它接触的每个表面施加压力,在海平面和正常情况下,大气压大致等于 1.014×10^5 N/m^2,或近似于 1 bar*。压强单位 N/m^2 也称为 Pa(帕斯卡),是以法国数学家布莱士·帕斯卡(1623—1662 年)的名字命名的。

与大气接触的水面受到大气压的影响。在大气中,每种气体会独立于其他气体施加部分压力,大气中的水蒸气所施加的分压称为蒸气压。

1.2　水的三相变化

水分子是由氢原子和氧原子通过稳定化学键结合而成的,将分子保持在一起的能量取决于存在的温度和压力。根据其能量大小,水可以以固体、液体或气体形式出现。雪和冰是水的固体形式;液体水是最常被认可的形式;空气中的水分——水蒸气是气态的水。这三种不同的水被称为水的三相。

要将水从一相转变为另一相,就需要往水中增加能量或从水中减少能量。将水从一相转变为另一相所需的能量称为潜能,这一能量的数量可以用热能或压力的形式给出。最常见的热能单位之一是 cal(卡路里),1 cal 是使 1 g 液相水的温度提高 1 ℃所需的能量。将物质的温度提高 1 ℃所需的能量称为该物质的比热。下面列出了三相水的所有潜热和比热。

在标准大气压下,水和冰的比热分别是 1.0 cal/(g·℃)和 0.465 cal/(g·℃)。对于水蒸气来说,恒压下的比热是 0.432 cal/(g·℃),而恒定体积下的比热是 0.322 cal/(g·℃)。根据水的纯度,这些值可能略有不同。要融化 1 g 冰,即将水从固态转变为液态,需要 79.7 cal 的潜热(熔化热)。为了冻结水,必须从每克水中提取等量的热能,从而使该过程被逆转。要蒸发 1 g 水,即将水从液态转变成气态,需要 597 cal 的潜热(汽化热)。

蒸发是一个相当复杂的过程。在标准大气压下,水在 100 ℃沸腾。在海拔较高的地方,大气压较低时,水在未达到 100 ℃时就沸腾。这种现象可以从分子交换理论得到最好的解释。

在气 - 液界面上,存在一个连续的分子交换,使得分子离开液体进入气体和分子离开气体进入液体。当更多的分子离开而不是进入液体时就会出现净蒸发,当更多的分子进入而不是离开液体时则会发生净凝结。当在一个时间间隔内,气 - 液界面上的分子交换相等时,则达到平衡。

---

* 1 atm $= 1.014 \times 10^5$ N/m$^2 = 1.014 \times 10^5$ Pa

$= 1.014$ bar $= 14.7$ lbs/in^2

$= 760$ mmHg $= 10.33$ mH$_2$O

如果液体的温度升高,分子能量升高,导致大量分子离开液体,反过来这又增加了蒸气压。当温度达到蒸气压等于环境大气压的点时,蒸发显著增加,液体沸腾。液体沸腾的温度通常称为液体的沸点。对于海平面的水,沸点为 100 ℃。水的蒸气压如表 1.1 所示。

表 1.1　水的蒸气压

温度	蒸气压		温度	蒸气压	
（℃）	atm	N/m²	（℃）	atm	N/m²
−5	0.004 162	421	55	0.155 31	15 745
0	0.006 027	611	60	0.196 56	19 924
5	0.008 600	873	65	0.246 79	25 015
10	0.012 102	1 266	70	0.307 52	31 166
15	0.016 804	1 707	75	0.380 43	38 563
20	0.023 042	2 335	80	0.467 40	47 372
25	0.031 222	3 169	85	0.570 47	57 820
30	0.041 831	4 238	90	0.691 92	70 132
35	0.055 446	5 621	95	0.834 21	84 552
40	0.072 747	7 377	100	1.000 00	101 357
45	0.094 526	9 584	105	1.192 20	120 839
50	0.121 700	12 331	110	1.413 90	143 314

在封闭系统(例如管道或泵)中,水在压强低于蒸气压的区域中迅速蒸发,这种现象称为空化现象。在空化时形成的气穴通常在它们进入更高压区域时发生剧烈的塌陷,这可能对系统造成相当大的损害。在封闭的液压系统中的气穴现象可以通过保持系统中的压强高于蒸气压来避免。

1.3　质量(密度)和重量(重度)

在国际单位制(SI)＊中,质量单位是克(g)或千克(kg)。物质的密度定义为单位体积的质量,它是物质分子结构中固有的属性。这意味着密度不仅取决于分子的大小和质量,还取决于分子结合在一起的机制。后者通常作为温度和压力的函数而变化。由于水独特的分子结构,水是少数在冻结时膨胀的物质之一。冷冻水在封闭容器中的膨胀引起容器壁上的应力,这些应力是造成冻结水管破裂、道路裂缝和洞的产生,以及岩石自然风化的原因。

水在 4 ℃时达到最大密度,当进一步冷却或加热时,水变得不那么致密。在表 1.2 中,水的密度显示为温度的函数。注意,冰在同一温度下的密度与液态水的密度不同。我们从冰漂浮在水面上这一现象可以发现这一规律。

＊ 源自法国的国际单位制。

表 1.2   水的密度和重度

温度(℃)	密度 ρ(kg/m³)	重度 γ(N/m³)
0(冰)	917	8 996
0(水)	999	9 800
4	1 000	9 810
10	999	9 800
20	998	9 790
30	996	9 771
40	992	9 732
50	988	9 692
60	983	9 643
70	978	9 594
80	972	9 535
90	965	9 467
100	958	9 398

海水含有溶解的盐,构成盐的分子比其所取代的分子具有更大的质量,因此海水的密度约为淡水的 1.04%。因此,当淡水遇到海水而没有充分混合时,如在切萨皮克湾,盐度会随着深度的增加而增加。

在国际单位制中,物体的重量由其质量(g、kg 等)和重力加速度(在地球上,$g=9.81$ m/s²)的乘积定义,关系*可以写成

$$W = mg \tag{1.1}$$

国际单位制中的重量通常以牛顿(N)的力单位来表示。1 N 被定义为以 1 m/s² 加速 1 kg质量所需的力。水的重度(γ,单位体积的重量)可以通过密度(ρ)和重力加速度(g)的乘积来确定。在给定温度下,任何液体的重度与水在 4 ℃ 的重度称为该液体的重度。注意,表 1.2 中水的重度是温度的函数。

英制单位中的质量单位是 slug,1 slug 被定义为需要 1 lb 才能达到 1 ft/s² 加速度的物体质量。

例 1.1

一个水族箱能容纳 0.5 m³的水,水族箱装满水的重量为 5 090 N,空箱重量为 200 N。试确定水的温度。

解：

水族箱里水的重量是

$$W = 5\ 090\ N - 200\ N = 4\ 890\ N$$

水的重度是

$$\gamma = 4\ 890\ N/(0.5\ m^3) = 9\ 780\ N/m^3$$

依据表 1.2,水的温度是

$$T \approx 25\ ℃$$

---

* 在英制单位中,物体的质量是由它的重量(盎司或磅)和重力加速度(在地球上,$g=32.2$ ft/s²)来定义的,关系写为

$$m = W/g \tag{1.1a}$$

1.4　水的黏性

水在剪切方向上,由于连续地发生角变形而产生剪切应力,如图 1.1 所示,由此产生了黏度的概念。图 1.1 表示了黏度的物理意义。设想水充满了两个平行板(轻质塑料)间距为 y 的空间,此时剪切力 T 被施加到上板,使其以速度 v_1 向右移动,而下板保持静止。剪切力 T 用于克服水的阻力 R,并且它必须等于 R,因为在该过程中没有加速度。上板的单位面积阻力(剪切应力,$\tau = R/A = T/A$)被认为与流体中的角变形率(即 $\mathrm{d}\theta/\mathrm{d}t$)成正比。其关系可以表示为

$$\tau \propto \frac{\mathrm{d}\theta}{\mathrm{d}t} = \frac{\mathrm{d}x/\mathrm{d}y}{\mathrm{d}t} = \frac{\mathrm{d}x/\mathrm{d}t}{\mathrm{d}y} = \frac{\mathrm{d}v}{\mathrm{d}y}$$

式中: $\mathrm{d}v = \mathrm{d}x/\mathrm{d}t$ 是流体单元的速度变化率,或者可写为

$$\tau = \mu\left(\frac{\mathrm{d}v}{\mathrm{d}y}\right) \tag{1.2}$$

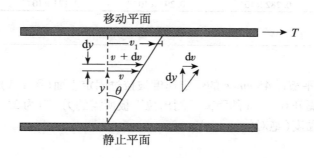

图 1.1　流体剪切应力

比例常数 μ 即是流体的绝对黏度(动力黏度)。方程(1.2)通常被称为牛顿黏性定律。大多数液体都遵循这种关系,称为牛顿流体。不遵守这种线性关系的液体称为非牛顿流体,包括大部分室内油漆和人体血液等。

绝对黏度的量纲为单位面积力(应力)乘以所考虑的时间间隔。它通常以单位"泊"来衡量(该单位以法国工程生理学家泊肃叶命名)。在室温下,水的绝对黏度等于 1 cP(厘泊),就是 1 P(泊)的百分之一(1/100),有

$$1 \text{ P} = 0.1 \text{ N} \cdot \text{s/m}^2 = 100 \text{ cP} \quad \text{或} \quad 1 \text{ N} \cdot \text{s/m}^2 = 1\ 000 \text{ cP}$$

空气的绝对黏度大约为 0.018 cP(大约为水的 2%)。

在工程实践中,为方便起见,通常引入运动黏度 ν,它是通过在相同温度下用流体的绝对黏度去除质量密度来获得的: $\nu = \mu/\rho$。运动黏度的单位为 St(斯托克斯,以英国数学家斯托克斯命名的单位),1 St = 1 cm²/s。纯水和空气的动力黏度和运动黏度见表 1.3,两者都随温度变化。

表 1.3　　水和空气的黏度

温度 （℃）	水		空气	
	动力黏度 μ （N·s/m²）	运动黏度 ν （m²/s）	动力黏度 μ （N·s/m²）	运动黏度 ν （m²/s）
0	1.781×10^{-3}	1.785×10^{-6}	1.717×10^{-5}	1.329×10^{-5}
5	1.518×10^{-3}	1.519×10^{-6}	1.741×10^{-5}	1.371×10^{-5}
10	1.307×10^{-3}	1.306×10^{-6}	1.767×10^{-5}	1.417×10^{-5}
15	1.139×10^{-3}	1.139×10^{-6}	1.793×10^{-5}	1.463×10^{-5}
20	1.002×10^{-3}	1.003×10^{-6}	1.817×10^{-5}	1.509×10^{-5}
25	0.890×10^{-3}	0.893×10^{-6}	1.840×10^{-5}	1.555×10^{-5}
30	0.798×10^{-3}	0.800×10^{-6}	1.864×10^{-5}	1.601×10^{-5}
40	0.653×10^{-3}	0.658×10^{-6}	1.910×10^{-5}	1.695×10^{-5}
50	0.547×10^{-3}	0.553×10^{-6}	1.954×10^{-5}	1.794×10^{-5}
60	0.466×10^{-3}	0.474×10^{-6}	2.001×10^{-5}	1.886×10^{-5}
70	0.404×10^{-3}	0.413×10^{-6}	2.044×10^{-5}	1.986×10^{-5}
80	0.354×10^{-3}	0.364×10^{-6}	2.088×10^{-5}	2.087×10^{-5}
90	0.315×10^{-3}	0.326×10^{-6}	2.131×10^{-5}	2.193×10^{-5}
100	0.282×10^{-3}	0.294×10^{-6}	2.174×10^{-5}	2.302×10^{-5}

例 1.2

一块 50 cm² 的平板以 45 cm/s 的恒定速度被拉过固定表面（图 1.1）。未知黏度的油膜将平板与固定表面隔开 0.1 cm 的距离。测出拉平板所需的力（T）为 31.7 N，油的黏度是恒定的。试确定油的黏度（绝对值）。

解：

假定油是牛顿流体，因此依据公式 $\tau = \dfrac{T}{A} = \mu\left(\dfrac{\mathrm{d}v}{\mathrm{d}y}\right)$，有

$$\mu = \tau/(\mathrm{d}v/\mathrm{d}y) = (T/A)/(\Delta v/\Delta y)$$

由于 $\tau = T/A$，并且速度－距离的关系被假定为线性的，因此

$$\mu = \left[(31.7\ \mathrm{N})/50\ \mathrm{cm}^2\right]/\left[(45\ \mathrm{cm/s})/0.1\ \mathrm{cm}\right]$$

$$= 1.41 \times 10^{-3}\ \mathrm{N \cdot s/cm}^2\left[(100\ \mathrm{cm})^2/(1\ \mathrm{m})^2\right] = 14.1\ \mathrm{N \cdot s/m}^2$$

1.5　表面张力与毛细现象

在距液体表面一个很小的距离处，液体分子在所有方向上都以相等的力相互吸引。然而，表面上的液体分子不能在所有方向上结合，因此其与相邻的液体分子形成更强的键，这使得液体表面通过在整个表面上施加与表面相切的表面张力来寻求最小面积。浮在水面上的钢针、球形的露珠以及毛细管中液体的上升和下降都是表面张力作用 的结果。

大多数液体黏附在固体表面上。黏附力的变化，取决于液体的性质和固体表面。如果液体和固体表面之间的黏附力大于液体分子中的内聚力，则液体倾向于在固体表面上扩散和润湿，如图 1.2（a）所示，如果内聚力较大，则如图 1.2（b）所示，形成一个小的液滴。水会浸湿玻璃表面，但水银不会。如果我们把一个小口径的玻璃管垂直放在水的自由表面，管

内的水面就会上升。用水银进行相同的实验,发现水银会下降。这两个典型的情况在图(a)和(b)中示意性地呈现,通常称这种现象为毛细作用。毛细上升(或下降)的大小 h 是由液体和固体表面之间的黏附力和液体自由表面上方(或以下)的液体柱的重量决定的。

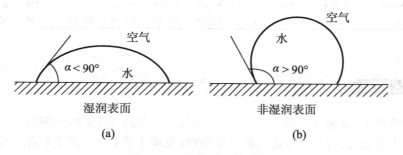

图1.2　润湿和非湿润表面

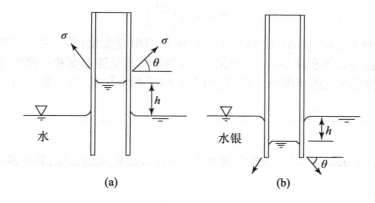

图1.3　毛细作用

液膜与玻璃相遇的角度 θ 取决于液体和固体表面的性质。当液膜边缘周围的表面张力的垂直分量等于上升的(或下降的)液体柱的重量时,管中的向上(或向下)运动将停止。当曲面底部(或以下)的体积非常小的液体被忽略时,该关系可以表示为

$$(\sigma \pi D) \sin \theta = \frac{\pi D^2}{4}(\gamma h)$$

因此,有

$$h = \frac{4\sigma \sin \theta}{\gamma D} \tag{1.3}$$

式中:σ 和 γ 分别是液体的表面张力和重度;D 是垂直玻璃管的内径。

液体的表面张力通常以单位长度的力来表示,它的值取决于液体的温度和电解质含量。少量溶解在水中的盐往往会增加电解质含量,从而增加表面张力。有机物质(如肥皂)会降低水中的表面张力,并允许气泡的形成。作为温度函数的水的表面张力列于表1.4中。

表 1.4 水的表面张力

表面张力	温度(℃)									
	0	10	20	30	40	50	60	70	80	90
$\sigma(\times 10^{-2} \text{N/m})$	7.416	7.279	7.132	6.975	6.818	6.786	6.611	6.436	6.260	6.071
$\sigma(\text{dyne/cm})$	74.16	72.79	71.32	69.75	68.18	67.86	66.11	64.36	62.60	60.71

1.6 水的弹性

在通常情况下,水被认为是不可压缩的。实际上,它的可压缩性是钢的 100 倍左右。当可能出现水击问题时,有必要考虑水的可压缩性(见第 4 章)。水的可压缩性与其体积弹性模量 E_b 成反比。压强 – 体积关系可以表示为

$$\Delta P = -E_b \left(\frac{\Delta V}{V} \right) \tag{1.4}$$

式中:V 是初始体积;ΔP 和 ΔV 分别是压强和体积的相应变化;负号意味着压强的正变化(即压力增加)将导致体积减小(即负变化)。水的弹性模量随温度和压强的变化而变化,在典型水力系统的实际应用范围内,可以使用 $2.2 \times 10^9 \text{N/m}^2$,或 BG* 单位值 $3.2 \times 10^5 \text{lb/in}^2$(psi)。

例 1.3

海水密度为 1 026 kg/m³。试确定海水深 2 000 m 处海水的密度,其中压强约为 $2.02 \times 10^7 \text{N/m}^2$。

解:

在海水深 2 000 m 处,由水深引起的压强变化为

$$\Delta P = P - P_{\text{atm}} = 2.01 \times 10^7 \text{N/m}^2$$

从式(1.4)可得到

$$\Delta P = -E_b \frac{\Delta V}{V_0}$$

因此

$$\frac{\Delta V}{V_0} = \frac{-\Delta P}{E_b} = \frac{-2.01 \times 10^7}{2.20 \times 10^9} = -0.009\ 14$$

因为

$$\rho = \frac{m}{V}$$

所以

$$V = \frac{m}{\rho}$$

则

$$\Delta V = \frac{m}{\rho} - \frac{m}{\rho_0}, \quad \frac{\Delta V}{V_0} = \frac{\rho_0}{\rho} - 1$$

---

* 英制单位。

所以

$$\rho = \frac{\rho_0}{1 + \dfrac{\Delta V}{V_0}} = \frac{1\ 026\ \text{kg/m}^3}{1 - 0.009\ 14} = 1\ 035\ \text{kg/m}^3$$

1.7 流场中的力

在静止或运动的水体上可以施加各种类型的力,在水力学实践中,这些力通常包括重力、惯性力、弹性力、摩擦力、压力和表面张力。

这些力可以根据其物理特性分为三个基本范畴:

①体力;

②面力;

③线力(或超出固体 – 液体接触距离)。

体力是由于某些外部物体或作用而作用于水体中的所有粒子的力,不是直接接触的力,如重力,它作用于水体中的所有粒子,这是地球引力场的结果,它可能不与有关的特定水体直接接触。在水力学实践中,常见的其他体力包括惯性力和弹性力。体力通常表示为单位质量力(N/kg)或单位体积力(N/m³)。

面力通过直接接触作用于水体表面,既可以是外部的作用也可以是内部的作用。例如,压力和摩擦力是外面力,流体内的黏性力可视为内面力。面力表示为单位面积力(N/m²)。

线力作用在液体表面上,垂直于表面切线,通常沿着线性的固 – 液界面作用,如表面张力。线力表示为单位长度的力(N/m)。

习 题
(1.2 节)

1.2.1 给 −20 ℃的冰加多少能量,可以产生 250 L 的 +20 ℃的水?

1.2.2 计算在 45 ℃、0.9 bar 大气压下蒸发 1 200 g 水所需的热能(cal)。

1.2.3 在 0 ℃和绝对压强为 911 N/m²时,100 g 水、100 g 水蒸气和 100 g 冰在密封的绝热容器中处于平衡状态。确定应该去除多少能量来冻结所有的水和水蒸气。

1.2.4 在一个封闭的容器中,使用 6.8 × 10⁷ cal 的能量将 100 L 的水变成 10 ℃的水蒸气,必须保持什么样的压力?

1.2.5 一口大锅最初在 25 ℃时含有 5 kg 水,现打开燃烧器,并且以 500 cal/s 的速率将热量加到水中。确定锅中一半的水在标准大气压力下蒸发,需要多少分钟。

1.2.6 确定在热容器中达到水 – 冰浴平衡的最终温度。水 – 冰浴由 5 slug、20 ℉的冰(比热为 0.46 BTU/(lbm · ℉))与 10 slug、120 ℉的水(比热为 1 BTU/(lbm · ℉))混合而成。注:1 slug = 32.2 lbm,熔解热为 144 BTU/lbm,1 BTU = 252.0 cal。

(1.3 节)

1.3.1 一容器装满水时重量为 863 N,空时重量为 49 N。容器可以装多少 m³ 的水 (20 ℃)?

1.3.2 从牛顿第二定律($F = ma$)导出重度和密度之间的关系。

1.3.3 水银的密度为 13 600 kg/m³,它的重度和容重是多少?

1.3.4 圆柱形水箱(图 P1.3.4)由侧面垂直悬挂。该水箱直径为 10 ft,充满 20 ℃的水深至 3 ft,确定施加在箱底上的力。

图 P1.3.4　垂直悬挂的圆柱形水箱

1.3.5 在地球上携带 7.85 kg 水的火箭在月球上着陆,月球上面的重力加速度是地球的 1/6,试求该水的质量和它在月球上的重量。

1.3.6 如果液体的质量为 0.258 slug,那么 1 gal 的该液体的重量和重度分别是多少?

1.3.7 当 100 m³ 的水从 4 ℃(水密度最大时)加热到 100 ℃(水密度最小时)时,水的体积变化了多少?

1.3.8 国际单位制中,力的单位是 N,把该单位制中的一个单位的力转换成英制单位。

1.3.9 国际单位制中,能量的单位是 N·m(J),把该单位制中的一个单位的能量转换成英制单位(ft·lb)。

(1.4 节)

1.4.1 比较 20 ℃和 80 ℃下空气和水的绝对黏度和运动黏度,并讨论差异。

1.4.2 将 68 ℉(20 ℃)下水的绝对黏度和运动黏度(表 1.3)转换为英制等值,并通过查看本书的附文校验结果。

1.4.3 试建立以下单位的对应关系:
①绝对黏度单位 P 和 b·s/ft²;
②运动黏度单位 St 和对应的英制单位。

1.4.4 确定一个小驳船(10 ft×30 ft)在浅运河(3 in 深)中保持 5 ft/s 的速度所需的拖曳力,假设流体为牛顿流体,水温是 68 ℉。

1.4.5 某流场中流速分布为 $v = y^2 - 2y$,其中 v 的单位为 ft/s,y 的单位为 in。如果流体黏度为 375 cP,则计算 $y = 0,1,2,3,4$ 处的剪切应力。

1.4.6 一个重量为 220 N 的平板以 2.5 cm/s 的速度滑下一个 15°的斜坡。一层黏度为 1.29 N·s/m² 的薄油膜将平板与斜坡隔开。如果平板的尺寸是 50 cm×75 cm，计算油膜的厚度（mm）。

1.4.7 一个活塞通过垂直管道以恒定速度向下滑动，活塞的直径为 5.48 in，长度为 9.50 in。活塞和管壁之间的油膜阻止活塞向下运动。如果油膜厚为 0.002 in，汽缸重 0.5 lb，估计活塞的速度。假设油的黏度为 0.016 lb·s/ft²，速度为线性分布。

1.4.8 两个大的固定板之间 1 in 的缝隙中填充 SAE 润滑油（黏度为 0.006 5 lb·s/ft²），要使一个薄板以 1 ft/s 的速度从两个固定板（表面积为 2.00 ft²）之间通过需要多大力？

1.4.9 流体黏度可以用旋转圆筒黏度计测量，它由两个同心圆筒组成，间隔均匀。待测量的液体被灌注到两个圆筒的间隙中。对于某一液体，内筒以 200 r/min 的转速旋转，外筒保持静止，并测量出扭矩为 1.50 N·m。内筒直径为 5.0 cm，间隙为 0.02 cm，液体填充到圆筒间隙中的高度为 4.0 cm。试确定此液体的绝对黏度。

1.4.10 半径为 1.0 m 的圆盘在固定平面上以 0.65 rad/s 的角速度旋转。一层油膜将盘和平面表面分开。如果油的黏度是水（20 ℃）的 16 倍，圆盘和固定平面之间的间隔是 0.5 mm，旋转盘所需的扭矩是多少？

（1.5 节）

1.5.1 在一个高中物理课程的毛细上升实验中，学生们被告知，在干净的玻璃管中的水和玻璃之间的接触角 θ 是 90°。要求学生测量一系列管直径（$D=0.05$ cm，0.10 cm，0.15 cm，0.20 cm 等）中毛细上升的高度，绘制结果并确定产生3 cm，2 cm 和 1 cm 毛细上升的近似管径。假设实验中使用的水温度为 20 ℃。

1.5.2 表面张力通常称为线力（单位长度的力），而不是面力（单位面积的力）或体力（单位体积的单位重量）。检查式（1.3）的推导，并解释为什么线力的概念是合乎逻辑的。

1.5.3 在一个直径 0.02 in 的玻璃管中观察到液体上升了 0.6 in。已知接触角为 54°，如果其密度为 1.94 slug/ft³，试测定液体的表面张力（lb/ft）。

1.5.4 实验室正在使用许多不透明的盐水罐进行实验。在实验过程中，提出了用直玻璃管（内径 0.25 cm，安装在水箱上）来跟踪盐水的深度。如果盐水的表面张力大于淡水的 20%，接触角为 30°，试确定由玻璃管引起的测量误差（cm）。假设盐水比重为 1.03，温度为 35 ℃。

1.5.5 在地下水中加入少量的溶剂以改变其电解质含量。结果表明，水和土壤材料之间的接触角 θ 从 30°增加到 42°，而表面张力降低了 10%（图 P1.5.5）。土壤具有 0.7 mm 的均匀孔径，确定土壤中毛细上升的大小。

1.5.6 水滴内部的压力大于外部的压力，将液滴分成两部分并分析受力。爆裂力的大小等于面积乘以压差，由作用在圆周上的表面张力平衡，试推导出压差的表达式。

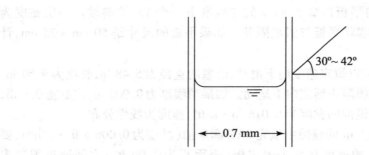

图 P1.5.5　土壤中的毛细上升

(1.6 节)

1.6.1 当压强从 1 000 N/cm² 增加到 11 000 N/cm²，液体体积减小 1.10%，试确定液体的体积弹性模量(N/m²)。

1.6.2 当压强突然从 25 ×10⁵ N/m² 变为 450 000 N/m² 时，试确定水的密度变化了多少。

1.6.3 钢罐中有 120 ft³ 的水，大气压强为 14.7 lb/in²，温度为 68.4 ℉。若水承受的压强增加了 100 倍，且体积减小了 0.545 ft³，试确定水的初始重量和最终密度。

1.6.4 一个长 2 000 m，直径 150 cm 的管道中的压强为 30 N/cm²。如果压强增加到 30 N/cm²，确定进入管道的水量。假设管是刚性的，并且体积不变。

2

水压及水压力

2.1 自由表面

当水充满容器时,它会自动形成一个水平表面,压力在任何地方都是恒定的。在实践中,自由水表面是不与上面的容器盖接触的表面。自由水表面可以经受大气压(开口容器)或施加在容器(密闭容器)内的任何其他压力的作用。

2.2 绝对气压和相对气压

与地球大气接触的水面受到的大气压力大约等于海平面上 10.33 m 高的水柱压。在静止水面中,位于水面下方的任何物体都承受高于大气压的压强,这种额外的压强通常被称为静水压。更准确地说,静止压是在浸入流体(在这种情况下是水)中的物体表面上沿正常方向作用的单位面积上的力。

为了确定水（重度为 γ）中任意两点之间的静水压差的变化，可以考虑沿任意 x 轴的两个任意点 A 和 B，如图 2.1 所示。

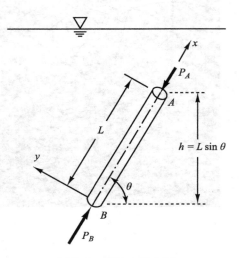

图 2.1　棱柱上的水压

考虑以上两点位于横截面面积为 dA 和长度为 L 的单位水体的端部。P_A 和 P_B 是两端的压强，其中横截面垂直于 x 轴。因为单元水体处于静止状态，所有作用于它的力必须在所有方向上保持平衡。对于 x 轴方向的力分量，可以写为

$$\sum F_x = P_A dA - P_B dA + \gamma L \sin\theta dA = 0$$

$L\sin\theta = h$ 代表两点之间的垂向高程差，以上方程可写为

$$P_B - P_A = \gamma h \tag{2.1}$$

因此，静水条件下任意两点间的压差总是等于该部分水的重度和两点之间高程差的乘积。

如果两点处于同一高程下，即 $h = 0$，则 $P_A = P_B$。换句话说，静水条件下，同一水平面上点的压强均相等。如果存在暴露在大气中的自由水面（其压强 P_{atm}），可在水平面定义一点 A，并写出如下式子：

$$(P_B)_{abs} = \gamma h + P_A = \gamma h + P_{atm} \tag{2.2}$$

式中：压强 $(P_B)_{abs}$ 通常称为绝对压强。

测压计的测量值通常是指高于或低于大气压的值。因此，基于大气压测得的压强值称为仪表压强 P。绝对气压通常等于仪表压强加上大气压值：

$$P_{abs} = P + P_{atm} \tag{2.3}$$

图 2.2 显示了绝对压强和仪表压强之间的关系，以及两个典型的压力表盘。对比式（2.2）和式（2.3），可得

$$P = \gamma h \tag{2.4}$$

或

$$h = \frac{P}{\gamma} \tag{2.5}$$

此处压强表示为水柱高度 h 的形式，在水力学中也称其为水头。

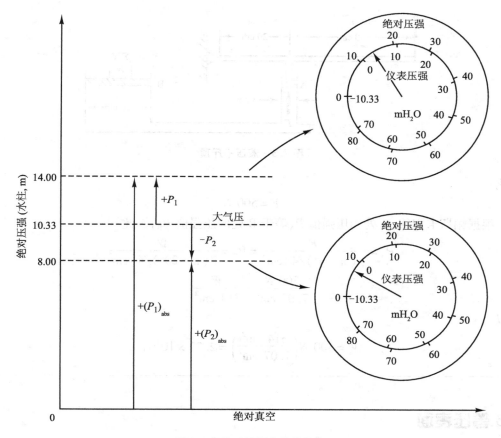

图 2.2 绝对压强和仪表压强

式(2.1)可写为更常用的形式:

$$\frac{P_B}{\gamma} - \frac{P_A}{\gamma} = h \tag{2.6}$$

这意味着静止水中两点之间的压力水头差总是等于两点之间的高度差。从这种关系中我们还可以看出,B 点压力的任何变化都会在 A 点产生相同的变化,因为两点之间的压力水头差必须保持相同的值 h。换句话说,在静止液体中的任何点施加的压力会在所有方向上均等地传递到液体中的其他点。这个原理也称为帕斯卡定律,已经在液压千斤顶中得到应用,即可以通过相对较小的力来提升重物。

例 2.1

圆柱形活塞 A 和 B 的直径分别为 3 cm 和 20 cm。活塞的表面处于相同的高度,并且连接的通道内填充有不可压缩的液压油。在杠杆末端施加 100 N 的力 P,如图 2.3 所示,确定液压千斤顶可撑起的重量是多少?

解:

建立 P 与 F 的动量守恒式为

$$(100 \text{ N})(100 \text{ cm}) = F(20 \text{ cm})$$

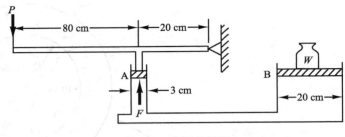

图 2.3 液压千斤顶

因此

$$F = 500 \text{ N}$$

根据帕斯卡定律,A 处的压强值 P_A 等于 B 处的压强值 P_B,因此

$$P_A = \frac{F}{[(\pi \cdot 3^2)/4] \text{ cm}^2} = P_B = \frac{W}{[(\pi \cdot 20^2)/4] \text{ cm}^2}$$

$$\frac{500 \text{ N}}{7.07 \text{ cm}^2} = \frac{W}{314 \text{ cm}^2}$$

所以

$$W = 500 \text{ N} \left(\frac{314 \text{ cm}^2}{7.07 \text{ cm}^2} \right) = 2.22 \times 10^4 \text{ N}$$

2.3 等压表面

水体中的静水压随着距自由水面垂直距离的变化而变化。通常,根据式(2.4),静水体中水平表面上的所有点都受到相同的静水压。例如在图 2.4(a)中,点 1、2、3 和 4 具有相等的静水压,并且包含这 4 个点的水平表面也是压强相等的表面,即等压表面。但在图 2.4(b)中,点 5 和 6 位于同一水平面上,但压强不相等,这是因为两侧的水没有连通,并且自由表面的上覆深度不同,应用式(2.4)会产生不同的压强。图 2.4(c)显示了装有两种不同密度的不混溶液体的容器(不混溶的液体在正常条件下不易混合),穿过两种液体界面的水平表面(如点 7、8)是等压表面,在两个点上应用式(2.4),结果压强相同;两个位置下都有相同的流体(水)(在点 8 处的界面正下方),并且两个点在自由水面下方的距离相同。然而,点 9 和 10 不在等压表面上,因为它们位于不同的液体中,用式(2.4)进行验证,从自由表面到点 9 和 10 的深度不同,且流体重度不同。

总之,等压表面要求:①表面上的点在同一类液体中;②点在同一高度上(即位于水平表面上);③包含相关点的流体必须处于连通状态。等压面的概念是分析容器中各点静水压的有用方法,如下节所述。

2.4 测压计

测压计是测量压力的设备,通常为一个 U 形弯曲的弯管,内部包含一种重力已知的液

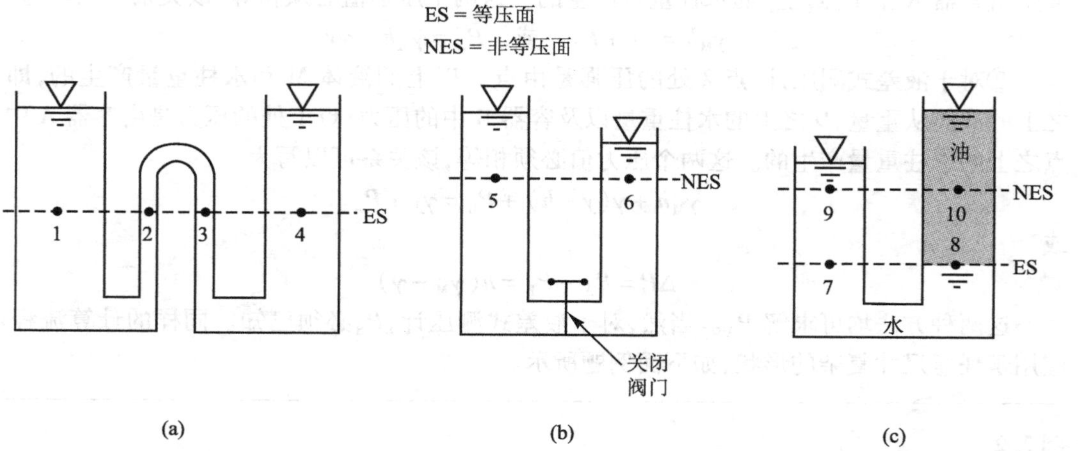

ES = 等压面
NES = 非等压面

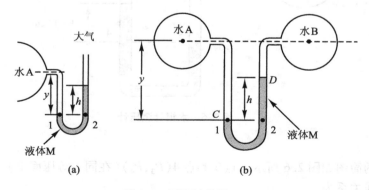

（a）　　　　　　　　（b）　　　　　　　　（c）

图 2.4　容器内压强

体,压力作用下两端液面的高差反映两端的压力差。一般来说,测压计有两种:

①开放式测压计,其一端暴露在大气压之中,可以测量容器中的仪表压力;

②液差式测压计,两端均与不同测压孔相接,可测得两测压孔的压力差。

测压计中使用的液体的比重通常大于被测液体的比重,必须形成明显的液面交接层,不能与相邻液体掺混。测压计中最常用的液体为水银(比重 13.6)、水(比重为 1)、酒精(比重为 0.9),以及商用测压计中不同比重的油(如比重从 0.827 到 2.95 的红油)。

图 2.5(a)为典型的开放式测压计,图 2.5(b)为典型的液差式测压计。很明显,容器 A 中的压力越高,测压计的两个管表面的高程差 h 越大。然而,A 中压力的数学计算涉及流体密度和整个测量系统的几何形状。

图 2.5　测压计种类

简单的压力计算步骤如下。

(1)绘制测压计的简图,类似图 2.5,并且尺寸要大致符合。

(2)沿着测压计最低液面(点 1 处)绘制一条水平线。点 1 和 2 处的压强必须相同,因为系统要保持静态平衡。

(3)具体计算过程。

①对于开放式测压计,点 2 处的压强是由点 2 以上的液体 M 重量产生的;点 1 处的压

强是由容器 A 中 1 点之上的水柱重量产生的。这两个压强值必须相等,该关系可以写为

$$\gamma_M h = \gamma y + P_A \quad \text{或} \quad P_A = \gamma_M h - \gamma y$$

②对于液差式测压计,点 2 处的压强是由点 2 以上的液体 M 和水柱重量产生的,即 2 之上的液体从重量、D 之上的水柱重量以及容器 B 中的压力;点 1 处的压力是由容器 A 中 1 点之上的水柱重量产生的。这两个压力值必须相等,该关系可以写为

$$\gamma_M h + \gamma(y - h) + P_B = \gamma y + P_A$$

或

$$\Delta P = P_A - P_B = h(\gamma_M - \gamma)$$

这两种方法均可求解 P_A。当然,对于液差式测压计,P_B 必须已知。同样的计算流程可应用于任意尺寸复杂的形状,如下面例题所示。

例 2.2

水银测压计(比重为 13.6)用于测量容器 A 与容器 B 中的压差,如图 2.6 所示。试确定压差(N/m^2)。

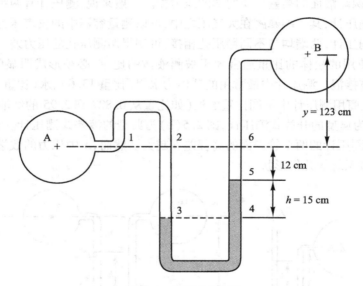

图 2.6 水银计测压计

解:

测压计的简图如图 2.6 所示。点 3 和点 4(P_3, P_4)(在同一等压面上),容器 A 以及点 1 和点 2 的压强关系为

$$P_3 = P_4$$
$$P_A = P_1 = P_2$$

点 3 和点 4 的压强为

$$P_3 = P_2 + \gamma(27 \text{ cm}) = P_A + \gamma(27 \text{ cm})$$
$$P_4 = P_B + \gamma(135 \text{ cm}) + \gamma_M(15 \text{ cm})$$

并且 $\gamma_M = 13.6\gamma$,所以

$$\Delta P = P_A - P_B = \gamma(135 \text{ cm} - 27 \text{ cm}) + \gamma_M(15 \text{ cm})$$

$$= \gamma \left[108 + (13.6)(15) \right] \text{cm} = (9\ 790\ \text{N/m}^3)(3.12\ \text{m})$$
$$= 30.5\ \text{kN/m}^2$$

开放式测压计或 U 形管需要在两点读取液面高度,换句话说,容器中压力的任何变化都会导致一端液体表面下降,而另一端上升。单读数测压计可以通过将比测管横截面面积更大的储存器引入测压计的一个支管中制造而成,典型的单读数测压计如图 2.7 所示。

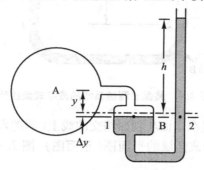

图 2.7 单读数测压计

由于储存器和测管之间的面积比较大,储存器中表面的微小高度变化将导致另一个支管液面明显变化。如果压力增加,将导致储存器中的液体表面下降 Δy,有

$$A\Delta y = ah \tag{2.7}$$

式中:A 和 a 分别为储存器和测管的横截面面积。

对点 1 和点 2 参照步骤(2),可写为

$$\gamma_A(y + \Delta y) + P_A = \gamma_B(h + \Delta y) \tag{2.8}$$

同时求解方程(2.7)和(2.8)可得 P_A 的值及容器中的压力(写为 h 的形式)。方程(2.7)和(2.8)中其他的变量 A、a、y、γ_A 和 γ_B 在设计测压计时均已提前确定,只需读取 h 就可得到压强值。

因为当 A/a 非常大的时候,Δy 可忽略不计,以上关系式可进一步简化为

$$\gamma_A y + P_A = \gamma_B h \tag{2.9}$$

因此,由读数 h 可确定容器中的压强。

实际水力问题的解决方案经常需要知道管道或管道系统中两点之间的压差,因此经常使用液差式测压计,典型的液差式测压计如图 2.8 所示。

上文中采用的计算步骤(步骤(1)、(2)和(3))也可以应用在此处。当系统处于静态平衡状态时,相同高程点 1 和 2 处的压强必须相等,即

$$\gamma_A(y + h) + P_c = \gamma_B h + \gamma_A y + P_d$$

压差 ΔP 可表示为

$$\Delta P = P_c - P_d = (\gamma_B - \gamma_A)h \tag{2.10}$$

2.5 平面上的静水压力

确定由静水压力产生的作用于结构上的总(或合成)静水压力在工程设计和分析中通常是至关重要的。为了确定这个力的大小,可以引入一个以一定角度倾斜的大坝背面的任

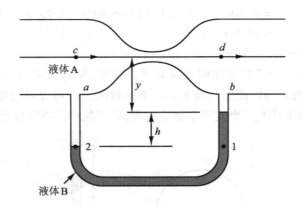

图 2.8 装配于测速系统的液差式测压计

意区域 AB(图 2.9),x 轴设置在水面与坝面相交的线上(即进入页面的方向),y 轴沿着坝的表面向下延伸。图 2.9(a)为该区域的平面图(正面图),图 2.9(b)为区域 AB 在坝面上的投影。

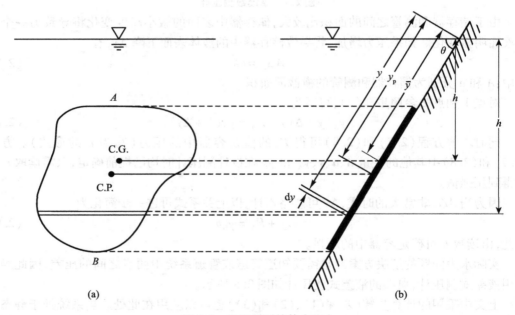

图 2.9 平面受到的静水压力

可以假设平面 AB 由无数个水平条带组成,每个水平条带的宽度为 dy,面积为 dA。因为每个条带的宽度非常小,所以条带上的静水压力可以认为是恒定的。对于自由表面以下深度 h 处的条带,其上压强为

$$P = \gamma h = \gamma y \sin\theta$$

作用于该条带上的总压力为压强乘以面积,即

$$dF = \gamma y \sin\theta dA$$

作用于平面 AB 上的总压力为各条带上的作用力之和,即

$$F = \int_A dF = \int_A \gamma y \sin\theta dA = \gamma\sin\theta\int_A y dA = \gamma\bar{y}A\sin\theta \qquad (2.11)$$

式中:$\bar{y} = \int_A y dA / A$ 表示 x 轴到 AB 平面形心($C.G.$)的距离。

代入 $\bar{h} = \bar{y}\sin\theta$ 即形心距离水面的垂线距离,可得

$$F = \gamma\bar{h}A \qquad (2.12)$$

该公式表明,任何浸没平面上的总静水压力等于其面积与作用于平面形心上压强的乘积。

作用在平面上的压力分布在表面的各个部分上,其方向平行并垂直于表面。这些平行力可以用式(2.12)中所示的合力 F 代替,合力也垂直于表面,该合力作用在平面上的点称为压力中心($C.P.$)。考虑到平面是自由体,我们看到分布在各个部分上的力可以用压力中心处的单一合力代替,而不会改变系统中的任何反作用力或力矩。将 y_p 指定为从 x 轴到压力中心的距离,可以写为

$$Fy_p = \int_A y dF$$

因此

$$y_p = \frac{\int_A y dF}{F} \qquad (2.13)$$

将关系式 $dF = \gamma y \sin\theta dA$ 和 $F = \gamma A\bar{y}\sin\theta$ 代入式(2.13)可得

$$y_p = \frac{\int_A y^2 dA}{A\bar{y}} \qquad (2.14)$$

式中:$\int_A y^2 dA = I_x$ 和 $A\bar{y} = M_x$ 分别为作用于 AB 平面上的惯性矩和静态矩。

因此

$$y_p = \frac{I_x}{M_x} \qquad (2.15)$$

写成平面形心的形式为

$$y_p = \frac{I_0 + A\bar{y}^2}{A\bar{y}} = \frac{I_0}{A\bar{y}} + \bar{y} \qquad (2.16)$$

式中:I_0 为平面相对于形心的惯性矩;A 为平面的面积;$\bar{y}$ 为平面形心距 x 轴的距离。

任何浸没的平面表面的压力中心总是低于表面区域的形心(即 $y_p > \bar{y}$),这是因为式(2.16)右边第一项中的所有三个变量都是正数,使得该项为正数,并且该项被添加了形心距离($\bar{y}$)。

表2.1 给出了相对于某些常见几何平面的面积、形心和惯性矩。

表 2.1　不同几何形状的平面面积、形心和惯性矩

形状	面积	形心	x 轴惯性矩
长方形	bh	$\bar{x} = \dfrac{1}{2}b$ $\bar{y} = \dfrac{1}{2}h$	$I_0 = \dfrac{1}{12}bh^3$
三角形	$\dfrac{1}{2}bh$	$\bar{x} = \dfrac{b+c}{3}$ $\bar{y} = \dfrac{h}{3}$	$I_0 = \dfrac{1}{36}bh^3$
圆形	$\dfrac{1}{4}\pi d^2$	$\bar{x} = \dfrac{1}{2}d$ $\bar{y} = \dfrac{1}{2}d$	$I_0 = \dfrac{1}{64}\pi d^4$
梯形	$\dfrac{h(a+b)}{2}$	$\bar{y} = \dfrac{h(2a+b)}{3(a+b)}$	$I_0 = \dfrac{h^3(a^2+4ab+b^2)}{36(a+b)}$
椭圆形	πbh	$\bar{x} = b$ $\bar{y} = h$	$I_0 = \dfrac{\pi}{4}bh^3$
半椭圆形	$\dfrac{\pi}{2}bh$	$\bar{x} = b$ $\bar{y} = \dfrac{4h}{3\pi}$	$I_0 = \dfrac{(9\pi^2-64)bh^3}{72\pi}$
抛物线形 $y = h\left(1-\dfrac{x^2}{b^2}\right)$	$\dfrac{2}{3}bh$	$\bar{x} = \dfrac{2}{5}h$ $\bar{y} = \dfrac{3}{8}b$	$I_0 = \dfrac{8}{175}bh^3$
半圆形	$\dfrac{1}{2}\pi r^2$	$\bar{y} = \dfrac{4r}{3\pi}$	$I_0 = \dfrac{(9\pi^2-64)r^4}{72\pi}$

例 2.3

一个竖直的梯形闸门,其上边缘位于水的自由表面下方,如图 2.10 所示。确定总压力和闸门上的压力中心位置。

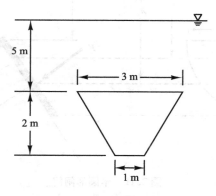

图 2.10 梯形闸门

解:

利用式(2.12)和表 2.1 求总压力:

$$F = \gamma \bar{h} A$$

$$= 9.790 \left[5 + \frac{2\left[(2)(1) + 3 \right]}{3(1+3)} \right] \left[\frac{2(3+1)}{2} \right]$$

$$= 228 \ kN$$

压力中心位置为

$$y_P = \frac{I_0}{A\bar{y}} + \bar{y}$$

根据表 2.1,有

$$I_0 = \frac{2^3 \left[1^2 + 4(1)(3) + 3^2 \right]}{36(1+3)} = 1.22 \ m^4$$

$$\bar{y} = \frac{2\left[2(1) + 3 \right]}{3(1+3)} + 5 = 5.83 \ m$$

$$A = 4.00 \ m^2$$

因此

$$y_P = \frac{1.22}{4(5.83)} + 5.83 = 5.88 \ m$$

闸门上的压力中心在液面以下 5.88 m 的位置。

例 2.4

倒置的半圆形闸门(图 2.11)与自由水面成 45°夹角安装,其顶部在垂直方向上位于水面下方 5 ft 处。试确定静水压力和闸门上的压力中心。

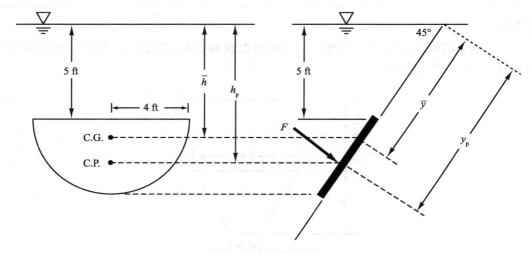

图 2.11   半圆形闸门

解：

$$F = \gamma \bar{y} \sin \theta A$$

其中

$$A = \frac{1}{2}\left[\pi(4)^2\right] = 25.12 \ \text{ft}^2$$

$$\bar{y} = 5\sec 45° + \frac{4(4)}{3\pi} = 8.77 \ \text{ft}$$

因此

$$F = 62.3(\sin 45°)(8.77)(25.12) = 9\ 705 \ \text{lb}$$

即作用于闸门上的总静水压力为 9 705 lb。压力中心位置为

$$y_P = \frac{I_0}{A\bar{y}} + \bar{y}$$

其中

$$I_0 = \frac{9\pi^2 - 64}{72\pi}r^4 = 28.00 \ \text{ft}^4$$

因此

$$y_P = \frac{28.00}{25.12(8.77)} + 8.77 = 8.90 \ \text{ft}$$

即从水面到压力中心的倾斜距离为 8.90 ft。

2.6   曲面上的静水压力

通过将作用于曲面上的总压力分为其水平和竖直分量,可以很好地分析曲面上的静水压力。请记住,静水压力通常垂直于水下表面。图 2.12 为容器内的弯曲壁面,其单位宽度垂直于纸面平面。

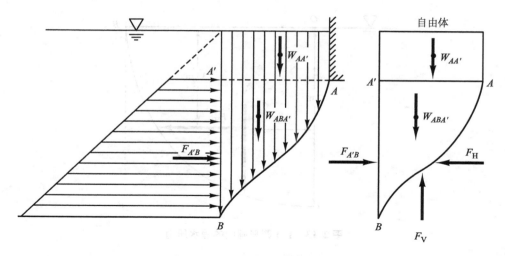

图 2.12 曲面受到的静水压力

由于容器中的水体是静止的,水体的每个部分都处于平衡状态,即每个力分量都满足平衡条件,即 $\sum F_x = 0$ 和 $\sum F_y = 0$。

在 ABA' 中包含的自由体中,其平衡要求施加在平面 $A'B$ 上的水平压力(AB 的垂直投影)等于并且与水平压力分量 F_H 方向相反(壁面施加的力)。同样地,竖直分量 F_V 必须等于 AB 上方水体的总重量。因此,壁面的水平和竖直压力可表示为

$$\sum F_x = F_{A'B} - F_H = 0$$

$$F_H = F_{A'B}$$

$$\sum F_y = F_V - (W_{AA'} + W_{ABA'}) = 0$$

$$F_V = W_{AA'} + W_{ABA'}$$

因此,可得如下结论:

①任何表面上的总静水压力的水平分量总是等于表面垂直投影上的总压力,水平分量的合力位置可以通过该投影的压力中心确定;

②任何表面上的总静水压力的竖直分量总是等于垂直于自由表面延伸的表面上方整个水柱的重量,竖直分量的合力位置可以通过该水柱的形心确定。

例 2.5

确定图 2.13 中长 5 m,高 2 m 的 1/4 圆形闸门的总静水压力和压力中心。

解:

水平分量等于作用于平面 $A'B$ 上的静水压力,即

$$F_H = \gamma \bar{h} A = (9\ 790\ \text{N/m}^3)\left[\frac{1}{2}(2\ \text{m})\right][(2\ \text{m})(5\ \text{m})] = 97.9\ \text{kN}$$

水平分量作用位置为

$$y_p = I_0 / A\bar{y} + \bar{y}, A = 10\ \text{m}^2$$

且

$$I_0 = [(5\ \text{m})(2\ \text{m})^3]/12 = 3.33\ \text{m}^4$$

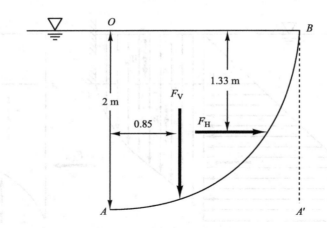

图 2.13 1/4 圆形闸门的静水压力

$$y_{p} = (3.33 \text{ m}^4) / [(10 \text{ m}^2)(1 \text{ m})] + 1 \text{ m} = 1.33 \text{ m}$$

在自由水面以下部分。

竖直分量等于水柱 AOB 的重量,方向向下,有

$$F_{V} = \gamma(V) = (9\ 790 \text{ N/m}^3) \left[\frac{1}{4}\pi(2 \text{ m})^2 \right](5 \text{ m}) = 154 \text{ kN}$$

压力中心位于 $4(2)/3\pi = 0.85 \text{ m}$,则合力为

$$F = \sqrt{(97.9)^2 + (154)^2} = 182 \text{ kN}$$

$$\theta = \arctan\left(\frac{F_{V}}{F_{H}}\right) = \arctan\frac{154}{97.9} = 57.6°$$

例 2.6

确定图 2.14 所示的半圆柱形闸门的总静水压力和压力中心。

解:

单位投影平面 $A'B'$ 上的静水压力的水平分量可表示为

$$F_{H} = \gamma \bar{h} A = \gamma\left(\frac{H}{2}\right)(H) = \frac{1}{2}\gamma H^2$$

该分力的作用点位于距离底部 $H/3$ 处。

竖直分力可通过如下形式确定。闸门以上 $AA'C$ 的体积,在 AC 上产生竖直压力分量为

$$F_{V_1} = -\gamma\left(\frac{H^2}{4} - \frac{\pi H^2}{16}\right)$$

由水施加在闸门下半部 CB 上的竖直压力分量向上,相当于由体积 $AA'CB$ 对应的水的重量,有

$$F_{V_2} = \gamma\left(\frac{H^2}{4} + \frac{\pi H^2}{16}\right)$$

组合这两个部分,可以看出,合成竖直分力的方向向上,并且等于体积 ACB 对应的水的重量,有

$$F_{V} = F_{V_1} + F_{V_2} = \gamma\left[-\left(\frac{H^2}{4} - \frac{\pi H^2}{16}\right) + \left(\frac{H^2}{4} + \frac{\pi H^2}{16}\right) \right] = \gamma\frac{\pi}{8}H^2$$

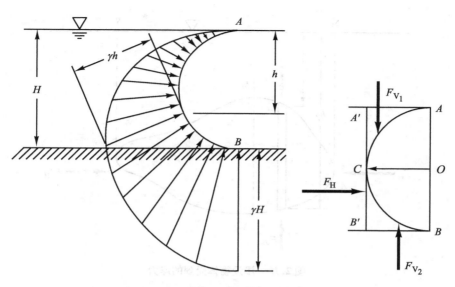

图 2.14　半圆柱形闸门的静水压力

则合力为

$$F = \gamma H^2 \sqrt{\frac{1}{4} + \frac{\pi^2}{64}}$$

$$\theta = \arctan\frac{F_V}{F_H} = \arctan\left(\frac{\pi}{4}\right) = 38.1°$$

因为所有压力均作用在闸门中心点 O，所以合力也必通过 O 点。

2.7　浮力

　　阿基米德(公元前287年—前212年)发现浸没在水中物体减少的重量等于物体排出液体的重量，称之为阿基米德定律，可以通过式(2.12)轻松证明。

　　假设任意形状的固体 AB 浸没在水中，如图2.15所示。可以在垂直于页面的方向上通过该物体绘制垂直平面 MN。观察可知，页面方向上的水平压力分量 F_H 与 F'_H 必须相等，因为它们都是使用相同的垂直投影面积 MN 计算的；同样地，垂直于页面方向的水平压力分量也必须相等，因为它们在页面平面上也使用相同的投影。

　　可以通过采用横截面面积为 $\mathrm{d}A$ 的小竖直棱柱 ab 来分析竖直压力分量。棱柱顶部的竖直压力方向向下，棱柱底部的竖直压力方向向上。二者之差合并作用于棱柱上为竖直压力分量(浮力)，有

$$F_V = \gamma h_2 \mathrm{d}A - \gamma h_1 \mathrm{d}A = \gamma(h_2 - h_1)\mathrm{d}A \uparrow$$

　　这完全等于由棱柱代替的水柱 ab 的重量。换句话说，浸没式棱柱重量减少的量等于由棱柱替换的液体的重量。通过构成整个浸没水体 AB 的所有棱柱上的竖直分力的总和给出阿基米德定律的证明。

　　阿基米德定律也可以被视为 ANB 和 AMB 两个表面上的竖直压力的差异。表面 ANB 上

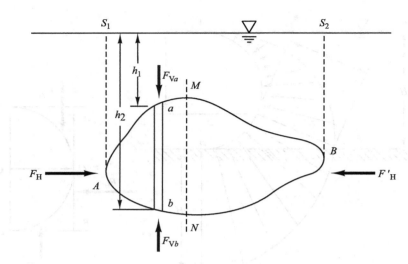

图 2.15   浸没物体受到的浮力

的竖向压力等于向上作用的假想水柱 S_1ANBS_2 的重量；表面 AMB 上的竖向压力等于向下作用的假想水柱 S_1AMBS_2 的重量。因为 S_1ANBS_2 大于 S_1AMBS_2 的体积量恰好等于浸没体 $AMBN$ 的体积，所以净差值等于向上作用的大小为体积 $AMBN$ 中包含水的重量的力，就是作用在物体上的浮力。

漂浮的物体是部分浸没的，是物体重量与浮力平衡的结果。

2.8   浮体稳定性

浮体的稳定性取决于重心 G 和浮力中心 B 的相对位置，浮力中心 B 是与浮体浸没部分有相同形状和体积的液体对应的重心，如图 2.16 所示。

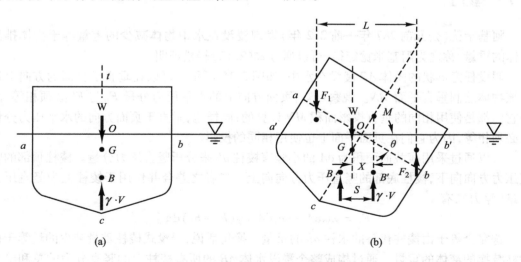

图 2.16   浮体的浮力中心和定倾中心

如果浮体的重心和浮力中心位于同一垂线上，则物体处于平衡状态，如图 2.16(a)所示。这种平衡可能受到各种因素(如风或波浪作用)的干扰,并且浮体会倾侧或产生一个倾角,如图 2.16(b)所示。当浮体处于倾斜位置时,浮体的重心保持不变,但浮力中心(现在是区域 $a'cb'$ 的重心)从 B 变为 B'。通过 B' 向上作用的浮力 γV 和物体 W 向下作用的重量 G 构成一对相互作用力,抵抗进一步倾覆,并且倾向于将物体恢复到其初始平衡位置。

将浮力的作用线延伸并通过浮力中心 B',我们看到延伸线在点 M 处与原始对称轴 ct 相交。点 M 被称为定倾中心,并且重心与该中心之间的距离称为定倾中心高度。定倾中心高度是衡量物体漂浮稳定性的指标,当倾斜角度小时,M 的位置不会随着倾斜剧烈变化。可通过如下方法来确定定倾中心高度和复原力矩。

因为浮体倾斜不会改变其总重量,所以总排水量不会改变。倾斜一个角度 θ 仅改变替换水体的形状,通过增加浸入体积 bOb',减少浸入体积 aOa',保持平衡。在这个新位置,总浮力(γV)作用位置通过水平距离 S 移动到 B'。由于有新的部分浸入水中和离开水中,这种转变产生了一对力 F_1 和 F_2。关于点 B 的合力力矩必须等于分力的力矩之和:

$$(\gamma V)_{B'}(S) = (\gamma V)_B(0) + 力矩$$
$$= 0 + \gamma V_{\text{wedge}}L$$

或者

$$(\gamma V)_{B'}S = \gamma V_{\text{wedge}}L$$

$$S = \frac{V_{\text{wedge}}}{V}L \tag{2.17}$$

式中:V 为浸没的总体积;V_{wedge} 为楔形体 bOb'(或 aOa')的体积;L 为两个楔形体重心位置间的水平距离。

此外,根据几何关系可得

$$S = \overline{MB}\sin\theta \quad 或 \quad \overline{MB} = \frac{S}{\sin\theta} \tag{2.18}$$

结合方程(2.17)和方程(2.18),可得

$$\overline{MB} = \frac{V_{\text{wedge}}L}{V\sin\theta} \tag{2.19}$$

对于小角度来说,$\sin\theta \approx \theta$,则式(2.19)可简化为

$$\overline{MB} = \frac{V_{\text{wedge}}L}{V\theta}$$

如图 2.17 所示,楔形体 bOb' 产生的浮力可以通过考虑楔形的小棱柱来估算。假设该棱柱具有水平面积 dA,并且位于距转轴 O 的距离 x 处。棱柱的高度是 $x\tan\theta$,对于小角度 θ,它可以近似为 $x\theta$,因此该小棱柱产生的浮力是 $\gamma x\theta dA$。浮力关于旋转轴 O 的力矩是 $\gamma x^2\theta dA$。楔形体中每个棱柱单元产生的力矩总和即为浸入式楔形体的力矩。因此,相互作用力产生的力矩为

$$\gamma V_{\text{wedge}}L = FL = \int_A \gamma x^2\theta dA = \gamma\theta\int_A x^2 dA$$

式中:$\int_A x^2 dA$ 是浮体的吃水线横截面面积围绕旋转轴 O 的惯性矩,即

$$I_0 = \int_A x^2 dA$$

因此，有

$$V_{\text{wedge}}L = I_0\theta$$

对于小的倾斜角，直立横截面 aOb 的惯性矩和倾斜横截面 $a'Ob'$ 可以近似为常数值。因此，有

$$\overline{MB} = \frac{I_0}{V} \tag{2.20}$$

定倾中心高度定义为定倾中心 M 与重心 G 之间的距离，可以估算为

$$\overline{GM} = \overline{MB} \pm \overline{GB} = \frac{I_0}{V} \pm \overline{GB} \tag{2.21}$$

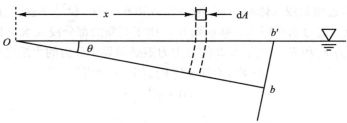

图 2.17　楔形体的浮力

如图 2.16 所示，重心与浮力中心之间的垂直距离可由容器的截面几何形状或设计数据确定。

式（2.21）中的 ± 符号表示重心对于浮力中心的相对位置。为了获得更好的浮体稳定性，应使重心位置尽可能低。如果 G 低于 B，那么 $\overline{GB}$ 将与 $\overline{MB}$ 相加得到更大的值 $\overline{GM}$。

当如图 2.16（b）所示倾斜时，左侧的动量为

$$M = W\overline{GM}\sin\theta \tag{2.22}$$

对浮体在各种条件下的稳定性做如下总结：

①当重心位置低于定倾中心时，浮体稳定，否则不稳定；

②当重心位置低于浮力中心时，浮体稳定。

例 2.7

一底面积为 3 m×4 m 的方形沉箱高 2 m，其直立在水中时，吃水深度为 1.2 m。计算：①定倾中心高度；②当倾斜角度为 8°时，海水中的复原力矩，如图 2.18 所示。

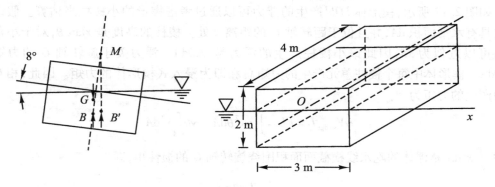

图 2.18　方形沉箱

解：

根据式(2.21)可得

$$\overline{GM} = \overline{MB} - \overline{GB}$$

其中

$$\overline{MB} = \frac{I_0}{V}$$

式中：I_0 为方形沉箱绕其通过 O 的纵轴的吃水线的面积惯性矩。

因此，有

$$\overline{GM} = \frac{\frac{1}{12}Lw^3}{Lw(1.2)} - \left(\frac{h}{2} - \frac{1.2}{2}\right)$$
$$= 0.225 \text{ m}$$

式中：$L = 4$ m；$w = 3$ m；$h = 2$ m。

该处海水比重为 1.03，根据式(2.22)，复原力矩为

$$M = W\overline{GM}\sin\theta$$
$$= (9\ 790 \text{ N/m}^3)(1.03)\left[(4 \text{ m})(3 \text{ m})(1.2 \text{ m})\right](0.225 \text{ m})(\sin 8°)$$
$$= 4\ 547 \text{ N} \cdot \text{m}$$

习 题
(2.2 节)

2.2.1 塌缩深度(或压溃深度)是指潜水艇不会因为周围水压而塌缩的淹没深度。现代潜艇的塌缩深度不到 1 km(730 m)。假设海水(比重为 1.03)不可压缩，那么塌缩深度处压力、绝对压力或仪表压力各是多少？

2.2.2 圆柱形水箱(图 P2.2.2)通过其两侧竖直悬挂。水箱直径为 10 ft，并充满 20 ℃的水，水深 3 ft。使用如下两种方式计算确定施加在箱底的力：①基于水的重量；②基于箱底部的静水压力。

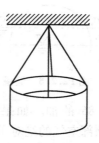

P2.2.2　竖直悬挂的水箱

2.2.3 图 P2.2.3 中的简单气压计使用水作为指示液体。液柱在垂直管中由初始 8.7 m 上升到 9.8 m 的高度。忽略表面张力，计算新的大气压力。如果使用直接读数并忽略蒸气压，百分比误差是多少？

2.2.4 常用水银气压计如图 P2.2.3 所示。由于水银的蒸气压很低,可以忽略,并且因为它密度较大(比重为 13.6),可以显著缩短管的长度。对于习题 2.2.3 中的大气压(99.9 kN/m², 相应温度为 30 ℃),如果使用水银气压计,请以 m 和 ft 为单位确定柱高。

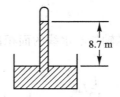

图 P2.2.3　简单气压计

2.2.5 水箱(6 m×6 m×6 m)中充满水,求作用于底部以及侧壁的压力。

2.2.6 一根高 30 ft、直径 1 ft 的管子焊接在立方体容器(3 ft×3 ft×3 ft)的顶部,容器和管道充满 20 ℃的水。确定水的重量和容器底部和侧壁的压力。

2.2.7 密闭罐含有压力作用下的液体(比重为 0.8),如图 P2.2.7 所示,测压计记录的压强为 $4.50×10^4$ N/m²。确定罐底部的压力和液柱在垂直管中上升的高度。

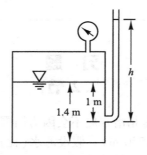

图 P2.2.7　密闭罐

2.2.8 一个建造于水下的储罐,用于储存海上天然气。当储罐中的水位低于海平面 6 m 时(图 P2.2.8),确定储罐中的气体压力(以 Pa、psi、lb/in² 为单位),海水比重为 1.03。

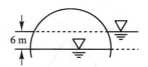

图 P2.2.8　储罐

2.2.9 封闭的油箱含有比重为 0.85 的油。如果在油面以下 10 ft 处的仪表压力为 23.7 psi(lb/in²),确定油面顶部空气的绝对压力和仪表压力(psi)。

2.2.10 多活塞液压千斤顶有两个输出活塞,每个活塞的面积为 250 cm²。输入活塞的面积与杠杆相连,杠杆的机械优势为 9:1。如果杠杆上施加 50 N 的力,系统会产生多大的压力?每个输出活塞将施加多大的力(kN)?

(2.4 节)

2.4.1 参见图 2.4(c),如果点 7 以上水柱的高度为 52.3 cm,确定点 8 以上的油柱(比重为 0.85)的高度。注意:点 9 在点 7 之上。

2.4.2 将大量的水银倒入 U 形管中,两端向大气开放。如果将水倒入 U 形管的一个支管中,直到水柱位于水银液面上方,那么两个支管中的水银表面之间的高度差是多少?

2.4.3 石油公司实验室的一个开放式水箱在水层顶部有一层油,水高是油高 h 的 4 倍。油的比重为 0.82。如果水箱底部的测压计显示为 26.3 cm 的水银高度,那么油的高度是多少?

2.4.4 水银测压计用于测量管道中的水压。参考图 2.5(a),y 的值是 3.40 cm,而 h 的值是 2.60 cm。确定管道中的水压。

2.4.5 测压计安装在城市供水管道上以监测水压,如图 P2.4.5 所示。但是,测压计读数值 3 ft(Hg)可能不正确。如果管道中的压强是独立测量的,测量结果为 16.8 lb/in^2 (psi),那么确定读数 h 的正确值。

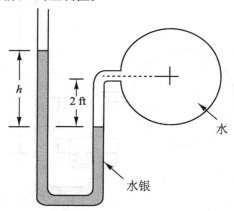

图 P2.4.5 测压计

2.4.6 一个开放式测压计,如图 P2.4.6 所示,用于测量输油管道中的压力。如果测压计中的液体是四氯化碳(比重为 1.6),确定管道压力(以水柱高度为单位)。

2.4.7 在图 P2.4.7 中,单读数水银测压计用于测量管道中的水压。如果 $h_1 = 6.9$ in,且 $h_2 = 24.0$ in,则水压(psi)是多少?

2.4.8 在图 P2.4.7 中,如果 $h_1 = 20$ cm 和 $h_2 = 67$ cm,确定管道中的水压(以 kPa 为单位)。计算当测压计测管直径为 0.5 cm,储水器直径为 5 cm,h_2 变化 10 cm 时,h_1 的变化量。

2.4.9 在图 P2.4.9 中,水在管道 A 中流动,油(比重为 0.82)在管道 B 中流动。如果使用水银作为测压计液体,以 psi 为单位确定 A 和 B 之间的压差。

2.4.10 微型测压计由 2 个储液器和 1 个 U 形管组成,如图 P2.4.10 所示。鉴于两种液体的密度是 ρ_1 和 ρ_2,确定压差 $(P_1 - P_2)$ 的表达式,并以 ρ_1、ρ_2、h、d_1 和 d_2 表示。

2.4.11 对于图 P2.4.11 所示的测压计系统,使用不同比重的两种测压流体,确定读数 h。

2.4.12 如果 $E_A = 32.5$ m,确定图 P2.4.12 中密封的左罐中的空气压(以 kPa 和 cmHg 为单位)。

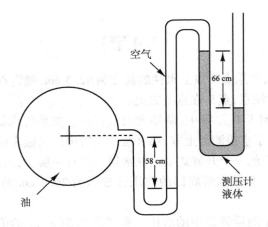

图 P2.4.6   开放式测压计

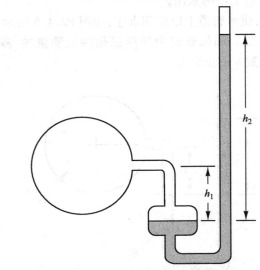

图 P2.4.7   单读数水银测压计

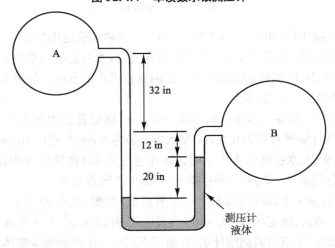

图 P2.4.9   测量 A 和 B 的压差

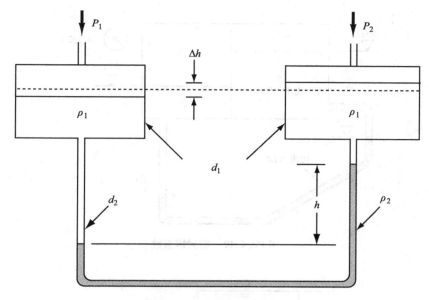

图 P2.4.10　微型测压计

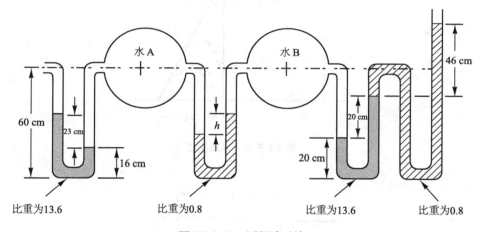

图 P2.4.11　测压计系统

(2.5 节)

2.5.1　垂直闸门使水不会在三角形灌溉渠道中流动。渠道的顶部宽度为 4 m，深度为 3 m。如果渠道已满，闸门上的静水压力是多少及其作用位置在哪里？

2.5.2　建造一个三角形横截面的混凝土坝（图 P2.5.2）来蓄 30 ft 高的水。确定大坝单位长度上受到的静水压力及其作用位置。如果混凝土的比重是 2.67，那么相对于大坝的底部产生的力矩是多少？大坝安全吗？

2.5.3　直径 1 m 的圆形（平面）闸门安装在倾斜墙壁（45°）中，闸门的中心位于水面下方 1 m（垂直距离）处。确定静水压力的大小及其沿倾斜水面的作用位置。

2.5.4　由正方形和三角形组成的平板垂直浸入水中，上边缘与水面重合（图 P2.5.4）。确定可使正方形上的压力等于三角形上的压力的高度与长度比。

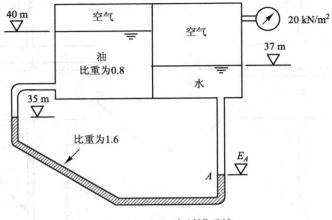

图 P2.4.12 密封罐系统

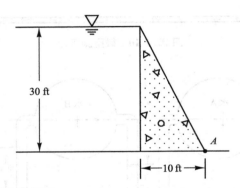

图 P2.5.2 混凝土坝

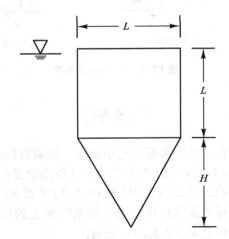

图 P2.5.4 正方形和三角形平板

2.5.5 图 P2.5.5 中的矩形闸门铰链连接在 A 处,将水库中的水与尾水隧道分开。如果均匀厚度的门尺寸为 2 m×3 m,重量为 20 kN,那么闸门将保持关闭的最大高度 h 是多少? 提示:假设水位 h 不会超过铰链位置。

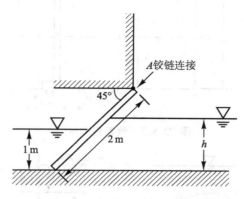

图 P2.5.5 水库矩形阀门

2.5.6 圆形闸门安装在垂直墙上,如图 P2.5.6 所示。如果闸门直径为 6 ft,$h = 7$ ft,确定保持闸门关闭所需的水平力 P。提示:忽略枢轴处的摩擦力。

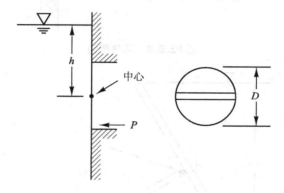

图 P2.5.6 圆形闸门

2.5.7 图 P2.5.7 为一个高 10 ft(H)的垂直矩形闸门。当 h 增加到 4 ft 时,闸门会自动打开,确定水平旋转轴 $O-O'$ 的位置。

2.5.8 计算环形闸门受到压力的合力的大小和位置,如图 P2.5.8 所示。

2.5.9 如果环形闸门的圆形中心由正方形(1 m×1 m)代替,如图 P2.5.8 所示,确定环形闸门上合力的大小和位置。

2.5.10 在图 P2.5.10 中,撑板坝高 5 m、宽 3 m,并绕其中心旋转。确定支撑构件 AB 中的反作用力。

2.5.11 确定图 P2.5.11 中多大的水深(h)会使闸门打开(放下)。闸门是 8 ft 宽、15 ft 高的矩形,在计算中忽略闸门的重量。

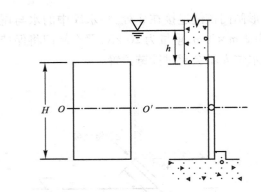

图 P2.5.7 垂直矩形闸门

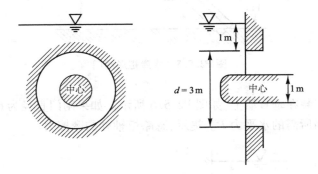

图 P2.5.8 环形闸门

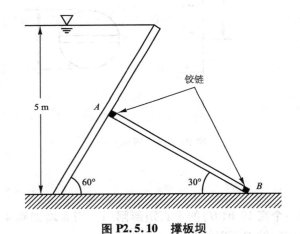

图 P2.5.10 撑板坝

2.5.12 忽略铰链门的重量,确定该门打开时对应的深度 h,如图 P2.5.12 所示。

2.5.13 图 P2.5.13 所示的圆形闸门在中垂线上某一高度处铰接。如果它处于平衡状态,确定 h_A、h_B 与 γ_A、γ_B 和 d 之间的关系。

2.5.14 滑动闸门高 10 ft、宽 6 ft,安装在竖直平面内,并且与导向器的摩擦系数为 0.2。闸门重 3 t,上缘低于水面。计算提升闸门所需的竖向力。

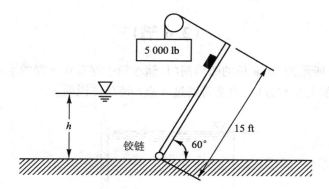

图 P2.5.11 闸门

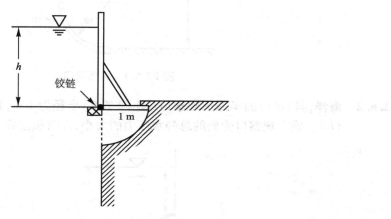

图 P2.5.12 铰链门

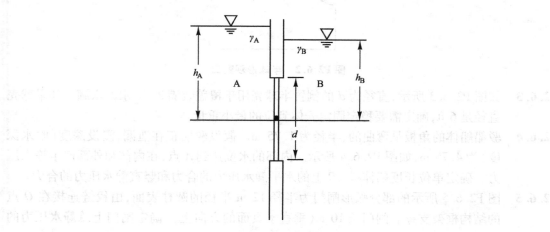

图 P2.5.13 圆形闸门

(2.6 节)

2.6.1 图 P2.6.1 所示的 10 m 长的弧形闸门,储水箱中存有 6 m 深的水。确定闸门上的总静水压力的大小和方向,力是否通过 A 点? 请具体说明。

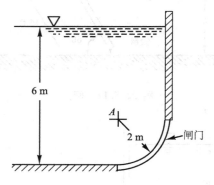

图 P2.6.1 弧形闸门

2.6.2 海洋博物馆中的半球形观察口(图 P2.6.2)半径为 1 m,其顶部在水面下方 3 m 处(h)。确定观察口受到的总静水压力的大小、方向和位置。假设盐水比重为 1.03。

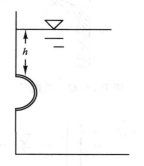

图 P2.6.2 半球形观察口

2.6.3 如图 P2.6.3 所示,直径为 d 的倒置半球壳用于覆盖装满 20 ℃ 水的水罐。如果球壳直径是 6 ft,确定需要稳定固定壳体到位的最小重量。

2.6.4 驳船船体的角板是弯曲的,半径为 1.75 m。假设驳船正在泄漏,浸没深度(吃水深度)为 4.75 m,如图 P2.6.4 所示。内部的水位达到 A 点,在内部和外部产生静水压力。确定单位长度船体板 AB 上的水平静水压力的合力和竖直静水压力的合力。

2.6.5 图 P2.6.5 所示的部分弧形闸门为半径 12 m 半径的圆柱表面,由铰链连接在 O 点的结构框架支撑。闸门长 10 m(垂直于页面的方向上),确定闸门上总静水压力的大小、方向和位置。

2.6.6 计算图 P2.6.6 所示闸门上的总静水压力(单位长度)的大小、方向和位置。

2.6.7 一个直径为 4 ft 的圆柱形罐体,其中心轴线水平放置。直径 1.5 ft 的管道从罐体中部垂直向上延伸,油(比重为 0.9)将罐体和管道填充至 8 ft 的高度。如果油箱长 10 ft,确定油箱一侧(半圆)的总静水压力。

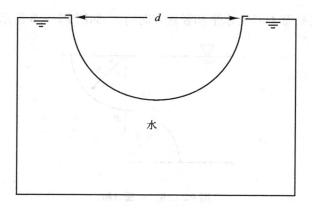

图 P2.6.3　半球壳水罐

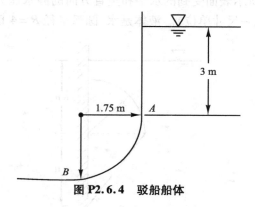

图 P2.6.4　驳船船体

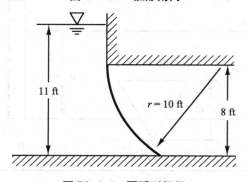

图 P2.6.5　弧形闸门

图 P2.6.6　圆弧形闸门

2.6.8 计算作用在曲面 *ABC* 上水平和竖直方向的力,如图 P2.6.8 所示。

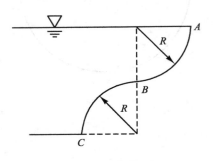

图 P2.6.8 曲面 *ABC*

2.6.9 计算图 P2.6.9 所示表面受到的水平和竖直方向的静水压力(三角形顶部的圆弧尺寸和三角形为统一尺寸单位)。液体是水,圆弧半径 $R = 4$ ft。

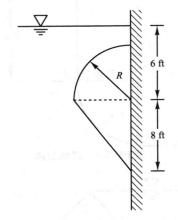

P2.6.9   弧形和三角形组成的表面

2.6.10 在图 P2.6.10 中,锥体插在含有水的储层 A 和含有油(比重为 0.8)的储层 B 之间,直径为 0.1 m 的孔内。如果在 h_0 达到 1.5 m 时锥体被顶出,确定锥体的浮容重。

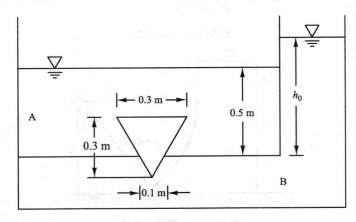

图 P2.6.10 锥体

2.6.11 如果图 P2.6.10 中的储液罐 B 包含压强为 8 500 N/m² 的空气而不是油,确定锥体的浮容重。

2.6.12 图 P2.6.12 中的均匀圆柱体(比重为 2)长 1 m,直径 $\sqrt{2}$ m,堵塞了储水器 A 和 B(A 中液体比重为 0.8,B 中液体比重为 1.5)之间的开口。确定圆柱体上静水压力的水平和竖直分量的大小。

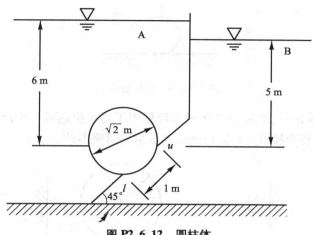

图 P2.6.12　圆柱体

(2.8 节)

2.8.1 一块不规则形状的金属重 301 N,当金属完全浸没在水中时,其重量为 253 N,计算金属的比重和浮容重。

2.8.2 如图 P2.8.2 所示,固体棱柱包含两个部分,如果 $\gamma_B = 1.5\gamma_A$,确定 γ_A 和 γ_B,并写出 γ 的形式。

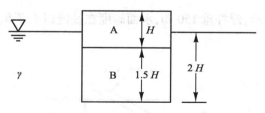

图 P2.8.2　固体棱柱

2.8.3 直径为 30 cm 的实心黄铜球用于将圆柱形浮标固定在海水(比重为 1.03)中,如图 P2.8.3 所示。浮标(比重为 0.45)的高度为 2 m,一端与球体相连。确定潮汐上升高度 h 为多少时,可以将球体从底部拉起?

2.8.4 3 个人位于一条有锚的船上,如果将锚扔到船外,则船外水位将上升、下降还是保持不变?请解释原因。

2.8.5 在淡水中使用的圆柱形锚(高 1.2 ft,直径 1.5 ft)由混凝土(比重为 2.7)制成。如果锚线相对于底部成 60°夹角,确定锚从湖底抬起之前锚线所受的最大张力。

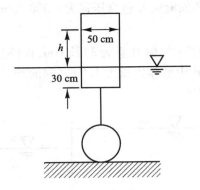

图 P2.8.3 圆柱形浮标

2.8.6 如图 P2.8.6 所示,半径为 R 的球形浮标用于当水位达到一半浮标高度时开启方形闸门 AB,计算半径 R。浮标和闸门的重量均忽略不计。

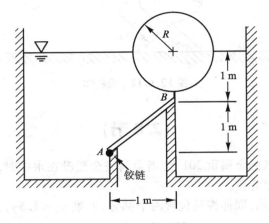

图 P2.8.6 球形浮标

2.8.7 如图 P2.8.7 所示,浮杆重 150 lb,水面高度在铰链以上 7 ft,计算夹角 θ。假设浮标质量均匀分布。

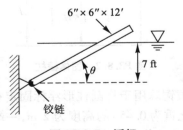

图 P2.8.7 浮杆

2.8.8 长方形驳船长 14 m、宽 6 m、深 2 m,重心位于底部以上 1 m,驳船在海水(比重为1.03)中吃水 1.5 m。确定倾斜角度为 4°、8° 和 12° 时,对应的定倾中心以及复原力矩。

2.8.9 图 P2.8.9 为一个浮标,其中包括一根直径 25 cm、长 2 m 的木杆和底部的球形重物。木杆的比重为 0.62,底部重物的比重为 1.40。确定:①木杆浸入水中的长度;②水面到浮力中心的距离;③从水表到重心的距离;④定倾中心高度。

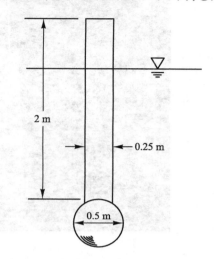

图 P2.8.9 浮标

2.8.10 一个木块长 2 m、宽 1 m、高 1 m,如果该木块的定倾中心与重心在同一位置,木块在水中是否稳定?请解释。

2.8.11 港口底部正在建造一条地铁隧道,拖船拖曳浮动沉管穿过港口,并将它们沉入适当位置,且焊接到港口底部的相邻部分。圆柱形管长 50 ft、直径 36 ft。为方便拖运,沉管垂直浸入深度为 42 ft,并且沉管高于水面 8 ft。为了实现这一点,沉管内部装入 34 ft 的水。确定定倾中心高度,并估算沉管与拖船成 4°夹角时的抗倾力矩。提示:假设重心的位置可以根据管内的水来确定,容器重量可忽略不计。

2.8.12 一个长 12 m、宽 4.8 m、深 4.2 m 的矩形驳船在海水(比重为 1.03)中吃水 2.8 m。假设载荷均匀分布在驳船底部,深度 3.4 m,并且最大设计倾角是 15°,确定重心可以从中心线向驳船边缘移动的距离。

3

管流

3.1 管流简述

在水力学中,有压管流指在压强梯度作用下封闭圆管内形成的水流。对于给定的流量(Q),任意位置处的管流均可通过管道截面、管道高程、管压及流速进行描述。

圆管内某一截面的高程(h)的测定通常需要水平参考基准面,例如平均海平面(MSL)。管内不同点的水压不同,但对于给定的截面,通常采用该截面的平均值表示,在截面内局部压强的变化,除非特别指明,通常可忽略不计。

在大多数工程计算中,截面平均流速(v)定义为流量(Q)与截面面积(A)的比值,即

$$v = \frac{Q}{A} \tag{3.1}$$

管道截面流速分布在水力学中有特殊意义,它在水力学中的意义和重要性将在之后讨论。

3.2 雷诺数

19 世纪末,英国工程师奥斯本·雷诺进行了一项精心准备的管流实验。图 3.1 为雷诺实验的典型装置示意图。一根长直的小孔玻璃管被安装在一个大型玻璃水箱中,控制阀 C 被安装在玻璃管的出口端用以调节出流。当流动开始时,装满有色水的小瓶 B 通过瓶颈处的调节阀将有色水流注入玻璃管的入口。首先将水箱中的水静置几个小时,使水箱每个部分中的水变得完全静止。然后,将控制阀 C 打开使管道中出现非常缓慢的流动,此时有色水流呈直线并一直延伸到下游末端,表明管道中为层流。缓慢打开控制阀 C,使管道流速逐渐增大,直到达到一定的速度;当有色的线条突然分裂并与周围的水掺混时,表明此时管道流动变为紊流。

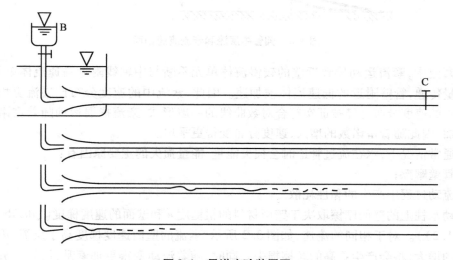

图 3.1 雷诺实验装置图

雷诺发现,实际上管道中从层流到紊流的过渡不仅取决于流速,还取决于管道直径和流体黏度。此外,他还假定紊流的发生与特定的参数有关,这种无量纲之比通常称为雷诺数 N_R(另见第 10 章),可以表示为

$$Re = \frac{Dv}{\nu} \qquad (3.2)$$

对于管流来说,D 是指圆管直径,v 是指平均流速,ν 是指运动黏度,由绝对黏度 μ 和流体密度 ρ 之比定义,即

$$\nu = \frac{\mu}{\rho} \qquad (3.3)$$

圆管中流动的临界雷诺数约为 2 000,这已由许多精细的实验发现并验证。在该种条件下,管中层流变为紊流,从层流到紊流的过渡并不一定会在 $Re = 2\,000$ 时发生,而是根据实验条件的差异,在 $Re2\,000 \sim 4\,000$ 时变化。层流和紊流之间的雷诺数范围通常称为临界区,稍后将对此进行更全面的讨论。

当流体有序地流动时,在圆形管道中产生层流,这可通过大量的可伸缩薄壁同心管进行类比。其外管黏附在管壁上,而与之紧邻的管以非常小的速度移动,每个连续管的速度逐渐增加,并在管道中心附近达到最大。在这种情况下,速度分布采用旋转抛物面的形式,平均速度 v 等于最大中轴线速度的一半,如图 3.2 所示。

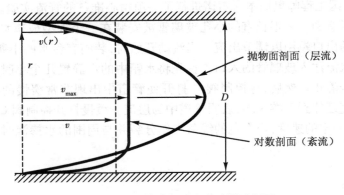

图 3.2　圆管中层流和紊流流速剖面

在紊流中,紊流运动导致近壁的较慢流体单元不断与中轴线附近高速流体单元掺混,由于动量传递,管壁附近的低速流体被加速。因此,紊流中的速度分布比层流更均匀。紊流管道中的速度分布已经被证实符合对数曲线的一般形式,紊流掺混运动随着雷诺数的增大而增加,因此随着雷诺数的增大,速度分布变得更平坦。

在通常情况下,水在流过管道时会损失能量,能量损失的主要原因有:

①管壁摩擦;

②流动过程中产生的黏性耗散。

移动水柱上的壁面摩擦取决于壁面材料的粗糙度 e 和壁面的速度梯度$\left[\,(\mathrm{d}v/\mathrm{d}r)\,|_{r=D/2}\,\right]$(见式(1.2))。对于相同的流速,如图 3.2 所示,紊流的壁面速度梯度高于层流,因此随着雷诺数的增大,将会产生更高的摩擦损失。同时,随着流动变得更加紊乱,层间水分子的动量传递增强,这表明流动中黏性耗散增加。因此,管流中的能量损失率随着雷诺数以及管壁粗糙度的变化而变化,其在工程应用中的差别将在本章后面讨论。

例 3.1

直径为 40 mm 的圆管中充满 20 ℃的水,计算层流可以达到的最大速度。

解:

20 ℃水的运动黏度 $\nu = 1.00 \times 10^{-6}$ m²/s。保守地将 $Re = 2\ 000$ 作为层流上限,因此可求出最大速度:

$$Re = \frac{Dv}{\nu} = \frac{(0.04\ \mathrm{m})v}{1.00 \times 10^{-6}\ \mathrm{m^2/s}} = 2\ 000$$

$$v = 2\ 000(1.00 \times 10^{-6}/0.04) = 0.05\ \mathrm{m/s}$$

流量为

$$Q = Av = \frac{\pi}{4}(0.04)^2(0.05) = 6.28 \times 10^{-5}\ \mathrm{m^3/s}$$

3.3 管流产生的力

图 3.3 所示是圆形管道中一段水流的流动。对于流动的一般描述,允许管道的横截面面积和高程沿着流动的轴向方向变化。

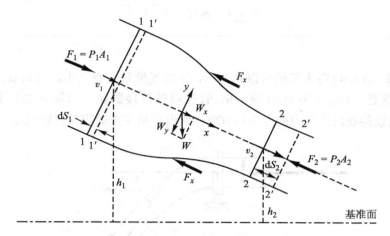

图 3.3 管流概化描述

控制体积法是研究 1—1 与 2—2 断面之间的单元体,在较短的时间间隔 dt 内,前进到在 $1'$—$1'$ 和 $2'$—$2'$ 断面之间新的位置。

对于不可压缩的稳定流体,流入体积单元的质量 $\rho dV_{1-1'}$ 等于流出控制体积的质量 $\rho dV_{2-2'}$,这便是质量守恒定律,有

$$\rho \frac{dV_{1-1'}}{dt} = \rho A_1 \frac{dS_1}{dt} = \rho A_1 v_1 = \rho A_2 v_2 = \rho Q$$

或

$$A_1 v_1 = A_2 v_2 = Q \tag{3.4}$$

式(3.4)即为水利工程中常用的定常不可压缩流体的连续性方程。

对控制体积应用牛顿第二定律,有

$$\sum \vec{F} = m\vec{a} = m\frac{\vec{dv}}{dt} = \frac{\vec{mv_2} - \vec{mv_1}}{\Delta t} \tag{3.5}$$

在式(3.5)中,力和速度都是矢量,必须在所考虑的每个方向上保持平衡。沿着流动的轴向方向,施加在控制体积上的外力可以表示为

$$\sum F_x = P_1 A_1 - P_2 A_2 - F_x + W_x \tag{3.6}$$

式中:v_1、v_2、P_1 和 P_2 分别是截面 1—1 和 2—2 上的速度和压强;F_x 是管壁施加在控制体积上的轴向力;W_x 是控制体积中液体重量的轴向分量。

式(3.5)中,$m/\Delta t$ 为质量流量(ρQ),轴向方向动量守恒定律(或脉冲 – 动量方程)可以表示为

$$\sum F_x = \rho Q(v_{x_2} - v_{x_1}) \tag{3.7a}$$

同样地,对于其他方向有

$$\sum F_y = \rho Q (v_{y_2} - v_{y_1}) \tag{3.7b}$$

$$\sum F_z = \rho Q (v_{z_2} - v_{z_1}) \tag{3.7c}$$

综上,可以写为矢量形式,有

$$\sum \vec{F} = \rho Q (\vec{v_2} - \vec{v_1}) \tag{3.7}$$

例3.2

　　水平管嘴(图3.4)将4 ℃的水以0.01 m³/s的流量射入空气中。入口管的直径($d_A = 40$ mm)是管嘴直径($d_B = 20$ mm)的两倍,管嘴通过铰接固定。如果A处压强为500 000 N/m²,试确定铰接处反作用力的大小和方向。假设铰接支撑的重量可以忽略不计。

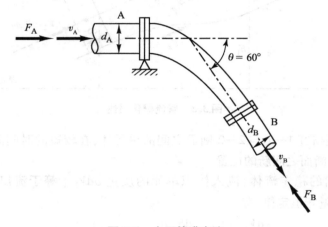

图3.4　水平管嘴出流

解:

　　铰接处提供的力抵消管路系统的压力和动量变化,该力可通过动量方程来计算:

$$F_{x,A} = PA_A = (500\ 000\ \text{N/m}^2)[(\pi/4)(0.04\ \text{m})^2] = 628\ \text{N}$$

$$F_{y,A} = 0(y\ 方向的所有流量); F_{x,B} = F_{y,B} = 0(大气压下)$$

$$v_A = Q/A_A = (0.01\ \text{m}^3/\text{s})/[(\pi/4)(0.04\ \text{m})^2] = 7.96\ \text{m/s} = v_{x,A}, v_{y,A} = 0$$

$$v_B = Q/A_B = (0.01\ \text{m}^3/\text{s})/[(\pi/4)(0.02\ \text{m})^2] = 31.8\ \text{m/s}$$

$$v_{x,B} = (31.8\ \text{m/s})(\cos 60°) = 15.9\ \text{m/s}$$

$$v_{y,B} = (31.8\ \text{m/s})(\sin 60°) = 27.5\ \text{m/s}$$

可得

$$\sum F_x = \rho Q (V_{x,B} - V_{x,A})$$

规定符号→为正,假定F_x为负,有

$$628\ \text{N} - F_x = (998\ \text{kg/m}^3)(0.01\ \text{m}^3/\text{s})[(15.9 - 7.96)\text{m/s}]$$

$$F_x = 549\ \text{N}(\rightarrow)$$

　　力和速度均为矢量,所以必须符合符号规定。求出的F_x为正值,这说明初始的假设是正确的。相似地有

$$\sum F_y = \rho Q(V_{y,B} - V_{y,A})$$

规定符号↑为正,假设 F_y 为负,有

$$-F_y = (998 \text{ kg/m}^3)(0.01 \text{ m}^3/\text{s})[(-27.5-0)\text{m/s}]$$
$$F_y = 274 \text{ N}(\downarrow)$$

合力为

$$F = [(549 \text{ N})^2 + (274 \text{ N})^2]^{1/2} = 614 \text{ N}$$

总作用力方向为

$$\theta = \arctan(F_y/F_x) = 26.5°$$

3.4 管流中的能量

在管流中的水包含各种形式的能量,该能量主要包含三种基本形式:
①动能;
②势能;
③压能。

管道中的一般流动便可证实这三种形式的能量,如图 3.3 所示。图 3.3 中的流动可以很好地代表流管的概念,流管表面均与流速平行,流动不能穿过表面。

图 3.3 中的控制体积在时间间隔 $\mathrm{d}t$ 内,1—1 截面处流体单元以速度 v_1 移动到截面 $1'$—$1'$,在相同的时间间隔 $\mathrm{d}t$ 内,2—2 截面处的流体单元以速度 v_2 移动到截面 $2'$—$2'$,满足连续性条件,有

$$A_1 v_1 \mathrm{d}t = A_2 v_2 \mathrm{d}t$$

1—1 断面上压力在 $\mathrm{d}t$ 时间内的做功即为总压力作用在位移上的功,有

$$P_1 A_1 \mathrm{d}S_1 = P_1 A_1 v_1 \mathrm{d}t \tag{3.8}$$

同样地,2—2 断面上压力的做功为

$$-P_2 A_2 \mathrm{d}S_2 = -P_2 A_2 v_2 \mathrm{d}t \tag{3.9}$$

负号是因为 P_2 与位移 $\mathrm{d}S_2$ 方向相反。

不考虑 $1'1'22$ 的流体质量,控制体积从位置 1122 移动到 $1'1'2'2'$ 重力做功等于从 $111'1'$ 移动到 $222'2'$ 重力做功。作用在 $111'1'$ 的重力等于体积 $A_1 v_1 \mathrm{d}t$ 乘以重度 $\gamma = \rho g$。如果 h_1 和 h_2 代表 $111'1'$ 和 $222'2'$ 中心的高程,那控制体积从 h_1 移动到 h_2 重力做功为

$$\rho g A_1 v_1 \mathrm{d}t(h_1 - h_2) \tag{3.10}$$

动能的增量为

$$\frac{1}{2}mv_2^2 - \frac{1}{2}mv_1^2 = \frac{1}{2}\rho A_1 v_1 \mathrm{d}t(v_2^2 - v_1^2) \tag{3.11}$$

因为所有力对单元体做的总功等于动能变化量,式(3.8)至式(3.11)可以联立写为

$$P_1 Q \mathrm{d}t - P_2 Q \mathrm{d}t + \rho g Q \mathrm{d}t(h_1 - h_2) = \frac{1}{2}\rho Q \mathrm{d}t(v_2^2 - v_1^2)$$

等式两边同时除以 $\rho g Q \mathrm{d}t$ 便可得到伯努利方程(单位水体质量的能量形式,称之为水头):

$$\frac{v_1^2}{2g} + \frac{P_1}{\gamma} + h_1 = \frac{v_2^2}{2g} + \frac{P_2}{\gamma} + h_2 \tag{3.12}$$

因此,速度水头、压强水头和位置水头的代数和几乎达到流过特定管段单位质量水体中所含的所有能量。实际上,当水团从一个部分流到另一个部分时,会发生一定量的能量损失,这种损失在工程中的应用将在下面进行讨论。

图3.5描述了管道中两个位置处的水头。在上游位置的1断面,三种水头分别为 $v_1^2/2g$,P_1/γ 和 h_1(单位质量的能量实际上是单位长度和高度无量纲化的结果)。三种水头的代数和为点 a 处的能量水平线,a 点到 b 点的距离代表总水头,或者说截面1处单位质量水体包含的总能量,有

$$H_1 = \frac{v_1^2}{2g} + \frac{P_1}{\gamma} + h_1 \qquad (3.13)$$

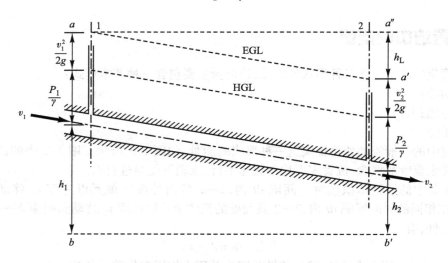

图 3.5　管流总水头及水头损失

水流从上游到下游,有一部分能量由于摩擦损耗掉(主要转化为热能)。断面2单位质量水体剩余的能量通过图 3.5 中 a' 和 b' 之间的距离表示。同样地,此处的总水头包括速度水头、压强水头和位置水头,有

$$H_2 = \frac{v_2^2}{2g} + \frac{P_2}{\gamma} + h_2 \qquad (3.14)$$

a' 和 a'' 之间的高程差代表断面1和断面2之间的水头损失(h_L),两断面之间的能量关系可写为

$$\frac{v_1^2}{2g} + \frac{P_1}{\gamma} + h_1 = \frac{v_2^2}{2g} + \frac{P_2}{\gamma} + h_2 + h_L \qquad (3.15)$$

这种关系称为能量方程,但是有时会被误称为伯努利方程(伯努利方程不考虑能量损耗,或者能量损耗可以忽略不计)。对于水平放置的均匀管路,水头损失最终导致管压沿程下降,因为流速水头和位置水头沿程不变,所以有

$$\frac{P_1 - P_2}{\gamma} = h_L \qquad (3.15a)$$

图 3.5 显示了一些其他值得注意的水利工程概念。例如,可以将所有表示沿管道的总能量的点绘制成一条线,这条线称为能量等级线(EGL)。EGL 的斜率表示沿管道能量损失

的速率,低于 EGL 线 $v^2/2g$ 的距离的线是测压管水头等级线(HGL)。这些概念将在后面的章节中讨论。

例 3.3

25 cm 长的圆管中,水流流量为 0.16 m^3/s,管压为 200 Pa。该管道放置在得克萨斯州弗里波特海平面以上 10.7 m 的高程处。以海平面为基准面,总水头为多少?

解:

根据连续性方程(3.4),有

$$Q = Av$$

因此

$$v = \frac{Q}{A} = \frac{0.16 \text{ m}^3/\text{s}}{(\pi/4)(0.25 \text{ m})^2} = 3.26 \text{ m/s}$$

以海平面为基准面的总水头为

$$\frac{v^2}{2g} + \frac{P}{\gamma} + h = \frac{(3.26 \text{ m/s})^2}{2(9.81 \text{ m/s}^2)} + \frac{200 \text{ N/m}^2}{9790 \text{ N/m}^3} + 10.7 \text{ m} = 11.3 \text{ m}$$

例 3.4

图 3.6 所示的地面上的水箱通过 1—2 管路向地下储水池供水,流量为 3 200 gpm,总水头损失为 11.5 ft,管路半径为 0.5 ft。求水箱中水面的高程。

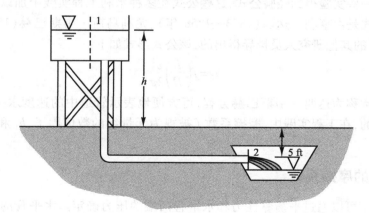

图 3.6 水流从上方水箱流出

解:

根据能量方程(3.15),建立断面 1 和断面 2 之间的关系:

$$\frac{v_1^2}{2g} + \frac{P_1}{\gamma} + h_1 = \frac{v_2^2}{2g} + \frac{P_2}{\gamma} + h_2 + h_L$$

储水池中水流流速和管路中的流速相比可忽略不计(即 $v_1 = 0$),除此之外,管路两端均暴露在大气压中,所以有

$$P_1 = P_2 = 0$$

平均流速为

$$v = \frac{Q}{A} = \frac{3\ 200\ \text{gpm}}{\pi r^2} = \left[\frac{3\ 200\ \text{gpm}}{\pi\ (0.5\ \text{ft})^2}\right]\left[\frac{1\ \text{ft}^3/\text{s}}{449\ \text{gpm}}\right] = 9.07\ \text{ft/s}$$

将基准面设在地面,用能量方程求解:

$$h = h_1 = \frac{v_2^2}{2g} + h_2 + h_L = \frac{(9.07\ \text{ft/s})^2}{2(32.2\ \text{ft/s}^2)} - 5\ \text{ft} + 11.5\ \text{ft} = 7.78\ \text{ft}$$

3.5 管道中摩擦引起的水头损失

由管道中的摩擦引起的能量损失通常被称为摩擦水头损失(h_f),这是由管壁摩擦和水流中的黏性耗散引起的水头损失。因为摩擦水头损失较大,有时称其为主要损失,所有其他损失被称为轻微损失。在过去的一个世纪中,已经进行了诸多关于管道摩擦导致水头损失的规律研究,从这些研究中已经了解到管道中流动阻力的以下特征:

①与水流受到的压力无关;

②与管道长度成正线性关系;

③与管道直径的幂次成反比关系;

④与平均流速的幂次成比例关系;

⑤如果流动为紊流,则与管道粗糙度相关。

已经通过一些实验得到经验公式,这些公式在多种水利工程实践中加以应用。应用最普遍的管流公式是由亨利·达西(1803—1858 年)、尤利乌斯·韦斯巴赫(1806—1871 年)和 19 世纪中叶的其他研究人员推导得出的,该公式形式如下:

$$h_f = f\left(\frac{L}{D}\right)\frac{v^2}{2g} \tag{3.16}$$

该公式通常称为达西–韦斯巴赫方程,可方便地表示管道中的速度水头。此外,它在单位上是一致的,在工程实践中,摩擦系数 f 被视为无量纲的数值因子,h_f 和 $v^2/2g$ 都是长度单位。

3.5.1 层流的摩擦系数

在层流中,f 可以通过平衡黏性力和水平管两端的压力确定。水平管的两个端部间隔距为 L,在半径为 r 的圆柱形管段(图3.7)中,两端之间的压力差为 $(P_1 - P_2)\pi r^2$,黏性力为 $(2\pi r L)\tau$。切应力的大小参见式(1.2),为 $\mu(\mathrm{d}v/\mathrm{d}r)$。在平衡状态下,压力差和黏性力相互平衡,可写为

$$-2\pi r L\left(\mu\frac{\mathrm{d}v}{\mathrm{d}r}\right) = (P_1 - P_2)\pi r^2$$

等式左端的负号表示流速随着半径方向递减,即在管流中 $\mathrm{d}v/\mathrm{d}r$ 总为负值。该方程可整理积分写为流速关于 r 的形式,有

$$v = \frac{P_1 - P_2}{4\mu L}(r_0^2 - r^2) \tag{3.17}$$

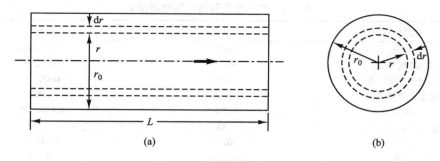

图 3.7   圆柱形管道形态

式中:r_0 是圆管的内径。该公式表明层流管流中流速分布为半径 r 的抛物线方程。将单元面积中的流量进行积分,可得到流过管道的总流量:

$$Q = \int dQ = \int v dA = \int_0^{r_0} \frac{P_1 - P_2}{4\mu L}(r_0^2 - r^2)(2\pi r)dr$$

$$= \frac{\pi r_0^4 (P_1 - P_2)}{8\mu L} = \frac{\pi D^4 (P_1 - P_2)}{128\mu L} \tag{3.18}$$

该公式也被称为层流的哈根·泊肃叶定律。平均流速为

$$v = \frac{Q}{A} = \frac{\pi D^4 (P_1 - P_2)}{128\mu L} \bigg/ (\pi/4)D^2$$

$$= \frac{(P_1 - P_2)D^2}{32\mu L} \tag{3.19}$$

对于水平均匀管,由能量方程(3.15)得到

$$h_f = \frac{P_1 - P_2}{\gamma}$$

因此,达西 - 韦斯巴赫方程可写为

$$\frac{P_1 - P_2}{\gamma} = f\left(\frac{L}{D}\right)\frac{v^2}{2g} \tag{3.20}$$

结合式(3.19)和式(3.20),可得

$$f = \frac{64\mu g}{\gamma v D} \tag{3.20a}$$

因为 $\gamma = \rho g$,有

$$f = \frac{64\mu}{\rho V D} = \frac{64}{Re} \tag{3.21}$$

该式表明圆管层流摩擦系数 f 与雷诺数 Re 存在直接的关系,与管路表面粗糙度无关。

3.5.2   紊流的摩擦系数

当雷诺数更高时,比如 $Re \gg 2\ 000$,管道中的流动基本变为紊流,此时 f 取值变得更少地依赖于雷诺数,而更多地依赖于管道的相对粗糙度(e/D)。e 是管壁平均粗糙高度的量度,D 为管径。商用管道的粗糙高度通常通过管道材料提供的 e 值来描述。如果光滑管道表面涂有均匀尺寸的砂粒 e,那么所选管道在高雷诺数下具有相同的 f 值,常见商用管材的粗糙高度见表 3.1。

表 3.1　常见商用管材的粗糙高度 e

管路材料	e(mm)	e(ft)
黄铜	0.001 5	0.000 005
钢筋混凝土	0.18	0.000 6
混凝土连接位置	0.36	0.001 2
混凝土粗糙表面	0.60	0.002
纯铜	0.001 5	0.000 005
波纹金属(CMP)	45	0.15
沥青衬里	0.12	0.000 4
生铁	0.26	0.000 85
水泥砂浆衬里	0.12	0.000 4
镀锌铁	0.15	0.000 5
熟铁	0.045	0.000 15
聚氯乙烯(PVC)	0.001 5	0.000 005
高密度聚乙烯(HDPE)	0.001 5	0.000 005
搪瓷涂层钢	0.004 8	0.000 016
铆接钢	0.9 ~ 9.0	0.003 ~ 0.03
无缝钢管	0.004	0.000 013
型钢	0.045	0.000 15

　　已经证实,即使管道流动是紊流,紧邻管壁的区域也存在非常薄的层流层,通常称为层流子层。层流子层的厚度随管道雷诺数的增大而减小,如果平均粗糙高度小于层流子层的厚度,则称管道是水力光滑的。在水力光滑的管道流动中,摩擦系数不受管道表面粗糙度的影响。

　　根据实验室实验数据,如果 $\delta' > 1.7e$,表面粗糙度的影响完全被层流子层浸没,而且管道流动是水力光滑的。在这种情况下,西奥多·冯·卡门给出了一个摩擦系数等式:

$$\frac{1}{\sqrt{f}} = 2\lg\left(\frac{Re\sqrt{f}}{2.51}\right) \tag{3.22}$$

　　在高雷诺数下,δ' 变得非常小。已经证明,如果 $\delta' < 0.08e$,f 变得与雷诺数无关,而且仅取决于相对粗糙度。在这种情况下,管道表现为水力粗糙管道,西奥多·冯·卡门发现 f 可以表示为

$$\frac{1}{\sqrt{f}} = 2\lg\left(3.7\frac{D}{e}\right) \tag{3.23}$$

　　如果介于以上两种情况之间,即 $0.08e < \delta' < 1.7e$,管道既非水力光滑的也非完全水力粗糙的。C. F. 科尔布鲁克推导出 f 在此中间范围的大概关系为

$$\frac{1}{\sqrt{f}} = -\lg\left(\frac{\dfrac{e}{D}}{3.7} + \frac{2.51}{Re\sqrt{f}}\right) \tag{3.24}$$

　　20 世纪 40 年代早期,在工程实践中使用这些隐式方程较为烦琐,刘易斯·F. 穆迪制作了一张方便的图表(图 3.8),通常被称为管道流动摩擦系数的穆迪图。

　　该图表清楚地显示出管流的四个区:

　　①层流区,摩擦系数只是雷诺数的线性函数;

　　②临界区,取值难以确定,因为流态可能既非层流也不完全是紊流;

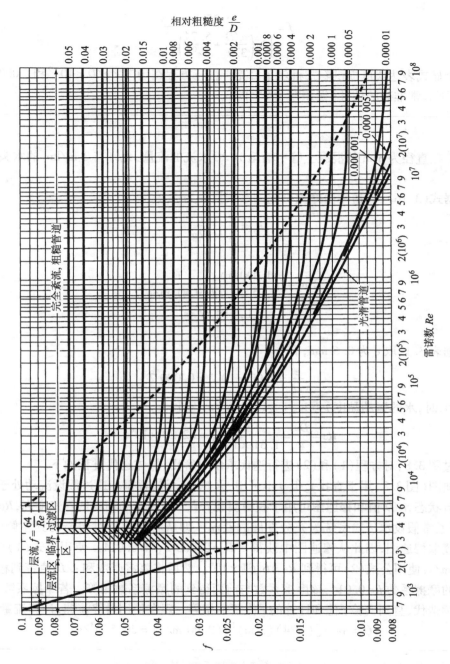

图 3.8 管流摩擦系数的穆迪图

③转换区(过渡区),摩擦系数是雷诺数和管路相对粗糙度的函数;

④充分发展的紊流区,摩擦系数只与相对粗糙度有关,与雷诺数无关。

可将图 3.8 与表 3.1 结合起来获得圆管的摩擦系数。

对穆迪图充分研究发展之后,提出了斯瓦米 – 杰恩方程来解决 Re 已知的摩擦系数:

$$f = \frac{0.25}{\left[\lg\left(\dfrac{e/D}{3.7} + \dfrac{5.74}{Re^{0.9}} \right) \right]^2} \tag{3.24a}$$

这个显式表达式可提供隐式科尔布鲁克 – 怀特方程在 $10^{-6} < e/D < 10^{-2}$ 和 $5\,000 < Re < 10^8$ 情况下非常准确的估计(误差在 1% 之内)。

例 3.5

计算在直径为 3 m 的混凝土管中输运 10 ℃水流的流量,允许有 2 m/km 的水头损失。

解:

根据式(3.16),管道中由摩擦引起的水头损失为

$$h_f = f\left(\frac{L}{D} \right)\frac{v^2}{2g}$$

因此

$$2\ \text{m} = f\left(\frac{1\,000\ \text{m}}{3\ \text{m}} \right)\frac{v^2}{2(9.81\ \text{m/s}^2)}$$

$$v^2 = \frac{0.118\ \text{m}^2/\text{s}^2}{f} \tag{1}$$

根据表 3.1,取 e 为 0.6 mm,有

$$\frac{e}{D} = 2.00 \times 10^{-4} = 0.000\,2$$

10 ℃时,水的运动黏度 $\nu = 1.31 \times 10^{-6}\ \text{m}^2/\text{s}$,因此

$$Re = \frac{Dv}{\nu} = \frac{3v}{1.31 \times 10^{-6}} = (2.29 \times 10^6)v \tag{2}$$

通过图 3.8,对方程(1)和(2)进行迭代求解可解出,具体迭代过程如下。

穆迪图(图 3.8)用于查找 f,但 v 不可用,因此 Re 无法解得。通过假设流动处于充分发展的紊流状态,e/D 值和穆迪图可用于获得实验 f 值。因为水的黏度低且速度高,Re 的值较大,所以通常假设水传输系统为充分发展的紊流。即从右侧的相对粗糙度到左侧的相关 f 值直接读取穆迪图,因此从穆迪图中获得 $e/D = 0.000\,2$,$f = 0.014$。使用等式(1)中可得 $v = 2.90$ m/s;使用公式(2)可得到 $Re = 6.64 \times 10^6$。然后将该雷诺数和 e/D 值带到穆迪图中获得新的摩擦系数 $f = 0.014$,该摩擦系数与前面得到的摩擦系数相等。若摩擦系数不同,那么将继续迭代,直到实验 f 值和计算的 f 值基本相等。现在使用最终流速,计算流量为

$$Q = Av = \left[(\pi/4)(3\ \text{m})^2 \right](2.90\ \text{m/s}) = 20.5\ \text{m}^3/\text{s}$$

注:摩擦水头损失的达西 – 韦斯巴赫方程(式(3.16))、雷诺数(式(3.2))和科尔布鲁克的摩擦系数关系(式(3.24))或斯瓦米 – 杰恩关系(式(3.24a))可以通过计算机求解代数软件系统(例如 Mathcad,Maple 或 Mathematica)同时求得,并且应该产生相同的结果。然而,这种关系是高度非线性的,并且可能需要良好的初始估计以避免数值不稳定性。

例 3.6

尺寸均匀、水平放置的焊接钢管输运 70 ℉、流量为 14.0 ft³/s 的水,允许的沿程损失为

17 ft/mi,求管径。

解:

选取相隔 1 m 的两断面建立能量方程:

$$\frac{v_1^2}{2g} + \frac{P_1}{\gamma} + h_1 = \frac{v_2^2}{2g} + \frac{P_2}{\gamma} + h_2 + h_L$$

对于水平放置的均匀管:

$$v_1 = v_2 ; h_1 = h_2 ; h_L = h_f$$

则能量方程为

$$\frac{p_1}{\gamma} - \frac{p_2}{\gamma} = h_f = 17 \text{ ft}$$

根据式(3.16)得

$$h_f = f \frac{L}{D} \frac{v^2}{2g} = f \frac{L}{D} \frac{Q^2}{2g(\pi D^2/4)^2} = \frac{8fLQ^2}{g\pi^2 D^5}$$

因此

$$D^5 = \frac{8fLQ^2}{g\pi^2 h_f} = 1\ 530f \tag{1}$$

式中:$L = 5\ 280$ ft;$h_f = 17$ ft;20 ℃时,$\nu = 1.08 \times 10^{-5}$ft^2/s。假设焊接钢管的粗糙度低于铆接钢,$e = 0.003$ ft,直径可通过迭代并查找穆迪图得到,且 $D = 2.5$ ft,则

$$v = \frac{Q}{A} = \frac{14 \text{ ft}^3/\text{s}}{\pi(1.25 \text{ ft})^2} = 2.85 \text{ ft/s}$$

$$Re = \frac{vD}{\nu} = \frac{(2.85 \text{ ft/s})(2.5 \text{ ft})}{1.08 \times 10^{-5}\text{ft}^2/\text{s}} = 6.60 \times 10^5$$

$$e/D = \frac{0.003 \text{ ft}}{2.5 \text{ ft}} = 0.001\ 2$$

查找穆迪图可得 $f = 0.021$,将该值代入公式(1)中可得

$$D = [(1\ 530)(0.021)]^{1/5} = 2 \text{ ft}$$

第二次迭代:$v = 4.46$ ft/s,$Re = 8.26 \times 10^5$,$e/D = 0.001\ 5$,$f = 0.022$,$D = 2.02$ ft ≈ 2 ft。再迭代也只会产生相同的结果。同样地,计算机求解代数软件系统得到的也是相同的结果。

3.6 摩擦水头损失经验公式

在整个文明历史中,水利工程师建立了供水系统。在 20 世纪,这些经验公式对于水利系统的设计起到了巨大的作用,经验公式准确来讲是一个方程。一般而言,这些设计公式是根据在一定条件范围内的流体流动实验测量得出的。有些人没有经过合理的基础分析,因此经验公式可能在量纲上不正确;这样的话,它们只适用于指定的条件和范围。下面讨论包含经验粗糙系数的两个公式,其取决于测试管的粗糙度而不是相对粗糙度,进一步限制了适用性。

一个最好的例子是哈森－威廉姆斯方程,该方程是针对较大管径($D \geq 5$ cm,约 2 in),

水流量在中等流速范围内推得的。该方程已被广泛用于美国供水系统的设计,最初为英国测量系统开发的哈森－威廉姆斯方程变化成如下形式:

$$v = 1.318 C_{HW} R_h^{0.63} S^{0.54} \tag{3.25}$$

式中:S 为沿程能量线的坡度,或单位长度管路的水头损失($S = h_f / L$);R_h 为水力半径,其定义为过流断面面积与湿周之比,对于圆管来说,有

$$R_h = \frac{A}{P} = \frac{\pi D^2 / 4}{\pi D} = \frac{D}{4} \tag{3.26}$$

哈森－威廉姆斯系数 C_{HW} 不是流动条件(即雷诺数)的函数。对于非常光滑的直管,其值为 140;对于旧的无衬套管,其值为 90 或 80。通常,对于平均条件采用 $C_{HW} = 100$。常用的输水管道的 C_{HW} 值列于表 3.2 中。

表 3.2 常用输水管道的哈森－威廉姆斯系数 C_{HW}

管路材料	C_{HW}
黄铜	130 ~ 140
生铁(老式水管常用材料)	
新的,无内衬	130
10 年	107 ~ 113
20 年	89 ~ 100
30 年	75 ~ 90
40 年	64 ~ 83
混凝土或混凝土衬套	
光滑	140
平均	120
粗糙	100
纯铜	130 ~ 140
水泥砂浆衬套	140
玻璃	140
高密度聚乙烯	150
塑料	130 ~ 150
聚氯乙烯	150
钢	
型钢	140 ~ 150
铆接钢	90 ~ 110
无缝焊接钢管	100
固结黏土	110

注意,式(3.25)中的哈森－威廉姆斯系数的单位为 $\mathrm{ft^{0.37}/s}$。因此,式(3.25)仅适用于以 ft/s 为单位测量速度的英制单位,以 ft 为单位测量水力半径(R_h)。国际单位制中的哈森－威廉姆斯方程可以用以下形式编写:

$$v = 0.849 C_{HW} R_h^{0.63} S^{0.54} \tag{3.27}$$

式中:v 为流速,是通过每秒流动的距离测定的;R_h 单位为 m。

例 3.7

管径为 20 cm、长 100 m、$C_{HW} = 120$ 的管中水流流量为 30 L/s。求管道的水头损失。

解：

过水断面面积：
$$A = \frac{\pi D^2}{4} = \frac{\pi}{4}(0.2)^2 = 0.031\ 4\ \text{m}^2$$

湿周长度：
$$P = \pi D = 0.2\pi = 0.628\ \text{m}$$

水力半径：
$$R_\text{h} = A/P = \frac{0.031\ 4}{0.628} = 0.05\ \text{m}$$

根据式(3.27)可得

$$v = \frac{Q}{A} = 0.849 C_\text{HW} R_\text{h}^{0.63} S^{0.54}$$

$$\frac{0.03}{0.031\ 4} = 0.849(120)(0.05)^{0.63}\left(\frac{h_\text{f}}{100}\right)^{0.54}$$

$$h_\text{f} = 0.579\ \text{m}$$

另一个常用的经验公式是曼宁公式，最初是以公制单位推得的。曼宁公式已广泛用于开放式水道设计(详见第6章)，也常用于管道流动。曼宁公式可表示为

$$v = \frac{1}{n}R_\text{h}^{2/3}S^{1/2} \tag{3.28}$$

式中：v 为流速，单位是 m/s；R_h 水力半径，单位是 m；n 为曼宁粗糙系数，在水利工程中通常称为曼宁系数。

在英制单位中，曼宁公式写为

$$v = \frac{1.486}{n}R_\text{h}^{2/3}S^{1/2} \tag{3.29}$$

式中：R_h 的单位是 ft；v 的单位是 ft/s；常数 1.486 用于转换单位，因为 $1\ \text{m}^{1/3}/\text{s} = 1.486\ \text{ft}^{1/3}/\text{s}$。表 3.3 列出了常见管道材料对应的 n。

表 3.3 常见管道材料的曼宁粗糙系数 n

管路材料	曼宁系数 n	
	最小值	最大值
黄铜	0.009	0.013
生铁	0.011	0.015
水泥砂浆表面	0.011	0.015
水泥橡胶表面	0.017	0.030
黏土排水瓦片	0.011	0.017
预制混凝土	0.011	0.015
纯铜	0.009	0.013
波纹金属 CMP	0.020	0.024
球墨铸铁	0.011	0.013
玻璃	0.009	0.013
高密度聚乙烯	0.009	0.011
聚氯乙烯	0.009	0.011
型钢	0.010	0.012
铆接钢	0.017	0.020

管路材料	曼宁系数 n	
	最小值	最大值
陶瓷管道	0.010	0.017
熟铁	0.012	0.017

例 3.8

　　管径为 10 cm、长度为 200 m 水平放置的均匀旧铸铁管,如果压降为 24.6 m 水柱,求其流量。

解:

过水断面面积:
$$A = \frac{\pi D^2}{4} = \frac{\pi}{4}(0.1)^2 = 0.007\ 85\ \text{m}^2$$

湿周长度:
$$P = \pi D = 0.1\pi = 0.314\ \text{m}$$

水力半径:
$$R_{\text{h}} = A/P = \frac{0.007\ 85}{0.314} = 0.025\ \text{m}$$

能量水头线坡度:
$$S = h_{\text{f}}/L = \frac{24.6}{200} = 0.123$$

曼宁粗糙系数:　　　　$n = 0.015$(查表 3.3)

将这些值代入曼宁公式,可得

$$v = \frac{Q}{A} = \frac{1}{n}R_{\text{h}}^{2/3}S^{1/2}$$

$$Q = \frac{1}{n}R_{\text{h}}^{2/3}S^{1/2}A = \frac{1}{0.015}(0.007\ 85)(0.025)^{2/3}(0.123)^{1/2} = 0.015\ 7\ \text{m}^3/\text{s}$$

3.7　摩擦水头损失与流量的关系

　　许多工程问题都需要确定定流量管道中的摩擦水头损失。因此,获得摩擦水头损失与流量的关系式将方便很多。对于英制单位系统,可以重新改写达西 – 韦斯巴赫方程为

$$h_{\text{f}} = fL\frac{0.025\ 2Q^2}{D^5} \tag{3.30}$$

　　如前所述,摩擦系数通常取决于管道尺寸、粗糙度和雷诺数。然而,穆迪图(图 3.8)表明,在高雷诺数下,图线变为水平,其中对于充分发展的紊流,摩擦系数仅取决于 e/D 值。换句话说,对于给定的管道尺寸和材料,充分发展紊流的 f 是恒定的,对于大多数水运输系统而言通常是这种情况,因为水的黏性系数低并且流速高,对应的雷诺数值较大。考虑实际情况,式(3.30)可写为

$$h_{\text{f}} = KQ^m \tag{3.31}$$

式中:$K = 0.025\ 2fL/D^5$;$m = 2$。其他摩擦引起的水头损失也可写成式(3.31)的形式,将其总结在表 3.4 中。在式(3.31)中,m 是无量纲的,K 的量纲取决于摩擦公式和所选择的单位

系统。

有大量的计算机软件可用于解决已经讨论的管道流动方程(即达西 - 韦斯巴赫方程、哈森 - 威廉姆斯方程和曼宁公式),其中一些软件是免费的,并且可以作为管道流量计算器在网上随时使用,其他则是专用的(例如 FlowMaster、PIPE FLO 和 Pipe Flow Wizard(英国)),这些软件往往更加强大,并且具有更好的技术报告打印功能。对于大多数软件,求解期望得到的变量时,都需要知道 5 个变量(L、D、Q、h_f 和 f)中的任何 4 个,就可以轻松地通过编写电子表格程序来完成同样的事情。

表 3.4 形式为 $h_t = KQ^m$ 的摩擦水头损失公式

方程	m	K(英制单位)	K(国际单位)
达西 - 韦斯巴赫	2	$\dfrac{0.025\,2fL}{D^5}$	$\dfrac{0.082\,6fL}{D^5}$
哈森 - 威廉姆斯	1.85	$\dfrac{4.73L}{D^{4.87}C_{HW}^{1.85}}$	$\dfrac{10.7L}{D^{4.87}C_{HW}^{1.85}}$
曼宁	2	$\dfrac{4.64n^2L}{D^{5.33}}$	$\dfrac{10.3n^2L}{D^{5.33}}$

3.8 管道收缩引起的水头损失

管道的突然收缩,由于流速的增加和紊动能量的耗散,通常会引起管内水压明显下降,如图 3.9 所示。

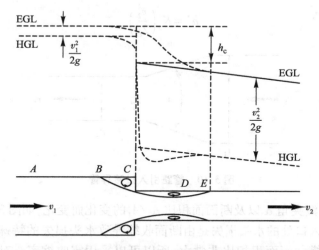

图 3.9 管道突然收缩引起的水头损失及水压变化

能量水头线和管道中心线之间的垂直距离表示沿着管道任意位置处的总水头,测压管水头线和管道中心线之间的垂直距离代表压力水头,EGL 和 HGL 之间的距离是该位置的速度水头。在 B 点之后,HGL 在流速加快时开始下降,并且在收缩区 C 处出现停滞水域。紧接着在收缩区下游,流线与管壁分离,形成高速射流,并在 E 点与管壁相接。C 和 E 之间发生的现象被水利工程师称为缩流断面(将在第9章详细讨论)。管道收缩中的大部分能量损失发生在 C 和 D,其中射流速度高且压力低,随着射流逐渐消散并恢复正常的管道流动,一定量的压力在 D 和 E 之间恢复。在 E 点的下游,EGL 和 HGL 线再次相互平行,但它们表现出更陡的坡度(比收缩上游的管道处更大),预计较小的管道会产生较高的能量消耗(由摩擦产生)。

过流断面突然收缩时,水头损失可用较小管道中的流速水头表示为

$$h_c = K_c \left(\frac{v_2^2}{2g} \right) \tag{3.32}$$

式中:K_c 为收缩系数,其大小随收缩率 D_2/D_1 的变化而变化,其与管内流速和 D_2/D_1 的关系如表 3.5 所示。

表 3.5 截面突然收缩对应的收缩系数 K_c

细管中的流速 (m/s)	收缩系数 K_c(小大直径之比,D_2/D_1)									
	0.0	0.1	0.2	0.3	0.4	0.5	0.6	0.7	0.8	0.9
1	0.49	0.49	0.48	0.45	0.42	0.38	0.28	0.18	0.07	0.03
2	0.48	0.48	0.47	0.44	0.41	0.37	0.28	0.18	0.09	0.04
3	0.47	0.46	0.45	0.43	0.40	0.36	0.28	0.18	0.10	0.04
6	0.44	0.43	0.42	0.40	0.37	0.33	0.27	0.19	0.11	0.05
12	0.38	0.36	0.35	0.33	0.31	0.29	0.25	0.20	0.13	0.06

如果引入平缓的过渡导管,断面收缩水头损失将极大地减少,如图 3.10 所示。这种情况下,水头损失可以表示为

$$h_c' = K_c' \left(\frac{v_2^2}{2g} \right) \tag{3.33}$$

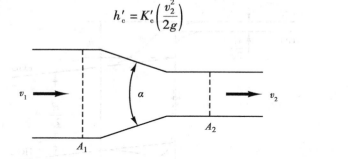

图 3.10 管路引入过渡导管

K_c' 的值随着过渡夹角 α 以及断面面积比 A_2/A_1 的变化而变化,如图 3.11 所示。

大型水库管道入口处的水头损失是由断面收缩导致水头损失的特殊情况,因为水库的横截面面积与管的横截面面积相比非常大,所以可以采用零收缩率。对于方形边缘入口,管道入口与水库边壁齐平,如图 3.12(a)所示,使用表 3.5 中的 K_c 值。

普遍意义上的入口水头损失表达式也可表达为管内流速水头的形式:

$$h_e = K_e \left(\frac{v^2}{2g} \right) \tag{3.34}$$

不同入口情况的入口水头损失系数 K_e 估计值如图 3.12 所示。

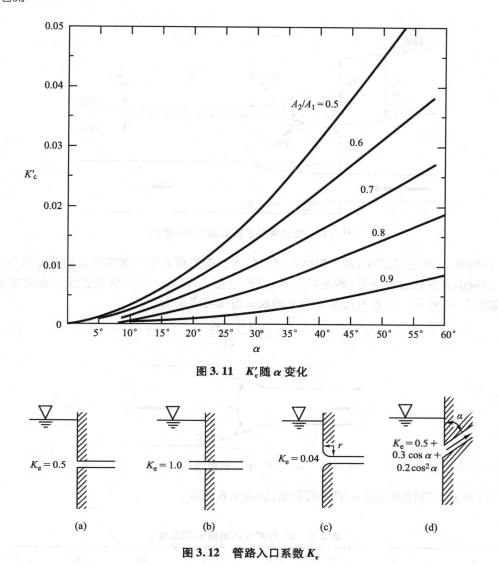

图 3.11 K'_c 随 α 变化

图 3.12 管路入口系数 K_e

图 (c) 标注: $K_e = 0.04$，r

图 (d) 标注: $K_e = 0.5 + 0.3 \cos \alpha + 0.2 \cos^2 \alpha$，$\alpha$

图 (a) 标注: $K_e = 0.5$

图 (b) 标注: $K_e = 1.0$

3.9   断面扩张引起的水头损失

图 3.13 所示为总能量水头线和测压管水头线在突然扩张的管道附近的变化。在突然扩张处 A 的拐角，流线与大管径的管壁分离，并且在 A 和 B 之间形成流速相对缓滞的区域，在其中形成较大的涡流填充该空间。管道突然扩张时的大部分能量损失发生在 A 和 B 之间，此后流线重新贴合在壁面。由于管道中流速的降低，在此处可能发生压力恢复，高速射流逐渐减速并在 C 点达到平衡，从该点之后，重新开始正常的管流，并且总水头线比扩张之前有更小的坡度。

管道截面突然扩张引起的水头损失可通过动量进行推导，水头损失为

$$h_E = \frac{(v_1 - v_2)^2}{2g} \tag{3.35}$$

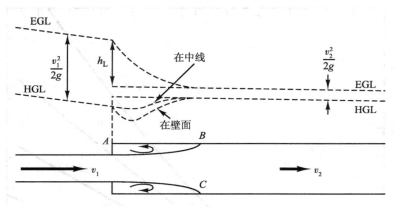

图 3.13 管道突然扩张引起的水头损失

在物理上,该公式表明,断面突然扩张时的水头损失可表示为速度变化的速度水头。

通过引入平缓过渡导管(称为扩散器)进行过渡,可以大大减少管道扩张引起的水头损失,如图 3.14 所示。该管道过渡情况下的水头损失可表示为

$$h'_E = K'_E \frac{(v_1^2 - v_2^2)}{2g} \tag{3.36}$$

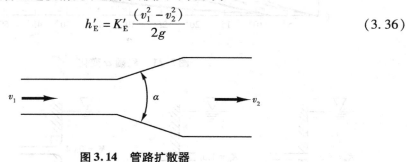

图 3.14 管路扩散器

K'_E 随着扩散器的角度 α 变化而变化,如表 3.6 所示。

表 3.6 K'_E 与扩散器角度 α 的关系

α	10°	20°	30°	40°	50°	60°	75°
K'_E	0.08	0.31	0.49	0.60	0.67	0.72	0.72

流进大型水库的水下管道是断面扩张引起水头损失的特殊情况。管道中的流速 v 从管道末端流入水库,因为水库非常大,所以末端的速度可以忽略不计。从式(3.35)中可以看出,管道流动的整个流速水头都消散了,出口的水头损失为

$$h_d = K_d \frac{v^2}{2g} \tag{3.37}$$

式中:出口水头损失系数 $K_d = 1.0$。管路出口引起的水头损失如图 3.15 所示。

3.10 弯管中的水头损失

在弯道中会出现沿外壁的水压增大,沿内壁的水压减小的现象。在弯道下游一定距离

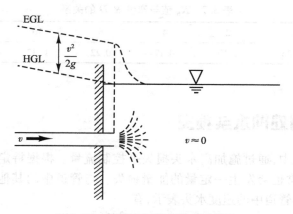

图 3.15 管路出口引起的水头损失

处,速度和压力恢复正常分布,所以内壁压力必须回升到正常值。管道内壁附近的速度低于外壁的速度,而且还必须回升至正常值。如图 3.16(a) 所示,能量的需求可能导致水流与内壁分离。此外,弯曲处的不平衡压力会产生二次流,如图 3.16(b) 所示,该横向水流和轴向速度形成螺旋流,其在弯道下游持续 100 倍的直径长度。因此,弯曲处的水头损失与弯道下游的扭曲流动条件相结合,直到螺旋流通过黏性摩擦消散。

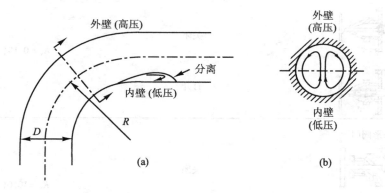

图 3.16 弯道中的水头损失

弯曲处产生的水头损失取决于弯曲曲率半径 R 与管道直径 D 之比(图 3.16)。由于弯曲产生的螺旋流在弯曲部分的下游延伸一段距离,因此不同弯管产生的水头损失不能简单地依靠分别增加每个弯管的损耗来处理。一系列弯道的总损失不仅取决于弯道之间的间距,还取决于弯道的方向,对一系列弯道产生的水头损失进行详细分析是一个相当复杂的问题,只能根据具体情况进行分析。

在水力设计中,由于弯曲导致的水头损失大于在相同长度的直管中发生的损失,可用速度水头表示为

$$h_b = K_b \frac{v^2}{2g} \tag{3.38}$$

对于 90°的平滑弯管,由贝杰确定的各种 R/D 情况下的 K_b 值列于表 3.7 中。除此之外,弯曲损耗几乎与钢管和拉拔管中 90°以上的弯管弯曲角度成比例。弯曲、收缩、掺混、扩张的损失系数一般由管道厂家提供。

表 3.7 K_b 值与弯管 R/D 的关系

R/D	1	2	4	6	10	16	20
K_b	0.35	0.19	0.17	0.22	0.32	0.38	0.42

3.11   管路阀门处的水头损失

　　阀门安装在管道中,通过施加高水头损失来控制流量。根据特定阀门的设计方式,即使阀门完全打开,通常也会发生一定量的能量损失。与管道中的其他损失一样,通过阀门的水头损失也可以用管道中的速度水头表示,有

$$h_v = K_v \frac{v^2}{2g} \tag{3.39}$$

　　K_v 的值随阀门的类型和设计而变化。在设计水力系统时,要通过所有存在的阀门来确定水头损失。阀门制造商会为潜在客户提供损失系数,表 3.8 列出了常用阀门的 K_v 值。

表 3.8   常用阀门的 K_v 值

闸门		
	关闭	
	打开	$K_v = 0.15$(全开)
球形阀门		
	关闭	
	打开	$K_v = 10.0$(全开)
止回阀		
	关闭(枢纽类型)	旋转类型(全开)$K_v = 2.5$(全开)
		球形类型(全开)$K_v = 70.0$(全开)
	打开	抬升类型(全开)$K_v = 12.0$(全开)

续表

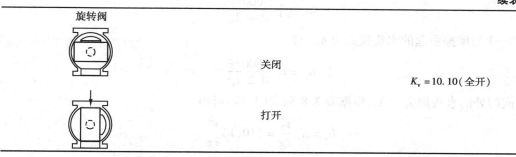

旋转阀		
	关闭	$K_v = 10.10$(全开)
	打开	

例 3.9

图 3.17 所示为两段串联连接的铸铁管,用于水库输送水,通过位于水面高度以下位置的旋转阀将水排放到大气中。如果水温是 10 ℃,并且使用方形边缘连接,确定流量。

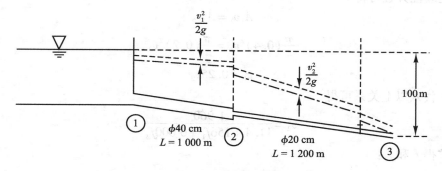

图 3.17 管路过渡器

解:

对水库截面 1 和末端截面 3 列能量方程,有

$$\frac{v_1^2}{2g} + \frac{P_1}{\gamma} + h_1 = \frac{v_3^2}{2g} + \frac{P_3}{\gamma} + h_3 + h_L$$

选择断面 3 所在高度为基准高度,则 $h_3 = 0$。因为水库和管路末端均暴露在大气中,且水库中流速水头可以忽略,所以有

$$h_1 = 100 = \frac{v_3^2}{2g} + h_L$$

100 m 水柱的总能量等于管路末端流速水头加上管路中的所有水头损失,如图 3.17 所示,可以表达为

$$h_e + h_{f_1} + h_c + h_{f_2} + h_v + \frac{v_2^2}{2g} = 100$$

式中:h_e 代表入口处的水头损失。对于方形入口,根据式(3.34)和图 3.12 可得

$$h_e = (0.5)\frac{v_1^2}{2g}$$

1—2 段摩擦引起的水头损失为 h_{f_1},根据式(3.16)可得

$$h_{f_1} = f_1 \frac{1\,000}{0.4} \frac{v_1^2}{2g}$$

2—3 段摩擦引起的水头损失为 h_{f_2}，有

$$h_{f_2} = f_2 \frac{1\,200}{0.2} \frac{v_2^2}{2g}$$

阀门处的水头损失为 h_v，根据表 3.8 和式(3.39)可得

$$h_v = K_v \frac{v_2^2}{2g} = (10.1) \frac{v_2^2}{2g}$$

管道收缩处的水头损失，根据式(3.32)和表 3.5 可得

$$h_c = K_c \left(\frac{v_2^2}{2g}\right) = (0.33) \frac{v_2^2}{2g}$$

$$100 = \left(2 + 10.1 + f_2 \frac{1\,200}{0.2} + 0.33\right) \frac{v_2^2}{2g} + \left(f_1 \frac{1\,000}{0.4} + 0.5\right) \frac{v_1^2}{2g}$$

由连续性方程可得

$$A_1 v_1 = A_2 v_2$$

$$\frac{\pi}{4}(0.4)^2 v_1 = \frac{\pi}{4}(0.2)^2 v_2$$

$$v_1 = 0.25 v_2$$

将 v_1 代入以上关系可得

$$v_2^2 = \frac{1\,960}{11.4 + 156 f_1 + 6\,000 f_2}$$

为求得 f_1 和 f_2：

$$Re_1 = \frac{D_1 v_1}{\nu} = \frac{0.4}{1.31 \times 10^{-6}} v_1 = (3.05 \times 10^5) v_1$$

$$Re = \frac{D_2 v_2}{\nu} = \frac{0.2}{1.31 \times 10^{-6}} v_2 = (1.53 \times 10^5) v_2$$

此处，10 ℃下，$\nu = 1.31 \times 10^{-6}$。对于直径为 40 cm 的管，$e/D = 0.000\,65$，因此 $f_1 \approx 0.018$(假设位于充分发展的紊流区)；对于直径为 20 cm 的管，$e/D = 0.001\,3$，因此 $f_2 \approx 0.021$。求解以上方程可得

$$v_2^2 = \frac{1\,960}{11.4 + 156(0.018) + 6\,000(0.021)}$$

$$v_2 = 3.74 \text{ m/s} \quad v_1 = 0.25(3.74 \text{ m/s}) = 0.935 \text{ m/s}$$

因此

$$Re_1 = 3.05 \times 10^5 (0.935) = 2.85 \times 10^6, f_1 = 0.018$$

$$Re_2 = 1.53 \times 10^5 (3.74) = 5.72 \times 10^5, f_1 = 0.022\,5$$

因为 f 与假设的值不同，所以需要第二次计算。第二次计算时，假设 $K_c = 0.35$，$f_1 = 0.018$ 和 $f_2 = 0.022\,5$。重复以上计算过程，可得 $v_2 = 3.62$ m/s，$v_1 = 0.905$ m/s，$Re_1 = 1.10 \times 10^6$，$Re_2 = 1.38 \times 10^5$。根据图 3.8 可得 $f_1 = 0.018$，$f_2 = 0.022\,5$。

因此，流量为

$$Q = A_2 v_2 = \frac{\pi}{4}(0.2 \text{ m})^2(3.62 \text{ m/s}) = 0.114 \text{ m}^3/\text{s}$$

注:能量方程、雷诺数表达式、科尔布鲁克摩擦系数关系,或斯瓦米 – 杰恩方程和连续性方程可以通过计算机代数软件系统(例如 Mathcad、Maple 或 Mathematica)同时求解,并且应该产生相同的结果。然而,这种关系是高度非线性的,并且可能需要良好的初始估计以避免数值的不稳定性。

3.12 等效管道方法

等效管道方法便于分析包含多个串联或并联管道的管道系统。等效管道是假设的管道,假设其与同一流量的两个或多个串联或并联的管道产生相同的水头损失,其表达式仅考虑摩擦损失。

3.12.1 串联管路

采用等效管道方法计算串联管群只可节省一点时间,但是为了完整起见,本书依旧介绍该种方法。

假设图3.18中管1和管2的管径、长度和摩擦系数均已知,希望找到一根管 E,使其与管1和管2组成的管群水力等效。对于图3.18,忽略管道断面扩大或者缩小引起的水头损失,则等效的条件为

$$Q_1 = Q_2 = Q_E \tag{3.39}$$

$$h_{f_E} = h_{f_1} + h_{f_2} \tag{3.40}$$

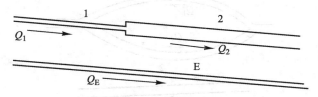

图 3.18　串联管路

假设采用达西 – 韦斯巴赫方程求解该管群问题,写为流量的形式,方程(3.16)变为

$$h_f = f\frac{8LQ^2}{g\pi^2 D^5} \tag{3.41}$$

对管1、管2和管 E 写方程(3.41),代入方程(3.40),并用 $Q_1 = Q_2 = Q_E$ 进行简化,可得

$$f_E\frac{L_E}{D_E^5} = f_1\frac{L_1}{D_1^5} + f_2\frac{L_2}{D_2^5} \tag{3.42}$$

满足式(3.42)的 f_E、L_E 和 D_E 的任何组合都是可接受的。为了找到假设的等效管道特征,任意选择三个未知数 f_E、L_E 和 D_E 中的两个,并根据式(3.42)计算第三个。换句话说,无限数量的单个假想管道与两个串联的管道水力等效。对于 N 个管道组成的串联管群,可以使用等效管道方法,有

$$f_E \frac{L_E}{D_E^5} = \sum_{i=1}^{N} f_i \frac{L_i}{D_i^5} \tag{3.43}$$

应该注意,式(3.42)和式(3.43)仅对达西－韦斯巴赫方程有效。哈森－威廉姆斯方程和曼宁公式的等效管道关系在表3.9中给出。这些关系对英制和国际单位制都有效。

表 3.9　等效管路公式

方程	串联管路	并联管路
达西－韦斯巴赫	$f_E \dfrac{L_E}{D_E^5} = \sum\limits_{i=1}^{N} f_i \dfrac{L_i}{D_i^5}$	$\sqrt{\dfrac{D_E^5}{f_E L_E}} = \sum\limits_{i=1}^{N} \sqrt{\dfrac{D_i^5}{f_i L_i}}$
曼宁	$\dfrac{L_E n_E^2}{D_E^{5.33}} = \sum\limits_{i=1}^{N} \dfrac{L_i n_i^2}{D_i^{5.33}}$	$\sqrt{\dfrac{D_E^{5.33}}{n_E^2 L_E}} = \sum\limits_{i=1}^{N} \sqrt{\dfrac{D_i^{5.33}}{n_i^2 L_i}}$
哈森－威廉姆斯	$\dfrac{L_E}{C_{HWE}^{1.85} D_E^{4.87}} = \sum\limits_{i=1}^{N} \dfrac{L_i}{C_{HW_i}^{1.85} D_i^{4.87}}$	$\sqrt[1.85]{\dfrac{C_{HWE}^{1.85} D_E^{4.87}}{L_E}} = \sum\limits_{i=1}^{N} \sqrt[1.85]{\dfrac{C_{HW_i}^{1.85} D_i^{4.87}}{L_i}}$

3.12.2　并联管路

对于并联管道系统分析,等效管道方法是一种非常强大的工具。图 3.19 所示的并联管道 1 和 2,假设我们想要确定一个与管道 1 和 2 并行等效的管道,则有如下条件:

$$h_{f_E} = h_{f_1} = h_{f_2} \tag{3.44}$$

$$Q_E = Q_1 + Q_2 \tag{3.45}$$

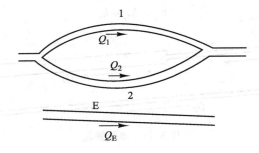

图 3.19　并联管路

在考虑并联管道的两个要求(方程(3.44)和(3.45))时,流动方程是最直观的。然而,摩擦损失相等是解决方案最关键的,摩擦损失相等表明从一个节点到另一个节点的流动不管所采用的路径如何,产生的水头损失均相同。这个概念对管网问题的解决很重要,将在下一章中介绍。

为求解并联管路问题,将式(3.41)重新写为

$$Q = \left\{ \frac{g \pi^2 D^5 h_f}{8 f L} \right\}^{1/2} \tag{3.46}$$

对管 1 和管 2 应用式(3.46),并代入式(3.45),再通过 $h_{f_E} = h_{f_1} = h_{f_2}$ 进行简化,可得

$$\sqrt{\frac{D_E^5}{f_E L_E}} = \sqrt{\frac{D_1^5}{f_1 L_1}} + \sqrt{\frac{D_2^5}{f_2 L_2}} \tag{3.47}$$

对于并联的 N 条管路,式(3.47)可推广为

$$\sqrt{\frac{D_E^5}{f_E L_E}} = \sum_{i=1}^{N} \sqrt{\frac{D_i^5}{f_i L_i}} \tag{3.48}$$

同样,三个未知数 f_E、L_E 和 D_E 中的两个可以任意选择,第三个可由式(3.48)得到。另外请注意,式(3.47)和式(3.48)适用于达西–韦斯巴赫方程。关于哈森–威廉姆斯方程和曼宁公式,请参阅表3.9。

例 3.10

图 3.20 中的管道 AB 和 CF 的直径为 4 ft,达西–韦斯巴赫摩擦系数为 0.02,流量为 120 ft^3/s。AB 的长度为 1 800 ft,CF 的长度为 1 500 ft。分支 1 的长度为 1 800 ft,直径为 3 ft,摩擦系数为 0.018。分支 2 的长度为 1 500 ft,直径为 2 ft,摩擦系数为 0.015。①确定 A 点和 F 点之间摩擦产生的水头损失;②确定两分支(1 和 2)各自的流量。

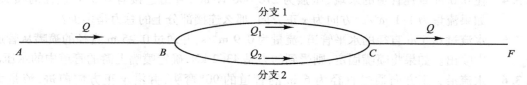

分支 1
Q Q_1 Q
A B Q_2 C F
分支 2

图 3.20　水流通过并联管路

解:

①我们首先确定一个假想的管道,该管道在水力上等效于两个并联的管道分支 1 和 2。假定等效管道的直径为 4 ft,摩擦系数为 0.02。根据式(3.47),有

$$\sqrt{\frac{4^5}{0.02 L_E}} = \sqrt{\frac{3^5}{(0.018)(1\,800)}} + \sqrt{\frac{2^5}{(0.015)(1\,500)}}$$

求解 L_E,可得 $L_E = 3\,310$ ft。另有

$$h_{f_{AF}} = h_{f_{AB}} + h_{f_{BC}} + h_{f_{CF}}$$

根据式(3.30)有

$$h_{f_{AF}} = (0.02)(1\,800)\frac{0.025\,2(120)^2}{4^5} + (0.02)(3\,310)\frac{0.025\,2(120)^2}{4^5}$$

$$+ (0.02)(1\,500)\frac{0.025\,2(120)^2}{4^5}$$

$$= 12.8 + 23.5 + 10.6 = 46.9 \text{ ft}$$

②对于分支 1,有

$$h_{f_{BC}} = 23.5 = (0.018)(1\,800)\frac{0.025\,2 Q_1^2}{3^5}$$

求解 Q_1,可得 $Q_1 = 83.6$ ft^3/s。同样地,对于分支 2,有

$$h_{f_{BC}} = 23.5 = (0.015)(1\,500)\frac{0.025\,2 Q_2^2}{2^5}$$

可得 $Q_2 = 36.4 \text{ ft}^3/\text{s}$。

注意 $Q_1 + Q_2 = 120 \text{ ft}^3/\text{s}$，满足平衡条件。

习 题
(3.3 节)

3.3.1 水从 x 正方向朝向管口射出并以 90°撞击平板，然后以 360°（y 和 z 方向）溅开。如果管口直径为 20 cm，流速为 3.44 m/s，那么水对平板施加的力是多少？

3.3.2 在消防员比武大会上，一场比赛中让两名参赛者参加模拟战斗，每个人都配有消防水带和盾牌，目的是喷水将对手向后推动一定距离。可选盾牌有两个：一个盾牌是扁平的垃圾桶盖；另一个是半球形盖子。你会选择哪种盾牌？为什么？

3.3.3 在 x 负方向上直径为 1 in 的射流撞击固定的叶片，使水偏转 180°角。如果叶片受到的力是 233 lb，那么射流的速度是多少？假设叶片上无摩擦。

3.3.4 在 0.6 m 直径管道的末端，压强为 270 000 N/m²，管道连接有 0.3 m 直径的喷头。如果流量为 1.1 m³/s，方向为 x 正方向，那么连接部分上的总力是多少？

3.3.5 水流过 0.5 m 直径的水平管道，流量为 0.9 m³/s，并通过 0.25 m 直径的喷嘴从管道中喷出。如果将喷嘴固定，则受到的力是 43.2 kN，确定喷嘴上游的管道中的水压。

3.3.6 水流沿 x 正方向通过直径为 6 in 的管道的 90°弯头，并沿 y 正方向前进，流量为 3.05 ft³/s。计算弯头受力的大小和方向。弯头上游的水压是 15.1 psi，下游的水压为 14.8 psi。

3.3.7 确定 90°的弯管处通过质量流量为 985 kg/s 的水流时，反作用力的大小和方向。弯曲部位的直径是 60 cm，弯管处上游压强水头是 10 m，下游压强水头是 9.8 m。假设水流沿 x 正方向进入弯道，沿 y 正方向离开弯道。

3.3.8 水流过渐缩弯管并在水平面上偏转 30°，以 4 m/s 速度、250 kPa 的压强进入弯管（直径为 15 cm），离开弯管的压强是 130 kPa（直径为 7.5 cm）。确定将弯管保持在适当位置所需的锚固力。假设水沿 x 正方向进入弯道，并在弯曲后沿 x 正方向和 y 正方向继续流动。

(3.5 节)

3.5.1 商业钢管直径为 1.5 m，管内为流量为 3.5 m³/s 的 20 ℃水。确定摩擦系数和流动状态（即层流 – 临界区、紊流 – 过渡区、紊流 – 光滑管或紊流 – 粗糙管）。

3.5.2 68 ℉的水流以流量为 628 cf(ft³/s) 通过直径为 10 ft、长度为 100 ft 的水平波纹金属管，确定摩擦系数和流动状态（即层流 – 临界区、紊流 – 过渡区、紊流 – 光滑管或紊流 – 粗糙管）。

3.5.3 房主打算向她家 30 m 之外的木屋供水（20 ℃），但担心水压不够。计算 10 L/min 的流量通过铜管后的压降，假设轻微损失可以忽略不计。

3.5.4 直径为 15 ft 的镀锌铁管安装在坡度为 1/50 斜坡（上坡）上运输 68 ℉(20 ℃)的水。

当流量为 18 cf 时,65 ft 长管道的压降是多少?假设轻微损失可以忽略不计

3.5.5 如图 P3.5.5 所示,100 m 长的商用无缝钢管,直径为 0.4 m。如果流速为 7.95 m/s,确定水塔的高度(h)。假设轻微损失可以忽略不计,水温为 4 ℃

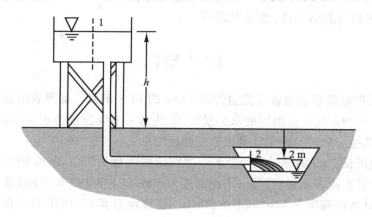

图 P3.5.5 商用无缝钢管

3.5.6 一条直径为 30 cm 的圆形铸铁管道,长 2 km,水温为 10 ℃。如果允许水头损失为 4.6 m,则最大流量是多少?

3.5.7 A 和 B 两个部分沿着直径为 4 m 的铆接钢管分开 4.5 km。A 比 B 高 100 m。如果水温为 20 ℃,A 和 B 测得的水头分别是 8.3 m 和 76.7 m,则流速是多少?假设轻微损失可以忽略不计。

3.5.8 光滑的混凝土管(直径为 1.5 ft)将水从水库输送到 1 mi 以外的工业处理厂,并通过储水罐将水排放到大气中。离开水库时,管道位于水面下方 3 ft,以 1:100 的坡度向下坡流动。如果水温是 40 ℉,并且轻微损失可以忽略不计,确定流量(ft³/s)。

3.5.9 旧的埋地管道的图纸已经丢失。在管道的入口和出口处,两个测压计测量压降为 16.3 psi。如果直径为 6 in 的镀锌铁管以流量为 1.34 cfs 运输 68 ℉ 的水,确定地下管道的长度。忽略轻微的损失。

3.5.10 20 ℃ 的水通过一个 200 m 长的生铁管道输送,水头损失为 9.8 m。确定输送流量为 10 L/s 水流所需的管道直径。

3.5.11 由粗糙混凝土制成的水管在水平长度为 1 mi 长度上压降为 43 psi。估算运输流量为 16.5 cfs 的 20 ℃ 水所需的管道尺寸,假设轻微损失可以忽略不计。

3.5.12 城市自来水公司希望每天从 8 km 外的水库运送 1 800 m³ 的水。水库的水面高度位于管道入口上方 6 m,储水池中的水面高于管道出口 1 m。管道将铺设在 1:500 坡度的坡上。如果水温在 4 ℃ 和 20 ℃ 之间变化,可以使用的混凝土(良好接头)管的最小直径是多少?假设轻微损失可以忽略不计。

3.5.13 式(3.19)使用哈根·泊肃叶定律定义了层流的平均速度,式(3.20)给出了应用于水平均匀管道的达西－韦斯巴赫方程。试推导式(3.20a),写出过程中的所有步骤。

3.5.14 20 ℃ 的水流过直径为 20 cm 的商业钢管,流量为 80 L/s,并且在整个管道长度内压力恒定。确定管道的坡度。假设轻微损失可以忽略不计。

3.5.15 旧的供水管道包含一个直径为 30 cm 的水平段(铸铁),沿着埋地管道很可能泄漏,位于泄漏上游的测压计指示压降为 23 000 N/m²,位于泄漏下游的另一测压计指示压降为 20 900 N/m²。每对仪表之间的距离是 100 m,确定泄漏程度。假设轻微损失可以忽略不计,水温为 20 ℃。

(3.7 节)

3.7.1 6 km 长的新铸铁管道输送流量为 320 L/s 的 30 ℃的水。如果管道直径是 30 cm,比较以下 3 种方法计算得到的水头损失:①达西 – 韦斯巴赫方程;②哈森 – 威廉姆斯方程;③曼宁公式。使用计算机软件验证结果。

3.7.2 计划使用长 2 mi 的管道在两个水库之间运输流量为 77.6 ft³/s 的 4 ℃水。接收水库位于科罗拉多州丹佛附近,水面高度为 MSL 以上 5 280 ft。供应水库正在山麓建造,估计水面高度为 MSL 以上 5 615 ft。根据流量需求,使用①哈森 – 威廉姆斯方程和②曼宁公式确定供应水库所需的水面高程。2.5 ft 直径的输运管道由铆接钢(光滑)制成。忽略轻微的损失,并使用计算机软件验证结果。

3.7.3 两个相距 1 200 m 的水库通过直径为 50 cm、光滑的混凝土管连接。如果两个水库高程差为 5 m,则通过①达西 – 韦斯巴赫方程,②哈森 – 威廉姆斯方程和③曼宁公式确定管道中的流量(20 ℃)。假设轻微损失可以忽略不计,并使用计算机软件验证结果。

3.7.4 调研查找另外 2 到 3 个包括管流水头损失的经验公式,写出作者以及公式的适用条件。

3.7.5 使用哈森 – 威廉姆斯方程和曼宁方程计算问题 3.5.7 的流速,该问题使用达西 – 韦斯巴赫公式求解得到流量为 $Q = 78.8 \text{ m}^3/\text{s}$,比较结果并讨论差异。假设轻微损失可以忽略不计,并使用计算机软件验证结果。

3.7.6 埋地水平混凝土管($n = 0.012$)需要更换,因为管道路线的原始计划已丢失,其长度未知。沿着需要更换部分的压头下降是 29.9 ft。如果流量为 30.0 cf,需要长度多少的新管道?如果 n 值难以确定,假定为 0.013 而不是 0.012,答案会改变多少(以百分比表示)?假设轻微损失可以忽略不计,并使用计算机软件验证结果。

3.7.7 相距 2 000 m 的两个水库之间的高程差为 20 m。计算流量:
①用直径为 30 cm 的商业钢管道($C_{HW} = 140$)相连;
②使用两条直径为 20 cm 商业钢管道。
忽略轻微损失,并使用计算机软件验证结果。

3.7.8 一个半圆形横截面(半径为 1 ft)的混凝土隧道($n = 0.013$)充满了流量为 15 cf 的水流。1 200 ft 的水头损失是多少?你能用计算机软件验证你的结果吗?

3.7.9 20 年前安装了铸铁水平管道,哈森 – 威廉姆斯系数为 130。管道长 2 000 m,直径为 30 cm,自安装以来已经发生了显著的结瘤,进行测试以确定现有的 C_{HW}。流量为 0.136 m³/s 时,在管道长度上测量的压降为 366 000 Pa,计算现有的哈森 – 威廉姆斯系数。假设轻微损失可以忽略不计,并使用计算机软件验证结果。

(3.11 节)

3.11.1 直径为 30 cm 的管道以 106 L/s 的流量输送水。如果直径突然减小至 15 cm,确定收缩水头损失,并与管道突然扩张至 30 cm 时产生的水头损失进行比较。

3.11.2 在问题 3.11.1 中,突然收缩和扩张的水头损失分别计算为 0.606 和 1.03。使用相同的流量和几何形状,如果使用 15°扩散过渡段来减少水头损失,确定相应的水头损失。

3.11.3 阀门制造商希望能够向潜在买家提供其产品的损失系数,并通常进行实验来确定该系数。如果以 0.04 m^3/s 的流量通过直径 8 cm 阀门,产生 100 kPa 的压降,确定阀门的损失系数。

3.11.4 止回阀(摆动)和球心阀串联安装在 8 in 的管中。如果阀门上的压降是 5.19 psi,求流量。假设由于管道长度较短,摩擦损失可以忽略不计。

3.11.5 水流过水平面上过水断面突然收缩的管道,即从直径为 60 cm 的管道流到直径为 30 cm 的管道。收缩处的上游侧的压强是 285 kPa,下游侧的压强为 264 kPa,试确定流量。

3.11.6 水通过直径为 4 cm 的水平锻铁管道,从 A 点流到 B 点。管道长 50 m,包含一个完全打开的阀门和两个弯头($R/D=4$)。如果 B 点(下游)的压强是 192 kPa,流量为 0.006 m^3/s,那么 A 点的压强是多少?

3.11.7 水从储水箱流过水平的直径 6 in 管道(铸铁),并在最后将水(20 ℃)排放到大气中。管道长 500 ft,包含两个半径为 1 ft 的弯道和一个完全打开的闸阀,入口是方形管。如果储水箱中的水深高于管道入口(和出口)60.2 ft,计算流速。

3.11.8 一个直径为 15 cm,长度为 75 m 的铸铁管连接两个水箱(与大气相接),水箱的表面高度差为 5 m。供水箱的管道入口为方形截面,管道包含半径为 15 cm 的 90°急弯段,试确定管道中的流量。

3.11.9 直径为 5 m 的圆柱形水箱充水至 3 m 深,用直径为 20 cm 的水平管和旋转阀从其底部排水,排出 50% 的水需要多长时间?

3.11.10 一座 34 m 高的水塔通过直径 20 cm、长 800 m 的商业钢管为住宅区供水。为了增加输送点的压头,工程师们正在考虑用更大的(30 cm 直径)钢管替换 94% 长度的管道,钢管通过 30°的过渡段连接到剩余的较窄管道。如果峰值供水(20 ℃)流量需求为 0.10 m^3/s,该方案将获得多大的压力?

3.11.11 管道突然收缩到原直径的一半,然后突然扩张回原来的尺寸。扩张损失或收缩损失哪种损失更大?证明你的答案。

(3.12 节)

3.12.1 应用曼宁公式推导 N 管并联的表达式。

3.12.2 应用哈森 – 威廉姆斯方程推导 N 管并联的表达式。

3.12.3 假设 $n=0.013$,使用曼宁方程重新计算例 3.10。

3. 12. 4 假设所有管 $C_{HW}=100$，使用哈森－威廉姆斯方程重新计算例 3.10。

3. 12. 5 图 P3.12.5 中的管道 AB 和 CF 的直径为 3 m，达西－韦斯巴赫摩擦系数为 0.02。AB 的长度为 1 000 m，CF 的长度是 900 m，管 AB 中的流量为 60 m³/s。分支 1 的长度为 1 000 m，直径为 2 m，摩擦系数为 0.018。分支 2 的长度为 800 m，直径为 3 m，摩擦系数为 0.02。如图所示，在 B 点流入流量为 20 m³/s，在 C 点流出流量为 10 m³/s。①确定由于 A 部分和 F 部分之间的摩擦引起的总水头损失；②确定分支 1 和分支 2 的流量。

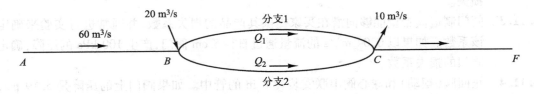

图 P3.12.5 并联管道

3. 12. 6 是否可以使用等效管道的方法来找到与例 3.10 的管道系统等效的单个假想管道？如果可以，请确定等效管道。如果不可以，请解释原因。

3. 12. 7 是否可以使用等效管道的方法来找到与问题 3.12.5 的管道系统等效的单个假想管道？如果可以，请确定等效管道。如果不可以，请解释原因。

4

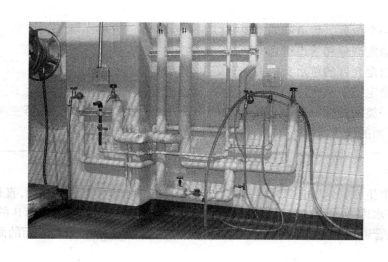

管道和管道系统

一般来说,当多个管道连接在一起,它们作为一个系统为一个给定的工程输送水,该系统可以包括串联管道、并联管道、分支管道、弯头、阀门、仪表和其他附件。如果所有元件串联连接,称之为管道;否则,就是一个管道系统。

虽然在第 3 章中讨论的管流的基本知识适用于系统中的每个单独的管道,但是管道或管道系统的设计和分析却产生了特有的某些复杂问题。管道系统包括大量的管道,这是特别符合实际的,例如那些布置在大城市的供水管道网络。

在下面的章节中将讨论与管道和管道系统相关的物理现象和问题,以及此类系统进行分析和设计开发的特殊技术。

4.1 水库之间的管道

管道是一个或多个串联连接的管道系统,被设计用来将水从一个位置(通常是水库)输送到另一个位置。管道问题主要有以下三种类型：

①给定流量和管道组合，确定总水头损失；

②给定允许的总水头损失和管道组合，确定流量；

③给定流量和允许的总水头损失，确定管径。

第一类问题可以通过直接求解的方法来解决，但是第二类和第三类问题涉及迭代过程，如下面的例子所示。

例 4.1

两个生铁管串联连接两个蓄水池（图 4.1），两条管道均长 300 m，直径分别为 0.6 m 和 0.4 m。水库 A 水面（WS）海拔高度为 80 m，10 ℃时从水库 A 到水库 B 的水流量为 0.5 m³/s。假设管道在交界处突然收缩，且入口为正方形，试确定水库 B 表面的海拔高度。

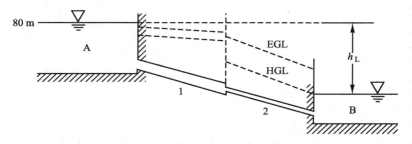

图 4.1　由两个生铁管串联连接两个蓄水池

解：

将能量方程式（3.15）应用于水库 A 和 B 的表面之间，有

$$\frac{v_A^2}{2g} + \frac{P_A}{\gamma} + h_A = \frac{v_B^2}{2g} + \frac{P_B}{\gamma} + h_B + h_L$$

因为 $P_A = P_B = 0$，水库的速度水头可以忽略不计，有

$$h_B = h_A - h_L$$

指定上游管道下标为 1 和下游管道下标为 2 来计算水头损失，可以写出：

$$v_1 = \frac{Q}{A_1} = \frac{0.5}{(\pi/4)(0.6)^2} = 1.77 \text{ m/s}$$

$$v_2 = \frac{Q}{A_2} = \frac{0.5}{(\pi/4)(0.4)^2} = 3.98 \text{ m/s}$$

$$Re_1 = \frac{v_1 D_1}{\nu} = \frac{1.77(0.6)}{1.31 \times 10^{-6}} = 8.11 \times 10^5$$

$$Re_2 = \frac{v_2 D_2}{\nu} = \frac{3.98(0.4)}{1.31 \times 10^{-6}} = 1.22 \times 10^6$$

由表 3.1，有

$$\frac{e}{D_1} = \frac{0.26}{600} = 0.000\,43$$

$$\frac{e}{D_2} = \frac{0.26}{400} = 0.000\,65$$

从穆迪图(图 3.8)有

$$f_1 = 0.017, \quad f_2 = 0.018$$

总水头损失为

$$h_L = h_e + h_{f_1} + h_c + h_{f_2} + h_d$$

依据式(3.16),式(3.32),式(3.34)和式(3.37),有

$$h_L = \left(0.5 + f_1 \frac{L_1}{D_1}\right)\frac{v_1^2}{2g} + \left(0.21 + f_2 \frac{L_2}{D_2} + 1\right)\frac{v_2^2}{2g} = 13.3 \text{ m}$$

水库 B 表面海拔高度为

$$h_B = h_A - h_L = 80 - 13.3 = 66.7 \text{ m}$$

例 4.2

管道连接两个水库 A 和 B,两个水库之间的高程差为 33 ft。管道由上游区段 $D_1 = 30$ in, $L_1 = 5\,000$ in,以及下游区段 $D_2 = 21$ in, $L_2 = 3\,500$ in 组成。管道是混凝土制成的(光滑壁面),端部与端部相连处面积突然减小。假设水温为 68 ℉,计算水流量。

解:

对两个水库表面,列能量方程有

$$\frac{v_A^2}{2g} + \frac{P_A}{\gamma} + h_A = \frac{v_B^2}{2g} + \frac{P_B}{\gamma} + h_B + h_L$$

化简后有

$$h_L = h_A - h_B = 33 \text{ ft}$$

因为流量尚未确定,每个管道中的速度只能分别假定为 v_1 和 v_2。如上所述,总能量方程将包含这两个假定量,它不能直接求解,因此使用迭代法求解。对于 68 ℉水温, $\nu = 1.08 \times 10^{-5}$ ft²/s。相应的雷诺数可以表示为

$$Re_1 = \frac{v_1 D_1}{\nu} = \frac{v_1(2.5)}{1.08 \times 10^{-5}} = (2.31 \times 10^5) v_1 \tag{1}$$

$$Re_2 = \frac{v_2 D_2}{\nu} = \frac{v_2(1.75)}{1.08 \times 10^{-5}} = (1.62 \times 10^5) v_2 \tag{2}$$

依据连续性方程, $A_1 v_1 = A_2 v_2$,有

$$\frac{\pi}{4}(2.5)^2(v_1) = \frac{\pi}{4}(1.75)^2(v_2)$$

$$v_2 = 2.04 v_1 \tag{3}$$

将方程(3)代入方程(2),有

$$Re_2 = (1.62 \times 10^5)(2.04 v_1) = (3.30 \times 10^5) v_1$$

能量方程可以写为

$$33 = \left[0.5 + f_1\left(\frac{5\,000}{2.5}\right)\right]\frac{v_1^2}{2g} + \left[0.18 + f_2\left(\frac{3500}{1.75}\right) + 1\right]\frac{v_2^2}{2g}$$

$$33 = (0.084 + 31.1 f_1 + 129 f_2) v_1^2$$

依据表 3.1, $e/D_1 = 0.000\,24$, $e/D_2 = 0.000\,34$。首次迭代时假定 $f_1 = 0.014$, $f_2 = 0.015$

（对管道传输系统而言，充分发展紊流是一个较好的假设，由于水的黏度低，速度或管径大，因此雷诺数较高）。于是有

$$33 = [0.084 + 31.1(0.014) + 129(0.015)]v_1^2$$

$$V_1 = 3.67 \text{ ft/s}$$

$$Re_1 = 2.31 \times 10^5 (3.67) = 8.48 \times 10^5$$

$$Re_2 = 3.30 \times 10^5 (3.67) = 1.21 \times 10^6$$

由图 3.8 可知，$f_1 = 0.015\,5$，$f_2 = 0.016$。得到的数值与假设不同，因此第二次迭代假设 $f_1 = 0.015\,5$，$f_2 = 0.016$，有

$$v_1 = 3.54 \text{ ft/s}, Re_1 = 8.17 \times 10^5, Re_2 = 1.17 \times 10^6$$

由图 3.8 可知，$f_1 = 0.015\,5$，$f_2 = 0.016$。得到的数值与假设相同，意味着 $v_1 = 3.54$ ft/s 是上游管路中的真实流速。因此，流量为

$$Q = A_1 v_1 = \frac{\pi}{4}(2.5)^2(3.54) = 17.4 \text{ cfs(ft}^3/\text{s)}$$

例 4.3

在两个相距 17 km 的水库之间安装一条混凝土管道，并以 6 m³/s 的流量输送水（10 ℃）。如果两个水库之间的高差是 12 m，那么所需的管道直径是多少？

解：

与前面的例子一样，两个水库之间的能量方程为

$$\frac{v_A^2}{2g} + \frac{P_A}{\gamma} + h_A = \frac{v_B^2}{2g} + \frac{P_B}{\gamma} + h_B + h_L$$

因此

$$h_L = h_A - h_B = 12 \text{ m}$$

平均速度可以由连续性方程获得，即方程（3.4），有

$$v = \frac{Q}{A} = \frac{6}{(\pi/4)D^2} = \frac{7.64}{D^2}$$

且

$$Re = \frac{Dv}{\nu} = \frac{D\left(\dfrac{7.64}{D^2}\right)}{1.31 \times 10^{-6}} = \frac{5.83 \times 10^6}{D}$$

忽略次要损失（对于 $L/D \geqslant 1\,000$ 的长管道，轻微损失可以忽略不计）。因此，能量损失只包含摩擦损失。由方程（3.16）给出

$$12 = f\left(\frac{L}{D}\right)\frac{v^2}{2g} = f\left(\frac{L}{D}\right)\frac{Q^2}{2gA^2} = f\left(\frac{17\,000}{D}\right)\left(\frac{6^2}{2(9.81)(\pi/4)^2 D^4}\right)$$

化简后有

$$0.000\,237 = \frac{f}{D^5} \tag{1}$$

对于混凝土管道，$e = 0.36$ mm（平均值），第一次迭代时假设 $D = 2.5$ m，有

$$\frac{e}{D} = \frac{0.36}{2\ 500} = 0.000\ 14$$

且 $Re = 2.6 \times 10^6$，由图 3.8 得到 $f = 0.013\ 5$。将这些值代入式（1），有

$$D = \left(\frac{0.013\ 5}{0.000\ 237}\right)^{1/5} = 2.25\ m$$

等式右边的值与上一次迭代结果足够接近，因此认为管径为 2.25 m。

注：对于所有这些管道问题，联立方程可以用计算机软件（例如 Mathcad、Maple 或 Mathematica）建立并求解。所需的方程包括能量方程、摩擦损失的达西－韦斯巴赫方程、小损耗方程、连续性方程、雷诺数和科尔布鲁克的摩擦因子关系或斯瓦米－杰恩方程。然而，该关系是高度非线性的，并且可能需要良好的初始估计以避免数值发散。

4.2　负压问题（管道和泵）

长距离输送水的管道通常遵循陆地的天然轮廓，有时管道的一部分可以抬升到高于测压管水头线（HGL）的高度，如图 4.2 所示。如在第 3 章中所讨论的，在管道沿线的任何位置上的总水头线（EGL）和测压管水头线之间的垂直距离是该位置的速度水头 $v^2/2g$。测压管水头线与管道之间的垂直距离是该处压力水头（P/γ），在管道顶峰附近（图 4.2 中的 S 点），压力水头可能为负值。

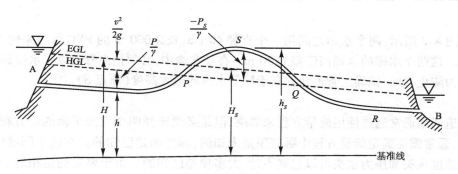

图 4.2　管道高架段

根据测压管水头的原理，管道中的负压情况不难理解。总水头为

$$H = \left(\frac{v^2}{2g} + h\right) + \frac{P}{\gamma}$$

总水头必须等于管道中任意位置的基准线与总水头线之间的垂直距离。在顶点处，例如位置水头（h_s）是从基准线到管道中心线的垂直距离。速度水头（$v^2/2g$）也是一个固定的正值，$v^2/2g + h_s$ 可能会大于顶点处的总水头 H_s。如果发生这种情况，则压力水头（P/γ）必须为负值。当管道中心线在测压管水头线以上时（图 4.2 中的 P 和 Q 之间），管道中就存在负管道压力（参考大气压力为零值），这个负压在顶峰处达到最大值 $-(P_s/\gamma)$。水流从 S 到 R 必须逆压力梯度流动，换句话说，它从一个较低的压力点流向一个更高的压力点。由于水总是流向较低的能量位置，而在封闭的管道中，位置水头减少的程度可能比压力水头增加

的程度要多,因此这是可能的。例如,如果单位重量的水从 S 流到 R 承受的压力增加了 3 m 水柱,那么 S 的高度必须至少高于 R 点 3 m。事实上,S 和 R 之间的高度差必须等于 3 m 水柱加上 S 和 R 之间的水头损失。一般来说,管道中任意两点 1 和 2 之间的高度差是

$$\Delta h_{1-2} = \left(\frac{P_2}{\gamma} - \frac{P_1}{\gamma} \right) + h_f \tag{4.1}$$

从设计的角度考虑,保持管道中各处的压力高于水汽化的压力是十分重要的。正如在第 1 章中所讨论的,水的蒸气压大约等于 20 ℃ 时 −10 m 高的水柱高度。当管道中的压力降到这个值以下时,水会局部蒸发,形成蒸汽泡,将管道中的水分开。这些蒸汽泡会在下游压力较高的区域破裂,蒸汽泡破裂的作用非常剧烈,并伴随极大的振动和声音,造成管道损坏,整个过程通常被称为空化。还要注意的是,即使在正常的大气温度下,如果压降足够大,管道中水的蒸发(沸腾)也会发生。

理论上,设计管道时可以允许特定部分的管道压力下降到蒸气压的水平。例如,20 ℃ 时水的蒸气压为 2 335 N/m^2(表 1.1),这是一个绝对压强,减去大气压(1.014×10^5 N/m^2)或压力水头 $(P_{vapor} - P_{atm})/\gamma = (2\ 335 - 101\ 400)/9\ 790 = -10.1$ m 后,即表压。然而,在实践中,一般不允许这么做。水中通常含有溶解气体,因此在达到蒸气压点之前就会蒸发。这些气体再度溶解到水中的过程很慢,它们通常以大气泡的形式与水一起移动,从而减少水的有效流动面积,进而破坏水流的流动。为了避免这种情况,在管道中各处均不允许负压超过标准大气压(10.3 m 水柱)的大约 2/3(表压为 −7.0 m 水柱)。

例 4.4

如图 4.2 所示,两个水库之间用一个直径 40 cm、长 2 000 m 的 PVC 管道来输水,水温为 10 ℃,这两个水库的水面高度差为 30 m。在输水途中,必须抬高管道以将水带到一个小山上。为防止气蚀,试确定管道允许高于较低水库的最大高度(顶点 S)。

解:

管道问题通常通过使用能量方程来解决,但是必须选择两个点来平衡能量方程。在选择点时,通常需要确定能量方程中哪些项是未知的,哪些项是已知的。在这个问题中,在水库水面速度水头和压力水头可以忽略不计,大多项是已知的。由于要求的是相对于较低水库(B)抬高的高度,首先列出两个水库水面之间的能量方程,有

$$\frac{v^2}{2g} + \frac{P_S}{\gamma} + h_S = \frac{v_B^2}{2g} + \frac{P_B}{\gamma} + h_B + h_L$$

以水库 B 的水面为基准面,方程的右侧除了水头损失项之外的所有项都可消去。水头损失包括摩擦损失(h_f)和出口损失(h_d),化简并代入已知量,有

$$\frac{v^2}{2g} - 10.2 \text{ m} + h_S = \left(f \frac{1\ 000}{0.4} + 1.0 \right) \frac{v^2}{2g} \tag{1}$$

考虑到允许的负压为 −10.2 m(表压),10 ℃ 时水的蒸气压为 1 266 N/m^2(表 1.1),或写成压力水头的形式:$(P_{vapor} - P_{atm})/\gamma = (1\ 266 - 101\ 400)/9\ 800 = -10.2$ m。显然,从式(1)可以看出我们需要先确定管道中的流量,才能得到管道中的速度,最终得出管道顶点的允许最大高度 h_S。

在前面的习题中,管道流量是通过对两个水库的水面列能量平衡方程得到的。在这个

问题中,两个水库之间的总水头损失为 30 m,其中包括入口损失(h_e)、管道中的摩擦损失(h_f)以及出口损失(h_d),因此有

$$h_A - h_B = 30 = \left(K_e + f\frac{L}{D} + K_d\right)\frac{v^2}{2g}$$

假设入口为方形并且是充分紊流,$e/D = 0.015 \text{ mm}/400 \text{ mm} = 0.000\ 037\ 5$,其是否为光滑管道取决于 Re。因此,不妨设 $f = 0.015$,这是穆迪图(图 3.8)中光滑管道的中位值,代入能量方程中有

$$30 = \left(0.5 + (0.015)\frac{2\ 000}{0.4} + 1\right)\frac{v^2}{2(9.81)}$$

因此,$v = 2.77$ m/s。需要使用这一速度来检查摩擦系数 f。相对粗糙度保持不变,则雷诺数是

$$Re = \frac{vD}{\nu} = \frac{(2.77)(0.4)}{1.31 \times 10^{-6}} = 8.46 \times 10^5$$

从穆迪图中得到 $f = 0.012$,与假设值不同,再次迭代有

$$30 = \left(0.5 + (0.012)\frac{2\ 000}{0.4} + 1\right)\frac{v^2}{2(9.81)}$$

由此得到 $v = 3.09$ m/s,雷诺数 $Re = 9.44 \times 10^5$,从穆迪图中得到此时 $f = 0.012$,与假设值相等。化简并将数据代入式(1)得到为避免气蚀,管道(顶点处)允许抬高的相对较低水库的最大高度为

$$h_S = 10.2 + \left(0.012\frac{1\ 000}{0.4} + 1.0\right)\frac{v^2}{2g} - \frac{v^2}{2g}$$

$$= 10.2 + \left[(0.012)\frac{1\ 000}{0.4}\right]\frac{(3.09)^2}{2(9.81)} = 24.8 \text{ m}$$

注意:如果允许表压下降到 -7.0 m 以下,其他溶解气体可能会蒸发,相比 -10.2 m,-7.0 m 是一个更保守的设计值。

在管道中,可能有时需要水泵把水从较低的高度抬升到较高的高度,又或者仅仅是为了提高流速。水泵通过提高压力水头来使管道中的水增加能量,水泵的设计和选择的具体细节将在第 5 章中讨论,而这里讨论的是对泵向管路系统提供的压力水头和能量(以水头的形式)的分析。管道中泵的安装计算通常是通过将管路系统分成两个连续部分(吸入侧和排出侧)来实现的。

图 4.3 所示为管道中的典型泵安装以及相关的总水头线和测压管水头线。由泵提供给系统的水头(H_P)由总水头线上的低点(L)和高点(M)(泵的入口和出口)之间的垂直距离表示。M 的高度代表泵出口处的总水头,它将水送入接收水库(R)。能量方程可以由供应水库和接收水库列出,有

$$H_S + H_P = H_R + h_L \tag{4.2}$$

式中:H_S 和 H_R 分别是供应水库和接收水库中的位置水头(通常是水面高度);H_P 是由泵提高的水头;h_L 是系统中的总水头损失。

从图 4.3 中的总水头线和测压管水头线可以看出更多的信息。系统的吸入侧从供应水库(1—1)到泵入口(2—2)为负压,而从泵出口(3—3)到接收水库(4—4)的排出侧为正压。

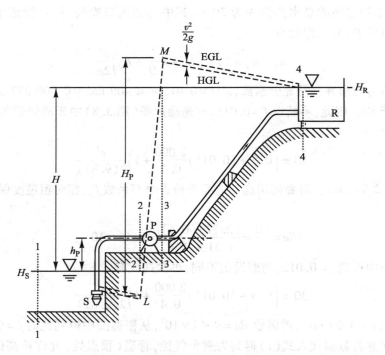

图 4.3 泵站的总水头线和测压管水头线

从负压向正压的变化是泵向水输入能量的结果,主要是以压力水头的形式实现。还要注意的是,总水头线从供应水库中出来时显著且迅速下降,这是由吸入管垂直部分的摩擦损失、入口损失、过滤器损失和 90°弯管损失导致的。另外,考虑到总水头线是连续的,输水管中的 135°弯管的损失可以忽略不计,读者可以就管道部分不是水平的这一事实来讨论输水管的总水头线斜率是否是均匀的。

例 4.5

现需要一水泵从水处理厂的清水井(水库)把水输送至一定距离外 50 ft 高的储藏塔。要求输水流量是 15 ft³/s(68 ℉)。两者之间的管道($e/D = 0.000\,08$)直径为 15 in,长度为 1 500 ft,沿程损失相当于速度水头的 15 倍。试确定泵所需的压力水头。此外,如果水泵在清水井水面以上 10 ft,管道以下 100 ft 处,求水泵吸入侧的压力水头。

解:

由方程(4.2),有

$$H_P = H_R - H_S + h_L = 50 \text{ ft} + h_L$$

其中

$$h_L = \left(f\frac{L}{D} + 15\right)\frac{v^2}{2g}$$

要满足流量要求,流速和雷诺数为

$$v = \frac{Q}{A} = \frac{15}{(\pi/4)(1.25)^2} = 12.2 \text{ ft/s}$$

$$Re = \frac{vD}{\nu} = \frac{12.2(1.25)}{1.08 \times 10^{-5}} = 1.41 \times 10^6$$

由 $e/D = 0.000\ 08$，依据穆迪图有 $f = 0.013$，管道的能量损失为

$$h_L = \left[(0.013)\frac{1\ 500}{1.25} + 15 \right]\frac{(12.2)^2}{2(32.2)} = 70.7\ \text{ft}$$

水泵必须提供的最小压力水头为

$$H_P = 70.7 + 50 = 120.7\ \text{ft}$$

注意：必须增加一定的压力水头，以补偿水泵在运行时的能量损失。

对清水井和水泵吸入侧（图 4.3 中 1—1 和 2—2）列能量方程，有

$$H_S = h_2 + \frac{v^2}{2g} + \frac{P_2}{\gamma} + h_L$$

式中：$H_S = 0$（已知）。

能量损失为

$$h_L = \left(K_e + f\frac{L}{D} \right)\frac{v^2}{2g}$$

假设 $K_e = 4.0$（过滤器的入口损失），有

$$h_L = \left(4.0 + 0.013\frac{100}{1.25} \right)\frac{(12.2)^2}{2(32.2)} = 11.6\ \text{ft}$$

因此，水库吸入侧的压力水头为

$$\frac{P_2}{\gamma} = 0.0 - 10 - \frac{(12.2)^2}{2(32.2)} - 11.6 = -23.9\ \text{ft}$$

这超过了 0.344 lb/in² 水的蒸气压（68 ℉，表 1.1），即表压为 -14.4 lb/in²，$P_{vapor} - P_{atm}$ = 0.344 ~ 14.7 lb/in²。转换成压力水头为 -33.3 ft 水柱，$(P_{vapor} - P_{atm})/\gamma = (-14.4\ \text{lb/in}^2)(144\ \text{in}^2/\text{ft}^2)/62.3\ \text{lb/ft}^3 = -33.3$ ft。因此，管道中的水不会蒸发。然而，考虑到水中其他的溶解气体可能会蒸发，这一数值已经达到了实际工程中的限值（-7 m = -23.0 ft）。

4.3 分支管道系统

分支管道系统是指两个以上的管道连接在一起，系统必须同时满足两个基本条件：第一，管道到节点所带来的水的总量必须总是等于其他管道离开节点所带走的水量（质量守恒）；第二，连接的所有管道必须拥有相同的总能量（能量守恒）。

分支管道系统节点的水动力问题可以由典型的三个位于水库问题来代表，如图 4.4 所示，三个位于不同海拔的水库连接到一个共同的节点 J 上。给定涉及的所有管道的长度、直径和材料，以及三个水库的水位，可以确定向每个水库流入或从每个水库流出的流量（Q_1、Q_2 和 Q_3）。如果在节点 T 安装一个开放式垂直管（测压计），管中的水将上升到位置 P，P 和 J 之间的垂直距离是节点 T 压力水头的直接读数。若假设在所有流动汇合的交界处速度水头都可忽略不计，则 P 的上升高度即总水头（位置水头加压力水头）。因此，水库 A 和位置 P 之间的高度差代表了从 A 到 J 输送水的摩擦损失，用 h_{f_1} 来表示。在大型输水系统中，摩

擦损失常常占主导地位,可以忽略其他较小的损失。同样地,水库 B 和位置 P 之间的高度差(h_{f_2})代表了从 B 到 J 输送水的摩擦损失;h_{f_3} 代表了从 J 到水库 C 输送水的摩擦损失。

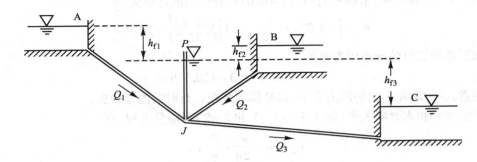

图 4.4   连接三个水库的分支管道

因为流入节点 T 的水的质量必须等于从节点 T 流出的水的质量,在节点 J,可以容易地写出

$$Q_3 = Q_1 + Q_2 \tag{4.3}$$

或

$$\sum Q = 0 (假设水的密度保持不变)$$

这种类型的问题可以用迭代法解决。由于不知道每个管道中的流量,先假设总能量在节点 T 上升 P,这个假设确定了三个管道中的每一个的摩擦水头损失 h_{f_1}、h_{f_2} 和 h_{f_3}。从这组水头损失和给定的管道直径、长度和材料,以及摩擦损失方程可以得到一组流量值 Q_1、Q_2 和 Q_3。如果假设的总能量高度 P 是正确的,那么计算的 Q 应满足上述质量平衡条件,有

$$\sum Q = Q_1 + Q_2 - Q_3 = 0 \tag{4.4}$$

否则,假定新高程 P 进行第二次迭代,执行另一组 Q 的计算,直到满足上述条件,由此获得每个管道中的正确流量。

注意,如果测压管中假定的水面高度高于水库 B 的高程,那么应有 $Q_1 = Q_2 + Q_3$。如果它低于水库 B 的高程,那么应有 $Q_1 + Q_2 = Q_3$。实验中 Q 的误差代表下一次迭代应设定的压力升高(P)的方向,可以对诸如二分法的数值技术进行编程,并应用于误差,以快速获得正确的结果。

为了理解这个概念,绘制 $P - \sum Q$ 图可能会有所帮助。对于每次迭代,得到的流量残差$(\sum Q)$可以是正的或负的。然而,依据三次迭代获得的值,可以如例 4.6 中所示绘制曲线,通过曲线与垂直轴的交点表示正确的流量。以下的例题演示了计算过程。

例 4.6

在图 4.5 中,三个水库 A、B 和 C 通过管道连接到一个共同的节点 J,各管道尺寸如图所示。管道由混凝土制成,可认为 $e = 0.6$ mm。如果水温为 20 ℃,确定每个管道中的流量(假设轻微损失可忽略不计)。

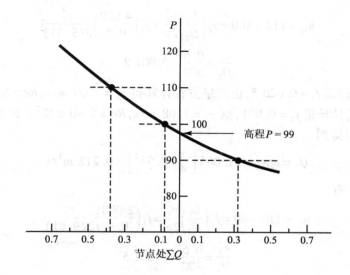

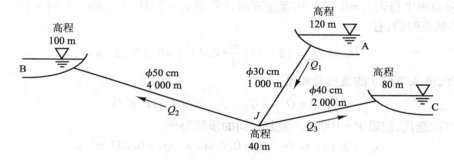

图 4.5 三个水库问题

解:

下标 1、2 和 3 分别表示水库 A、B 和 C 到节点 J 的管道。第一次迭代,假定 J 点的压力水头由高程 P 表示,为 110 m。Q_1、Q_2 和 Q_3 可以计算如下。

对水库 A 和节点 J 列能量方程,并使用达西 – 韦斯巴赫方程计算由摩擦引起的水头损失,得到

$$h_{f_1} = 120 - 110 = f_1 \left(\frac{L_1}{D_1} \right) \frac{v_1^2}{2g} = f_1 \left(\frac{1\,000}{0.3} \right) \frac{v_1^2}{2(9.81)}$$

假设紊流充分发展,有

$$\frac{e_1}{D_1} = \frac{0.6}{300} = 0.002$$

从穆迪图中得到 $f_1 = 0.024$,由能量方程计算得 $v_1 = 1.57$ m/s。因此,$Re = v_1 D_1 / \nu = 4.71 \times 10^5$。检查穆迪图可知,这是正确的。因此,有

$$Q_1 = v_1 A_1 = (1.57) \left[\frac{\pi}{4} (0.3)^2 \right] = 0.111 \ \text{m}^3/\text{s}$$

类似地,对于水库 B,有

$$h_{f_2} = 110 - 100 = f_2 \left(\frac{L_2}{D_2} \right) \frac{v_2^2}{2g} = f_2 \left(\frac{4\ 000}{0.5} \right) \frac{v_2^2}{2(9.81)}$$

$$\frac{e_2}{D_2} = \frac{0.6}{500} = 0.001\ 2$$

从穆迪图中得到 $f_2 = 0.020\ 5$，由能量方程计算得 $v_2 = 1.09$ m/s，$Re = 5.45 \times 10^5$。由穆迪图可知，更好的估计是 $f_2 = 0.021$，则 $v_2 = 1.08$ m/s，$Re = 5.40 \times 10^5$。因为没有必要进一步近似，所以可以得到

$$Q_2 = v_2 A_2 = (1.08) \left[\frac{\pi}{4} (0.5)^2 \right] = 0.212\ \text{m}^3/\text{s}$$

对于水库 C，有

$$h_{f_3} = 110 - 80 = f_3 \left(\frac{L_3}{D_3} \right) \frac{v_3^2}{2g} = f_3 \left(\frac{2\ 000}{0.4} \right) \frac{v_3^2}{2(9.81)}$$

$$\frac{e_3}{D_3} = \frac{0.6}{400} = 0.001\ 5$$

从穆迪图中得到 $f_3 = 0.022$，由能量方程计算得 $v_3 = 2.31$ m/s，$Re = 9.24 \times 10^5$。因为 $f_3 = 0.022$ 是正确的，有

$$Q_3 = v_3 A_3 = (2.31) \left[\frac{\pi}{4} (0.4)^2 \right] = 0.290\ \text{m}^3/\text{s}$$

因此，流入节点 J 的流量总和是

$$\sum Q = Q_1 - (Q_2 + Q_3) = -0.391\ \text{m}^3/\text{s}$$

第二次迭代，假设 $P = 100$ m。重复相同的步骤得到

$$Q_1 = 0.157\ \text{m}^3/\text{s} \quad Q_2 = 0.0\ \text{m}^3/\text{s} \quad Q_3 = 0.237\ \text{m}^3/\text{s}$$

因此，有

$$\sum Q = (Q_1 + Q_2) - Q_3 = -0.080\ \text{m}^3/\text{s}$$

第三次迭代，假设 $P = 90$ m，重复计算得

$$Q_1 = 0.193\ \text{m}^3/\text{s} \quad Q_2 = 0.212\ \text{m}^3/\text{s} \quad Q_3 = 0.167\ \text{m}^3/\text{s}$$

因此，有

$$\sum Q = (Q_1 + Q_2) - Q_3 = 0.238\ \text{m}^3/\text{s}$$

利用上面计算的值，可以绘制 $P - \sum Q$ 图，如图 4.5 所示。曲线与直线 $\sum Q = 0$ 相交于 $P = 99$ m，用此数据来计算最后一组流量。得到

$$Q_1 = 0.161\ \text{m}^3/\text{s} \quad Q_2 = 0.065\ \text{m}^3/\text{s} \quad Q_3 = 0.231\ \text{m}^3/\text{s}$$

因此，满足条件

$$\sum Q = (Q_1 + Q_2) - Q_3 = 0(\text{不超过} - 0.005\ \text{m}^3/\text{s})$$

注：每个管道的能量方程、摩擦损失的达西－韦斯巴赫方程（又或是哈森－威廉姆斯方程或曼宁公式），雷诺数表达式以及摩擦系数的达西－韦斯巴赫方程的前提均假设流动为完全紊流，当 Re 已知时，和节点处的质量平衡可以通过计算机代数软件系统（例如 Mathcad、Maple 或 Mathematica）求解，同时求解科尔布鲁克的隐式摩擦因子方程（或显式的斯瓦米－杰恩方程）得到相同的结果。同样，也可以制定简单的电子表格程序以快速执行迭代，见习题 4.3.1。

例 4.7

一个水平的镀锌铁管系统由两个接头 1 和 2 之间的直径为 10 in、长度为 12 ft 的主管道组成,如图 4.6 所示。在连接 2 之前,在下游安装阀门。支管直径为 6 in、长度为 20 ft,由两个 90°弯头($R/D=2.0$)和一个截止阀组成。该系统在 40 ℉下总流量为 10 cf,当阀门全部打开时,确定每个管道中的流量。

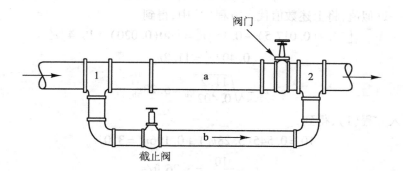

图 4.6 管道系统

解:

管 a 和管 b 的横截面面积分别为

$$A_a = \frac{\pi}{4}\left(\frac{10}{12}\right)^2 = 0.545 \text{ ft}^2 \quad A_b = \frac{\pi}{4}\left(\frac{6}{12}\right)^2 = 0.196 \text{ ft}^2$$

质量守恒要求

$$10 \text{ cf} = A_a v_a + A_b v_b = 0.545 v_a + 0.196 v_b \tag{1}$$

式中:v_a 和 v_b 分别是管 a 和管 b 中的速度。接头 1 和 2 之间主管道的水头损失为

$$h_a = f_a\left(\frac{L_a}{D_a}\right)\frac{v_a^2}{2g} + 0.15\frac{v_a^2}{2g}$$

其中,第二项是完全打开的阀门(表 3.8)。接头 1 和 2 之间支管的水头损失为

$$h_b = f_b\left(\frac{L_b}{D_b}\right)\frac{v_b^2}{2g} + 2(0.19)\frac{v_b^2}{2g} + 10\frac{v_b^2}{2g}$$

其中,第二项是弯头损失;第三项是完全打开的截止阀(表 3.8)。

由于通过两个管道的水头损失必须相同,即 $h_a = h_b$,有

$$\left[f_a\left(\frac{12}{0.833}\right) + 0.15\right]\frac{v_a^2}{2g} = \left[f_b\left(\frac{20}{0.5}\right) + 0.38 + 10\right]\frac{v_b^2}{2g}$$

或

$$(14.4 f_a + 0.15) v_a^2 = (40 f_b + 10.4) v_b^2 \tag{2}$$

一旦知道了摩擦因子,就可以同时求解方程(1)和(2)得到 v_a 和 v_b。对于镀锌铁管,查表 3.1 可知

$$\left(\frac{e}{D}\right)_{a} = \frac{0.0005}{0.833} = 0.00060$$

以及

$$\left(\frac{e}{D}\right)_{b} = \frac{0.0005}{0.50} = 0.0010$$

假设流动为充分发展的紊流,查穆迪图得到

$$f_{a} = 0.0175 \text{ 和 } f_{b} = 0.020$$

作为第一近似值,将上述数值代入方程(2)中,得到

$$[14.4(0.0175) + 0.15]v_{a}^{2} = [40(0.020) + 10.4]v_{b}^{2}$$

$$0.402v_{a}^{2} = 11.2v_{b}^{2}$$

$$v_{a} = \sqrt{\frac{11.2}{0.402}}v_{b} = 5.28v_{b}$$

将 v_{a} 代入方程(1),得到

$$10 = 0.545(5.28v_{b}) + 0.196v_{b} = 3.07v_{b}$$

$$v_{b} = \frac{10}{3.07} = 3.26 \text{ ft/s}$$

因此,$v_{a} = 5.28v_{b} = 17.2$ ft/s。计算相应的雷诺数,以验证假定的摩擦系数。对于管道 a,有

$$Re_{a} = \frac{v_{a}D_{a}}{\nu} = \frac{17.2(0.833)}{1.69 \times 10^{-5}} = 8.48 \times 10^{5}$$

查穆迪图,得出 $f = 0.0175$,符合原始假设。对于管道 b,有

$$Re_{b} = \frac{v_{b}D_{b}}{\nu} = \frac{3.26(0.5)}{1.69 \times 10^{-5}} = 9.65 \times 10^{4}$$

查穆迪图,得出 $f = 0.0225 \neq 0.020$,将 f_{b} 的新值代入方程(1)和(2)再次迭代,有

$$[14.4(0.0175) + 0.15]v_{a}^{2} = [40(0.0225) + 10.4]v_{b}^{2}$$

$$v_{a} = 5.30v_{b}$$

将 v_{a} 代入方程(1),有

$$10 = 0.545(5.30v_{b}) + 0.196v_{b}$$

$$v_{b} = 3.24 \text{ ft/s} \quad v_{a} = 5.30(3.24) = 17.2 \text{ ft/s}$$

因此,管道流量为

$$Q_{a} = A_{a}v_{a} = 0.545(17.2) = 9.37 \text{ cf}$$

以及

$$Q_{b} = A_{b}V_{b} = 0.196(3.24) = 0.635 \text{ cf}$$

将 3 个以上水库连接到一个节点的分支管道(图 4.7)在水利工程中并不常见,可以通过相同的原理来解决多个(多于 3 个)水库的问题。

假设 J 处测压计中的水位达到位置 P,水库 A 和 B、A 和 C 以及 A 和 D 之间水面高程差分别为 H_{1}、H_{2} 和 H_{3}。水库 A、B、C 和 D 与节点 J 之间的水头损失分别为 $h_{f_{1}}$、$h_{f_{2}}$、$h_{f_{3}}$ 和 h_{f4},如图 4.7 所示。对于 4 个水库,可以用以下一般形式写出 4 个独立的方程式:

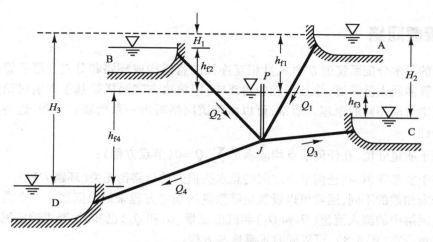

图 4.7 多个水库连接到同一节点

$$H_1 = h_{f_1} - h_{f_2} \tag{4.5}$$

$$H_2 = h_{f_1} + h_{f_3} \tag{4.6}$$

$$H_3 = h_{f_1} + h_{f_4} \tag{4.7}$$

$$\sum Q_J = 0 \tag{4.8}$$

对于每个支管,水头损失可以用达西 – 韦斯巴赫方程的形式[*]表示,即式(3.16),如下:

$$h_{f_1} = f_1 \left(\frac{L_1}{D_1} \right) \frac{v_1^2}{2g} = f_1 \left(\frac{L_1}{D_1} \right) \frac{Q_1^2}{2gA_1^2}$$

$$h_{f_2} = f_2 \left(\frac{L_2}{D_2} \right) \frac{v_2^2}{2g} = f_2 \left(\frac{L_2}{D_2} \right) \frac{Q_2^2}{2gA_2^2}$$

$$h_{f_3} = f_3 \left(\frac{L_3}{D_3} \right) \frac{v_3^2}{2g} = f_3 \left(\frac{L_3}{D_3} \right) \frac{Q_3^2}{2gA_3^2}$$

$$h_{f_4} = f_4 \left(\frac{L_4}{D_4} \right) \frac{v_4^2}{2g} = f_4 \left(\frac{L_4}{D_4} \right) \frac{Q_4^2}{2gA_4^2}$$

将这些关系代入式(4.5)、式(4.6)和式(4.7),得出:

$$H_1 = \frac{1}{2g} \left(f_1 \frac{L_1 Q_1^2}{D_1 A_1^2} - f_2 \frac{L_2 Q_2^2}{D_2 A_2^2} \right) \tag{4.9}$$

$$H_2 = \frac{1}{2g} \left(f_1 \frac{L_1 Q_1^2}{D_1 A_1^2} + f_3 \frac{L_3 Q_3^2}{D_3 A_3^2} \right) \tag{4.10}$$

$$H_3 = \frac{1}{2g} \left(f_1 \frac{L_1 Q_1^2}{D_1 A_1^2} + f_4 \frac{L_4 Q_4^2}{D_4 A_4^2} \right) \tag{4.11}$$

然后可以针对 4 个未知数 Q_1、Q_2、Q_3 和 Q_4,同时求解方程(4.8)到方程(4.11),这些值是每个支管的流量。该计算步骤可以应用于连接到同一节点的任何数量的水库。

---

[*] 可以使用类似表达式计算摩擦损失的经验方程,例如哈森 – 威廉姆斯方程和曼宁公式。

4.4　管道网络

市区的供水分配系统通常由大量相互连接的管道构成环路和分支。尽管管道网络中的流量计算涉及大量管道,并且可能变得乏味,但解决方案同样是基于先前讨论的管道和分支管道中流动相同的原理。通常,可以由管道网络写出一系列联立方程,这些方程要满足以下条件:

①基于质量守恒,在任何节点均应满足 $\sum Q = 0$(节点方程);

②基于能量守恒,在任何节点之间的总水头损失均与路径无关(环路方程)。

根据未知数的不同,通常可以设置足够数量的独立方程来解决问题。一个典型的问题是当管道网络中的流入流量(Q_1 和 Q_2)和流出流量(Q_3 和 Q_4)已知时,要求确定网络每个管道中的流量分布(图4.8),可以同时求解这些方程。

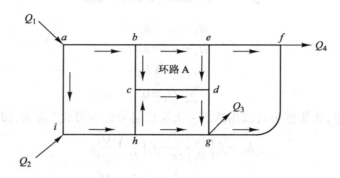

图4.8　管道网络的示意图

对于图4.8所示的简单管道网络,需要一组包含12个独立方程(8个节点方程和4个环路方程)的方程组来求解12个管道中的流量分布。一般而言,具有 m 个环路和 n 个节点的网络总共提供 $m + (n - 1)$ 个独立方程。对于更复杂的网络,方程的数量按比例增加,增加到一定程度时,很明显要求网络方程的代数解变得不切实际。对于大多数工程应用,管道网络解决方案是使用专为此任务设计的计算机软件获得的,下面概述通常用于管道网络分析的两种算法。

4.4.1　哈迪－克罗斯法

哈迪－克罗斯法运用的是连续流近似假设,这一假设基于先前所述的管道网络中的每个节点和环路都应满足的两个条件。在图4.8所示的环路 A 中,箭头表示假定的流向、该环路必须满足质量和能量平衡条件:

①在每个节点 b、c、d 和 e,总流入量必须等于总流出量;

②沿管道 bc 和 cd 逆时针方向流动的水头损失必须等于沿管道顺时针方向流动的水头损失。

首先估计每个管道中的流量分布,使总流入量等于整个管道网络中每个节点处的总流出量。对于具有 n 个节点的网络,可以建立 $(n-1)$ 个节点方程以确定系统中的流量。如果

为第 $(n-1)$ 个节点建立了流量方程,流入和流出最后一个节点的流量就是固定的,因而是相互依赖的。哈迪 – 克罗斯法需要估计流量,以及管道直径、长度、摩擦系数和其他网络参数(例如连通性、连接高度),然后计算在估计的流量下所有管道中的水头损失。

估计的流量分布满足 m 个环路方程的可能性很小,通常需要不断调整估计的管道流量,直到每个环路内顺时针方向的水头损失等于该环路内逆时针方向的水头损失。连续的计算过程使用环路方程来校正估计的管道流量,一次一个,从而均衡环路中的水头损失。因为必须保持每个节点的流量平衡,所以在任何管道(如管道 be)顺时针方向上流量的给定校正需要与其他管道(如管道 bc、cd 和 ed)顺时针方向上相应的校正流量相等。接下来讨论用于均衡水头损失的连续校正流量。

知道管道的直径、长度和粗糙度,管道中的水头损失是流量 Q 的函数,应用方程 (3.16),有

$$h_f = f\left(\frac{L}{D}\right)\frac{v^2}{2g} = \left[f\left(\frac{L}{D}\right)\frac{1}{2gA^2}\right]Q^2 = KQ^2 \tag{4.12}$$

在任何网络环路中,例如环路 A,顺时针方向(用下标 c 表示)的总水头损失是在环路周围顺时针方向运送流量的所有管道中水头损失的总和:

$$\sum h_{fc} = \sum K_c Q_c^2 \tag{4.13}$$

类似地,逆时针方向(用下标 cc 表示)的总水头损失为

$$\sum h_{fcc} = \sum K_{cc} Q_{cc}^2 \tag{4.14}$$

使用假定的流量 Q,如前所述,在第一次迭代时,预计这两个值不会相等,其差值为

$$\sum K_c Q_c^2 - \sum K_{cc} Q_{cc}^2$$

该差值是第一次迭代时的闭合差,需要确定校正流量 ΔQ,当其从 Q_c 中减去并加到 Q_{cc} 时,将使两个水头损失相等。因此,校正流量 ΔQ 必须满足以下等式:

$$\sum K_c (Q_c - \Delta Q)^2 = \sum K_{cc} (Q_{cc} + \Delta Q)^2$$

展开等式两边括号中的项,有

$$\sum K_c (Q_c^2 - 2Q_c \Delta Q + \Delta Q^2) = \sum K_{cc} (Q_{cc}^2 + 2Q_{cc} \Delta Q + \Delta Q^2)$$

假设校正流量 ΔQ 与 Q_c 和 Q_{cc} 相比较小,可以通过略去等式两侧的最后一项来简化上面的表达式,有

$$\sum K_c (Q_c^2 - 2Q_c \Delta Q) = \sum K_{cc} (Q_{cc}^2 + 2Q_{cc} \Delta Q)$$

由此方程,可以求解 ΔQ:

$$\Delta Q = \frac{\sum K_c Q_c^2 - \sum K_{cc} Q_{cc}^2}{2\left(\sum K_c Q_c + \sum K_{cc} Q_{cc}\right)} \tag{4.15}$$

如果采用式 (4.12),并将其两侧都除以 Q,就得到

$$KQ = \frac{h_f}{Q} \tag{4.16}$$

将式 (4.13)、式 (4.14) 和式 (4.16) 代入式 (4.15),得到

$$\Delta Q = \frac{\sum h_{fc} - \sum h_{fcc}}{2\left(\sum \dfrac{h_{fc}}{Q_c} + \sum \dfrac{h_{fcc}}{Q_{cc}}\right)} \tag{4.17a}$$

当用曼宁公式(3.28)确定摩擦损失,而不是用达西 – 韦斯巴赫方程时,式(4.17a)是合理的。然而,当使用哈森 – 威廉姆斯方程(3.27)时,方程应该为

$$\Delta Q = \frac{\sum h_{\mathrm{fc}} - \sum h_{\mathrm{fcc}}}{1.85\left(\sum \dfrac{h_{\mathrm{fc}}}{Q_{\mathrm{c}}} + \sum \dfrac{h_{\mathrm{fcc}}}{Q_{\mathrm{cc}}}\right)} \tag{4.17b}$$

如果确定了误差量级,第二次迭代就使用该校正来确定新的流量分布。预计第二次迭代的计算结果将给出环路 A 中沿顺时针方向和逆时针方向两个水头损失更接近的结果。注意,环路 A 中的管道 *bc*、*cd* 和 *ed* 对于相邻环路均是共用的,因此需要对每个循环进行双重校正。重复连续的计算过程,直到整个网络中的每个环路达到平衡(质量和能量),并且校正量可以忽略。

下面的例题可以更好地描述哈迪 – 克罗斯法。尽管可以使用商业计算软件来解决这些费力的计算,但学生应该使用小型网络进行几次这种迭代过程,通过熟悉算法,可以使计算软件更加高效和实用。

例 4.8

工业园区的供水系统如图 4.9(a)所示,对系统的流量要求已在 *C*、*G* 和 *F* 节点给出,单位为 L/s。水从山上的储水罐经由 *A* 点进入系统,储水罐的水面高度比工业园区中 *A* 点的高度高 50 m。供水系统中所有节点都与 *A* 点具有相同的高度,所有管道均为老化球墨铸铁(*e* = 0.26 mm),各管道长度和直径见表 4.1。计算每个管道的流量,还要确定 *F* 点的压强是否足够高以满足客户的用水需求(压强为 185 kPa)。

管道系统的几何图表是组织可用信息并进行一些初步计算的便捷方式,为此设计了表 4.1。第一列列出了网络中的所有管道,第 2 列为每个管道的估计流量,用于进行哈迪 – 克罗斯算法,估计流量已显示在图 4.9(a)中的方括号中。请注意,每个节点都应保持质量平衡。表 4.1 中的流向用定义管道的连接字母表示,例如管道 *AB* 中的流动是从节点 *A* 到节点 *B*。摩擦因子(第 6 列)是在假设充分发展的紊流下,用 *e*/*D* 或者式(3.23)从穆迪图中读取得到的。根据式(4.12),在后续计算中使用系数"*K*"(第 7 列)获得每个管道中的水头损失。

表 4.1　计算表格

管道	流量($\mathrm{m^3/s}$)	长度(m)	直径(m)	*e*/*D*	*f*	*K*($\mathrm{s^2/m^5}$)
AB	0.2	300	0.3	0.000 87	0.019	194
AD	0.1	250	0.25	0.001 04	0.02	423
BC	0.08	350	0.2	0.001 3	0.021	1 900
BG	0.12	125	0.2	0.001 3	0.021	678
GH	0.02	350	0.2	0.001 3	0.021	1 900
CH	0.03	125	0.2	0.001 3	0.021	678
DE	0.1	300	0.2	0.001 3	0.021	1 630
GE	0	125	0.15	0.001 73	0.022	2 990
EF	0.1	350	0.2	0.001 3	0.021	1 900
HF	0.05	125	0.15	0.001 73	0.022	2 990

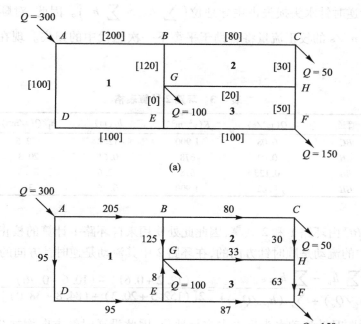

图 4.9 供水系统

解：

哈迪－克罗斯法利用的是渐进技术（逐次逼近的方法）。首先使用估算的流量，通过式（4.12）在每个管道中找到水头损失，一次一个环路。然后用式（4.17a）确定校正流量，从而改善流量估算。对所有剩余的环路应采用相同的过程，然后重复循环。当校正流量变得足够小时，该过程结束。此时，每个节点都满足质量守恒，并且每个环路周围的水头损失对于逆时针和顺时针流动是相同的（能量守恒）。

使用一系列表格进行计算，每张表都有解释说明，从环路 1 开始，见表 4.2。

表 4.2 环路 1 计算表格

环路	管道	$Q(\text{m}^3/\text{s})$	$K(\text{s}^2/\text{m}^5)$	$h_f(\text{m})$	$h_f/Q(\text{s}/\text{m}^2)$	New $Q(\text{m}^3/\text{s})$
	AB	0.2	194	7.76	38.8	0.205
	BG	0.12	678	9.76	81.3	0.125
1	GE	0	2 990	0	0	0.005
	AD	0.1	423	4.23	42.3	0.095
	DE	0.1	1 630	16.3	163	0.095

第 3 列中列出的流量是原始估计值，循环 1 中逆时针流动的水头损失为

$$h_f = KQ^2$$

使用式（4.17a）得到校正流量：

$$\Delta Q = \frac{\sum h_{fc} - \sum h_{fcc}}{2\left[\sum (h_{fc}/Q_c) + \sum (h_{fcc}/Q_{cc})\right]} = \frac{(7.76+9.76)-(4.23+16.3)}{2\left[(38.8+81.3)+(42.3+163.0)\right]} = -0.005 \ \text{m}^3/\text{s}$$

其中,负号表示逆时针水头损失占主导地位($\sum h_{\text{fcc}} > \sum h_{\text{fc}}$)。因此,对顺时针方向(第 7 列)施加 0.005 m³/s 的校正流量将有助于平衡下一次迭代中的损失。现在继续环路 2,见表 4.3。

表 4.3　环路 2 计算表格

环路	管道	$Q(\text{m}^3/\text{s})$	$K(\text{s}^2/\text{m}^5)$	$h_{\text{f}}(\text{m})$	$h_{\text{f}}/Q(\text{s}/\text{m}^2)$	New $Q(\text{m}^3/\text{s})$
	BC	0.08	1 900	12.2	152.5	0.078
2	CH	0.03	678	0.61	20.3	0.028
	BG	0.125	678	10.6	84.8	0.127
	GH	0.02	1 900	0.76	38	0.022

由于管道 BG 由环路 1 和 2 共享,因此此处使用来自环路 1 计算的校正流程。注意,在环路 1 中 BG 中的流动是顺时针方向的,在环路 2 中其流动是逆时针方向的。校正流量为

$$\Delta Q = \frac{\sum h_{\text{fc}} - \sum h_{\text{fcc}}}{2\left[\sum (h_{\text{fc}}/Q_{\text{c}}) + \sum (h_{\text{fcc}}/Q_{\text{cc}})\right]} = \frac{(12.2 + 0.61) - (10.6 + 0.76)}{2\left[(152.5 + 20.3) + (84.8 + 38.0)\right]} = +0.002 \text{ m}^3/\text{s}$$

其中,正号表示顺时针流动水头损失占主导地位,因此沿逆时针方向增加 0.002 m³/s 的校正流量。通过纠正环路 3 中的流量完成第一次迭代,见表 4.4。

表 4.4　环路 3 计算表格

环路	管道	$Q(\text{m}^3/\text{s})$	$K(\text{s}^2/\text{m}^5)$	$h_{\text{f}}(\text{m})$	$h_{\text{f}}/Q(\text{s}/\text{m}^2)$	New $Q(\text{m}^3/\text{s})$
	GH	0.022	1 900	0.92	41.8	0.035
3	HF	0.05	2 990	7.48	149.6	0.063
	GE	0.005	2 990	0.07	14	−0.008
	EF	0.1	1 900	19	190	−0.087

$$\Delta Q = \frac{\sum h_{\text{fc}} - \sum h_{\text{fcc}}}{2\left[\sum (h_{\text{fc}}/Q_{\text{c}}) + \sum (h_{\text{fcc}}/Q_{\text{cc}})\right]} = \frac{(0.92 + 7.48) - (0.07 + 19.0)}{2\left[(41.8 + 149.6) + (14.0 + 190.0)\right]} = -0.013 \text{ m}^3/\text{s}$$

其中,负号表示逆时针水头损失占主导地位,因此沿顺时针方向增加 0.013 m³/s 校正流量。请注意,这个校正流量足够大,可以反转 GE 中的流向;下次将其标记为 EG。现在开始环路 1 的第二次迭代,见表 4.5。

表 4.5　环路 1 的第 2 次计算表格

环路	管道	$Q(\text{m}^3/\text{s})$	$K(\text{s}^2/\text{m}^5)$	$h_{\text{f}}(\text{m})$	$h_{\text{f}}/Q(\text{s}/\text{m}^2)$	New $Q(\text{m}^3/\text{s})$
	AB	0.205	194	8.15	39.8	0.205
	BG	0.127	678	10.9	85.8	0.127
1	AD	0.095	423	3.82	40.2	0.095
	DE	0.095	1 630	14.7	154.7	0.095
	EG	0.008	2 990	0.19	23.8	0.008

$$\Delta Q = \frac{\sum h_{fc} - \sum h_{fcc}}{2\left[\sum(h_{fc}/Q_c) + \sum(h_{fcc}/Q_{cc})\right]} = \frac{(8.15 + 10.9) - (3.82 + 14.7 + 0.19)}{2\left[(39.8 + 85.8) + (40.2 + 154.7 + 23.8)\right]} = +0.000 \text{ m}^3/\text{s}$$

校正流量非常小(<0.0005 m^3/s)。继续环路 2 的第二次迭代,见表 4.6。

表 4.6 环路 2 的第 2 次计算表格

环路	管道	$Q(\text{m}^3/\text{s})$	$K(\text{s}^2/\text{m}^5)$	$h_f(\text{m})$	$h_f/Q(\text{s}/\text{m}^2)$	New $Q(\text{m}^3/\text{s})$
	BC	0.078	1 900	11.6	148.7	0.08
2	CH	0.028	678	0.53	18.9	0.03
	BG	0.127	678	10.9	85.8	0.125
	GH	0.035	1 900	2.33	66.6	0.033

$$\Delta Q = \frac{\sum h_{fc} - \sum h_{fcc}}{2\left[\sum(h_{fc}/Q_c) + \sum(h_{fcc}/Q_{cc})\right]} = \frac{(11.6 + 0.53) - (10.9 + 2.33)}{2\left[(148.7 + 18.9) + (85.8 + 66.6)\right]} = -0.002 \text{ m}^3/\text{s}$$

同样的,校正流量足够小。最后检查环路 3,见表 4.7。

表 4.7 环路 3 的第 2 次计算表格

环路	管道	$Q(\text{m}^3/\text{s})$	$K(\text{s}^2/\text{m}^5)$	$h_f(\text{m})$	$h_f/Q(\text{s}/\text{m}^2)$	New $Q(\text{m}^3/\text{s})$
	GH	0.033	1 900	2.07	62.7	0.033
3	HF	0.063	2 990	11.9	188.9	0.063
	EG	0.008	2 990	0.19	23.8	0.008
	EF	0.087	1 900	14.4	165.5	-0.087

$$\Delta Q = \frac{\sum h_{fc} - \sum h_{fcc}}{2\left[\sum(h_{fc}/Q_c) + \sum(h_{fcc}/Q_{cc})\right]} = \frac{(2.07 + 11.9 + 0.19) - (14.4)}{2\left[(62.7 + 188.9 + 23.8) + (165.5)\right]} = -0.000 \text{ m}^3/\text{s}$$

因为在所有三个环路上校正流量足够小,所以认为假定流量为真实流量并结束计算过程。最终流量如图 4.9(b)所示。

表 4.8 总结了有关管道系统的信息。通过使用最终流量和式(4.12)确定最终水头损失。在最后一列中,水头损失转换为压降($\Delta P = \gamma h_f$)。

表 4.8 管道系统信息

管道	流量(L/s)	长度(m)	直径(cm)	$h_f(\text{m})$	$\Delta P(\text{kPa})$
AB	205	300	30	8.2	80.3
AD	95	250	25	3.8	37.2
BC	80	350	20	12.2	119.4
BG	125	125	20	10.6	103.8
GH	33	350	20	2.1	20.6
CH	30	125	20	0.6	5.9
DE	95	300	20	14.7	143.9
EG	8	125	15	0.2	2
EF	87	350	20	14.4	141
HF	63	125	15	11.9	116.5

现在确定 F 点的压强是否足以满足该位置的客户用水需求,使用能量平衡来进行计算。首先,由于储水罐中的水面高度在 A 点以上 50 m 处,因此该处的压强为

$$P = \gamma h = (9\ 790\ \text{N/m}^2)(50\ \text{m}) = 489.5\ \text{kPa}$$

可以通过减去管道 AD、DE 和 EF 或从 A 到 F 的任何替代路线中的压降来确定节点 F 的压力。(在这种情况下,所有节点处于相同的高度,速度水头的变化可忽略不计,因此能量平衡仅涉及压力水头和摩擦损失。)因此,有

$$P_F = P_A - \Delta P_{AD} - \Delta P_{DE} - \Delta P_{EF} = 489.5 - 37.2 - 143.9 - 141.0 = 167.4\ \text{kPa}$$

由于压强低于 185 kPa,工业客户很可能不太满意,并且系统中的轻微损失未计入,因此当系统以指定的需求运行时,压强可能会更低。至于修改系统以适应客户需求的建议就留给学生来提出(习题 4.4.1)。还要注意,F 点的压强可以通过从 A 点的总水头减去水头损失并将水头转换为压强来确定。

如果已知进入网络的所有流入量,则上述哈迪-克罗斯法的计算流程是有效的,在实践中,当只有一个流入源时,流入流量等于所有节点的已知的流量之和。但是,如果网络中流量来自两个或多个流入源,如图 4.10(a)所示,则进入网络的流入流量事先是未知的。因此,需要在计算流程中添加流入路径计算。要考虑的流入路径的数量等于流入源的数量减去 1。在图 4.10(a)中,有两个水库为网络提供流量,因此只需要考虑一条流入路径,可以是连接两个水库的任何路径。例如,可以选择图 4.10(a)中的流入路径 $ABCDG$,还有其他一些可能的路径,如 $ABFEDG$、$GDCFBA$ 等,结果不会受到流入路径选择的影响。

一旦选择了流入路径,就以类似于环路计算的方式执行路径计算。使用下标 p(正向路径)表示与所遵循的流入路径相同方向的流量和 cp(反向路径)表示相反方向的流量,校正流量 ΔQ 计算为

$$\Delta Q = \frac{\left(\sum h_{\text{fp}} - \sum h_{\text{fcp}} \right) + H_{\text{d}} - H_{\text{u}}}{2\left(\sum \dfrac{h_{\text{fp}}}{Q_{\text{p}}} + \sum \dfrac{h_{\text{fcp}}}{Q_{\text{cp}}} \right)} \tag{4.18a}$$

式中:H_{u} 和 H_{d} 是流入路径起点(上游)和路径终点(下游)的总水头。对于图 4.10(a)中的路径 $ABCDG$,$H_{\text{u}} = H_A$ 且 $H_{\text{d}} = H_G$。正值 ΔQ 表示正向路径方向的损失占主导地位,因此校正流量将应用于反向路径方向。换句话说,沿流入路径方向流量的绝对值将减小,而相反方向的流量将增加。

式(4.18a)可以与曼宁方程(3.28)以及达西-韦斯巴赫方程(3.16)结合使用。但是,当使用哈森-威廉姆斯方程(3.27)时,等式应写为

$$\Delta Q = \frac{\left(\sum h_{\text{fp}} - \sum h_{\text{fcp}} \right) + H_{\text{d}} - H_{\text{u}}}{1.85\left(\sum \dfrac{h_{\text{fp}}}{Q_{\text{p}}} + \sum \dfrac{h_{\text{fcp}}}{Q_{\text{cp}}} \right)} \tag{4.18b}$$

例 4.9

图 4.10(a)所示的管道网络包含两个水库源。假设 $H_A = 85$ m,$H_G = 102$ m,$Q_C = 0.10$ m³/s,$Q_F = 0.25$ m³/s,$Q_E = 0.10$ m³/s,管道和接头特性如表 4.9 所示。表中还列出了所有管道中流量的初始估算值,流动方向如图 4.10(a)所示,确定每个管道中的流量和每个节点

的压力水头。

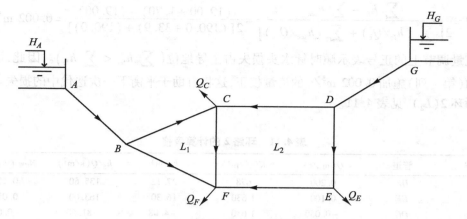

图 4.10(a)　带有两个水库源的管道网络

表 4.9　管道和接头特性

管道	长度(m)	直径(m)	e/D	f	K(s²/m⁵)	Q(m³/s)	节点	高程(m)
AB	300	0.30	0.000 87	0.019	194	0.200	A	48
BC	350	0.20	0.001 3	0.021	1 900	0.100	B	46
BF	350	0.20	0.001 3	0.021	1 900	0.100	C	43
CF	125	0.20	0.001 3	0.021	678	0.050	D	48
DC	300	0.20	0.001 3	0.021	1 630	0.050	E	44
EF	300	0.20	0.001 3	0.021	1 630	0.100	F	48
DE	125	0.20	0.001 3	0.021	678	0.200	G	60
GD	250	0.25	0.001 04	0.02	423	0.250	—	—

解：

　　首先利用估计的流量,采用式(4.12)在每个管道中找到水头损失,一次一个环路。然后使用式(4.17a)确定校正流量,从而改进流量估算。对所有剩余的环路应用相同的计算流程,并且将式(4.18a)应用于将水库 A 连接到 G 的流入路径 $ABCDG$。然后循环重复,当校正流量足够小时,该过程结束。在每个节点处都满足质量守恒,并且每个环路周围的水头损失对于逆时针和顺时针流动是相同的(能量守恒)。

　　将使用一系列表格进行计算,每张表格都会有解释说明,从环路1(L_1)开始,见表4.10。

表 4.10　环路 1 的计算表格

环路	管道	Q(m³/s)	K(s²/m⁵)	h_f(m)	h_f/Q(s/m²)	New Q(m³/s)
	BC	0.100	1 900	19.00	190.00	0.098
1	CF	0.050	678	1.70	33.90	0.048
	BF	−0.100	1 900	−19.00	−190.00	−0.102

第 3 列中列出的流量是原始估计值,环路 1 中逆时针流动的水头损失为

$$h_f = KQ^2$$

使用式(4.17a)找到流量校正,单位为 m^3/s:

$$\Delta Q = \frac{\sum h_{fc} - \sum h_{fcc}}{2[\sum(h_{fc}/Q_c) + \sum(h_{fcc}/Q_{cc})]} = \frac{(19.00 + 1.70) - (19.00)}{2[(190.0 + 33.9) + (190.0)]} = 0.002 \ m^3/s$$

流量调节上的正号表示顺时针水头损失占主导地位($\sum h_{fcc} < \sum h_{fc}$)。因此,以逆时针方向(第 7 列)施加 0.002 m^3/s 的流量校正,这将有助于平衡下一次迭代中的损失。现在继续循环 2(L_2),见表 4.11。

表 4.11 环路 2 的计算表格

环路	管道	$Q(m^3/s)$	$K(s^2/m^5)$	$h_f(m)$	$h_f/Q(s/m^2)$	New $Q(m^3/s)$
	DE	0.200	678	27.12	135.60	0.154
	EF	0.100	1 630	16.30	163.00	0.054
2	DC	-0.050	1 630	-4.08	-81.50	-0.096
	CF	-0.048	678	-1.56	-32.54	-0.094

由于管道 CF 由环路 1 和 2 共享,因此此处使用来自环路 1 中计算的校正流程。注意,在环路 1 中,CF 中的流动是顺时针的;在环路 2 中,CF 中的流动是逆时针的。校正流量为

$$\Delta Q = \frac{\sum h_{fc} - \sum h_{fcc}}{2[\sum(h_{fc}/Q_c) + \sum(h_{fcc}/Q_{cc})]} = \frac{(27.12 + 16.30) - (4.08 + 1.56)}{2[(135.60 + 163.00) + (81.50 + 32.54)]} = +0.046 \ m^3/s$$

可知顺时针水头损失占主导地位,因此应在逆时针方向上增加 0.046 m^3/s 的校正流量。

通过校正流入路径 ABCDG 的流量来完成第一次迭代,见表 4.12。注意,DC 和 GD 中的流动方向与所选择的流入路径的方向相反。

表 4.12 ABCDG 的计算表格

流入路径	管道	$Q(m^3/s)$	$K(s^2/m^5)$	$h_f(m)$	$h_f/Q(s/m^2)$	New $Q(m^3/s)$
	AB	0.200	194	7.76	38.80	0.198
	BC	0.098	1 900	18.25	186.20	0.096
ABCDG	DC	-0.096	1 630	-15.02	-156.48	-0.098
	GD	-0.250	423	-26.44	-105.75	-0.252

由公式(4.18a),有

$$\Delta Q = \frac{\sum h_{fp} - \sum h_{fcp} + H_G - H_A}{2[\sum(h_{fp}/Q_p) + \sum(h_{fcp}/Q_{cp})]} = \frac{(7.76 + 18.25) - (15.02 + 26.44) + 102 - 85}{2[(38.80 + 186.20) + (156.48 + 105.75)]} = 0.002 \ m^3/s$$

发现指定流入路径的水头损失占主导地位,因此在反向路径方向上添加校正流量。第一次迭代现在完成。

使用为每个管道计算的最新流量进入第二次迭代,环路 1 和环路 2 的计算以及第二次迭代的路径 ABCDG 见表 4.13 至表 4.15。

表 4.13 环路 1 的第 2 次计算表格

环路	管道	$Q(\mathrm{m^3/s})$	$K(\mathrm{s^2/m^5})$	$h_\mathrm{f}(\mathrm{m})$	$h_\mathrm{f}/Q(\mathrm{s/m^2})$	New $Q(\mathrm{m^3/s})$
	BC	0.096	1 900	17.51	182.40	0.092
1	CF	0.094	678	5.99	63.73	0.090
	BF	−0.102	1 900	−19.77	−193.80	−0.106

$$\Delta Q = \frac{\sum h_\mathrm{fc} - \sum h_\mathrm{fcc}}{2\left[\sum (h_\mathrm{fc}/Q_\mathrm{c}) + \sum (h_\mathrm{fcc}/Q_\mathrm{cc})\right]} = \frac{(17.51 + 5.99) - (19.77)}{2\left[(182.4 + 63.73) + (193.8)\right]} = 0.004 \ \mathrm{m^3/s}$$

表 4.14 环路 2 的第 2 次计算表格

环路	管道	$Q(\mathrm{m^3/s})$	$K(\mathrm{s^2/m^5})$	$h_\mathrm{f}(\mathrm{m})$	$h_\mathrm{f}/Q(\mathrm{s/m^2})$	New $Q(\mathrm{m^3/s})$
	DE	0.154	678	16.08	104.41	0.150
2	EF	0.054	1 630	4.75	88.02	0.050
	DC	−0.098	1 630	−15.65	−159.74	−0.098
	CF	−0.090	678	−5.49	−61.02	−0.090

$$\Delta Q = \frac{\sum h_\mathrm{fc} - \sum h_\mathrm{fcc}}{2\left[\sum (h_\mathrm{fc}/Q_\mathrm{c}) + \sum (h_\mathrm{fcc}/Q_\mathrm{cc})\right]} = \frac{(16.08 + 4.75) - (15.65 + 5.49)}{2\left[(104.41 + 88.02) + (159.74 + 61.02)\right]} = 0.000 \ \mathrm{m^3/s}$$

表 4.15 *ABCDG* 的第 2 次计算表格

流入路径	管道	$Q(\mathrm{m^3/s})$	$K(\mathrm{s^2/m^5})$	$h_\mathrm{f}(\mathrm{m})$	$h_\mathrm{f}/Q(\mathrm{s/m^2})$	New $Q(\mathrm{m^3/s})$
	AB	0.198	194	7.61	38.41	0.200
ABCDG	BC	0.092	1 900	16.08	174.80	0.094
	DC	−0.098	1 630	−15.65	−159.74	−0.096
	GD	−0.252	423	−26.86	−106.60	−0.250

$$\Delta Q = \frac{\sum h_\mathrm{fp} - \sum h_\mathrm{fcp} + H_G - H_A}{2\left[\sum (h_\mathrm{fp}/Q_\mathrm{p}) + \sum (h_\mathrm{fcp}/Q_\mathrm{cp})\right]} = \frac{(7.61 + 16.08) - (15.65 + 26.86) + 102 - 85}{2\left[(38.41 + 174.80) + (159.74 + 106.60)\right]} = -0.002 \ \mathrm{m^3/s}$$

对于另外一个迭代执行类似的计算,此时所有校正流量都可以忽略不计。最终结果列于表 6.16,如图 4.10(b)所示。表 4.16 中还列出了计算得到的所有节点的总水头和压力水头。一旦知道管道流量,就可以用能量方程计算总水头。例如,

$$H_B = H_A - h_{\mathrm{f}AB} = 85.00 - 7.76 = 77.24 \ \mathrm{m}$$

以及

$$H_C = H_B - h_{\mathrm{f}BC} = 77.24 - 16.79 = 60.45 \ \mathrm{m}$$

注意,可以使用各种路径来确定给定节点处的总水头。例如,H_C 也可以计算为 $H_C = H_A - h_{\mathrm{f}AB} - h_{\mathrm{f}BF} + h_{\mathrm{f}CF}$。除了舍入误差之外,从不同路径获得的结果应该是相同的。节点处的压力水头等于总水头减去节点的高程。

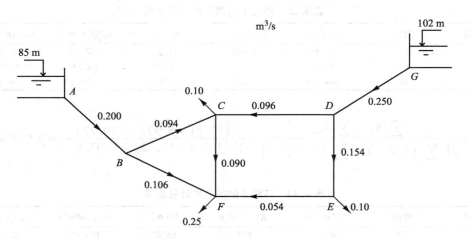

图 4.10(b)　例 4.9 的结果

表 4.16　计算表格

管道	$Q(m^3/s)$	$h_f(m)$	节点	高程(m)	总水头(m)	压力水头(m)
AB	0.200	7.76	A	48.00	85.00	37.00
BC	0.094	16.79	B	46.00	77.24	31.24
BF	0.106	21.34	C	43.00	60.45	17.45
CF	0.090	5.49	D	48.00	75.56	27.56
DC	0.096	15.02	E	44.00	59.48	15.48
EF	0.054	4.75	F	48.00	55.90	7.90
DE	0.154	16.08	G	60.00	102.00	42.00
GD	0.250	26.44	—	—	—	—

课堂计算练习——管道网络

使用或编写适合的计算机软件来解决管道网络问题,例如 EPANET、WaterCAD、Water-GEMS 和 KYPipe 等软件,或者可以编写自己的电子表格程序。通过对例 4.8 及其修改中描述的管道网络进行计算机分析,回答以下问题。

①在使用计算机软件之前,您预期软件需要哪些数据来分析例 4.8 中的管道网络?

②现在使用计算机软件分析例 4.8,输入软件请求的数据并执行管道网络分析。将计算机模型得到的流量与例题中得到的流量进行比较,为什么结果不完全相同?注意:某些计算机型号需要管道材料,然后根据管道材料和雷诺数分配"f"值。您可能必须"操纵"模型以使其与例 4.8 中的"f"值匹配。

③如果摩擦系数降低,管道 EF 的流量会怎样? F 的压强会怎样?记下您的答案,然后将 EF 中的"f"从 0.021 减少到 0.014 并执行新的网络分析。列出管道 EF 中的原始流量、新流量以及节点 F 处的原始压强和新压强。提示:程序可能不允许您直接更改摩擦系数,但可能允许更改管道材料或粗糙度值。您可能需要假设流动为完全紊流,并依据穆迪图将管道 EF 中的摩擦系数降低到 0.014,并返回粗糙度值或管道材料。完成分析后,将管道 EF

恢复到其原始摩擦系数,并继续进行下一个问题。

④如果直径加倍,管 *HF* 中的流速会怎样? *F* 的压强会怎样? 估计这些变化的大小并将其记录下来。加倍直径并分析网络,你的答案是否正确? 列出管道 *HF* 中的原始流量和新流量以及节点 *F* 处的原始压强和新压强。将 *HF* 恢复到其原始大小并继续下一个问题。

⑤如果此时对 *F* 处流量的需求增加 50 L/s, *F* 的压强会怎样? 估计这些变化的大小并将其记录下来。现在增加对 *F* 处流量的需求并进行新的网络分析,你的答案是否正确? 列出节点 *F* 处的原始压强和新压强。将节点 *F* 处的流量需求恢复为其原始值,然后继续下一个问题。

⑥如果从节点 *G* 向节点 *A* 和 *D* 之间的中途添加新管道,管道 *EF* 中的流量会发生什么变化? *F* 的压强会怎样? 添加具有与管道 *DE* 相同特性的新管道,并执行新的网络分析。你的答案是否正确? 然后将网络还原到其原始配置。

⑦执行教师要求的其他任何更改。

4.4.2 牛顿法

牛顿法是用于分析包含大量管道和环路的管道网络的简便方法。通常,牛顿迭代法被开发用于求解 N 个联立方程 F_i,可写成

$$F_i[Q_1, Q_2, \cdots, Q_i, \cdots, Q_N] = 0$$

式中:$i = 1, 2, \cdots, N$;Q_i 是 N 个未知数。迭代计算过程开始于将一组实验值分配给未知数 Q_i,其中 $i = 1, 2, \cdots, N$。将这些实验值代入 N 个等式会产生残差 $F_1, F_2, \cdots F_N$,这些残差可能不等于零,因为分配给未知数的实验值可能不是实际解。估计下一次迭代的 Q_i 新值,$i = 1, 2, \cdots, N$,使得残差接近零。通过计算校正流量 $\Delta Q_i, i = 1, 2, \cdots, N$,来实现这一点,使得函数 F_i 的总差值等于负的计算残差,写成矩阵形式为

$$\begin{pmatrix} \dfrac{\partial F_1}{\partial Q_1} & \dfrac{\partial F_1}{\partial Q_2} & \dfrac{\partial F_1}{\partial Q_3} & \cdots & \dfrac{\partial F_1}{\partial Q_{N-2}} & \dfrac{\partial F_1}{\partial Q_{N-1}} & \dfrac{\partial F_1}{\partial Q_N} \\[2mm] \dfrac{\partial F_2}{\partial Q_1} & \dfrac{\partial F_2}{\partial Q_2} & \dfrac{\partial F_2}{\partial Q_3} & \cdots & \dfrac{\partial F_2}{\partial Q_{N-2}} & \dfrac{\partial F_2}{\partial Q_{N-1}} & \dfrac{\partial F_2}{\partial Q_N} \\[2mm] \dfrac{\partial F_3}{\partial Q_1} & \dfrac{\partial F_3}{\partial Q_2} & \dfrac{\partial F_3}{\partial Q_3} & \cdots & \dfrac{\partial F_3}{\partial Q_{N-2}} & \dfrac{\partial F_3}{\partial Q_{N-1}} & \dfrac{\partial F_3}{\partial Q_N} \\[2mm] \vdots & \vdots & \vdots & & \vdots & \vdots & \vdots \\[2mm] \dfrac{\partial F_{N-1}}{\partial Q_1} & \dfrac{\partial F_{N-1}}{\partial Q_2} & \dfrac{\partial F_{N-1}}{\partial Q_3} & \cdots & \dfrac{\partial F_{N-1}}{\partial Q_{N-2}} & \dfrac{\partial F_{N-1}}{\partial Q_{N-1}} & \dfrac{\partial F_{N-1}}{\partial Q_N} \\[2mm] \dfrac{\partial F_N}{\partial Q_1} & \dfrac{\partial F_N}{\partial Q_2} & \dfrac{\partial F_N}{\partial Q_3} & \cdots & \dfrac{\partial F_N}{\partial Q_{N-2}} & \dfrac{\partial F_N}{\partial Q_{N-1}} & \dfrac{\partial F_N}{\partial Q_N} \end{pmatrix} \begin{pmatrix} \Delta Q_1 \\ \Delta Q_2 \\ \Delta Q_3 \\ \vdots \\ \Delta Q_{N-1} \\ \Delta Q_N \end{pmatrix} = \begin{pmatrix} -F_1 \\ -F_2 \\ -F_3 \\ \vdots \\ -F_{N-1} \\ -F_N \end{pmatrix} \quad (4.19)$$

通过矩阵求逆方法得到的式(4.19)的解为下一次迭代的 Q_i 实验值提供了校正。因此,方程的形式为

$$(Q_i)_{k+1} = (Q_i)_k + (\Delta Q_i)_k$$

式中:k 和 $(k+1)$ 表示连续迭代的次数。重复该过程直到校正流量减少到可接受的量级。得到正确结果所需的迭代次数取决于初始实验值与正确结果的接近程度。如果初始实验

值与实际结果完全不同,则该过程可能不会收敛。

Q_i 的初始实验值不需要满足牛顿法中节点的质量平衡,这是哈迪－克罗斯法的一个主要优点,特别是考虑到大型管道网络时。此外,公式是基于最初选择的流动方向写的,流量结果为正意味着最初选择的方向是正确的,为负则意味着该特定管道中的流动方向与最初选择的方向相反。因为在该方程中流量可以取正值和负值,所以摩擦损失表示为

$$h_f = KQ\,|Q|^{m-1}$$

以确保水头的变化与流动方向一致。

通过一个例子可以很好地说明牛顿法在管道网络分析问题中的应用。

例 4.10

使用牛顿法分析例 4.9 的管道网络。

解:

节点分配数字如图 4.10(c)所示,例如节点 B 被指定为 J_1。在牛顿法的应用程序中,一个节点意味着两个或多个管道连接的点。网络中有 8 个管道,用 Q_i 来指定这些管道中的流量,例如管 AB 中的流量指定为 Q_1,流动方向由 A 至 B。使用所选择的流动方向书写方程。

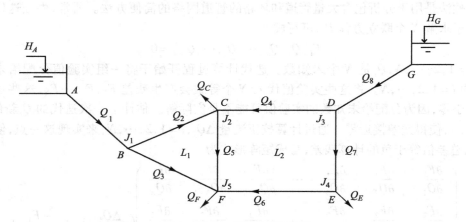

图 4.10(c)　例 4.10 示意图

首先编写节点方程,正确的流量值会使这些方程的右侧等于零,因为进入和离开节点的所有流量的总和必须为零。

$$F_1 = -Q_1 + Q_2 + Q_3$$
$$F_2 = -Q_2 - Q_4 + Q_5 + Q_C$$
$$F_3 = Q_4 + Q_7 - Q_8$$
$$F_4 = Q_6 - Q_7 + Q_E$$
$$F_5 = -Q_3 - Q_5 - Q_6 + Q_F$$

然后,注意闭环周围的摩擦损失总和必须为零,分别编写环路 1 和环路 2 的环路方程,有

$$F_6 = K_2 Q_2 |Q_2| - K_3 Q_3 |Q_3| + K_5 Q_5 |Q_5|$$
$$F_7 = -K_4 Q_4 |Q_4| - K_5 Q_5 |Q_5| + K_6 Q_6 |Q_6| + K_7 Q_7 |Q_7|$$

同样地,正确的流量值将使这些方程的右侧为零。

最后,两水库间的流入路径方程写为

$$F_8 = H_A - K_1 Q_1 |Q_1| - K_2 Q_2 |Q_2| + K_4 Q_4 |Q_4| + K_8 Q_8 |Q_8| - H_G$$

系数矩阵的许多元素为零,因为每个等式中只出现几个 Q。非零值有

$$\frac{\partial F_1}{\partial Q_1} = -1 \qquad \frac{\partial F_1}{\partial Q_2} = 1 \qquad \frac{\partial F_1}{\partial Q_3} = 1$$

$$\frac{\partial F_2}{\partial Q_2} = -1 \qquad \frac{\partial F_2}{\partial Q_4} = -1 \qquad \frac{\partial F_2}{\partial Q_5} = 1$$

$$\frac{\partial F_3}{\partial Q_4} = 1 \qquad \frac{\partial F_3}{\partial Q_7} = 1 \qquad \frac{\partial F_3}{\partial Q_8} = -1$$

$$\frac{\partial F_4}{\partial Q_6} = 1 \qquad \frac{\partial F_4}{\partial Q_7} = -1$$

$$\frac{\partial F_5}{\partial Q_3} = -1 \qquad \frac{\partial F_5}{\partial Q_5} = -1 \qquad \frac{\partial F_5}{\partial Q_6} = -1$$

$$\frac{\partial F_6}{\partial Q_2} = 2K_2 Q_2 \qquad \frac{\partial F_6}{\partial Q_3} = -2K_3 Q_3 \qquad \frac{\partial F_6}{\partial Q_5} = 2K_5 Q_5$$

$$\frac{\partial F_7}{\partial Q_4} = -2K_4 Q_4 \qquad \frac{\partial F_7}{\partial Q_5} = -2K_5 Q_5 \qquad \frac{\partial F_7}{\partial Q_6} = 2K_6 Q_6 \qquad \frac{\partial F_7}{\partial Q_7} = 2K_7 Q_7$$

$$\frac{\partial F_8}{\partial Q_1} = -2K_1 Q_1 \qquad \frac{\partial F_8}{\partial Q_2} = -2K_2 Q_2 \qquad \frac{\partial F_8}{\partial Q_4} = 2K_4 Q_4 \qquad \frac{\partial F_8}{\partial Q_8} = 2K_8 Q_8$$

选择管道的初始(实验)流量:$Q_1 = 0.20 \text{ m}^3/\text{s}$,$Q_2 = 0.50 \text{ m}^3/\text{s}$,$Q_3 = 0.10 \text{ m}^3/\text{s}$,$Q_4 = 0.05 \text{ m}^3/\text{s}$,$Q_5 = 0.50 \text{ m}^3/\text{s}$,$Q_6 = 0.10 \text{ m}^3/\text{s}$,$Q_7 = 0.30 \text{ m}^3/\text{s}$,$Q_8 = 0.25 \text{ m}^3/\text{s}$。流动方向如图 4.10(c)所示。将这些值代入上面的等式中,我们得到

$$\begin{pmatrix} -1.0 & 1.0 & 1.0 & 0.0 & 0.0 & 0.0 & 0.0 & 0.0 \\ 0.0 & -1.0 & 0.0 & -1.0 & 1.0 & 0.0 & 0.0 & 0.0 \\ 0.0 & 0.0 & 0.0 & 1.0 & 0.0 & 0.0 & 1.0 & -1.0 \\ 0.0 & 0.0 & 0.0 & 0.0 & 0.0 & 1.0 & -1.0 & 0.0 \\ 0.0 & 0.0 & -1.0 & 0.0 & -1.0 & -1.0 & 0.0 & 0.0 \\ 0.0 & 1\,900.0 & -380.0 & 0.0 & 678.0 & 0.0 & 00 & 0.0 \\ 0.0 & 0.0 & 0.0 & -163.0 & -678.0 & 326.0 & 406.8 & 0.0 \\ -77.6 & -1\,900.0 & 0.0 & 163.0 & 0.0 & 0.0 & 0.0 & 211.5 \end{pmatrix} \begin{pmatrix} \Delta Q_1 \\ \Delta Q_2 \\ \Delta Q_3 \\ \Delta Q_4 \\ \Delta Q_5 \\ \Delta Q_6 \\ \Delta Q_7 \\ \Delta Q_8 \end{pmatrix} = \begin{pmatrix} -0.400\,0 \\ -0.050\,0 \\ -0.100\,0 \\ 0.100\,0 \\ 0.450\,0 \\ -625.500\,0 \\ 96.255\,0 \\ 469.247\,5 \end{pmatrix}$$

使用计算机程序求解该矩阵方程,我们得到校正流量:$\Delta Q_1 = 0.041\,9 \text{ m}^3/\text{s}$,$\Delta Q_2 = -0.251\,3 \text{ m}^3/\text{s}$,$\Delta Q_3 = -0.106\,8 \text{ m}^3/\text{s}$,$\Delta Q_4 = 0.023\,3 \text{ m}^3/\text{s}$,$\Delta Q_5 = -0.278\,0 \text{ m}^3/\text{s}$,$\Delta Q_6 = -0.065\,2 \text{ m}^3/\text{s}$,$\Delta Q_7 = -0.165\,2 \text{ m}^3/\text{s}$,$\Delta Q_8 = -0.041\,9 \text{ m}^3/\text{s}$。因此,第二次迭代:$Q_1 = 0.241\,9 \text{ m}^3/\text{s}$,$Q_2 = 0.248\,7 \text{ m}^3/\text{s}$,$Q_3 = -0.006\,8 \text{ m}^3/\text{s}$,$Q_4 = 0.073\,3 \text{ m}^3/\text{s}$,$Q_5 = 0.222\,0 \text{ m}^3/\text{s}$,$Q_6 = 0.034\,8 \text{ m}^3/\text{s}$,$Q_7 = 0.134\,8 \text{ m}^3/\text{s}$,$Q_8 = 0.208\,1 \text{ m}^3/\text{s}$。重复相同的过程,直到所有校正流量都可以忽略不计,表 4.17 总结了迭代过程得到的 Q 值。

表 4.17　迭代过程得到的 Q 值

迭代次数	流量（m³/s）							
	Q_1	Q_2	Q_3	Q_4	Q_5	Q_6	Q_7	Q_8
开始	0.200 0	0.500 0	0.100 0	0.050 0	0.500 0	0.100 0	0.300 0	0.250 0
1	0.241 9	0.248 7	−0.006 8	0.073 3	0.222 0	0.034 8	0.134 8	0.208 1
2	0.251 1	0.122 6	0.128 6	0.082 1	0.104 7	0.016 8	0.116 8	0.198 9
3	0.198 9	0.093 8	0.105 1	0.092 5	0.086 3	0.058 5	0.158 5	0.251 1
4	0.200 7	0.093 2	0.107 5	0.096 1	0.089 4	0.053 2	0.153 2	0.249 3
5	0.200 8	0.093 3	0.107 5	0.096 1	0.089 4	0.053 1	0.153 1	0.249 2
6	0.200 8	0.093 3	0.107 5	0.096 1	0.089 4	0.053 1	0.153 1	0.249 2

六次迭代后得到结果,四舍五入后,这些结果基本上与例 4.9 相同。得到的总水头:H_A = 85 m, H_B = 77.18 m, H_C = 60.65 m, H_D = 75.72 m, H_E = 59.83 m, H_F = 55.23 m, H_G = 102.00 m。在节点 A、B、C、D、E、F 和 G 处产生的压力水头分别为 37.00 m、31.18 m、17.65 m、27.72 m、15.83 m、7.23 m 和 42.00 m。同样,这些结果实际上与例 4.9 相同,差值来自四舍五入。

4.5　管道中的水击现象

大型管道中的流量突然变化(由阀门关闭、泵关闭等引起)可能会影响在管道内运动的大量水体。由于改变水体速度而产生的力可能导致管道中的压力上升,其变化幅度比管道中的正常静压大几倍,这种现象通常被称为水击现象。压力过大可能会使管壁破裂或对管道系统造成其他损坏。水击出现的可能性、其大小和压力波的传播必须仔细研究,并与管道设计相关联。

阀门关闭引起的压力突然变化可视为管道中产生了停止水体流动所需的力,该水体总质量为 m,加速度为 $\mathrm{d}v/\mathrm{d}t$。根据牛顿第二运动定律,有

$$F = m \frac{\mathrm{d}v}{\mathrm{d}t} \tag{4.20}$$

如果整个水体的速度可以立即降低到零,则式(4.20)可写成

$$F = m \frac{(v_0 - 0)}{0} = \frac{mv_0}{0} = \infty$$

由此产生的力(即压力)将是无限的。幸运的是,这种瞬时变化是不可能的,因为机械阀需要一定的时间来完成关闭操作。此外,管壁和所涉及的水体在巨大压力下都不是完全刚性的,管壁和水体的弹性在水击现象中起着非常重要的作用。

为了更彻底地了解水击现象,考虑长度为 L,内径为 D,壁厚为 e,弹性模量为 E_p 的管道,假设水从水库流过管道,阀门位于管道末端,如图 4.11(a)所示。假设损失(包括摩擦)可以忽略不计,则水头线为水平线。在阀门关闭后,紧靠阀门的水立即停止。水体中速度的突然变化导致局部压力增加。由于这种压力增加,该部分中的水体被稍微压缩,并且管壁因相应应力增加略微膨胀。这两种现象都有助于提供一点额外的体积,让水不断进入该部分,直至完全停止。

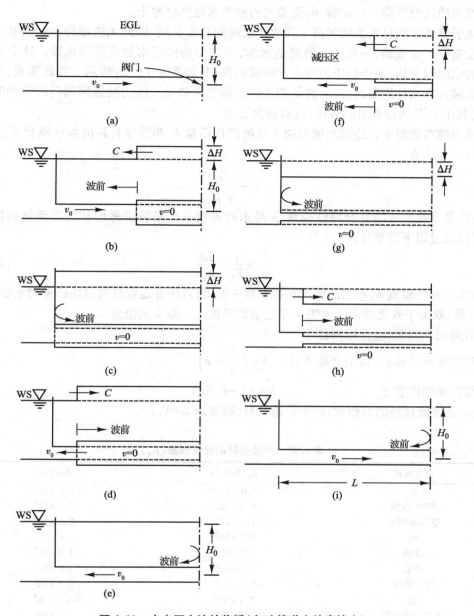

图 4.11 水击压力波的传播(忽略管道中的摩擦力)

(a)阀门移动前的稳定状态 (b)$t < L/C$ 时的瞬时状态

(c)$t = L/C$ 时的瞬时状态 (d)$L/C < t < 2\ L/C$ 时的瞬时状态

(e)$t = 2L/C$ 时的瞬时状态 (f)$2L/C < t < 3\ L/C$ 时的瞬时状态

(g)$t = 3L/C$ 时的瞬时状态 (h)$t = 3L/C < t < 4L/C$ 时的瞬时状态

(i)$t = 4L/C$ 时的瞬时状态

注意:$t = 4L/C$ 之后,如果管道中的摩擦力为零,则重复循环并无限期继续;符号⤵或⤴用于表示波前的反射方向。

　　紧接上游的下一部分稍后将经历相同的过程。增加的压力波以这种方式向上传播到管道,如图 4.11(b)所示。当该压力波到达上游水库时,整个管道都会膨胀,并且内部的水柱被增加的压力压缩。在此瞬间,管道内的整个水柱完全静止。

由于管道中的总水头线远高于开放式水库的总水头线,因此无法维持此过渡状态。由于能量差异产生流动,一旦压力波到达水库,管道中的停滞水就会流回水库。这个过程从管道的水库端开始,减小的压力波向下游流向阀门,如图 4.11(d)所示。在此期间,当管道连续收缩并且水柱膨胀时,压力波前的水向上游方向移动。压力波返回阀门所需的时间为 $2L/C$,其中 C 是通过管道的波速,也被称为波速。

压力波在管道中行进的速度取决于水的弹性模量 E_b 和管壁材料的弹性模量 E_p。这种关系可以表示为

$$C = \sqrt{\frac{E_c}{\rho}} \qquad (4.21)$$

式中:E_c 是水管系统的复合弹性模量,ρ 是水的密度。E_c 是管壁弹性和内部流体弹性的函数,可以通过以下关系计算:

$$\frac{1}{E_c} = \frac{1}{E_b} + \frac{Dk}{E_p e} \qquad (4.22a)$$

式中:水的弹性模量 E_b 和水的密度在第 1 章中给出;各种普通管材的弹性模量列于表 4.18;k 是常数,取决于管道锚固的方法;e 是管道的厚度。一般 k 的值为

管道两端固定,防止纵向移动 $k = (1 - \varepsilon^2)$

管道可纵向移动(应力忽略不计) $k = \left(\frac{5}{4} - \varepsilon\right)$

带伸缩缝的管子 $k = (1 - 0.5\varepsilon)$

式中:ε 是管壁材料的泊松比,对于普通管材,通常取 $\varepsilon = 0.25$。

表 4.18   普通管材的弹性模量(E_p)

管道材料	$E_p(\text{N/m}^2)$	$E_p(\text{psi})$
铝	7.0×10^{10}	1.0×10^7
黄铜,青铜	9.0×10^{10}	1.3×10^7
钢筋混凝土	1.6×10^{11}	2.5×10^7
铜	9.7×10^{10}	1.4×10^7
玻璃	7.0×10^{10}	1.0×10^7
铸铁	1.1×10^{11}	1.6×10^7
球墨铸铁	1.6×10^{11}	2.3×10^7
铅	3.1×10^8	4.5×10^4
透明合成树脂	2.8×10^8	4.0×10^4
硫化橡胶	1.4×10^{10}	2.0×10^6
钢	1.9×10^{11}	2.8×10^7

如果管道中的纵向应力可以忽略不计,式(4.22a)可以简化为

$$\frac{1}{E_c} = \frac{1}{E_b} + \frac{D}{E_p b} \qquad (4.22b)$$

如图 4.11(e)所示,当减小的压力波到达阀门时,管道内的水柱往上游方向运动。这种运动不能从已经关闭的阀门外吸出更多的水,并在压力波到达阀门时停止。该移动水柱的惯性导致阀门处的压力下降到低于正常静压。如图 4.11(f)所示,第三个振荡周期开始时,

管道中的负压波将向上推向水库,在负压到达水库的瞬间,管道内的水柱再次完全停止,管道的总水头线小于水库的总水头线,如图4.11(g)所示。由于这种能量差异,水从第四个振荡周期开始流入管道。

第四个振荡周期的特征是正常静压波向下游流向阀门,如图4.11(h)所示,波前的水柱也沿下游方向移动。该第四个振荡周期波在$4L/C$时间到达阀门,整个管道返回到原始总水头线,并且管道中的水在往下游方向移动。这一瞬间,除了管道中的水流速度已经降低,整个管道的条件有点类似于阀门关闭时的条件(第一个周期波浪的开始),这是由于摩擦产生的热能损失以及管壁和水柱的黏性造成的。

另一个循环随即开始,除了相应的压力波的幅度较小,四个连续波以与上述第一个循环完全相同的方式在管道中上下移动。随着每组波的连续减小,压力波振荡继续,直到最后波完全消失。

如前所述,阀门的关闭通常需要一段时间t才能完成,如果$t < 2L/C$(在第一个压力波返回阀门之前阀门完成关闭),压力升高应与瞬时关闭时相同。但是,如果$t > 2L/C$,则第一压力波在阀门完全关闭之前返回阀门,返回的负压波可以抵消阀门最终关闭时产生的压力上升。

了解水击现象产生的最大压力升高对于许多管道系统的安全可靠设计至关重要。设计方程基于基本原理得到,推导过程如下。

如图4.11(c)所示,快速关闭阀门的管道($t \leqslant 2L/C$)在第一个周期($t = L/C$)内进入管道的额外水量(ΔV)为

$$\Delta V = v_0 A\left(\frac{L}{C}\right) \tag{4.23}$$

式中:v_0是在管道中流动的水的初始速度;A是管道横截面积。由此产生的压力升高ΔP与额外体积的关系为

$$\Delta P = E_c\left(\frac{\Delta V}{V}\right) = \frac{E_c(\Delta V)}{AL} \tag{4.24}$$

式中:V是管道中水柱的原始体积;E_c是复合的弹性模量。将式(4.23)代入式(4.24),可以写出

$$\Delta P = \frac{E_c}{AL}\left[v_0 A\left(\frac{L}{C}\right)\right] = \frac{E_o v_0}{C} \tag{4.25a}$$

当压力波以速度C沿管道向上游传播时,波前的水立即从v_0的初始速度停止。这个在时间Δt内速度突然从v_0到0的水总质量,用牛顿第二定律计算,有

$$\Delta P(A) = m\frac{\Delta v}{\Delta t} = \rho A C \Delta t \frac{(v_0 - 0)}{\Delta t} = \rho A C v_0$$

或

$$\Delta P = \rho C v_0 \tag{4.25b}$$

注意:式(4.21)可以从式(4.25b)推导出来,参见习题4.5.10。求解式(4.25b)中的C并代入式(4.25a),得到

$$\Delta P = E_c v_0 \frac{\rho v_0}{\Delta P}$$

或

$$\Delta P = v_0 \sqrt{\rho E_c} \qquad (4.25c)$$

同时,有

$$\Delta H = \frac{\Delta P}{\rho g} = \frac{v_0}{g} \sqrt{\frac{E_c}{\rho}} = \frac{v_0}{g} C \qquad (4.26)$$

式中:ΔH 是由水击引起的压力水头升高。这些方程仅适用于快速关闭的阀门($t \leqslant 2L/C$)。

对于非快速关闭的阀门($t > 2L/C$),先前讨论的压力升高(ΔP)将不会完全发展,因为到达阀门的反射负波将减小压力上升。对于这些慢速关闭的阀门,最大水击压力可以通过阿利耶夫方程[*]计算,其表示为

$$\Delta P = P_0 \left(\frac{N}{2} + \sqrt{\frac{N^2}{4} + N} \right) \qquad (4.27)$$

式中:P_0 是管道中的静态压力,以及

$$N = \left(\frac{\rho L v_0}{P_0 t} \right)^2$$

在将水击方程应用于管道流动问题之前,必须确定稳定流动条件下管道系统的总水头线和测压管水头线,如图 4.12 所示。当压力波沿着管道向上行进时,能量以管道中的压力形式存储于压力波前方的后面。压力波前到达水库时达到最大压力,有

$$P_{max} = \gamma H_0 + \Delta P \qquad (4.28)$$

式中:H_0 是阀门关闭前的总扬程,如水库中的水面高度所示。紧邻水库下游位置的管道和接头通常最容易受到损坏,因为这里的初始压力大于管道的其余部分。

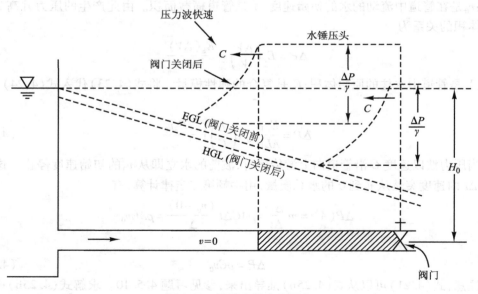

图 4.12 管道中的水击压力

---

[*] L. 阿利耶夫:《水锤理论》,E. E. 哈尔莫斯,译,美国机械工程师学会。

例 4.11

长 5 000 ft、直径 18 in、壁厚 2 in 的钢管铺设在一个均匀的斜坡上。该管道从水库中运水,并将水排放到位于水库自由表面下方 150 ft 处的空中。安装在管道下游端的阀门允许流速为 25 cf,如果阀门在 1.4 s 内完全关闭,计算阀门的最大水击压力。假设管道中的纵向应力可忽略不计。

解：

从式(4.22b),有

$$\frac{1}{E_c} = \frac{1}{E_b} + \frac{D}{E_p e}$$

式中：$E_b = 3.2 \times 10^5$ psi（来自第 1 章或本书的附录）；$E_p = 2.8 \times 10^7$ psi（表 4.18）。因此,上述等式可以写为

$$\frac{1}{E_c} = \frac{1}{3.2 \times 10^5} + \frac{18}{(2.8 \times 10^7)2}$$

因此,有

$$E_c = 2.90 \times 10^5 \text{ psi}$$

从式(4.21)可以得到沿管道传播的波速为

$$C = \sqrt{\frac{E_c}{\rho}} = \sqrt{\frac{2.90 \times 10^5 (144)}{1.94}} = 4\,640 \text{ ft/s}$$

波浪返回阀门所需的时间为

$$t = \frac{2L}{C} = \frac{2(5\,000)}{4\,640} = 2.16 \text{ s}$$

由于阀门在 1.4 s 内（小于 2.6 s）完全关闭,可以应用快速阀门闭合方程。因此,阀门关闭前管道中的水流速度为

$$v_0 = \frac{25}{\frac{\pi}{4}(1.5)^2} = 14.1 \text{ ft/s}$$

并且可以使用式(4.25b)计算阀门处的最大水击压力为

$$\Delta P = \rho C v_0 = 1.94(4\,640)(14.1) = 1.27 \times 10^5 \text{ lb/ft}^2 (881 \text{ psi})$$

例 4.12

当出口突然关闭时,直径为 20 cm、壁厚为 15 mm 的球墨铸铁管有水。如果设计流量为 40 L/s,计算水击引起的压力水头升高,管道满足以下条件：

①管壁是刚性的；

②管道可自由纵向移动（可忽略不计纵向应力）；

③管道在整个长度上都有伸缩缝。

解：

$$A = \frac{\pi}{4}(0.2)^2 = 0.031\,4 \text{ m}^2$$

因此,有

$$v_0 = \frac{Q}{A} = \frac{0.04}{0.031\ 4} = 1.27 \text{ m/s}$$

①对于刚性管壁,$Dk/E_p e = 0$,由式(4.22a)可得以下关系:

$$\frac{1}{E_c} = \frac{1}{E_b} \text{ 或 } E_c = E_b = 2.2 \times 10^9 \text{ N/m}^2$$

从式(4.21),可以计算出压力波的速度为

$$C = \sqrt{\frac{E_c}{\rho}} = \sqrt{\frac{2.2 \times 10^9}{998}} = 1\ 480 \text{ m/s}$$

从式(4.26),可以计算出由水击引起的压力水头升高为

$$\Delta H = \frac{v_0 C}{g} = \frac{1.27(1\ 480)}{9.81} = 192 \text{ m}(\text{H}_2\text{O})$$

②对于没有纵向应力的管道,$k = 1$,由式(4.22b),有

$$E_c = \frac{1}{\dfrac{1}{E_b} + \dfrac{D}{E_p e}} = \frac{1}{\dfrac{1}{2.2 \times 10^9} + \dfrac{0.2}{(1.6 \times 10^{11})(0.015)}} = 1.86 \times 10^9$$

且

$$C = \sqrt{\frac{E_c}{\rho}} = 1\ 370 \text{ m/s}$$

因此,由水击引起的压力水头升高为

$$\Delta H = \frac{v_0 C}{g} = \frac{1.27(1\ 370)}{9.81} = 177 \text{ m}(\text{H}_2\text{O})$$

注意:一旦管道纵向可以自由移动(与①中考虑的刚性管道相反),一些压力能量会被膨胀的管道吸收,并且压力波波速降低,反过来又减小了与水击相关的水头和压力上升的幅度。

③对于带伸缩缝的管道,$k = (1 - 0.5 \times 0.25) = 0.875$。由式(4.22a),有

$$E_c = \frac{1}{\dfrac{1}{E_b} + \dfrac{Dk}{E_p e}} = \frac{1}{\dfrac{1}{2.2 \times 10^9} + \dfrac{(0.2)(0.875)}{(1.6 \times 10^{11})(0.015)}} = 1.90 \times 10^9$$

且

$$C = \sqrt{\frac{E_c}{\rho}} = 1\ 380 \text{ m/s}$$

同样地,可以计算由水击引起的压力水头升高为

$$\Delta H = \frac{v_0 C}{g} = \frac{1.27(1\ 380)}{9.81} = 179 \text{ m}(\text{H}_2\text{O})$$

这基本上与情况②相同(管道可纵向移动)。

在水击分析中,管道中压力随时间振荡的过程更有说服力。由于振荡水团与管壁之间的摩擦,压力 - 时间模式被改变,并且振荡逐渐消失,如图4.13所示。

实际上,阀门不能立即关闭。关闭阀门所需的是一段特定时间 t_c。水击压力随着阀门

的密封率增大逐渐增大,典型的阀门关闭曲线如图4.14所示。

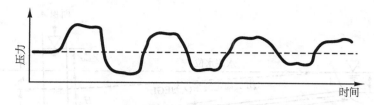

图4.13 摩擦对水击压力-时间模式的影响

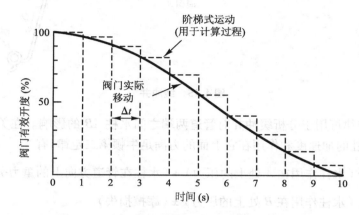

图4.14 典型的阀门关闭曲线

如果 t_c 小于波前沿管道往返并返回阀门位置所需的时间($t_c < 2L/C$),则该操作被定义为快速关闭,水击(或冲击)压力将达到其最大值,快速闭合操作的计算与瞬时闭合的计算相同。为了将水击压力保持在可接受的限度内,通常设计阀门的关闭时间远大于 $2L/C$。对于缓慢关闭操作($t_c > 2L/C$),压力波在关闭完成之前返回阀位。当压力波返回时,一定量的水连续通过阀门,因此压力波模式将会改变。考虑到摩擦和阀门的缓慢关闭操作,可以在乔杜里和波佩斯库等人的文章中找到完整的水击现象处理方法。

4.6 缓冲井

有许多方法可以消除水击对管道的不利影响。其中一种方法是缓慢关闭阀门,这已在上一节中讨论过,其他有效的方法包括设置减压阀(或分流器)和缓冲井。减压阀依靠水击压力打开阀门并在很短的时间内转移大部分流量,尽管减压阀可能是解决该问题的简单方法,但会导致水的浪费。

在控制站附近的管道中设置一个缓冲井(图4.15)可以利用大量水减速或停止时产生的力。缓冲井被定义为放置在长管道下游端的立管或储存容器,以防止突然的压力增加(来自快速阀门关闭)或突然的压力降低(来自快速阀门打开)。当阀门关闭时,在长管道中移动的大量水需要相应的时间进行调整,管道与允许通过关闭阀的流量之间的流量差异导致缓冲井中的水位升高。当水升高到水库水平以上时,能量不再平衡,使得管道中的水流回水库,并且导致缓冲井中的水位下降。通过管道和缓冲井中水的质量振荡重复该循环,直到其通过摩擦逐渐衰减。

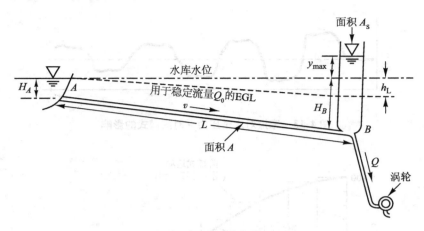

图 4.15   缓冲井

牛顿第二定律可用于分析缓冲井对管道两端之间水柱 AB 的影响。在关闭或打开阀门的任何时候,水柱的加速度和作用在它上面的力满足牛顿第二定律,有

$$\rho LA \frac{\mathrm{d}v}{\mathrm{d}t} = （水柱作用在 A 处上的压力） + （水柱在管道方向上的重力分量） -$$
$$（水柱作用在 B 处上的压力） \pm （摩擦损失）$$

水柱作用在 A 处上的压力是水库水面与管道入口之间的高度差导致的,随入口损失改变。水柱作用在 B 处上的压力取决于缓冲井中水面的高度,也可以通过井的入口(可以是限制性节流阀)处发生的损失来改变。因此,有

$$\rho LA \frac{\mathrm{d}v}{\mathrm{d}t} = \rho gA\big[（H_A \pm 入口损失） + （H_B - H_A） -$$
$$（H_B + y \pm 节口损失） \pm （管道损失）\big] \tag{4.29}$$

管道损失的符号取决于流动的方向,损失总是沿流动方向发生。

如果我们引入模数形式,即 $h_L = K_f V|V|$ 和 $H_T = K_T U|U|$,其中

$$U = \frac{\mathrm{d}y}{\mathrm{d}t} \tag{4.30}$$

表示水箱中水面的上升速度,损失的符号总是正的。这里 K_f 是管道摩擦系数,$K_f = fL/(2gD)$,h_L 是 A 和 B 之间管道中的总水头损失,H_T 是节流损失。

将这些值代入式(4.29)并简化,得到缓冲井的动态公式为

$$\frac{L}{g} \frac{\mathrm{d}v}{\mathrm{d}t} = y + K_f V|V| + K_T U|U| \tag{4.31}$$

另外,必须满足 B 处的连续性条件,即

$$vA = UA_S + Q \tag{4.32}$$

式中:Q 是在任何给定时间 t 内能够通过关闭阀的流量。

式(4.30)到式(4.32)的组合产生二阶微分方程,只有在特殊情况下才能明确求解。通过所谓的对数方法可以获得特殊的解决方案,如果横截面面积 A_S 保持不变的话,该方法可提供与实际观察到的激增高度相接近的简单理论分析。

简单(无限制)恒定面积缓冲井(图 4.15)的求解可表示为

$$\frac{y_{max} + h_L}{\beta} = \ln\left(\frac{\beta}{\beta - y_{max}}\right) \tag{4.33}$$

式中:β 是阻尼因子,定义为

$$\beta = \frac{LA}{2gK_fA_S} \tag{4.34}$$

式(4.33)是隐式方程,可以通过连续近似或计算机代数软件(例如 Mathcad、Maple 或 Mathematica)求解浪涌高度(y),如以下示例。

例 4.13

一个直径 8.00 m 的简易缓冲井位于 1 500 m 长、直径 2.20 m 的管道下游端。当流量为 20.0 m³/s 时,上游水库和缓冲井之间的水头损失为 15.1 m。如果下游阀门突然关闭,确定缓冲井中水的最大高度。

解:

对于可以忽略水头损失的平滑入口,有

$$h_L \cong h_f = K_f v^2$$

或

$$K_f = \frac{h_L}{v^2} = \frac{15.1}{(5.26)^2} = 0.546 \ s^2/m$$

由式(4.34),可得可阻尼因子为

$$\beta = \frac{LA}{2gK_fA_S} = \frac{(1\ 500)(3.80)}{2(9.81)(0.546)(50.3)} = 10.6 \ m$$

应用式(4.33),有

$$\frac{y_{max} + 15.1}{10.6} = \ln\left(\frac{10.6}{10.6 - y_{max}}\right)$$

通过迭代过程获得解决方案,见表 4.19。

表 4.19　例 4.13 迭代计算

y_{max}	LHS	RHS
9.50	2.32	2.27
9.60	2.33	2.36
9.57	2.33	2.33

缓冲井中水的最大高度比水库水位高 9.57 m,使用解决隐式方程的计算机软件可以得到相同的结果。

习 题
(4.1 节)

4.1.1 检查图 4.1 中的总水头线和测压管水头线,并解释以下内容:
① 总水头线在水库的位置;
② 总水头线从水库 A 流入管道 1 的下降高度;
③ 管 1 中总水头线的斜率;
④ 总水头线与测压管水头线之间的间隔距离;
⑤ 总水头线从管 1 到管 2 的下降高度;
⑥ 管道 2 中总水头线的斜率(比管道 1 陡峭);
⑦ 总水头线从管道 2 到水库 B 的下降高度。

4.1.2 绘制图 P4.1.2 中所示的管道的总水头线和测压管水头线,考虑速度水头和压力水头的所有损失变化。

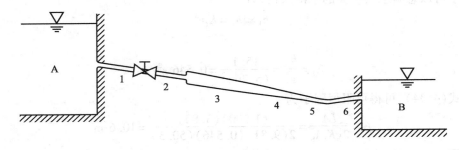

图 P4.1.2 管道示例

4.1.3 一般通过假设管道中的紊流充分发展来获得初步摩擦系数(如果 e/D 有效),可以缩短管道问题中的迭代过程。这种假设通常适用于输水系统,因为水的黏度较低,速度或管道直径较大,从而产生较高的 Re 值。参阅穆迪图并确定 3~5 个速度和管道尺寸的组合,这些组合将产生完整的摩擦系数为 0.02 时的紊流(假设水温为 20 ℃)。

4.1.4 在水处理厂,水(68 ℉)以 0.50 cf 的速度经由长度为 200 ft、直径为 3 in 的铸铁管从罐 A 流到罐 B。如果管道中有两个弯道($R/D = 2.0$)和一个完全打开的阀门,确定水罐之间水面高度的差值(向大气开放)。

4.1.5 在图 P4.1.2 中,如果下游水库 B 水位高程为 750 m,通过光滑混凝土管道的流量(水流)为 1.2 m³/s,给定以下条件,试确定上游水库 A 的高程。

管道 1 和管道 2:长 100 m($D = 0.5$ m)　　　　阀门 1–2:全开式截止阀
扩大管 2–3:$D = 0.5 \sim 1$ m　　　　　　　　　管道 3:长 100 m($D = 1.0$ m)
管导片 4:损失系数 0.3　　　　　　　　　　　管道 5:长 50 m($D = 0.5$ m)
弯管 5–6:损失系数 0.2　　　　　　　　　　　管道 6:长 50 m($D = 0.5$ m)

4.1.6 长 40 m、直径 4 in 的商用钢管用于连接水库 A 和 B,如图 P4.1.6 所示。如果流量为 10.1 L/s(20 ℃),水库 A 受到 9.79 kPa 的压强(表压),所有阀门完全打开,弯曲损失可以忽略不计,试确定图中指定的每个点的压力。

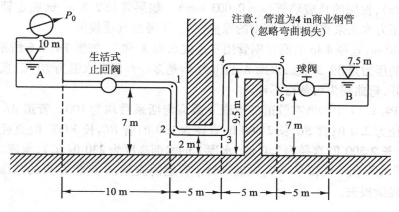

图 P4.1.6 商用钢管连接两个水库

4.1.7 长 40 m、直径 4 in 的商业钢管用于连接水库 A 和 B,如图 P4.1.6 所示。水温为 20 ℃,如果水库 A 受到大气压,截止阀完全打开,弯曲损失可以忽略不计,试确定流速(L/s)。

4.1.8 使用直径 40 cm 的圆管将 20 ℃ 的水从水库 A 运送到 0.7 km 外的水库 B,两个水库之间的海拔差异为 9 m。确定以下管道的流量:①商业钢管;②铸铁管;③光滑混凝土管。如果选择最高流量的管道材料而不是最低流量的管道材料,确定流量增长的百分比。

4.1.9 水从水箱 A 流向水箱 B(图 P4.1.9),水面高程差异为 60 ft。假设水温为 68 ℉,管材为铸铁,管道具有以下特点:粗管长 1 000 ft($D = 16$ in);弯管四处(大管);细管长 1 000 ft($D = 8$ in);扩大管突然扩大。确定系统的现有流速。如果 8 in 管道全部被 16 in 管道取代,流量会增加百分之多少?

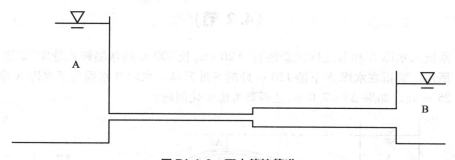

图 P4.1.9 两水箱接管道

4.1.10 灌溉公司必须将 5.71×10^{-2} m³/s 的水(20 ℃)从水库 A 运输到水库 B,水库间距为 600 m,高度差为 18.4 m。如果管材的相对粗糙度是 0.36 mm,确定所需的管径(包括轻微损失)。如果忽略轻微损失,解决方案是否会有所不同?

4.1.11 一段长 75 ft 的管道必须将 40 ℉,2.5 cf 流量的水从顶部水箱输送到冷却池,水箱和冷却池之间的高度差是 4.6 ft,确定所需商用钢管的尺寸。假设管道为方形边缘连接,并包括一个截止阀。

4.1.12 在 50 mmHg 的压力水头下输送 5 L/min 的水 – 甘油溶液($s_g = 1.1$; $\nu = 1.03 \times 10^{-5}$ m²/s),使用的是玻璃管($e = 0.003$ mm)。如果管长 2.5 m,试确定管径。假设需要压力水头来克服水平管中的摩擦损失,不考虑其他损失。

4.1.13 长 40 m、直径 4 in 的商用钢管用于连接水库 A 和 B,如图 P4.1.6 所示。如果点 1 处的压力是 39.3 kPa,水库 A 的压力 P_0 是多少?假设水温为 20 ℃,所有阀门完全打开,弯曲损失可忽略不计。

4.1.14 图 P4.1.14 中的所有管道的哈森 – 威廉姆斯系数均为 100。管道 AB 长 3 000 ft,直径为 2.0 ft;管 BC_1 长 2 800 ft,直径为 1.0 ft;管 BC_2 长 3 000 ft,直径为 1.5 ft;管 CD 长 2 500 ft,直径为 2.0 ft。水库 1 的水面高度为 230 ft(H_1),水库 2(H_2)为 100 ft。如果 $Q_B = 0$ 和 $Q_C = 0$,试确定每个管道的流量,B 点和 C 点的总压力水头。忽略轻微损失。

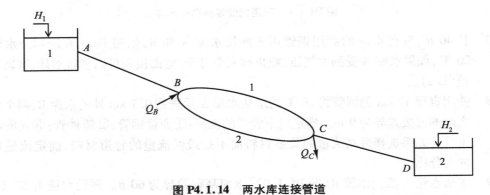

图 P4.1.14 两水库连接管道

4.1.15 令 $Q_B = 8$ cf,$Q_C = 8$ cf,重做习题 4.1.14。在这种情况下,AB 的流量是否应大于或小于习题 4.1.14 的流量?为什么?

(4.2 节)

4.2.1 水流入水库 A 和 B 之间的新的直径 20 cm,长 300 m 的球墨铸铁管中,如图 P4.2.1 所示。管道在水库 A 下游 150 m 处的 S 处升高。水库 B 水面位于水库 A 水面以下 25 m 处。如果 $\Delta S = 7.0$ m,是否要考虑空化问题?

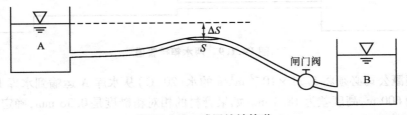

图 P4.2.1 球墨铸铁管道

4.2.2 直径 12 cm,长 13 m 的管子,用于从水库中抽取水,并将水排放到空气中,如图 P4.2.2 所示。如果管子的入口端和顶部 S 之间的总水头损失为 0.8 m,S 和排放端之间的总水头损失为 1.8 m,管道流量和 S 处的压力是多少?

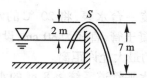

图 P4.2.2 管子从水库抽水

4.2.3 虹吸式溢洪道如图 P4.2.3 所示,长 200 ft,直径 2 ft,用于将水(68 ℉)排放到上游水库下方 50 ft 的下游水库。粗糙混凝土虹吸管中的摩擦损失在其整个长度上均匀分布,如果虹吸管的顶部高出上水库 5 ft,距离虹吸入口 60 ft,是否要考虑空化问题?

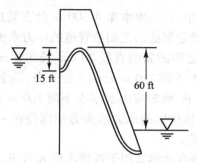

图 P4.2.3 虹吸式溢洪道

4.2.4 所有虹吸管在顶点处都会遇到负压吗? 使用图 P4.2.2 中的总水头线和测压管水头线示意图来证明您的答案。

4.2.5 导管片安装在直径 40 cm 的管道中,紧接导管片的上游水压为 84 000 N/m^2。当流量为 440 L/s 时,确定能使出口处的压力水头保持在 -8 m 以上的导管片出口的最小直径(-8 m 的表压是水中溶解气体开始蒸发和破坏流量的阈值)。

4.2.6 泵从水库 A 抽水并将其提升到较高的水库 B,如图 P4.2.6 所示。从水库 A 到泵的水头损失是直径 10 cm 管道中速度水头的 4 倍,从泵到水库 B 的水头损失是速度水头的 7 倍。泵入口处的压力水头为 -6 m,计算泵必须提供的压力水头。为什么泵的压力水头必须超过 50 m? 并求两个水库之间的高度差,绘制总水头线和测压管水头线。

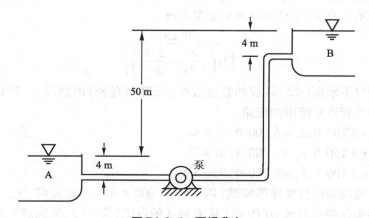

图 P4.2.6 泵提升水

4.2.7 在长 100 m 的管道中安装一台水泵,将 20 ℃的水从水库 A 提升到水库 B(见图 P4.2.6)。管道是粗糙混凝土管,直径为 80 cm,设计流量为 5 m^3/s。确定水泵到水库 A 不会遇到气蚀问题的最大允许距离。

4.2.8 安装在 10 ft 高的泵通过水平管道系统将 8 cf 的水(68 ℉)输送到加压罐。接收罐中的水面高度为 20 ft,罐顶部的压强为 32.3 psi。球墨铸铁管在泵的吸入侧直径为 15 in,在泵的排出侧直径为 12 in(长 130 ft)。如果泵提供的压力水头为 111 ft,泵排出侧的压力水头(psi)是多少?泵的吸入侧是否存在空化问题?绘制系统的测压管水头线和总水头线。

4.2.9 在例 4.4 的管道系统中,在距离水库 A 500 m 处安装应急泵,用于在需要时提高流速。为使流速加倍,确定泵必须施加给管道的压力水头。

4.2.10 水流入 A 和 B 水库之间的新的直径 20 cm、长 300 m 的球墨铸铁管,如图 P4.2.1 所示。管道在水库 A 下游 150 m 处的 S 处升高,两个水库之间的水面高度差异为 25 m。如果 ΔS 为 3 m,确定应由水库 A 下游 100 m 处的增压泵提供的压力水头,并且由于空化问题,该位置的压力水头必须保持在 -6 m 以上。绘制管道的总水头线和测压管水头线。

4.2.11 长 40 m、直径 4 in 的商业钢管用于连接水库 A 和 B,如图 P4.1.6 所示。确定将整个管道中的压力水头保持为正的最小压力(P_0)。假设所有阀门完全打开,弯曲损失可以忽略不计,水温为 20 ℃。

(4.3 节)

4.3.1 当解决三个水库问题时,将连接节点的总能量高度设置为 P,以便与第一次迭代的中间水库的高程精确匹配。

①这样做有什么好处?如果答案不是十分明显,请使用此假设回溯例 4.6 的结果。

②使用计算机软件系统或电子表格程序来解决经典的三个水库问题,并使用例 4.6 验证其准确性。提示:如果使用电子表格,请使用式(3.23)进行达西-韦斯巴赫摩擦系数的初始估计,假设紊流充分发展。然后使用斯瓦米-杰恩方程(式(3.24a),如下所示),在 Re 值已知时求解摩擦系数。

$$f = \frac{0.25}{\left[\lg\left(\dfrac{e}{3.7D} + \dfrac{5.74}{Re^{0.9}}\right)\right]^2}$$

4.3.2 在给定以下水面(WS)高程和管道数据(长度和直径)的情况下,确定图 P4.3.2 所示的分支管道系统中的流速:

①$WS_1 = 5\ 200$ ft,$L_1 = 6\ 000$ ft,$D_1 = 4$ ft;

②$WS_2 = 5\ 150$ ft,$L_2 = 2\ 000$ ft,$D_2 = 3$ ft;

③$WS_3 = 5\ 100$ ft,$L_3 = 8\ 000$ ft,$D_3 = 5$ ft。

所有管道均采用衬里球墨铸铁管(DIP,$e = 0.000\ 4$ ft),水温为 68 ℉。如果由测压计测量接头处的压力水头(P/γ)(从 P 到 J 的高度)为 30 ft,试确定节点 J 的高度。

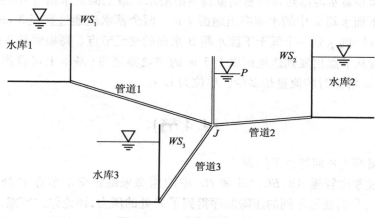

图 P4.3.2 分支管道系统

4.3.3 给定以下 WS 高程和管道数据(长度和直径),确定图 P4.3.2 所示的分支管道系统中的流速:

①$WS_1 = 2\ 100$ m,$L_1 = 5\ 000$ m,$D_1 = 1.0$ m;

②$WS_2 = 2\ 080$ m,$L_2 = 4\ 000$ m,$D_2 = 0.3$ m;

③$WS_3 = 2\ 060$ m,$L_3 = 5\ 000$ m,$D_3 = 1.0$ m。

所有管道均为商用钢($e = 0.045$ mm),水温为 20 ℃。如果节点 J 的高度为 2 070 m,试确定节点处的压力水头(P/γ)(从 J 到 P 的高度)。是否有可能估计交界处的速度水头?在分支管道问题中假设交汇节点处的速度水头可以忽略不计。

4.3.4 使用哈森 – 威廉姆斯方程(衬里球墨铸铁 $C_{HW} = 140$)代替达西 – 韦斯巴赫方程来计算摩擦损失,解决习题 4.3.2。

4.3.5 使用曼宁方程(球墨铸铁 $n = 0.011$)代替达西 – 韦斯巴赫方程来计算摩擦损失,解决习题 4.3.2。

4.3.6 在山地风暴之后,三水库分支系统中的最高水库是无法进入的。根据以下水面高度和管道数据(长度和直径),确定该水库的表面高程:

①$WS_1 = ?$,$L_1 = 2\ 000$ m,$D_1 = 0.30$ m;

②$WS_2 = 4\ 080$ m,$L_2 = 1\ 000$ m,$D_2 = 0.20$ m;

③$WS_3 = 4\ 060$ m,$L_3 = 3\ 000$ m,$D_3 = 0.50$ m。

所有管道都是粗糙的混凝土($e = 0.6$ mm),因此假设紊流充分发展。节点(J)的实际高程为 4 072 m,并且节点处的压强为 127 kPa。

4.3.7 一段长管道将 75.0 cf 的水从水库 1 运送到节点 J,在那里被分配到管道 2 和 3 中,并运输到水库 2 和 3。给定以下 WS 高程和管道数据(长度和直径),确定水库 3 的表面高程:

①$WS_1 = 3\ 200$ ft,$L_1 = 8\ 000$ ft,$D_1 = 3.0$ ft;

②$WS_2 = 3\ 130$ ft,$L_2 = 2\ 000$ ft,$D_2 = 2.5$ ft;

③$WS_3 = ?$,$L_3 = 3\ 000$ m,$D_3 = 2.0$ ft。

所有管道均由 PVC 制成,哈森 – 威廉姆斯系数为 150。

4.3.8 两个屋顶蓄水池给热带简易别墅提供淋浴水。最上面的水箱 A 中的水面高出地面 8 m,下面水箱 B 中的水面高出地面 7 m。两个蓄水池通过直径 3 cm 的 PVC 管(n =0.011)供水到一个低于下面水箱 B 水面的交汇节点。每根管长 2 m,一条 5 m 的供水管从节点出发到达地面以上 3 m 的平底淋浴室(基本上可看作是底部有洞的水库)。淋浴时的流量是多少? 单位为 L/s。

(4.4 节)

4.4.1 请参阅例 4.8 回答以下问题。
①通过考虑管道 *AB*、*BC*、*CH* 和 *HF* 中的压降来确定交汇节点 *F* 处的压力。在例 4.8 中,我们通过不同的压降顺序得到了 *F* 处的压力,评论你的答案。
②系统中最低总能量在哪里? 你怎样通过检查(不进行计算)来确定?
③在例 4.8 中,已知 *F* 处的压力太低而不能满足客户。可以进行哪些系统更改来提高节点 *F* 的压力? 提示:检查达西 – 韦斯巴赫方程包含的项,用于计算水头损失。
④利用适合解决管道网络问题的计算机软件(例如本章前面提到的 EPANET、WaterCAD、WaterGEMS、KYPipe 程序)或编写自己的电子表格程序,确定你提出的增加节点 *F* 压力的建议是否有效。首先检查现有系统的流量和压力,以确定输入的数据是否正确。

4.4.2 图 P4.4.2 中从 *A* 到 *B* 的总流量为 50.0 cf(ft³/s)。管 1 长 4 000 ft,直径 1.5 ft;管 2 长 3 000 ft,直径 2 ft。使用哈迪 – 克罗斯法和等效管道方法,确定管道之间的水头损失。如果在 68 ℉下使用混凝土(平均)管道,确定 *A* 和 *B* 以及每个管道中的流速。忽略轻微损失。

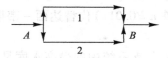

图 P4.4.2　并联管道

4.4.3 图 P4.4.2 中从 *A* 到 *B* 的总流量为 12 *L/s*。管 1 长 25 m、直径 4 cm,管 2 长 30 m、直径 5 cm。使用哈迪 – 克罗斯法和等效管道方法,确定 *A* 和 *B* 之间的水头损失,以及在 10 ℃下使用铸铁管,每个管道的流速。假设弯曲损失不可忽略,且 K_b =0.2。

4.4.4 工业用水分配系统如图 P4.4.4 所示,对系统的流量要求在交叉点 *D*(为 0.550 m³/s)和 *E*(为 0.450 m³/s)。水从 *A* 处进入系统(表面高度为 355.0 m)。所有管道均为混凝土管(*e* =0.36 mm),交叉点的高度、长度和直径见表 P4.20。计算每个管道中的流量(提供初始估计流量),并确定每个交叉点的压强是否超过 185 kPa,这是工业园区对自来水公司的要求。

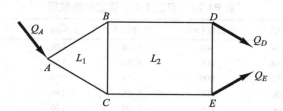

图 P4.4.4 工业用水分配系统

表 P4.20 习题 4.4.4 要求

管道	流量（m³/s）	长度（m）	直径（m）	e/D	节点	高程（m）
AB	0.500	300	0.45	0.000 80	A	355.0
AC	0.500	300	0.45	0.000 80	B	315.5
BD	0.530	400	0.40	0.000 90	C	313.8
CE	0.470	400	0.40	0.000 90	D	313.3
CB	0.030	300	0.20	0.001 80	E	314.1
ED	0.020	300	0.20	0.001 80	—	—

4.4.5 使用哈森 – 威廉姆斯方程代替达西 – 韦斯巴赫计算摩擦损失以解决习题 4.4.4。对于混凝土管道，设 $C_{HW} = 120$。

4.4.6 实施例 4.8 中的三次供水系统不能有效地起作用，节点 F 处的供水需求正在逐渐满足，但不符合工业客户要求的压力。自来水公司决定将网络中一根管子的直径增加 5 cm，确定应更换哪个管道以对系统中的压力产生最大影响，特别是节点 F 处的压力。提示：检查例 4.8 的结果列表，了解水头损失、流量和管道尺寸；尽管第二根管道稍微差一点，但是第一根管道是最好的选择。更换你选择的管道（增加直径 5 cm），并确定节点 F 处的压力增加了多少。可使用管道网络分析软件。

4.4.7 三次供水系统如图 P4.4.7 所示，系统的流量要求：交汇节点 C 为 6.00 cf、D 为 8.00 cf 和 E 为 11.0 cf。水从节点 A 处进入系统，压强为 45 psi。使用表 P4.21 中的管道网络数据，计算每个管道中的流量（提供初始估计流量），确定每个节点处的水压（客户需要 30 psi 的水压）。可使用管道网络分析软件。

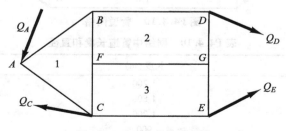

图 P4.4.7 三次供水系统

表 P4.21   习题 4.4.7 管道网络数据

管道	流量(ft³/s)	长度(ft)	直径(ft)	C_{HW}	节点	高程(ft)
AB	11.00	600	1.50	120	A	325.0
AC	14.00	600	1.50	120	B	328.5
BD	7.00	800	1.25	120	C	325.8
CE	7.00	800	1.25	120	D	338.8
BF	4.00	400	1.00	120	E	330.8
CF	1.00	400	1.00	120	F	332.7
FG	5.00	800	1.25	120	G	334.8
GD	1.00	400	1.00	120	—	—
GE	4.00	400	1.00	120	—	—

4.4.8 例 4.9 中的二次供水系统不能有效地起作用,节点 F 处的水需求正在逐渐满足,但不符合工业客户要求的压力(工业客户希望供应的水有 14 m 的压力水头)。自来水公司决定将网络中一根管子的直径增加 5 cm,确定应更换哪个管道以对系统中的压力产生最大影响,特别是节点 F 处的压力。提示:检查例 4.9 的结果列表,了解水头损失、流速和管道尺寸;尽管第二根管道稍微差一点,但是第一根管道是最好的选择。更换你选择的管子(增加直径 5 cm),并确定节点 F 的压力增加。可使用管道网络分析软件。

4.4.9 当用哈森-威廉姆斯方程而不是达西-韦斯巴赫方程(导出公式(4.17b))计算摩擦损失时,验证方程(4.17b)是正确的流量校正方程。

4.4.10 使用计算机软件,确定图 P4.4.10 所示网络中每个铸铁管的流速(水温 10 ℃)和水头损失。对系统的流量要求:节点 C 为 0.030 m³/s;D 为 0.025 m³/s;H 为 0.120 m³/s。水在交汇节点 A(0.100 m³/s)和 F(0.300 m³/s)处进入系统,网络中管道的长度和直径见表 P4.4.10。

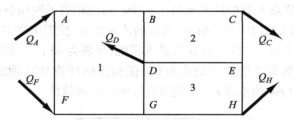

图 P4.4.10   管道网络

表 P4.4.10   网络中管道长度和直径

管道	长度(m)	直径(m)
AB	1 200	0.50
FA	1 800	0.40
BC	1 200	0.10
BD	900	0.30
DE	1 200	0.30
EC	900	0.10
FG	1 200	0.60
GD	900	0.40

续表

管道	长度(m)	直径(m)
GH	1 200	0.30
EH	900	0.20

4.4.11 对于习题4.4.10,使用计算机软件和哈森 - 威廉姆斯方程代替达西 - 韦斯巴赫方程来求解流量。

4.4.12 现为例4.10的管道网络提出规划研究,自来水公司希望确定将节点 F 处的流出量从 0.25 m³/s 增加到 0.30 m³/s 的影响。尽管有足够的供水来满足这种需求,但是需要担心的是所产生的压力水头可能过低。如果每个节点需要最小 10.5 m 的压力水头,使用牛顿法和适当的计算机软件确定管道网络是否能够令人满意地适应这种变化。

4.4.13 使用牛顿法和适当的计算机软件,分析图 P4.4.13 中的管道网络,如果 $H_A = 190$ ft,$H_E = 160$ ft,$H_G = 200$ ft,$Q_B = 6.0$ cf,$Q_C = 6.0$ cf,$Q_D = 6$ cf,$Q_F = 12.0$ cf。假设管道1、7 和 8 的 $K = 1.0$ s²/ft⁵,其他管道的 $K = 3.0$ s²/ft⁵。使用 $Q_1 = 10$ cf,$Q_2 = 1.0$ cf,$Q_3 = 2.0$ cf,$Q_4 = 1.0$ cf,$Q_5 = 10$ cf,$Q_6 = 4.0$ cf,$Q_7 = 10.0$ cf 和 $Q_8 = 10.0$ cf 作为初始估计值。

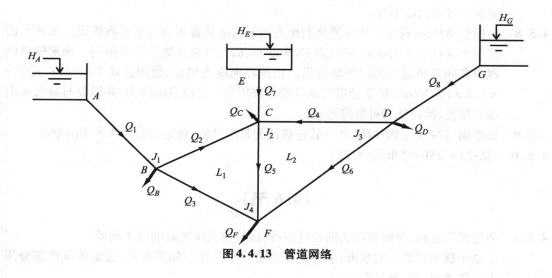

图4.4.13 管道网络

(4.5 节)

4.5.1 由水击引起的压力水头升高可以用式(4.26)进行评估,查看推导并回答以下问题。
①推导中使用了哪些概念(基本原则)?
②对等式的使用有何限制?

4.5.2 一条长 500 m 的管道将油(比重为 0.85)从储油罐运到油轮的货舱。钢管直径 0.5 m 且有伸缩缝,壁厚2.5 cm。正常流量是 1.45 m³/s,可以通过管道末端的阀门控制,储罐中的油表面位于管道的出口上方 19.5 m。确定使其快速关闭的最大阀门关闭时间。

4.5.3 一条长 2 400 ft、直径 2 ft 的管道将水从山顶水库输送到工业现场。管道由球墨铸铁制成，外径 2.25 ft，并有伸缩缝，流量为 30 cf。确定下游流量阀在 1.05 s 内关闭时可能发生的最大水击压力(psi)。如果添加分流器，能在阀门关闭时几乎立即将流量从 30 cf 降低到 10 cf，试确定水击减少量(psi)。

4.5.4 直径 30 cm、长 420 m 的水平管的壁厚为 1 cm。管道是商业钢材，将水从水库输送到 100 m 以下的水位并排放到空气中。旋转阀安装在下游端，如果阀门在 0.5 s 内关闭(忽略纵向应力)，计算阀门可承受的最大水击压力，同时确定管道在水击现象期间承受的总(最大)压力。

4.5.5 直径为 0.5 m 的混凝土管(壁厚 5.0 cm，刚性管壁)将供水水库中的水排放到另一个 600 m 外的水库，下游水库的表面高度比供水水库低 55 m，位于下游水库上游的阀门控制流速。如果阀门在 0.65 s 内关闭，最大水击压力是多少？

4.5.6 用于水库的紧急压降结构由长 1 000 ft、直径 1.0 ft 的钢(商业)管组成，壁厚为 0.5 in。阀门位于管道的末端，如果阀门突然关闭，确定管道中将产生的最大水击压力。管道可以纵向自由移动，水库中的水位在出口之上 98.4 ft。

4.5.7 现设计能承受 2.13×10^6 N/m^2 总最大压力的管道。直径 20 cm 的管道由球墨铸铁制成，以 40 L/s 的速度供水。如果管道上的操作水头是 40 m，则确定管壁所需的厚度，如果下游端的流量控制阀突然关闭，也会受到水击的影响。假设安装管道时纵向应力可以忽略不计。

4.5.8 一根长 700 m、直径 2.0 m 的钢制压力钢管将水从蓄水池输送到涡轮机。水库水面位于水轮机上方 150 m，流量为 77.9 m^3/s，阀门安装在管道的下游端。确定壁厚以避免在阀门快速关闭时损坏管道。根据环向应力理论，使用公式 $PD = 2\tau e$，其中 $\tau = 1.1 \times 10^8$ N/m^2，确定管道可承受的允许压力。忽略纵向应力，并假设与最大水击压力相比，操作压力可忽略不计。

4.5.9 如果阀门在 60 s 内关闭，并且管壁被认为是刚性的，确定习题 4.5.8 中的壁厚。

4.5.10 从式(4.25b)导出式(4.21)。

(4.6 节)

4.6.1 通过使用逻辑、草图和相关的设计方程，回答有关缓冲罐的以下问题。
①由于整个管道中的水击，缓冲罐是否消除了高压？如果没有，管道的哪些部分压力仍然在增加？参见图 4.15。
②在推导式(4.31)时使用了哪些概念(基本原理)？
③对式(4.31)的使用有何限制？

4.6.2 回顾例 4.13，如果允许的水面上升为 7.50 m，确定所需的稳压罐的尺寸。

4.6.3 一根长 425 m 的商业钢管直径为 0.90 m，在水库和配水口之间输送灌溉水，最大流量为 2.81 m^3/s。一个简单的缓冲罐安装在控制阀的上游，以保护管道免受水击损坏。如果缓冲罐的直径为 2 m，计算最大水位上升高度。

4.6.4 水从供应水库(地面高程 450 ft，MSL)流过 2 500 ft 的水平管道，流速为 350 cf。在阀门之前需要将缓冲罐安装在管道中，管道由光滑的混凝土成，直径为 6 ft。如果管道比供应水库低 50 ft,确定直径为 20 ft 的稳压罐所需的高度。

4.6.5 如果允许的水面上升超过供水水位 5 m,确定习题 4.6.3 中稳压罐的最小直径。

4.6.6 一个涉及管道损坏的法庭案件需要了解阀门封闭时的流量。一条 1 500 m 长的管道中有简单的缓冲罐以保护涡轮机,但流量计发生故障。管道直径 2 m,由粗糙混凝土制成。如果在 10 m 直径的缓冲罐中测量到 5 m 的上升,当水突然停止时,管道中的流量是多少? 提示:假设管道中紊流充分发展。

4.6.7 一个 15 cm 直径的主管从 1 200 m 外的水库为工业园区的六座多层建筑供水。水库位于基准面上方 80 m 处。建筑物的位置如图 P4.6.7 所示。每栋建筑的高度和用水需求见表 P4.6.7,如果该网络(节点 J 的下游)采用商业钢管,每条管道的正确尺寸是多少? 阀门(完全打开时 $K = 0.15$)安装在紧邻节点 J 上游的主管中,确定主管的材料。如果阀门突然关闭,确定水击压力,管道的最小壁厚必须承受多大的压力?

表 P4.6.7   每栋建筑的高度和用水需求

建筑物	A	B	C	D	E	F
高程(m)	9.4	8.1	3.2	6.0	9.6	4.5
用水需求(L/s)	5.0	6.0	3.5	8.8	8.0	10.0

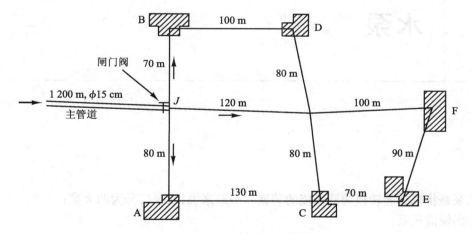

图 P4.6.7   建筑物位置图

5

水泵

水泵是将机械能转换为液压能的装置。一般来说,水泵可分为两大类:

①涡轮液压泵;

②容积式泵。

涡轮液压泵通过旋转叶片或另一运动流体来移动流体。涡轮液压泵的分析涉及水力学的基本原理,最常见的涡轮液压泵有离心泵、螺旋泵和喷射泵。容积式泵通过精确的机械位移来移动流体,例如在封闭的壳体中旋转的齿轮系统(螺杆泵)或在密封的汽缸中运动的活塞(往复泵)。容积式泵的分析涉及纯机械概念,不需要详细的水力学知识。本章只讨论涡轮液压泵,因为现代水利工程系统中使用的大部分水泵属于这种类型。

5.1 离心(径向)泵

离心泵的基本原理首次由德穆尔在 1730 年进行了论证,这个过程涉及一个简单的

"泵",由两个直管连接而成一个三通管。球座被装满(填充水),球座的下端被浸没,如图 5.1 所示。

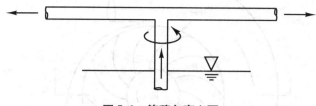

图 5.1　德穆尔离心泵

水平臂以足够的速度旋转,推动三通管端部的水(法向加速度)。流出的水降低了三通管端部的压力(产生吸力),足以克服移动水的摩擦水头损失和三通管端部与供应容器端部之间的位置水头差。

现代离心泵采用同样的液压原理构造,通过设计出新的结构来提高效率。现代离心泵主要由两部分组成:

①旋转元件,通常称为叶轮;

②壳体,用于包围旋转元件并密封加压液体。

泵所需的功率由连接到叶轮轴上的电动机提供。叶轮的旋转运动会产生离心力,离心力使液体在叶轮中心(眼)附近的低压区域进入泵,并沿着叶轮叶片的方向向叶轮周围外壳附近的较高压力区域移动,如图 5.2(a)所示。壳体设计成逐渐扩大的螺旋形状,使进入的液体以最小的损失通向排出管,如图 5.2(b)所示。实质上,泵的机械能在液体中转化为压力能。

离心泵的基本理论是角动量守恒原理。在物理上,动量项通常指的是线性动量,被定义为质量和速度的乘积,有

$$动量 = (质量)(速度)$$

因此,相对于固定轴的角动量(动量矩)可以定义为相对于轴的线性动量矩,有

$$角动量 = (半径)(动量) = (半径)(质量)(速度)$$

角动量守恒原理要求流体中角动量变化的时间速率等于由作用在物体上的外力引起的力矩,这种关系可以表示为

$$转矩 = \frac{(半径)(质量)(速度)}{时间} = (半径)\rho\left(\frac{体积}{时间}\right)(速度)$$

图 5.3 可以用来分析这种关系。

单位时间的微小流体质量的角动量(动量矩)为

$$(\rho dQ)(v\cos\alpha)(r)$$

$v\cos\alpha$ 是图 5.3 中绝对速度的切线分量。对于每单位时间进入泵的总流体质量,角动量可以通过以下积分来计算:

$$\rho\int_Q rv\cos\alpha dQ$$

施加到泵叶轮上的转矩必须等于叶轮入口和出口角动量的差异,可以表述为

$$\rho\int_Q r_o v_o\cos\alpha_o dQ - \rho\int_Q r_i v_i\cos\alpha_i dQ \tag{5.1}$$

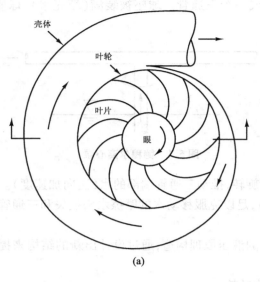

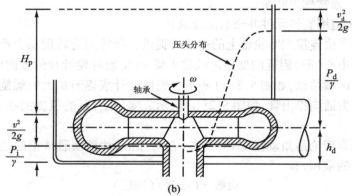

图 5.2　离心泵的横剖面示意图

对于叶轮周围的稳流和均匀条件，$r_o v_o \cos \alpha_o \mathrm{d}Q$ 与 $r_i v_i \cos \alpha_i \mathrm{d}Q$ 具有恒定值。式(5.1)可以简化为

$$\rho Q(r_o v_o \cos \alpha_o - r_i v_i \cos \alpha_i) \tag{5.2}$$

设 ω 为叶轮的角速度，泵的功率输入(P_i 区别于压力 P)可以计算为

$$\boldsymbol{P}_i = \omega T = \rho QW(r_o v_o \cos \alpha_o - r_i v_i \cos \alpha_i) \tag{5.3}$$

泵的输出功率通常表示为泵排出量和泵给液体的总能量头(H_p)。如前面所讨论的，流体的能量头通常可以表示为三种形式的液压能量头：

①动能($v^2/2g$)；

②压力能(P/γ)；

③势能(h)。

参考图 5.2(b)，可以看到泵向液体提供的总能量头为

$$H_p = \frac{v_d^2 - v_i^2}{2g} + \frac{P_d - P_i}{\gamma} + h_d$$

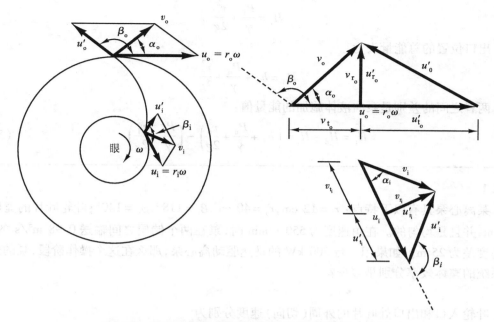

图 5.3　速度矢量图以及底部的入口侧和顶部的出口侧

注: u 是叶轮叶片的速度($u = r\omega$), u' 是液体相对于叶片的相对速度; v 是液体的绝对速度,是 u 和 u' 的矢量和;
　β_o 是出口处的叶片角, β_i 是入口处的叶片角; $r = r_i$ 是入口处的叶轮半径, $r = r_o$ 是出口处的叶轮半径。

参考第 4.2 节,当泵在两个蓄水池之间运行时,确定 H_p 还有另一种方法。泵的输出功率可以表示为

$$P_o = \gamma Q H_p \qquad (5.4)$$

速度矢量图(图 5.3)通常用于分析叶片几何形状及其与流动的关系。如先前指定的,分别使用下标 i 和 o 来表示入口和出口流动条件; u 表示叶轮或叶片速度或切向速度; u' 表示相对于叶片的水流速度(在叶片的方向上); v 是绝对的水流速度。 v_t 是绝对速度的切线分量, v_r 是径向分量。理论上,当水进入叶轮而没有涡流时,入口处的能量损失达到最小值。这是当叶轮的入口绝对水速为径向时实现的。

离心泵的效率在很大程度上取决于叶片和泵壳的特殊设计,也取决于泵运行的条件。泵的效率是由输出功率与泵输入功率之比定义的,有

$$e_p = P_o / P_i = (\gamma Q H_p)/(\omega T) \qquad (5.5)$$

液压泵通常由马达驱动。电动机的效率被定义为由电动机施加到泵的功率(P_i)与电动机的输入功率(P_m)的比率,有

$$e_m = P_i / P_m \qquad (5.6)$$

因此,泵系统的整体效率为

$$e = e_p e_m = (P_0/P_i)(P_i/P_m) = P_o/P_m \qquad (5.7)$$

或者

$$P_o = e P_m \qquad (5.8)$$

由于系统中发生的摩擦和其他能量损失,效率值总是小于总值。

在图 5.2 中,泵入口处的总能量头可表示为

$$H_i = \frac{P_i}{\gamma} + \frac{v_i^2}{2g}$$

出口位置的总能量头为

$$H_d = h_d + \frac{P_d}{\gamma} + \frac{v_d^2}{2g}$$

两者之间的差别是泵向液体施加的能量值:

$$H_p = H_d - H_i = \left(h_d + \frac{P_d}{\gamma} + \frac{v_d^2}{2g} \right) - \left(\frac{P_i}{\gamma} + \frac{v_i^2}{2g} \right) \tag{5.9}$$

例 5.1

某离心泵具有以下特点: $r_i = 12$ cm, $r_o = 40$ cm, $\beta_i = 118°$, $\beta_o = 140°$;叶轮叶片的宽度为 10 cm,并且是均匀的。在角速度为 550 r/min 时,泵在两个储层之间输送 0.98 m³/s 的水, 其高度差为 25 m。如果用一台 500 kW 的马达驱动离心泵,那么在这个操作阶段,泵的效率 和系统的整体效率分别是多少?

解:

叶轮入口和出口处叶片的外周(切向)速度分别为

$$u_i = \omega r_i = 2\pi \frac{550}{60}(0.12 \text{ m}) = 6.91 \text{ m/s}$$

$$u_o = \omega r_o = 2\pi \frac{550}{60}(0.40 \text{ m}) = 23.0 \text{ m/s}$$

通过应用连续性方程 $Q = A_i v_{r_i} = A_o v_{r_o}$,得到水的径向速度,其中 $A_i = 2\pi r_i B$,并且 $A_o = 2\pi r_o B$。B 是叶轮叶片的宽度,直接影响流量。因此,有

$$v_{r_i} = \frac{Q}{A_i} = \frac{Q}{2\pi r_i B} = \frac{0.98}{2\pi (0.12)(0.1)} = 13.0 \text{ m/s}$$

$$v_{r_o} = \frac{Q}{A_o} = \frac{Q}{2\pi r_o B} = \frac{0.98}{2\pi (0.4)(0.1)} = 3.90 \text{ m/s}$$

由图 5.3 可知,$v_{r_i} = u'_{r_i}$,且 $v_{r_o} = u'_{r_o}$。由已知信息,可以构造特定于这个泵的矢量图。 图 5.3 所示的矢量图代表叶轮的入口侧(底部)和出口侧(顶部)。三个主要向量(u、u' 和 v) 都是复合的。r 和 v 的分量是径向和切向分量,并形成直角三角形。利用 u_i、u_o、v_{r_i}、v_{r_i}、u'_{r_i} 和 u'_{r_o} 的计算值和向量图,可以计算向量和角度的其余部分:

$$u'_{t_i} = \frac{u'_{r_i}}{\tan \beta_i} = \frac{13.0}{\tan 118°} = -6.91 \text{ m/s}$$

$$u'_{t_o} = \frac{u'_{r_o}}{\tan \beta_o} = \frac{3.90}{\tan 140°} = -4.65 \text{ m/s}$$

$$v_i = \sqrt{v_{r_i}^2 + (u_i + u'_{t_i})^2} = \sqrt{(13.0)^2 + (0.00)^2} = 13.0 \text{ m/s}$$

$$\alpha_i = \arctan \frac{u'_{r_i}}{(u_i + u'_{t_i})} = \arctan\left(\frac{13.0}{0.00}\right) = 90°$$

因此,$\cos \alpha_i = 0$,绝对水速完全在径向方向上,这极小地削弱了入口的能量损失。继续 向量分析,有

$$v_o = \sqrt{v_{r_o}^2 + (u_o + u'_{t_o})^2} = \sqrt{(3.90)^2 + (18.4)^2} = 18.8 \text{ m/s}$$

$$\alpha_o = \arctan \frac{v_{r_o}}{(u_o + u'_{t_o})} = \arctan\left(\frac{3.90}{18.4}\right) = 12.0°$$

因此,$\cos \alpha_o = 0.978$。

应用式(5.3),得到

$$P_i = \rho Q \omega (r_o v_o \cos \alpha_o - r_i v_i \cos \alpha_i)$$

$$P_i = (998)(0.98)\left(2\pi \frac{550}{60}\right)[(0.40)(18.8)(0.978) - 0] = 414\ 000 \text{ W} = 414 \text{ kW}$$

应用式(5.4),假设泵所加的唯一能量头是高度(式(4.2)中的忽略损失),得到 $H_p = H_R - H_S$,有

$$P_o = \gamma Q H_p = (9.79 \text{ kN/m}^3)(0.98 \text{ m}^3/\text{s})(25 \text{ m}) = 240 \text{ kW}$$

由式(5.5),可得泵的效率为

$$e_p = P_o / P_i = (240)/(414) = 0.580 (58.0\%)$$

由式(5.7),可得系统的整体效率为

$$e = e_p e_m = (P_o / P_i)(P_i / P_m) = (0.580)(414/500) = 0.480 (48.0\%)$$

5.2 螺旋(轴流)泵

从数学分析角度而言,严格根据能量 – 动量关系设计螺旋桨是不可能的。然而,脉冲动量基本原理的应用提供了一种简单的实现方法。

线性脉冲被定义为力和时间的乘积的积分,力从 t' 到 t'' 作用在物体上,有

$$I = \int_{t'}^{t''} F \mathrm{d}t$$

如果在时间段中涉及恒定力,则脉冲可以简化为

$$\text{脉冲} = \text{力} \times \text{时间}$$

脉冲动量原理要求在一段时间内作用于物体上的力(或力系)的线性脉冲等于在该时间内物体线性动量的变化,有

$$(\text{力})(\text{时间}) = (\text{质量})(\text{速度变化})$$

或

$$\text{力} = \frac{(\text{质量})(\text{速度变化})}{\text{时间}} \quad (5.10)$$

这种关系可以通过在任意两个截面之间控制容积应用于流体的稳定运动,如图5.4所示,其中的力代表作用在控制容积上的所有力。因子(质量/时间)可以表示为每单位时间所涉及的质量(即质量流速),有

$$\frac{\text{质量}}{\text{时间}} = \frac{(\text{密度})(\text{体积})}{\text{时间}} = (\text{密度})(\text{流量}) = \rho Q$$

因此,速度变化是指控制体积两端之间流体速度的变化,有

$$\text{速度变化} = v_f - v_i$$

将上述关系代入式(5.10),得到

$$\sum F = \rho Q(v_f - v_i) \tag{5.11}$$

图 5.4 所示为安装在水平位置的螺旋泵,沿着泵的流动管道选择 4 个部分用以说明如何利用脉冲动量原理简单地分析系统。

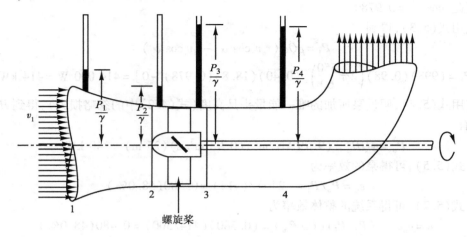

图 5.4 螺旋泵

当流体从第 1 段移动到第 2 段时,根据能量平衡的伯努利原理,速度增加,压力下降,有

$$\frac{P_1}{\gamma} + \frac{v_1^2}{2g} = \frac{P_2}{\gamma} + \frac{v_2^2}{2g}$$

在第 2 段和第 3 段之间,螺旋桨给流体施加能量。能量以压力头的形式加入流体中,这导致在螺旋桨下游立即产生更高的压力。在泵的出口端(第 4 段)的下游,流动条件更加稳定,压力头的轻微下降,可能是第 3 段和第 4 段之间的水头损失和平均流速的轻微增加造成的。

应用脉冲动量原理和式(5.11),在第 1 段和第 4 段之间,可以写出下列方程:

$$P_1 A_1 + F - P_4 A_4 = \rho Q(v_4 - v_1) \tag{5.12}$$

式中:F 是由螺旋桨施加在流体上的力。当泵安装在直径均匀的流动管道中时,式(5.12)右侧的值会减少。

$$F = (P_4 - P_1) A$$

在这种情况下,泵所施加的力被完全用来产生压力。忽略损失,并在第 1 段和第 2 段之间应用伯努利原理,有

$$\frac{P_1}{\gamma} + \frac{v_1^2}{2g} = \frac{P_2}{\gamma} + \frac{v_2^2}{2g} \tag{5.13}$$

对于第 3 段和第 4 段,可以写出

$$\frac{P_3}{\gamma} + \frac{v_3^2}{2g} = \frac{P_4}{\gamma} + \frac{v_4^2}{2g} \tag{5.14}$$

从式(5.14)中减去式(5.13),并指出对于相同的横截面面积 $v_2 = v_3$,有

$$\frac{P_3 - P_2}{\gamma} = \left(\frac{P_4}{\gamma} + \frac{v_4^2}{2g}\right) - \left(\frac{P_1}{\gamma} + \frac{v_1^2}{2g}\right) = H_p \tag{5.15}$$

式中:H_p 是通过泵传递给流体的总能量头。泵输出的总功率可以表示为

$$P_o = \gamma Q H_p = Q(P_3 - P_2) \tag{5.16}$$

泵的效率可以通过泵的输出功率与电动机的输入功率之比来计算。

螺旋泵通常用于低水头（12 m 以下）、高容量（20 L 以上）的场合。一组螺旋桨的桨叶可以安装在同一个旋转轴上，形成一个多级螺旋泵，如图 5.5 所示。在这种结构中，螺旋泵能够在很大的高程差下输送大量的水，通常被设计用于自吸操作，并且最常用于泵送深水井。

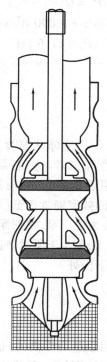

图 5.5　多级螺旋泵

例 5.2

安装一个直径 10 ft 的螺旋泵，以在两个水面海拔差为 8.5 ft 的水库之间提供大量的水。泵的轴功率为 2 000 hp。其工作效率为 80%。如果下游的压强为 12 psi，试确定泵上游的流量和压强。假设管道尺寸始终保持均匀。

解:

由式（5.5）可得泵传递给流体的能量为

$$P_o = e_p P_i = 0.8(2\,000\ \text{hp}) = 1\,600\ \text{hp} = 8.80 \times 10^5\ \text{ft·lb/s}$$

假设这个短管的摩擦损失可以忽略不计，有

$$P_o = \gamma Q H_p = \gamma Q \left[h + \sum K \left(\frac{v^2}{2g} \right) \right]$$

对于 $K_e = 0.5$（入口系数）和 $K_d = 1.0$（出口系数），有

$$P_o = \gamma Q H_p = \gamma Q \left[h + 1.5 \left(\frac{Q^2}{2gA^2} \right) \right]$$

与

$$8.80 \times 10^5 \text{ ft} \cdot \text{lb/s} = 62.3Q \left[8.5 + 1.5 \left(\frac{Q^2}{2g(25\pi)^2} \right) \right]$$

求解上述方程,得

$$Q = 1\,090 \text{ cf}$$

由式(5.16),可得泵上游的压力为

$$P_o = Q(P_3 - P_2)$$

$$8.80 \times 10^5 \text{ ft} \cdot \text{lb/s} = 1.090 \text{ ft}^3/\text{s}(P_3 - 12)144$$

$$P_3 = 17.6 \text{ psi}$$

5.3 喷射(混流)泵

喷射泵利用高压流体中的能量,加压流体从喷嘴高速喷射到管道中,将其能量传递给需要输送的流体,如图5.6所示。喷射泵通常与离心泵结合使用,离心泵提供高压流体,并可用于在深水井中提升液体。喷射泵通常体积小、质量轻,有时用于施工现场脱水。由于混合过程中的能量损失很多,喷射泵的效率通常很低(很少超过25%)。

喷射泵也可以与离心泵串联安装为增压泵,喷射泵可以被内置到离心泵吸入管线的壳体中,以提高离心泵入口的水面高度,如图5.7所示。这种布置避免了在井筒中安装移动部件的安装件,这些安装件通常埋在地下深处。

5.4 离心泵特性曲线

泵的特性曲线(或性能曲线)是由制造商提供的,是泵预期运行性能的图形表示。制造商在实验室对其泵进行测试,并现场验证结果,以确定泵的运行性能。不同泵的制造商使用不同的形式表示,这些曲线通常显示泵头、制动马力以及泵产生流量效率的变化。图5.8描述了离心(径向)泵的典型泵特性曲线,类似的曲线可用于螺旋泵和喷射泵,虽然它们的曲线形状一般不同。泵头是由泵添加到流体中的能量头。制动马力是泵在动力装置中所需的功率输入,效率是输出功率与输入功率的比值。在零流量下的泵头被称为关闭头,与最大效率相对应的流出量称为额定容量。对于变速泵,一些制造商在同一张图上以不同的速度显示特性。

给定泵的特性随转速的变化而变化。如果已知一个转速的特性,那么可以使用相似定律获得具有相同叶轮尺寸的任何其他转速的特性(第5.10节):

$$\frac{Q_2}{Q_1} = \frac{N_{r_2}}{N_{r_1}} \tag{5.17a}$$

$$\frac{H_{p2}}{H_{p1}} = \left(\frac{N_{r_2}}{N_{r_1}} \right)^2 \tag{5.17b}$$

$$\frac{\text{BHP}_2}{\text{BHP}_1} = \left(\frac{N_{r_2}}{N_{r_1}} \right)^3 \tag{5.17c}$$

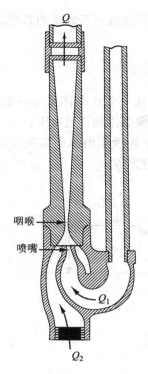

图 5.6   喷射泵

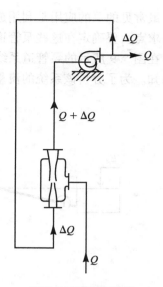

图 5.7   喷射泵助推

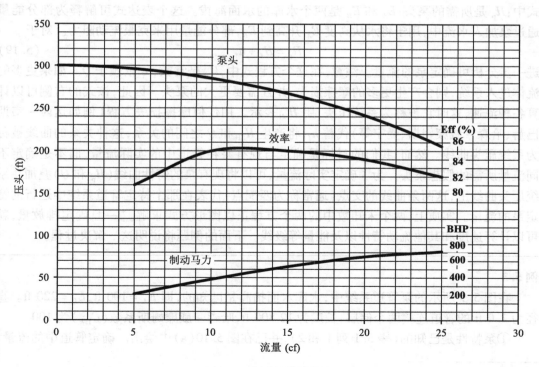

图 5.8   典型泵特性曲线

式中:Q 为流出量;H_p 为泵头;BHP 为制动马力;N_r 为转速。效率曲线不受转速的影响。

5.5 单流向泵与管路分析

　　最常见的泵的应用是利用放置在管道中的单流向泵将水从一个水库移到另一个水库或需求点。要确定在这些泵管道系统中产生的流量,需要知道泵操作和管道液压。

　　在图 5.9 所示的泵管道系统中,假设管道特性、泵特性和上游及下游水面高度已知,流量未知。为了分析该系统的流量,忽略小的损失,可以写出能量方程:

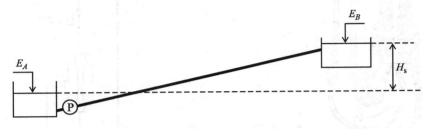

图 5.9　单流向泵与管路

$$E_A + H_p = E_B + h_f \tag{5.18a}$$

或

$$H_p = (E_B - E_A) + h_f \tag{5.18b}$$

式中:H_p 是所需的泵头;E_A 和 E_B 是两个水库的水面海拔。这个表达式可解释为部分能量通过泵加入水流中,用于将水从高度 E_A 升高到 E_B,部分能量用来克服流动阻力。对于

$$H_p = H_s + h_f \tag{5.19}$$

进一步分析可确定泵的流量。注意,在这个方程式中,H_s 是常数,h_f 依赖于 Q。如果更多的流体进入系统,则会产生更多的摩擦损失,并且需要更大的泵头。因此,该式的右侧可以计算各种流速,这时它被称为系统压头,用 H_{SH} 表示。用任何摩擦损失方程(例如达西 - 韦斯巴赫、哈森 - 威廉姆斯、曼宁等)代替 h_f,将产生 H_{SH} 和 Q 之间的关系,这种关系的曲线被称为系统压头曲线。然而,我们的目标是确定与现有泵在管道中的实际流量,而不是确定不同流量所需的假想泵头。为了确定实际流量,可以将现有泵的特性曲线(H_p 和 Q)叠加在系统压头曲线上,这两条曲线的交点(通常称为匹配点)代表在那个特定管道系统中运行的特定泵的流量。实质上,两个未知数中的两个方程正以图形方式求解。[*]一旦确定排放量,就可以计算速度和其他流动特性以及能量等级线。下面的例题将说明这一解决过程。

例 5.3

　　在图 5.9 所示的泵管道系统中,水库水面抬高是已知的,即 $E_A = 100$ ft,$E_B = 220$ ft。直径为 2.0 ft 的管道连接两个储层,长度为 12 800 ft,哈森 - 威廉姆斯系数(C_{HW})为 100。

　　①泵特性是已知的(表 5.1 列 1 和 2),并已在图 5.10(a)中绘出。确定管道中的流量、

---

　　[*] 图形化的解决方案是必需的,因为泵的 H_p 与 Q 关系通常由图得知。如果是已知的或可以通过方程形式计算得出,那么泵的特性方程与系统压头方程可以同时求解,以得到一个相同的解。

流速和能量等级线。

②假设在(1)中给出的泵的转速为 2 000 r/min。若泵以 2 200 r/min 运行,确定管道中的流量和泵头。

表 5.1　泵的特性参数

$Q(cf)$	$H_p(ft)$	$h_f(ft)$	$H_s(ft)$	$H_{SH}(ft)$
0	300.0	0.0	120.0	120.0
5	295.5	8.1	120.0	128.1
10	282.0	29.2	120.0	149.2
15	259.5	61.9	120.0	181.9
20	225.5	105.4	120.0	225.4
25	187.5	159.3	120.0	279.3
30	138.0	223.2	120.0	343.2
35	79.5	296.8	120.0	416.8

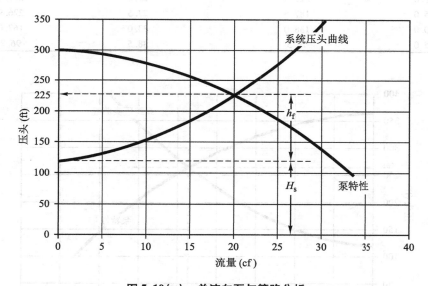

图 5.10(a)　单流向泵与管路分析

解：

①对于此系统,$H_s = E_B - E_A = 220 - 100 = 120$ ft。用哈森 – 威廉姆斯公式计算摩擦引起的损耗。参照表 3.4,英制单位中的哈森 – 威廉姆斯公式可以表示为

$$h_f = KQ^{1.85}$$

其中

$$K = \frac{4.73L}{D^{4.87}C_{HW}^{1.85}} = \frac{4.73(12\ 800)}{(2)^{4.87}(100)^{1.85}} = 0.413\ s^{1.85}/ft^{4.55}$$

如前面的表格中所总结的,摩擦损失和系统压头用于计算不同的 Q 值。系统压头如图 5.10(a)所示。系统压头曲线与泵特性曲线的交点产生 $Q = 20$ cf 和 $H_p \approx 225$ ft。也可以从前面的表中看出摩擦损失约为 105 ft。

速度为

$$v = \frac{Q}{A} = \frac{Q}{\pi D^2/4} = \frac{20}{\pi (2.0)^2/4} = 6.37 \text{ ft/s}$$

泵前的能量头是 $E_A = 100$ ft(忽略泵吸入侧的损失),泵后是 $E_A + H_p = 100 + 225 = 325$ ft。能量头沿管线性减小到 $E_B = 220$ ft。注:这些问题可以用电子表格快速准确地解决。

②为了获得 2 200 r/min 的泵特性,我们运用式(5.17a)和式(5.17b)中的 $N_{r_1} = 2\,000$ r/min,$N_{r_2} = 2\,200$ r/min,$N_{r_2}/N_{r_1} = 1.10$,且 $(N_{r_2}/N_{r_1})^2 = 1.21$,计算结果汇总在表 5.2 中。

表 5.2　计算结果汇总

$N_{r_1} = 2\,000$ r/min		$N_{r_2} = 2\,200$ r/min	
Q_1 (cf)	H_{p_1} (ft)	Q_2 (cf)	H_{p_2} (ft)
0.0	300.0	0.0	363.0
5.0	295.5	5.5	357.6
10.0	282.0	11.0	341.2
15.0	259.5	16.5	314.0
20.0	225.5	22.0	272.9
25.0	187.5	27.5	226.9
30.0	138.0	33.0	167.0
35.0	79.5	38.5	96.2

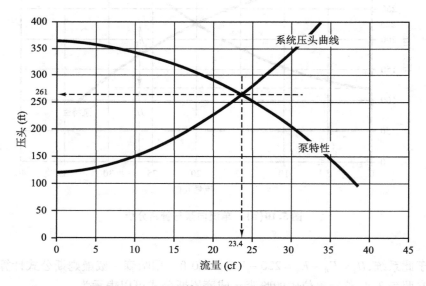

图 5.10(b)　不同转速下的单流向泵与管路分析

Q_2 的值是通过将 Q_1 值乘以 1.10 得到的。同样,H_{p_2} 的值是通过将 H_{p_1} 值乘以 1.21 得到的。由 Q_2 与 H_{p_2} 的曲线图可作出如图 5.10(b)所示的 2 200 *r/min* 的泵特性曲线。其系统压头曲线与图 5.10(a)部分相同。图 5.10(b)中两条曲线的交点产生 $Q = 23.4$ cf 和 $H_p = 261$ ft。

5.6 **泵的并联与串联**

根据第 5.1 节的讨论,水泵的效率随泵的输送流量和克服的总水头不同而变化。泵的最佳效率只有在一定限制范围内(例如流量和总水头)获得。因此,在泵站并联或串联布置水泵,有利于在规定流量和系统水头范围较大的情况下高效率地工作。

当两个泵并联布置时,忽略其内部支线的微小能量损失,两个泵增加到流体中的能量水头应该是相同的,以满足管道系统的能量平衡方程。两个泵中流出的流体量应该是不同的,除非两个泵完全相同。总流量在两个泵之间分流,H_{P1} 和 H_{P2} 分别代表第一个和第二个泵的水头。为了得到两个并联布置的泵的特征曲线,我们将两个泵各水头值对应的流量(横坐标)相加,如图 5.11 所示。如果两个泵完全相同,我们只需要将各水头值对应的流量翻倍计算。但是,这不意味着当泵平行布置工作时实际流量也是翻倍的(见例 5.4)。此定律也用于确定两个以上并联布置的泵系统特性曲线。

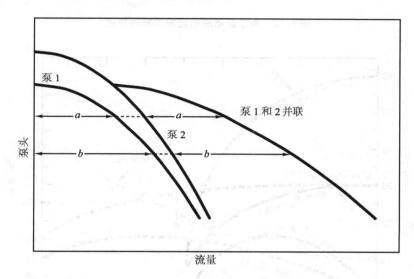

图 5.11 两个泵并联布置时的特性曲线

当两个泵串联布置时,通过两个泵的流量必然是相同的,但只有当两个泵完全相同时,两个泵的水头才是相等的。为了得到两个泵串联布置系统的泵特性曲线,我们将两个泵各流量对应的水头值(纵坐标)相加,如图 5.12 所示。若两个泵完全相同,只需将每个泵流量值对应的水头翻倍计算。但是,这不意味着当泵串联布置时(见例 5.4)实际水头也翻倍。此定律也用于确定两个以上串联布置的泵系统特性曲线。

泵的组合布置增加了泵与管道系统注入流量和水头的灵活性,同时保持较高的运行效率。例如,当流量要求变动很大时,可以并联安装多个泵并控制它们的开关以满足流量变动的需求。需要注意两个相同的并联作业的泵可能不会使管道中的流量正好满足二倍关系,因为管道中的总水头损失与流量的平方成正比,即 $H_P \propto Q^2$,管道中另外的阻力也会导致总流量的减少。图 5.13 中的曲线 B 展示了并联布置的相同水泵的工作情况,两个泵的组合流量总是低于单个泵流量的两倍。

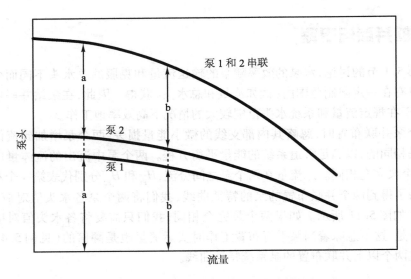

图 5.12　两个泵串联布置时的特性曲线

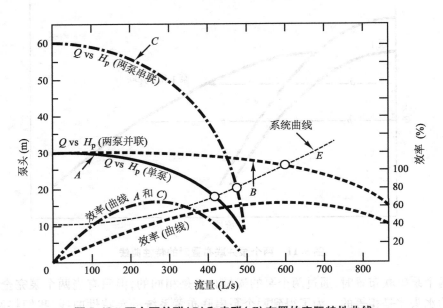

图 5.13　两个泵并联(B)和串联(C)布置的实际特性曲线

　　泵的组合布置也在泵输送水头高度变化时提供一定灵活性。例如,在管道安装中管道水头损失或水头升高变化较大时,将泵串联布置并控制开关以满足变化的水头需求。图 5.13 中的曲线 C 展示了两个相同水泵串联布置的工作情况。

　　两个(或两个以上)并联或串联布置的水泵的效率在流量上和单个泵是相同的。安装方式可以是每个泵使用一个单独的发动机,也可以是一个发动机驱动多个泵。混合水泵系统可以使用同一水泵布置实现串联布置和并联布置。图 5.14 是一个典型的例子,串联布置时,阀 A 打开且阀 B、C 关闭;并联布置时,阀 A 关闭且阀 B、C 开启。

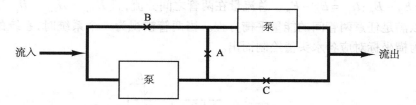

图 5.14　泵的串联或并联运行示意图

例 5.4

　　两水库间由一条 300 m 长、有沥青涂层的铸铁管道连接，管道直径为 40 cm。局部损失包括入口、出口和一个阀门。水库间的水头差为 10 m，水温为 10 ℃。使用图 5.13 泵的数据，确定在①单泵工作、②泵串联工作、③泵并联工作三种条件下的流量、水头和效率。

解：

　　为运送水，水泵系统需提供的总能量水头：

$$H_{SH} = H_s + \left(f\frac{1}{D} + \sum K \right)\frac{v^2}{2g} = 10 + (750f + 1.65)\frac{v^2}{2g}$$

　　根据式(5.19)并考虑其他局部损失，$\nu = 1.31 \times 10^{-6}$ m^2/s(表 1.3)，$e/D = 0.0003$，并且对于每个泵系统的预期运行的流量计算各个参数值。$Q - H_sH$ 曲线是根据表 5.3 中计算出的数值绘制的(图 5.13 中的曲线 E)。

表 5.3　计算数值

Q(L/s)	v(m/s)	Re	f	H_{SH}(m)
0	0	—	—	10.0
100	0.80	2.44×10^5	0.0175	10.5
300	2.39	7.30×10^5	0.0160	14.0
500	3.98	1.22×10^6	0.0155	20.7
700	5.57	1.70×10^6	0.0155	31.0

　　根据图 5.13 中的曲线 E(使用更精细的表格)，我们可以得到以下结果。

单泵工作：$Q \approx 420$ L/s，$H_p \approx 18$ m，且 $e_p \approx 40\%$。

泵串联工作：$Q \approx 470$ L/s，$H_p \approx 20$ m，且 $e_p \approx 15\%$。

泵并联工作：$Q \approx 590$ L/s，$H_p \approx 26$ m，且 $e_p \approx 62\%$。

　　注：根据要求，并联布置是满足高效率工作的最好选择。

5.7　**泵与分支管道**

　　如图 5.15 所示的简易分支管道系统，使用单泵将水流分别通过管道 1 和 2 从蓄水池 A 输送到蓄水池 B、C。管 1 和管 2 的水头 H_{SH_1}、H_{SH_2} 可分别表示为

$$H_{SH_1} = H_{s_1} + h_{f_1}$$

$$H_{SH_2} = H_{s_2} + h_{f_2}$$

式中：$H_{s_1} = E_B - E_A$；$H_{s_2} = E_C - E_A$。总流量在两管之间分流，且 $H_{SH_1} = H_{SH_2} = H_P$，这三个水头必然相等以满足任意两管间的能量平衡方程。当两管被视为一个系统时，系统的水头曲线可以流量为横坐标对应各水头值绘制而出。

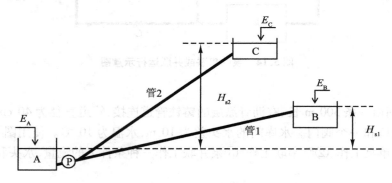

图 5.15 单泵与两管

为分析分支系统的流量，同时绘制单个和复合系统的水头曲线以及水泵特性曲线。水泵特性曲线与复合系统水头曲线的交点给出了总流量和对应泵的水头。各个管道的流量可由单个水头曲线根据水泵水头值对应得出。可以验证，两个分支流量与系统总流量应当相等。下例可进一步解释这个过程。

例 5.5

图 5.15 中，$E_A = 110$ ft、$E_B = 120$ ft、$E_C = 140$ ft，各管的达西 – 韦斯巴赫摩擦系数为 0.02。管 1 长 10 000 ft，直径 2.5 ft；管 2 长 15 000 ft，直径 2.5 ft。泵的特性数据在表 5.4 中给出，参照图 5.16，试确定各管的流量。

表 5.4 泵的特性数据

Q(cf)	0	10	20	30	40	50	60
H_p(ft)	80	78.5	74	66.5	56	42.5	26

解：

对此系统，$H_{s_1} = 120 - 110 = 10$ ft，$H_{s_2} = 140 - 110 = 30$ ft。根据表 3.4，达西 – 韦斯巴赫摩擦公式可写作

$$h_f = KQ^2$$

其中 $K = \dfrac{0.025\ 2fL}{D^5}$。

对管 1，有

$$K = \frac{0.025\ 2(0.02)(10\ 000)}{2.5^5} = 0.051\ 2\ \text{s}^2/\text{ft}^5$$

对管 2，有

$$K = \frac{0.025\ 2(0.02)(15\ 000)}{2.5^5} = 0.076\ 8\ \text{s}^2/\text{ft}^5$$

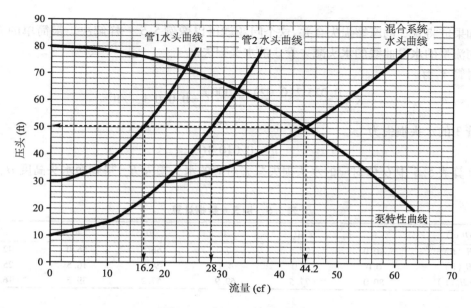

图 5.16 例 5.5 的绘图解法

管 1、管 2 的系统水头曲线分别为

$$H_{SH_1} = 10 + 0.051\ 2Q_1^2$$

$$H_{SH_2} = 30 + 0.076\ 8Q_2^2$$

将 Q 取不同的值,代入上式得到 H_{SH},并在图 5.16 中画出。混合系统水头曲线通过将同一水头的流量相加得到,混合系统水头曲线与水泵特性曲线的交点:总流量 44.2 cf,水泵水头 50.1 ft。对应这个水头,在各管道系统水头曲线上得出读数:$Q_1 = 16.2$ cf 和 $Q_2 = 28.0$ cf。读者可以通过管 1、管 2 是否分别满足能量平衡方程来检验这些结果。

例 5.6

分析如图 5.17 所示的泵与分支管道系统。蓄水池的高度和管 1、2 的数据与例 5.5 相同,管 3 的达西 – 韦斯巴赫摩擦系数为 0.02,直径为 3 ft,长度为 5 000 ft。试确定各管的流量。

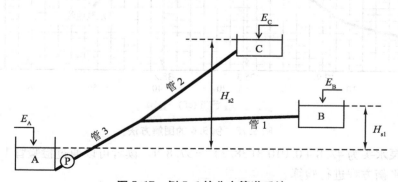

图 5.17 例 5.6 的分支管道系统

解：

如果能将管3的摩擦损失合并,这个问题就可以像例5.5一样解决。最简单的方法是将不同流量的水泵曲线的水头减去管3的水头损失。

对管3,有

$$K = \frac{0.025\ 2(0.02)(5\ 000)}{3^5} = 0.010\ 3\ \text{s}^2/\text{ft}^5$$

管3的水头损失为

$$h_f = 0.010\ 3Q^2$$

计算表5.5中 Q 值对应的水头损失减去对应的水头损失 H_p,得到净水头高度 H_p。

表5.5　例5.6数据计算

$Q(\text{cf})$	0	10	20	30	40	50
$H_p(\text{ft})$	80.0	78.5	74	66.5	56.0	42.5
$H_f(\text{ft})$	0.0	1.0	4.1	9.3	16.5	25.8
净 $H_p(\text{ft})$	80.0	77.5	69.9	57.2	39.5	16.7

现在可以像例5.5一样解决问题,在图5.18中作出净水头曲线。混合系统水头曲线与净水泵特征曲线交点:总流量38.2 cf,净水头42.8 ft。对应这个水头在各管道系统水头曲线上读数: $Q_1 = 25.3$ cf 和 $Q_2 = 12.9$ cf。

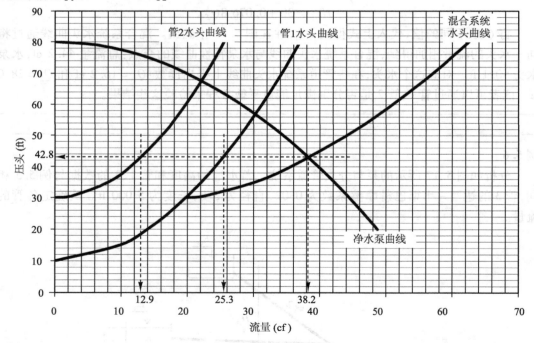

图5.18　例5.6的图解方法

实际水泵水头为 $42.8 + 0.010\ 3(38.2)^2 = 57.8$ ft。读者可以通过检验管1、2的流程是否满足能量平衡方程进行验算。

5.8　泵与管道网络

　　水泵是许多管道网络不可缺少的组成部分。第 4 章介绍的哈迪-克罗斯法和牛顿法,可以简化水泵管道系统的分析,适用于包含水泵的管路(环路)的能量分析,还必须包含泵增加的水头。为了简便,将水泵特性表达为多项式形式:

$$H_p = a - bQ|Q| - cQ$$

其中,系数 a、b、c 为拟合参数,可以通过泵特性曲线上的三个点的数据确定。

例 5.7

　　图 5.19 所示的管道系统与例 4.9 和例 4.10 相同,但是在交汇点 F 处要求的流量增加($Q_F = 0.30\ m^3/s$,而不是 $0.25\ m^3/s$),所以需要在蓄水池 A 下游加上一水泵,泵水头可表示为

$$H_p = 30 - 50Q^2 - 5Q$$

H_p 的单位为 m 时,Q 的单位对应为 m^3/s。其他数据与例 4.10 相同,确定各管的流量。

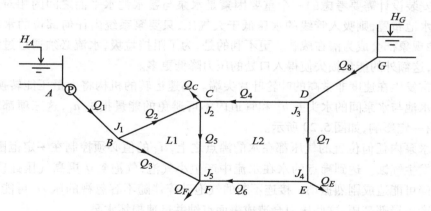

图 5.19　例 5.7 的管道网络

解:

　　使用与例 4.10 相同的等式,有

$$F_8 = H_A + a - bQ_1|Q_1| - cQ_1 - K_1Q_1|Q_1| - K_2Q_2|Q_2| + K_4Q_4|Q_4| + K_8Q_8|Q_8| - H_G$$

以及

$$\frac{\partial F_8}{\partial Q_1} = -2bQ_1 - c - 2K_1Q_1$$

式中:$a = 30\ m$;$b = 50\ s^2/m^5$;$c = 5\ s/m^2$。

　　结果通过五次迭代得到,汇总在表 5.6 中。

表 5.6   例 5.7 迭代计算过程

迭代序号	Q_1	Q_2	Q_3	Q_4	Q_5	Q_6	Q_7	Q_8
				($c = 5$ s/m^2)				
初始值	0.200 0	0.500 0	0.100 0	0.500 0	0.500 0	0.100 0	0.300 0	0.250 0
1	0.299 4	0.257 7	0.041 7	0.065 9	0.223 6	0.034 7	0.134 7	0.200 6
2	0.295 5	0.146 4	0.149 2	0.076 0	0.122 3	0.028 5	0.128 5	0.204 5
3	0.264 7	0.125 3	0.139 4	0.082 9	0.108 1	0.052 4	0.152 4	0.235 3
4	0.265 0	0.124 5	0.140 5	0.084 3	0.108 8	0.050 7	0.170 7	0.235 0
5	0.265 0	0.124 5	0.140 5	0.084 3	0.108 8	0.050 7	0.150 7	0.235 0

得出的能量水头:$H_A = 85.0$ m;$H_B = 96.5$ m;$H_C = 67.1$ m;$H_D = 78.6$ m;$H_E = 63.2$ m;$H_F = 59.0$ m;$H_G = 102.0$ m。水泵增加的总水头为 25.2 m。

5.9 水泵气蚀

泵的安装设计需要考虑的一个重要因素是水泵与蓄水池水平面之间的相对高程。水泵高于蓄水池布置,则吸入管线的水压低于大气压,只要泵系统内任何部位的水压低于大气压,气蚀现象都会成为潜在威胁。更不利的是,为了阻挡垃圾,水流必须通过过滤器进入吸入管线,这额外的能量损失使得入口处的压力降低更多。

气蚀常发生在速度非常高的叶轮叶片尖端。高速运转的机构将大量压能转换成动能,加剧了蓄水池与水泵间的水头差 h_p 和管道内不可避免的能量损失 h_L,这三项都对总吸入压头 H_S 有一定影响,如图 5.20 所示。

为使水泵内任何位置的气压都在水的沸点之上,H_S 的值必须控制在一定范围内,否则水沸腾会发生气蚀。达到沸点的水在水流中产生小气泡,气泡到达更高气压处破碎,水中气泡的破碎可能造成剧烈振动。接连不断的气泡破碎伴随不容忽视的压力,可能对叶片和壳体表面产生局部高压,这些压力会造成表面点蚀并迅速损坏水泵。

为了避免点蚀现象发生,水泵应安装在使总吸入压头 H_S 小于大气压头与水沸点压头的差值高度,可表示为

$$H_S < \left(\frac{P_{atm}}{\gamma} - \frac{P_{vapor}}{\gamma} \right)$$

难以评估靠近叶轮叶片尖端的最大速度,水泵制造商通常会提供一个商业上称为净正吸入压头值(NPSH)或 H_S'。NPSH 可以在泵特性曲线中表达,NPSH 表示水泵中心与叶轮叶片尖端间的压降。根据给出的 NPSH 值,水泵相对供水池的最大高程可以通过确定组成 H_S 的各要素得到,可表示为

$$h_p \leqslant \left(\frac{P_{atm}}{\gamma} - \frac{P_{vapor}}{\gamma} \right) - \left(H_S' + \frac{v^2}{2g} + h_L \right) \tag{5.20}$$

式中:h_L 是泵吸入端的总能量损失,包括入口过滤器的局部损失、管道摩擦损失和其他微小损失。

另一个常用来衡量水泵气蚀潜在性的参数是气蚀系数 σ,定义为

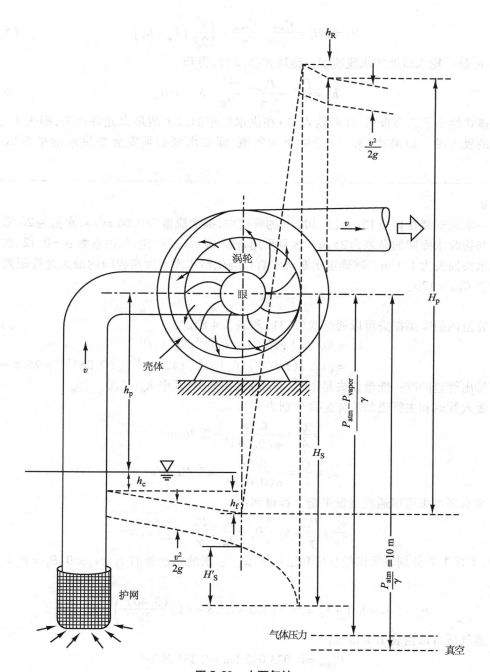

图 5.20 水泵气蚀

$$\sigma = \frac{H'_{S}}{H_{p}} \quad (5.21)$$

式中:H_{p} 是水泵总水头;H'_{S} 为 *NPSH* 值。叶轮叶片处的速度增长也被计入系数 σ。泵的 σ 值由制造商提供,依据水泵测试数据。

将式(5.21)带入式(5.20)中可得

$$H'_S = \sigma H_p = \frac{P_{atm}}{\gamma} - \frac{P_{vapor}}{\gamma} - \left(\frac{v_i^2}{2g} + h_p + h_L \right) \tag{5.22}$$

式中：v_i 是叶轮入口处的水流速度。整理式(5.22)，得到

$$h_p = \frac{P_{atm}}{\gamma} - \frac{P_{vapor}}{\gamma} - \frac{v_i^2}{2g} - h_L - \sigma H_p \tag{5.23}$$

该式给出了水泵吸入口(叶轮入口)在供水池平面以上的最大允许水头，损失 h_L 是在水泵的吸入端。如果式(5.23)的结果为负值，那么水泵必须安装在供水池平面以下的高度。

例5.8

一水泵安装在直径 15 cm、长 300 m 的管道中，抽水流量为 0.06 m³/s，水温为 20 ℃。供水池与接收水库间的高差为 25 m。水泵采用直径 18 cm 的叶轮，气蚀系数 $\sigma = 0.12$，在吸入端总水头损失为 1.3 m。试确定水泵进水管口与供给水库水面高程间的最大允许距离。假设管道 $C_{HW} = 120$。

解：

管道内的摩擦损失可以通过式(3.31)和表 3.4 确定：

$$h_f = KQ^m = \left[(10.7L)/(D^{4.87} C_{HW}^{1.85}) \right] Q^{1.85}$$
$$= \left[10.7(300)/\{ (0.15)^{4.87} (120)^{1.85} \} \right] (0.06)^{1.85} = 25.8 \text{ m}$$

排出管道的唯一能量损失是出口(排出)水头损失，其中 $K_d = 1.0$。

吸入管道和主管道的流体速度分别为

$$v_i = \frac{Q}{A_i} = \frac{0.06}{\pi(0.09)^2} = 2.36 \text{ m/s}$$

$$v_d = \frac{Q}{A_d} = \frac{0.06}{\pi(0.075)^2} = 3.40 \text{ m/s}$$

总水泵水头可以通过能量平衡方程得到：

$$\frac{v_1^2}{2g} + \frac{P_1}{\gamma} + h_1 + H_p = \frac{v_2^2}{2g} + \frac{P_2}{\gamma} + h_2 + h_L$$

式中：下标 1、2 分别表示供给水库和输送末端。蓄水池水面处有 $v_1 \cong v_2 \cong 0$，$P_1 = P_2 = P_{atm}$，则有

$$H_p = (h_2 - h_1) + h_L = 25 + \left(1.3 + 25.8 + (1)\frac{(3.40)^2}{2g} \right) = 52.7 \text{ m}$$

蒸气压可以由表 1.1 得出：

$$P_{vapor} = 0.023\,042 \text{ bar} = 2\,335 \text{ N/m}^2$$

$$P_{atm} = 1 \text{ bar} = 101\,400 \text{ N/m}^2$$

最后，运用式(5.23)，得到水泵相对供水池的最大允许高程：

$$h_p = \frac{P_{atm}}{\gamma} - \frac{P_{vapor}}{\gamma} - \frac{v_i^2}{2g} - \sum h_{L_s} - \sigma H_p$$

$$= \frac{101\,400}{9\,790} - \frac{2\,335}{9\,790} - \frac{(2.36)^2}{2(9.81)} - 1.3 - (0.12)(52.7) = 2.21 \text{ m}$$

5.10　额定转速与泵相似性

泵的选择一般根据需要的输送效率以及输送流体需要的水头高度确定,如果要将大量水输送到相对较小的高度(例如将水从灌溉渠输送到田地),则需要大容量低功率水泵;如果要将相对少量水输送到很高的地方(例如为高楼供水),则需要小容量大功率水泵。这两种类型泵的设计差异十分巨大。

通常来说,直径较大、通道较窄的叶轮比起直径小、通道宽的叶轮能输送更多动能到流体中。水泵外形设计成使水流沿叶轮径向排出,能比水流沿叶轮轴向或一定角度排出的水泵向流体施加更多的离心加速度。因此,叶轮的几何外形和泵壳体决定了泵的功能与应用范围。

第 10 章介绍的一个计算程序,量纲分析证明拥有相同驱动但大小不同的离心泵具有相似的动态性能特征,这一特征可以被归纳为形状系数。泵的形状系数无量纲表达为

$$S = \frac{\omega \sqrt{Q}}{(gH_p)^{3/4}} \qquad (5.24)$$

式中:ω 为叶轮的角速度(rad/s);Q 为水泵的流量(m^3/s);g 为重力加速度(m/s^2);H_p 为水泵总水头(m)。

在实践中,无量纲系数并不常用。大多数水泵通过额定转速标明,特定水泵设计(如叶轮种类和几何形状)的额定转速有两种定义方式,一些制造商将额定转速定义为假定叶轮尺寸缩小使单位水头通过单位流量时的叶轮转速。这样,额定转速可表示为

$$N_s = \frac{\omega \sqrt{Q}}{H_p^{3/4}} \qquad (5.25)$$

另一些制造商将额定转速定义为假定叶轮尺寸缩小使单位水头产生单位能量时的叶轮转速。这样,额定转速可表示为

$$N_s = \frac{\omega \sqrt{P_i}}{H_p^{5/4}} \qquad (5.26)$$

大多数美国生产的工业水泵的参数采用美制单位:gpm,bhp,ft,rpm。公制单位中采用:m^2/s,kW,m,rad/s。额定转速在美制、英制、米制和公制单位间的换算见表 5.7。

表 5.7　额定转速换算

单位	流量单位	水头单位	泵速	公式	符号	转换	
美制	gal/min	ft	r/min	(5.25)	N_{s_1}	$N_{s_1} = 45.6S$	$N_{s_1} = 51.6N_{s_3}$
英制	gal/min	ft	r/min	(5.25)	N_{s_2}	$N_{s_2} = 37.9S$	$N_{s_2} = 43.0N_{s_3}$
米制	m^3/s	m	r/min	(5.25)	N_{s_3}	$N_{s_3} = 0.882S$	$N_{s_3} = 0.019N_{s_1}$
公制	m^3/s	m	rad/s	(5.24)	S	$S = 0.022N_{s_1}$	$S = 1.134N_{s_3}$

注:$g = 9.81$ $m/s^2 = 32.2$ ft/s^2。

通常,额定转速被定义为最佳运行效率点。在实践中,高额定转速的泵多用于大流量低压头场景,而低额定转速的泵多用于将少量流体输送到高程。几何尺寸相同,但尺寸不同的离心泵具有相同的比转速。比转速随叶轮种类变化,叶轮种类与流体和水泵效率的关

系如图 5.21 所示。

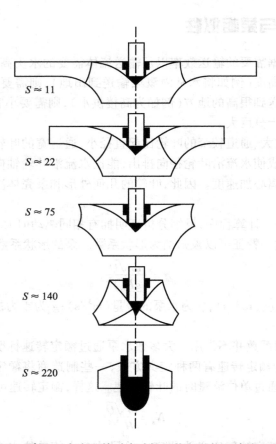

$S \approx 11$

$S \approx 22$

$S \approx 75$

$S \approx 140$

$S \approx 220$

图 5.21 表 5.7 中定义的对应叶轮形状和形状系统的近似值

例 5.9

一个离心水泵在其最佳效率运行,输送流量 2.5 m³/s,输送高度大于 20 m。水泵叶轮直径 36 cm,转速 300 rad/s。假定水泵最佳运行效率为 80%,根据流量、能量,计算水泵的比转速。

解:

已知 $Q = 2.5$ m³/s,$H_p = 20$ m,$\omega = 300$ rad/s,带入式(5.25),得到

$$N_s = \frac{300 \sqrt{2.5}}{(20)^{3/4}} = 50$$

在工作效率 80% 的条件下,轴功率为

$$P_i = (\gamma Q H_p)/e_p = [(9\,790)(2.5)(20)]/0.80 = 6.12 \times 10^5 \text{ W}(612 \text{ kW})$$

代入式(5.26),得到

$$N_s = \frac{300 \sqrt{612}}{(20)^{5/4}} = 175$$

例 5.10

例 5.9 中的叶轮直径为 0.36 m。试确定运送高度相同、流量减半时,几何相似泵的叶轮直径以及水泵转速。

解:

应用式(5.25),根据例 5.9,有

$$N_s = \frac{\omega \sqrt{\frac{1}{2}(2.5)}}{(20)^{3/4}} = 50$$

$$\omega = \frac{50(20)^{3/4}}{(1.25)^{1/2}} = 423 \text{ rad/s}$$

根据定义,当排水速度与叶片末端速度成比例时,两泵几何相似。在这种情况下,有以下关系式:

$$\frac{Q_1}{\omega_1 D_1^3} = \frac{Q_2}{\omega_2 D_2^3} \qquad (a)$$

带入数值,得

$$\frac{2.5}{300(0.36)^3} = \frac{1.25}{423(D_2)^3}$$

$$D_2 = 0.255 \text{ m} = 25.5 \text{ cm}$$

5.11 水泵选择

水泵有许多不同类型,水利工程师面临着为特定应用条件选择合适的泵的任务。然而,根据排水量、水头和功率要求,某些类型的泵比其他类型的泵更适合。对于本章中讨论的泵的主要类型,图 5.22 所示为应用的大致范围。

泵必须产生的总水头以提供必要的流量,是系统所需的上升高度和水头损失的总和。因为管道中的摩擦损失和微小损失取决于管道中的水的速度(第 3 章),所以总水头损失是关于流量的函数。对于给定的管道系统(包括泵),可以通过计算一系列流量的水头损失来绘制独特的系统水头曲线,该过程在第 5.5 节中详细讨论。

在为给定应用条件选择特定泵时,设计条件被明确提出,随后选择合适的泵模型(例如图 5.23 中泵Ⅰ、Ⅱ、Ⅲ或Ⅳ)。然后,在制造商提供的泵特性曲线(例如图 5.24)上绘制系统的水头曲线。这两条曲线的交点,称为匹配点(m),表示实际的操作条件。在下面的示例中演示选择过程。

例 5.11

一个泵用于在两个间距 1 000 m、高度差 20 m 的蓄水池之间以 70 L/s 的速度输送水,所用商业钢管直径为 20 cm。根据泵的选择图(图 5.23)和泵特性曲线(图 5.24),选择合适的泵并确定泵的工作条件,两者都是制造商提供的。

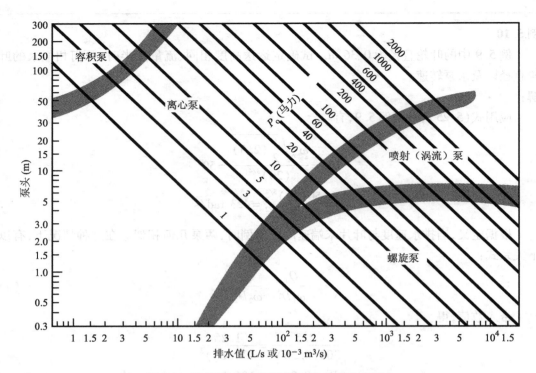

图 5.22　不同类型泵的排水量、水头和功率要求

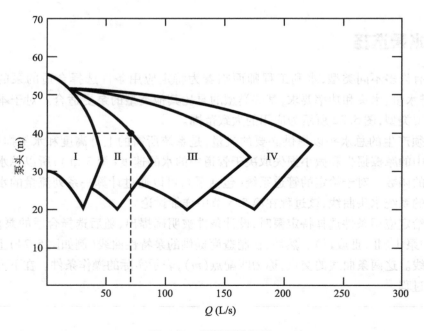

图 5.23　泵模型选择图

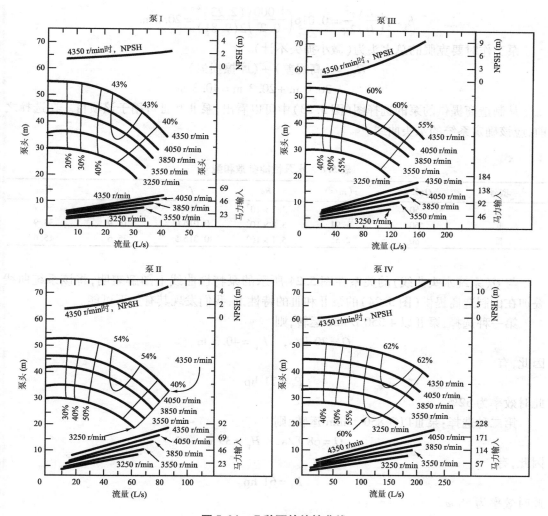

图 5.24 几种泵的特性曲线

解：

对于商业钢管，粗糙高度 $e = 0.045$ mm（表 3.1）。

管道内的流速为

$$v = \frac{Q}{A} = \frac{0.07 \text{ m}^3/\text{s}}{\frac{\pi}{4}(0.2 \text{ m})^2} = 2.23 \text{ m/s}$$

在 20 ℃时对应雷诺数为

$$Re = \frac{vD}{\nu} = \frac{(2.23 \text{ m/s})(0.2 \text{ m})}{1 \times 10^{-6} \text{ m}^2/\text{s}} = 4.5 \times 10^5$$

同时，有

$$e/D = 0.045 \text{ mm}/200 \text{ mm} = 2.3 \times 10^{-4} = 0.000\ 23$$

摩擦系数可以从穆迪图（图 3.8）中得到，$f = 0.016$。

管的摩擦损失为

$$h_f = f\left(\frac{L}{D}\right)\frac{v^2}{2g} = 0.016\left(\frac{1\,000}{0.2}\right)\frac{(2.23)^2}{2(9.81)} = 20.3 \text{ m}$$

泵工作时要克服的总水头为(微小损失不计)

$$H_{SH} = (高程差) + (摩擦损失)$$

$$= 20.0 \text{ m} + 20.3 \text{ m} = 40.3 \text{ m}$$

从制造商提供的泵的选择图(图 5.23)中可以看出,泵Ⅱ和Ⅲ可用于该项目。在选择之前,应该确定系统的水头曲线。

表 5.8　水泵性能参数和型号

型号	$Q(\text{L/s})$	$v(\text{m/s})$	Re	f	h_f	H_{SH}
Ⅰ	50	1.59	3.2×10^5	0.016 5	10.7	30.7
Ⅱ	60	1.91	3.8×10^5	0.016 0	14.9	34.9
Ⅲ	80	2.55	5.1×10^5	0.015 5	25.6	45.6

与 Q(系统水头曲线)的关系在图 5.24 所示的泵特性曲线上图解表明,将该系统曲线叠加在由制造商提供(图 5.24)的泵Ⅱ和Ⅲ的特性上,我们发现其有如下可能。

第一种选择:泵Ⅱ以 4 350 r/min 运转,则

$$Q = 70 \text{ L/s}, \quad H_p = 40.3 \text{ m}$$

因此,有

$$P_i = 71 \text{ hp}$$

此时效率为 52%。

第二种选择:泵Ⅲ以 3 850 r/min 运转,则

$$Q = 68 \text{ L/s}, \quad H_p = 39 \text{ m}$$

因此,有

$$P_i = 61 \text{ hp}$$

此时效率为 58%。

第三种选择:泵Ⅲ以 4 050 r/min 运转,则

$$Q = 73 \text{ L/s}, \quad H_p = 42 \text{ m}$$

因此,有

$$P_i = 70 \text{ hp}$$

此时效率为 59%。

很明显,最终选择应该是泵Ⅱ以 4 350 r/min 运转,因为它最适合给定的条件。然而,人们可能注意到第二种选择(泵Ⅲ在 3 850 r/min)和第三种选择(泵Ⅲ在 4 050 r/min)以更高的泵效率更贴合条件,在这种情况下,最佳选择应基于泵的成本与电成本进行考虑。

习　题
(5.1 节)

5.1.1　离心泵安装在两个蓄水池之间的管道中。该泵需以 2 500 gpm 的流速将水从下蓄

水池运输到上蓄水池,两个蓄水池的水平面高度差为 104 ft,泵的总效率为 78.5%。试确定电机所需的输入功率(kW)。假设管道损失可以忽略不计。

5.1.2　在土坝塌陷之前,需要一个水泵快速排干一个湖泊。水必须用水泵运输到距水平面上方约 2 m 的大坝的顶部,唯一可用的水泵是一个旧的直径为 10 cm 的螺旋泵。电机的功率要求为 1 000 W,泵–马达组合的效率较低,为 50%。如果湖面面积为 5 000 m^2,湖泊在最初的 24 h 内会下降多少 cm? 注意:与泵必须克服的位置水头相比,摩擦损失和轻微损失都可忽略不计。

5.1.3　为了将蓄水池 A 中的水提升 20 m,运输至蓄水池 B,需要在 100 m 管道中安装水泵。管道是直径为 80 cm 的粗混凝土管,设计流速为 2.06 m/s。如果电机的功率要求为 800 kW,试确定泵系统的整体效率。

5.1.4　回答下列关于水泵的问题。

①参照图 4.3,平衡位置 1 和 4 之间的能量,试解出 H_p 并确定水泵需要增加多少水头才能使系统完成。

②参照图 4.3,平衡位置 2 和 3 之间的能量,试解出 H_p 并确定由水泵增加的水头。假设在 2 和 3,管道直径都一样。

③用什么概念(第一原理)导出离心泵的功率输入(式(5.3))?

5.1.5　水泵叶轮的外半径为 50 cm,内半径为 15 cm,叶片单开口(宽度)为 20 cm。当叶轮以 450 r/min 的角速度旋转时,水从叶轮中以绝对速度 45 m/s 排出。流出的水的角度从叶轮中心向外放射的径向线测量为 55°,确定排水产生的扭矩。

5.1.6　离心水泵的转速为 1 800 r/min,其外半径为 12 in,$\beta_o = 170°$,内半径为 4 in,$\beta_i = 160°$,叶轮厚度(宽度)为 2 in。在 $r = r_i + \dfrac{3}{4}$ in 时,宽度 $r = r_o$。确定无冲击入口(即 $\alpha_i = 90°$)的泵流量和出口角度 α_o。

5.1.7　离心泵的规格如下:叶轮平均厚度为 4 in,泵的入口半径为 1 ft,出口半径为 2.5 ft,$\beta_i = 120°$,$\beta_o = 135°$。泵在克服 33 ft 的水头时,提供的流速为 70 cf(ft^3/s)。如果泵以这样的速度旋转,即在进水口(无冲击入口)无明显的速度分量,泵的转速(r/min)是多少? 同时计算需要输送给水泵的功率。

5.1.8　一台离心泵正在实验室进行实验。叶轮的内外半径分别为 7.5 cm 和 15 cm,叶轮叶片的宽度(或水流开口高度)进水时为 5 cm,出水时为 3 cm。如果测得的流量是 55 L/s,则水泵转速和水泵所需输入的功率是多少? 假设是无冲击入口($\alpha_i = 90°$),出水角度为 22.4°,$\beta_i = 150°$。

(5.5 节)

5.5.1　在例 5.3 的泵管路系统中,排水由安装在泵上游的流量节流阀控制。如果管道中所需的流量为 15 cf,那么这个阀门需要的水头损失是多少? 这是一个有效的系统吗? 泵特性与例 5.3 相同,并在表 P5.5.1 中示出以便于绘图。

表 P5.5.1 泵特性

Q(cf)	H_p(ft)
0	300.0
5	295.5
10	282.0
15	259.5
20	225.5
25	187.5
30	138.0
35	79.5

5.5.2 在例 5.3 的泵管路系统中,排水由安装在泵上游的流量节流阀控制。如果这个阀门的水头损失可以表示为 $0.1Q^2$,Q 的单位为 cf,确定排水和泵的水头。泵特性见习题 5.5.1。

5.5.3 一个泵管道系统将水从蓄水池 A 输送到蓄水池 B,$E_A=45.5$ m,$E_B=52.9$ m,管道长度 $L=3\,050$ m,直径 $D=0.50$ m,达西 – 韦斯巴赫摩擦系数 $f=0.02$。较小可忽略不计的损失包括入口、出口和摆动式止回阀,泵特性如表 P5.5.3 所示,确定管道内的流速和流速。

表 P5.5.3 泵特性

Q(m³/s)	H_p(m)
0.00	91.4
0.15	89.8
0.30	85.1
0.45	77.2
0.60	65.9
0.75	52.6
0.90	36.3
1.05	15.7

5.5.4 离心泵将水通过直径 40 cm、长 1 000 m 的商业钢管由蓄水池 A 输送到蓄水池 B,$E_A=920.5$ m,$E_B=935.5$ m。摩擦损失根据穆迪图变化(或斯瓦米 – 杰恩方程 (3.24a))。忽略较小的损失,使用表 P5.5.4 中泵的性能特性,确定泵在泵管路系统中的流量。

表 P5.5.4 泵特性

Q(L/s)	H_p(m)
0	30.0
100	29.5
200	28.0
300	25.0
400	19.0
500	4.0

5.5.5 水从供应蓄水池被输送到升高的储罐,升高的高度为 14.9 m,连接蓄水池的球墨铸铁给水管($f = 0.019$)的长度为 22.4 m。管道直径为 5.0 cm,泵的性能曲线可由 $H_p = 23.9 - 7.59Q^2$ 表示,其中 H_p 单位为 m,Q 单位为 L/s,这个方程对于小于或等于 1.5 L/s 的流量是有效的。使用这个泵,如果忽略微小的损失,在管道中流量为多大? 这个水流需要什么样的泵头?

5.5.6 在图 P5.5.6 所示的传输系统中,$E_A = 100$ ft,$E_D = 150$ ft。所有管道的达西 – 韦斯巴赫摩擦系数为 0.02,管道 AB 长 4 000 ft,直径为 3 ft,管道 CD 长 1 140 ft,直径为 3 ft。支管 BC1 长度为 100 ft,直径为 2 ft,支管 BC2 长度为 500 ft,直径为 1 ft。泵特性如表 P5.5.6 所示,在分支 1 和 2 中确定系统流速和流量。

表 P5.5.6 泵特性

Q(cf)	H_p(ft)
0	60
10	55
20	47
30	37
40	23
50	7

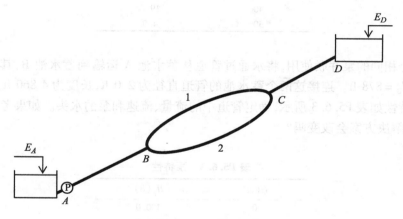

图 P5.5.6 传输系统

(5.6 节)

5.6.1 表 P5.6.1 提供了泵性能测试的结果。

表 P5.6.1 泵性能测试结果

流量(gpm)	0	200	400	600	800	1 000
压头(ft)	150	145	135	120	90	50

①绘制泵特性曲线(性能曲线)。

②绘制两个串联泵的特性曲线。

③绘制两个并联泵的特性曲线。

④当要求水流流量为每分钟 1 700 gal,需要克服的水头高度为 80 ft 时,泵的配置是什么样的?

⑤当要求水流流量为每分钟 1 700 gal,需要克服的水头高度为 160 ft 时,泵的配置是什么样的?

5.6.2 两个相同的泵具有图 5.13 所示的特性曲线,泵特性如表 P5.6.2 所示。泵串联连接,并将水通过直径 40 cm、长 1 000 m 的商业钢管输送到蓄水池,其中水位在泵上方 25 m。忽略微小损失,确定:①当只使用一个泵时系统中的排水量;②当系统包含串联连接的两个泵时的排水量。提示:应用斯瓦米 – 杰恩方程式(3.24a),使用电子制表软件来确定摩擦系数。

表 P5.6.2　泵特性

$Q(\text{L/s})$	$H_p(\text{m})$
0	30.0
100	29.5
200	28.0
300	25.0
400	19.0
500	4.0

5.6.3 两个相同的泵并联使用,将水通过管道从蓄水池 A 运输到蓄水池 B,其中 $E_A = 772$ ft, $E_B = 878$ ft。连接这两个蓄水池的管道直径为 2.0 ft,长度为 4 860 ft, $C_{HW} = 100$。泵特性如表 P5.6.3 所示,确定管道中的流量、流速和泵的水头。如果考虑到微小损失,解决方案会改变吗?

表 P5.6.3　泵特性

$Q(\text{cf})$	$H_p(\text{ft})$
0	300.0
5	295.5
10	282.0
15	259.5
20	225.5
25	187.5
30	138.0
35	79.5

5.6.4 一个泵管道系统将水从蓄水池 A 输送到蓄水池 B, $E_A = 45.5$ m, $E_B = 52.9$ m,管道长度为 $L = 3\ 050$ m,直径为 0.50 m,达西 – 韦斯巴赫摩擦系数 $f = 0.02$。可忽略的微小损失包括入口、出口和数值波动,泵特性如表 P5.6.4 所示。当在管道中使用单个泵时,流量为 0.595 m³/s,泵的水头高度约为 66.3 m。如果在串联组合中使用两

个相同的泵,试确定在管道中的水流速度。此外,如果在并联组合中使用两个相同的泵,试确定在管道中的水流速度。

表 P5.6.4　泵特性

$Q(m^3/s)$	$H_p(m)$
0.00	91.4
0.15	89.8
0.30	85.1
0.45	77.2
0.60	65.9
0.75	52.6
0.90	36.3
1.05	15.7

(5.7 节)

5.7.1 在图 5.15 中,$E_A = 10$ m,$E_B = 16$ m,$E_C = 22$ m。两个管道的达西 – 韦斯巴赫摩擦系数为 0.02。管 1 长度为 1 000 m,直径为 1 m;管 2 长度为 3 000 m,直径为 1 m。泵特性如表 P5.7.1 所示,确定每个管道的排水量。

表 P5.7.1　泵特性

$Q(m^3/s)$	0	1	2	3	4	5	6	7
$H_p(m)$	30.0	29.5	28.0	25.5	22.0	17.5	12.0	5.0

5.7.2 在图 P5.7.2 中,每个管道均具有以下属性:$D = 3$ ft,$L = 5\,000$ ft,$f = 0.02$。这两个泵是相同的,泵特性如表 P5.7.2 所示。储层 A 的水面高度为 80 ft,储层 D 的水面高度为 94 ft。管内水流向为从 B 到 C,每分钟 20 gal。确定:①在 AB 和 BD 中的排水量;②储层 C 中的水表面升高多少;③由每个泵增加的水头。

表 P5.7.2　泵特性

$Q(cf)$	0	10	20	30	40	50	60
$H_p(ft)$	70	68	64	57	47	35	23

5.7.3 如果 $E_A = 100$ ft,$E_B = 80$ ft,$E_C = 120$ ft,确定在图 P5.7.3 中每个管道的排放量。管和泵的特性如表 P5.7.3(a)和(b)所示。

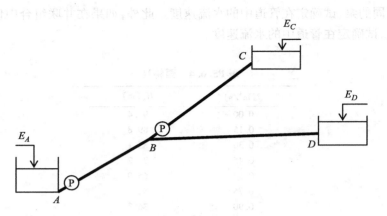

图 P5.7.2 两泵与管道

表 P5.7.3(a)		管道特性	
管道	$L(\text{ft})$	$D(\text{ft})$	f
1	8 000	2	0.02
2	9 000	2	0.02
3	15 000	2.5	0.02

表 P5.7.3(b)		泵特性
$Q(\text{cf})$	$H_{P1}(\text{ft})$	$H_{P2}(\text{ft})$
0.0	200.0	150.0
10.0	195.0	148.0
15.0	188.8	145.5
20.0	180.0	142.0
25.0	168.8	137.5
30.0	155.0	132.0
40.0	120.0	118.0
50.0	75.0	100.0

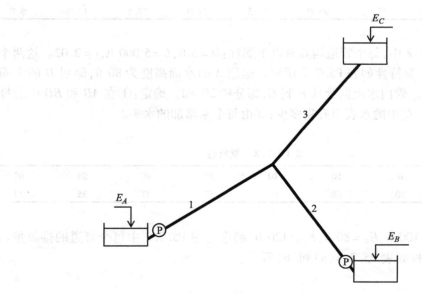

图 P5.7.3 两泵与管道

(5.9 节)

5.9.1 泵以 6.0 gal/min 的速度将 68 ℉的水输送到供应池上方 65 ft 的蓄水罐。进水口有一个过滤器($K_s = 2.5$)、底阀($K_v = 0.1$)和 35 ft 长的铸铁管(直径 10 in)。如果 NPSH 为 15 ft,为避免出现气蚀,试确定泵在供应容器上方放置的高度。注意:过滤器包括入口损失。

5.9.2 泵以 120 L/s 的速度将 30 ℃的水从一个供水池输送到一个升高的水箱。储水层之间的高差为 45 m,供水管线长度为 150 m(球墨铸铁管),直径为 35 cm。进水口长 10 m,进水管路中的微小损耗系数合计为 3.7。如果泵安装在 1 m 到 3 m 以上的供水池上(取决于水位的波动),安装是否容易受到气蚀?泵的净正吸水额定压头为 6 m。

5.9.3 泵在高度差为 20 m 的蓄水池和水箱之间运输 10 ℃的水。进水侧由过滤器($K_s = 2.5$),三弯管($R/D = 2$)以及长 10 m、直径 25 cm 的球墨铸铁管组成。出水侧包括一个长 160 m、直径 20 cm 的延性铁管和一个闸阀。管道的摩擦系数为 0.02,进水水头净高度为 7.5 m,设计流量为 170 L/s。为避免气蚀,确定泵与蓄水池水面之间允许的高度差。

5.9.4 在 250 m 的管道中安装一个泵,将 20 ℃的水从供水池提高到 55 m。该管为直径 80 cm 的粗混凝土管,设计流量为 2.19 m/s。泵置于供油池外(在罐内水面以下 0.9 m),气蚀参数为 0.15。为避免遇到气蚀问题,确定泵安装时与供应储器的最大距离(即进水管线的允许长度)。进水管路上仅有的较小损失系数是入口损失 0.5。

5.9.5 工厂实验表明,泵的气蚀参数 $\sigma = 0.075$,该泵安装在海平面上以输送 60 ℃海水。如果进水口和吸入侧之间的总水头损失为 0.5 m,为避免气蚀,试确定泵进口相对于供给水箱水面高度的允许高度。排水速度为 0.04 m³/s,管道系统是例 5.8 中使用的管道系统。

5.9.6 如果泵内发生气蚀现象,泵的效率会突然下降。在海平面上运行的泵($\sigma = 0.08$)发生气蚀现象,泵以 0.42 m³/s 输送 40 ℃的水。确定在入口处的压力水头和速度水头的总和(不是单独的分量)。泵的总水头为 85 m,进水管直径为 30 cm。

(5.10 节)

5.10.1 根据具体的速度和泵的相似性回答下列问题。

①使用美国单位和公制单位,表明这些参数是无量纲的。

②特定速度是无量纲数(式(5.25)和式(5.26)中)吗?

③根据功率和流量之间的关系,从方程(5.26)导出方程(5.25)是可能的吗?这两种不同的关系所定义的具体速度是否相同?

④在例 5.10 中,方程(1)被用来确定叶轮直径。基于几何相似的泵具有相同的水排出速度与叶片尖端周速度的比值来推导这个等式。

5.10.2 与例 5.9 相同设计的几何相似的泵具有 72 cm 的叶轮直径,并且在 1 720 r/min 下运行时的效率相同。如果泵的流量为 12.7 m³/s,确定泵所需的水头和轴功率。

5.10.3 泵的比转速为 68.6(基于单位排水量)和 240(基于单位功率)。在具体操作中,当泵以 1 800 r/min 运行时,流速为 0.15 m³/s,确定泵的效率。

5.10.4 在美国应用要求下,泵具有以下规格:流速为 12.5 cf(ft³/s),克服水头 95 ft。为了设计该泵,用直径 6 in 的叶轮建立一个模型,并在最佳条件下进行实验。实验结果表明,在 1 150 r/min 的转速下,泵为克服 18 ft 的水头排放 1 cf 的水,需要 3.1 hp。确定功率要求、直径以及在这种条件下几何相似泵的速度。

5.10.5 在水利实验室中,采用 1/10 比例模型研究了离心泵的设计。在最佳效率为 89% 时,该模型在 4 500 r/min 的转速下,泵克服 10 m 水头,以 75.3 L/s 的速度输送水。如果原型泵的转速为 2 250 r/min,那么在这种条件下运行,泵的排水量和效率是多少?

(5.11 节)

5.11.1 参考例 5.11,用电子制表软件绘制系统水头曲线。在同一图上,绘制泵 Ⅲ 的泵特性曲线,转速为 3 850 r/min,回答以下问题。
①系统曲线的形状是什么?为什么会这样?
②特征曲线的形状是什么?为什么会这样?
③在泵特性曲线上,多大的流量产生最高的总水头?这有什么物理意义?
④这两条曲线的交点是什么?符合设计条件吗?

5.11.2 一个泵需要以 0.125 m/s 的速度将 20 ℃ 的水从蓄水池 A 运到蓄水池 B(水面分别为 385.7 m 和 402.5 m)。管道(混凝土)长度为 300 m,直径为 0.20 m,包含 5 个弯管($R/D = 6$)和 2 个闸阀。根据工作条件,从图 5.24 中确定合适的泵。

5.11.3 一个泵需要将 20 ℃ 的水送到一个升高的储罐,必须将水提高 44 m,并使用长度为 150 m、直径为 35 cm 的球墨铸铁管。如使用图 5.24 中的泵 Ⅲ,确定合适的泵的转速(基于可获得的最高效率)和操作条件。进水线是 150 m 长中的 10 m,进水线上的局部损失系数总共是 3.7,排水线上只有一个出口损失。

5.11.4 从图 5.24 中选择两个不同的泵(型号和转速),以便以 30 L/s 的速度将水(20 ℃)供应到蓄水池。水必须升高 20 m,并且供应蓄水池和接收蓄水池之间的距离是 100 m。球阀用的是直径 15 cm 的镀锌管道,确定工作条件和泵效率。

5.11.5 确定将 68 ℉ 的水从蓄水池 A 运输至蓄水池 B($E_A = 102$ ft,$E_B = 180$ ft)的泵的工作条件(H_p、Q、e 和 P_i)。连接两个蓄水池的管道直径为 1 ft,长度为 8 700 ft,$C_{HW} = 100$,泵特性可从图 P5.11.5 中获取。验证从泵特性曲线获得的泵效率(图 P5.11.5)与从效率方程获得的泵效率相对应。

5.11.6 一个项目需要一个泵的最小流量为 20 L/s,水头为 40 m。供给和输送点之间的距离为 150 m,商业钢管组成的系统中使用球阀。确定管道的最经济管径,并从图 5.24 中选择一个泵(包括其运行条件),总成本可以表示为

$$C = d^{1.75} + 0.75P + 18$$

式中:d 为管径,单位为 cm;P 为泵的输入马力。

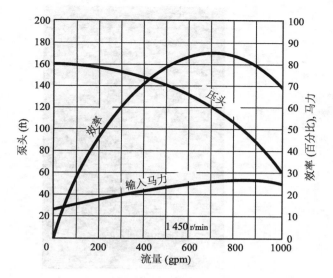

图 P5.11.5 泵特性曲线

5.11.7 需要一个泵站,要求在最小的排放量为 300 L/s 的情况下,将水从一个蓄水池输送到一个更高的蓄水罐,海拔高度差为 15 m,使用直径为 40 cm、长度为 1 500 m 的锻铁管。从图 5.24 给出的集合中选择泵,确定泵的数量、布置方式(串联或并联)、排水量、总水头和泵运行的效率。忽略微小损失。

5.11.8 泵送系统被设计为将水从 6 m 深的供水池泵送到地面上方 40 m 处的水塔。该系统由一个泵(或泵的组合),一个 20 m 长且在泵的进水侧有一个弯头的管道,一个 60 m 长的管道,一个闸阀,一个止回阀,泵出水侧的两个弯头。该系统被设计为每年 350 天以 420 L/s 的速度泵送水。为获得最佳的经济性,请基于图 5.23 和图 5.24 所提供的特性,选择一种的泵(或泵的组合)和管的尺寸。假定表 P5.11.8 中列出的所有管的 $C_{HW} = 100$,所有弯头均为 90°($R/D = 2.0$),功率成本为 \$0.04/(kW·h),电机效率为 85%。

表 P5.11.8 泵和管特性

泵	金额(\$)	电机(马力)	金额(\$)
I	700	60	200
II	800	95	250
III	900	180	300
IV	1 020	250	340
附属设备		尺寸/金额	
管道(10 m)	120	150	180
弯头	15	25	35
闸阀	60	90	120
止回阀	80	105	130

6

明渠中的水流

　　明渠流与管流有一个重要区别:管流充满整个管道,因此管道几何尺寸限制流动边界,此外管流的水压力沿管道随管截面变化而变化;而明渠流有一自由液面使其能根据流动条件进行调整,自由液面受制于在整个渠长范围内保持相对稳定的大气压,因此明渠流由沿渠道坡度的重力分量控制。需要注意的是,渠道坡度在所有的明渠流方程中均会出现,而管流方程中只出现能量梯度线的斜率。

　　在图 6.1 中将明渠流与管流进行了对比。图 6.1(a)表示管流中在上游截面 1 和下游截面 2 处连通管壁安装了两个有开放端的垂直管(测压计)的一段管。垂直管中水位高度代表该截面处管中的压力水头(P/γ)。连接两垂直管中水位高度的直线代表两截面间的水力梯度线(HGL)。截面的速度水头以相似形式表示,在 $v^2/2g$ 中 v 表示速度,在每一截面处 $v = Q/A$。截面处的总能量水头等于势能水头(h)、压力水头(P/γ)和速度水头($v^2/2g$)之和。连接两截面处总能量水头的直线称为能量梯度线(EGL)。水流从截面 1 到截面 2 的能量损失由 h_{L} 表示。

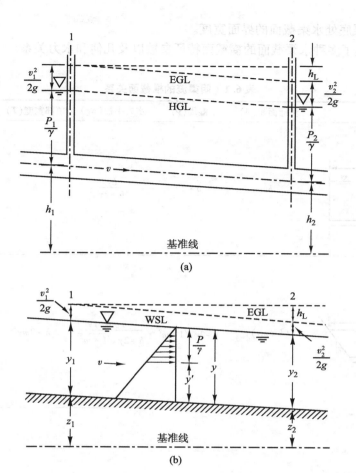

图 6.1　管流和明渠流对比

图 6.1(b)表示明渠流的一段,自由液面仅受大气压力影响,在水动力工程实践中一般将大气压作为参考零压。任一截面的压力分布与从自由液面处测量的流体深度成正比。其中,自由液面线与水力梯度线相对应。

要解决明渠流动问题,必须找到渠底坡度、体积流速、流体深度以及其他水渠特征参数之间的相互关系。用于描述截面处明渠流的基本几何定义和水动力定义如下。

体积流速(Q):单位时间内流过截面的流体体积。

流通面积(A):流体的横截面面积。

平均流速(v):体积流速除以流通面积($v = Q/A$)。

流体深度(y):渠底到自由液面的垂直高度。

顶部宽度(T):自由液面处水渠截面的宽度。

湿周(χ):水渠与流体在横截面上接触部分的长度。

水力深度(D):流通面积除以顶宽($D = A/T$)。

水力半径(R_h):流通面积除以湿周长($R_h = A/\chi$)。

底坡(S_0):水渠底部的纵向坡度。

边坡(m):水渠侧面坡度,坡面与水平面夹角正切值。

底宽(b):渠底处水渠截面的界面宽度。

表 6.1 描述了多种水渠截面的横截面特征参数以及几何和水力关系。

表 6.1　明渠流的横截面关系

截面类型	流通面积(A)	湿周(χ)	水力半径(R_{h})	顶部宽度(T)	水力深度(D)
矩形 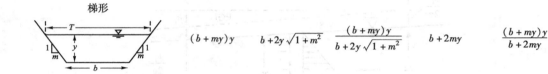	by	$b+2y$	$\dfrac{by}{b+2y}$	b	y
梯形 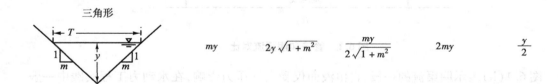	$(b+my)y$	$b+2y\sqrt{1+m^2}$	$\dfrac{(b+my)y}{b+2y\sqrt{1+m^2}}$	$b+2my$	$\dfrac{(b+my)y}{b+2my}$
三角形 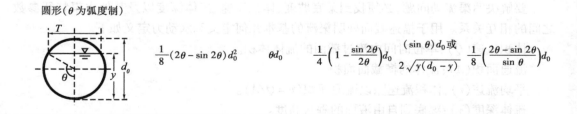	my	$2y\sqrt{1+m^2}$	$\dfrac{my}{2\sqrt{1+m^2}}$	$2my$	$\dfrac{y}{2}$
圆形(θ 为弧度制)	$\dfrac{1}{8}(2\theta-\sin 2\theta)d_0^2$	θd_0	$\dfrac{1}{4}\left(1-\dfrac{\sin 2\theta}{2\theta}\right)d_0$	$(\sin\theta)d_0$ 或 $2\sqrt{y(d_0-y)}$	$\dfrac{1}{8}\left(\dfrac{2\theta-\sin 2\theta}{\sin\theta}\right)d_0$

6.1　明渠流分类

可以根据空间和时间指标对明渠流进行分类。按照空间指标,在特定时间内,如果一定长度明渠内流体深度保持不变,则明渠流呈现均匀流特性。均匀流在棱柱形渠道内出现的可能性最大,棱柱形渠道的横截面面积和底坡度在整个渠道内几乎不变。如果一定长度渠内流体深度或流量有所变化,则明渠流呈现非均匀流特性。根据深度变化的剧烈程度,非均匀流可进一步被分为渐变流和急变流。图6.2(a)为均匀流、渐变流和急变流的例图。流体通过下方闸门进入缓坡的水渠,刚进入闸门时流体深度最小,并随流向下游而缓慢增大。流体深度将在经历一次水跃发生迅速变化后继而保持平稳。

根据时间指标,可以将明渠流分为两类:稳定流和非稳定流。在一定时间内,稳定流在渠内任一截面处的流量和深度不变;而非稳定流在渠内任一截面处的流量和深度随时间变化。

明渠均匀流一般为稳定均匀流,在自然情况下很少有非稳定均匀流。非稳定非均匀流的实例有洪水(图6.2(b))和涌浪(图6.2(c))。

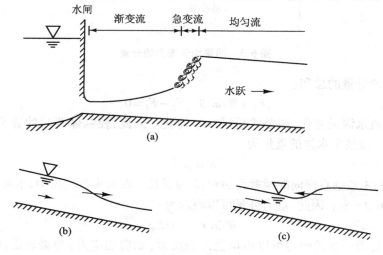

图6.2 明渠流分类

6.2 明渠均匀流

明渠均匀流必须满足以下条件:

①水深、流体面积、流量和速度分布在整个渠道各截面,且保持不变;

②能量梯度线、液体表面和渠底相互平行。

根据第二个条件,这些线的斜度将如图6.3所示保持一致,有

$$S_e = S_{w.s.} = S_0$$

只有在各截面间没有加速(或减速)时,明渠流才可以达到均匀流的状态,这种情况仅在渠中重力分量与流体阻力大小相等且方向相反时才可能发生。因此,可以作出两相邻截面内(控制体)的受力分析图显示重力和阻力分量的平衡(图6.3)。在流向上作用于自由体的力有:

①静水压力 F_1 和 F_2;

②水体重量 W 在流向上的分量 $W\sin\theta$;

③由渠底和侧壁引起的流体阻力 F_f。

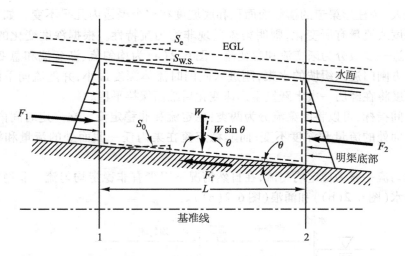

图 6.3   明渠均匀流力的分量

顺流向力的分量的总和：

$$F_1 + W\sin\theta - F_2 - F_f = 0 \tag{6.1a}$$

由于均匀流水深无变化，该公式可进一步简化。因此，控制体两端的静水压力必须相等，即 $F_1 = F_2$。而整个水体的重量为

$$W = \gamma AL$$

式中：γ 为重度；A 是垂直流向的横截面面积；L 为渠长。在大多数明渠中，渠坡度较小，近似认为 $\sin\theta = \tan\theta = S_0$。因此，重力分量可以表示为

$$W\sin\theta = \gamma ALS_0 \tag{6.1b}$$

由渠道边界所引起的阻力可以由单位面积反力（如剪切应力）与渠表面接触水流总面积的乘积表示。渠表面接触面积为湿周(χ)与渠长(L)之积。

在 1769 年，法国工程师安托万－切兹假定单位面积反力与平均速度的平方成正比，即 Kv^2，K 为比例常数。因此，整体阻力可以表示为

$$F_f = \tau_0 \chi L = Kv^2 \chi L \tag{6.1c}$$

式中：τ_0 为单位渠表面积反力，即壁剪切应力。

将式(6.1b)、式(6.1c)代入式(6.1a)，可以得到

$$\gamma ALS_0 = Kv^2\chi L$$

或

$$v = \sqrt{\left(\frac{\gamma}{K}\right)\left(\frac{A}{\chi}\right)S_0}$$

该公式中的 $A/\chi = R_h$，用常数 C 代替 $\sqrt{\gamma/K}$，且对于均匀流 $S_0 = S_e$，因此上式可简化为

$$v = C\sqrt{R_h S_e} \tag{6.2}$$

式中：R_h 是渠横截面的水力半径。水力半径是过流面积与不同形状的明渠横截面湿周之比。

式(6.2)是著名的明渠流谢齐公式，该公式可能是导出的第一个均匀流公式。常数 C 一般被称为谢齐阻力系数，其变化与渠道和流体的状况有关。

在过去的两个半世纪中,为了确定谢齐常数 C,相关研究人员做出了无数次尝试。从爱尔兰工程师罗伯特－曼宁(1891 年和 1895 年)的工作研究中得出了最简单也是目前在美国应用最为普遍的关系。经过对其自身和他人的实验数据进行分析,曼宁得出了以下经验关系:

$$C = \frac{1}{n} R_h^{1/6} \tag{6.3}$$

式中:n 为曼宁渠道粗糙度系数。表 6.2 列出了一些有代表性的曼宁系数。

表 6.2 典型曼宁系数 n 值

渠道表面	n
玻璃、PVC、HDPE	0.010
平滑钢铁、金属	0.012
混凝土	0.013
沥青	0.015
波纹金属	0.024
土地挖掘(干净)	0.022 ~ 0.026
土地挖掘(砾石和卵石)	0.025 ~ 0.035
土地挖掘(杂草)	0.025 ~ 0.035
自然渠道(干净笔直)	0.025 ~ 0.035
自然渠道(石头或杂草)	0.030 ~ 0.040
抛石内衬渠道	0.035 ~ 0.045
自然渠道(干净蜿蜒)	0.035 ~ 0.045
自然渠道(蜿蜒、池塘、浅滩)	0.045 ~ 0.055
自然渠道(杂草、废物、深池)	0.050 ~ 0.080
山溪(砾石和卵石)	0.030 ~ 0.050
山溪(卵石和巨砾石)	0.050 ~ 0.070

将式(6.3)代入式(6.2)可得到曼宁公式:

$$v = \frac{k_M}{n} R_h^{2/3} S_e^{1/2} \tag{6.4}$$

式中:$k_M = 1.00 \ m^{1/3}/s = 1.49 \ ft^{1/3}/s$ 为单位换算系数。这样就可以在不同的单位系统中取相同的 n 值。曼宁公式可应用于渐变流,使用能量梯度线坡度 S_e,在应用于均匀流时可使用渠底坡度(对于均匀流 $S_0 = S_e$)。带有流量 Q 和流通面积 A 形式的方程为

$$Q = Av = \frac{k_M}{n} A R_h^{2/3} S_e^{1/2} \tag{6.5}$$

假设在国际单位制中 $k_M = 1.00$,式(6.4)和式(6.5)变为

$$v = \frac{1}{n} R_h^{2/3} S_e^{1/2} \tag{6.4a}$$

以及

$$Q = Av = \frac{1}{n} A R_h^{2/3} S_e^{1/2} \tag{6.5a}$$

式中:v 单位为 m/s;R_h 单位为 m;S_e 单位为 m/m;A 单位为 m^2;Q 单位为 m^3/s。在等式右

侧,流通面积 A 和水力半径 R_h 都是水深 y 的函数,当流体为均匀流时,水深被称为均匀水深或正常水深 y_n。

设在英制单位中 $k_M = 1.49$,等式写为

$$v = \frac{1.49}{n} R_h^{2/3} S_e^{1/2} \tag{6.4b}$$

以及

$$Q = Av = \frac{1.49}{n} A R_h^{2/3} S_e^{1/2} \tag{6.5b}$$

式中:v 的单位为 ft/s;Q 的单位为 ft³/s(或 cf);A 的单位为 ft²;R_h 的单位为 ft;S_e 的单位为 ft/ft。应用式(6.4)或式(6.5)可进行均匀流计算,主要包含的 7 个变量如下:

①粗糙度系数 n;

②渠底坡度 S_0(对于均匀流 $S_0 = S_e$);

③渠道几何尺寸,包括流通面积 A;

④水力半径 R_h;

⑤正常水深 y_n;

⑥正常流量 Q;

⑦平均速度 v。

在寻找正常深度时一般需要使用迭代法。此外,可以使用图 6.4(a)来确定矩形和梯形截面渠道的正常深度。同理,可以使用图 6.4(b)来确定圆形截面渠道的正常深度。

例 6.1

一个 3 m 宽的矩形灌溉渠,渠中流量为 25.3 m³/s,均匀水深为 1.2 m。试确定当曼宁系数 $n = 0.022$ 时的渠底坡度。

解:

对于矩形截面渠,可确定湿周和水力半径:

$$A = by = (3)(1.2) = 3.6 \text{ m}^2$$

$$\chi = b + 2y = 5.4 \text{ m}$$

$$R_h = A/\chi = 3.6/5.4 = 0.667 \text{ m}$$

可将式(6.5a)写成

$$S_0 = S_e = \left(\frac{Qn}{A R_h^{2/3}} \right)^2 = 0.041$$

例 6.2

一个直径 6 ft 的混凝土管道内,水流有自由表面(假设不受压力)。如果管道铺设坡度为 0.001,管内均匀流水深为 4 ft(表 6.1 中的 y),则流量为多少?

解:

根据表 6.1 可知 $\theta = 90° + \alpha$(角度制),其中 $\alpha = \arcsin 1 \text{ ft}/3 \text{ ft} = 19.5°$,因此 $\theta = 90° + 19.5° = 109.5°$,表示为弧度制 $\theta = (109.5°/360°) 2\pi = 0.608\pi$。

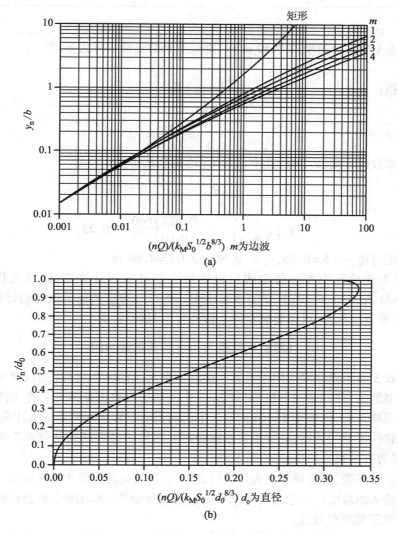

图6.4 求解正常深度

可求圆形截面的面积

$$A = \frac{1}{8}(2\theta - \sin 2\theta)d_0^2 = \frac{1}{8}[2(0.608\pi) - \sin 2(0.608\pi)](6\ \text{ft})^2 = 20.0\ \text{ft}^2$$

以及湿周

$$\chi = \theta d_0 = (0.608\pi)(6\ \text{ft}) = 11.5\ \text{ft}$$

可得出水力半径

$$R_\text{h} = A/\chi = (20.0\ \text{ft}^2)/(11.5\ \text{ft}) = 1.74\ \text{ft}$$

将上面求出的值代入式(6.5b),其中 $S_0 = S_\text{e}$(均匀流),$n = 0.013$(表6.2),可得出

$$Q = \frac{1.49}{n}AR_\text{h}^{2/3}S_0^{1/2} = \frac{1.49}{0.013}(20)(1.74)^{2/3}(0.001)^{\frac{1}{2}} = 105\ \text{ft}^3/\text{s}(\text{或 cf})$$

例 6.3

假设例 6.1 中水流量增加至 40 m^3/s,则渠中水的正常水深为多少?

解:

断面面积: $A = by = 3y$

湿周: $\chi = b + 2y = 3 + 2y$

水力半径: $R_h = \dfrac{A}{\chi} = \dfrac{3y}{3 + 2y}$

将以上参数代入式(6.5a),其中 $S_0 = S_e$(均匀流),得到

$$AR_h^{2/3} = \frac{Qn}{S_e^{1/2}}$$

$$(3y)\left(\frac{3y}{3+2y}\right)^{2/3} = \frac{(0.022)(40)}{(0.041)^{1/2}} = 0.23$$

然后查图可得,$y_n/b = 0.56$,$y_n = (0.56)(3.0) = 1.68$ m。

注意:均匀流计算中有一些隐式可以通过一些可编程计算器、计算机代数软件(如 Mathcad、Maple 或 Mathematica)、试算表程序和一些专门为该类任务设计的计算机软件(有专有软件,也有开源软件,可以尝试在网上进行搜索)进行计算。

计算机课堂练习——明渠正常水深

回顾例 6.3 找到或编写适用于求解明渠流正常水深问题的软件(建议参考例 6.3 的注意事项和本书的前言)。通过电脑分析例 6.3 中的明渠流数据及相关变动,回答下述问题。

①在使用软件前,你预期要计算例 6.3 中的明渠的正常水深需要输入什么数据?

②输入软件需要的数据,进行正常水深分析。将你的计算结果与例 6.3 得出结果进行比较,二者是否有区别? 给出你的评论。

③如果深度不变,渠底坡度变为原来的 2 倍,明渠的流量会发生什么变化? 试估计其变化程度。将输入的坡度变为原来的 2 倍后用电脑重新分析,你的结论是否正确? 将存储的流量和坡度恢复到原有数值。

④如果流量不变,明渠内为混凝土材质($n = 0.013$),水深将会有什么变化? 试估计水深变化程度。改变粗糙度值后用电脑重新分析,你的结论是否正确? 将存储的粗糙度和水深恢复到原有数值。

⑤如果明渠无衬里则需要使用梯形截面,考虑渠岸的稳定性,边坡不能超过 1(V):3(H)。考虑到地役权要求,如果顶宽不超过 6 m,无衬里明渠成本更低。假定明渠底宽和流量不变,用电脑软件确定顶宽,确定能产生精确的顶宽的边坡值。

⑥能否使用该软件设计一个矩形截面渠? 请解释原因。

⑦按老师的要求进行一些其他改变。

6.3 不同明渠流截面的水力效率

曼宁均匀流公式(式(6.4)和式(6.5))表明横截面面积和渠底坡度相同的情况下,水

力半径大的渠截面有更大的流量,即有较高的水力效率。由于水力半径等于横截面面积除以湿周,对于给定的横截面面积,湿周最小的横截面为最好的水力截面。在截面面积相同的所有形状的明渠中,半圆形截面有最小的周长,因此有最高的水力效率。然而,半圆形截面的明渠两侧壁均为弧形且在液面处几乎竖直,这造成了建造的昂贵(挖掘和成形)和维持的困难(渠岸稳定性)。在实践中,半圆形截面仅用于大小合适的管道或更小的材料预制水槽中。

大型明渠中梯形截面的使用最为普遍。最有效的梯形截面为半六边形截面,其边与地面成60°时,可以内接于一个圆心位于自由液面的半圆中。另一种常用的明渠截面为矩形截面。最有效的矩形截面为半正方形截面,其也可以内接于一个圆心位于自由液面的半圆中。图6.5所示为水力效率高的半圆形、半六边形和半正方形截面。

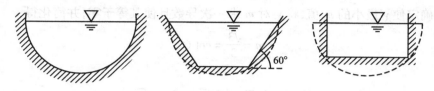

图6.5 水力高效截面

水力效率高的概念仅在渠的衬里为稳定、不可侵蚀的材料时有效。理想上明渠设计要使其有最高的水力效率,但考虑到实践性和建设成本,就要对设计做一些改动。需要注意的是,虽然对于给定流量,最佳水力截面的水流面积最小,但其挖掘成本不一定最小。比如半六边形的截面仅在水面高度到达渠道顶部时为最佳水力截面。为了防波或是防止水面波动造成的溢出,一般在水面以上要留出足够的空间,因此半六边形截面并不适用于一般的工程实践。设计水面到渠道顶部的垂直距离被称为明渠的干舷,在第6.9节中将会对干舷以及其他明渠设计问题做进一步讨论。

例6.4
证明最佳梯形水力截面为半六边形截面。

解:
梯形截面的流通面积 A 和湿周 χ 为

$$A = by + my^2 \tag{1}$$

$$\chi = b + 2y\sqrt{(1+m^2)} \tag{2}$$

根据等式(1),$b = A/y - my$,将该关系式代入式(2),有

$$\chi = \frac{A}{y} - my + 2y\sqrt{1+m^2}$$

现认为 A 和 m 为定值,为求出 χ 的最小值,将 χ 对 y 进行一次求导并使其等于零:

$$\frac{\mathrm{d}\chi}{\mathrm{d}y} = -\frac{A}{y^2} - m + 2\sqrt{1+m^2} = 0$$

将式(1)代入上式,得:

$$b = 2y(\sqrt{1+m^2} - m) \tag{3}$$

需要注意的是,如果边坡 m 为一定值,则该方程体现了水力效率高的截面的水深与渠

底间的关系。如果 m 可变动,则能求得水力效率最佳的截面。

根据定义,水力半径 R_h 可以表示为

$$R_h = \frac{A}{\chi} = \frac{by + my^2}{b + 2y \sqrt{1 + m^2}}$$

将式(3)代入上式,经简化后得

$$R_h = \frac{y}{2}$$

可以得出水力半径为水深一半的截面为有最佳水力效率的梯形截面。将式(3)代入式(2)中可求得

$$\chi = 2y(2 \sqrt{(1 + m^2)} - m) \tag{4}$$

为了确定使 χ 最小的 m 值,将 χ 对 m 求一次导数且使其等于零,并简化得

$$m = \frac{\sqrt{3}}{3} = \cot 60° \tag{5}$$

因此

$$b = 2y\left(\sqrt{1 + \frac{1}{3}} - \frac{\sqrt{3}}{3}\right) = 2\frac{\sqrt{3}}{3}y \text{ 或 } y = \frac{\sqrt{3}}{2}b = b\sin 60°$$

可证明该截面为半六边形截面,如图 6.6 所示。

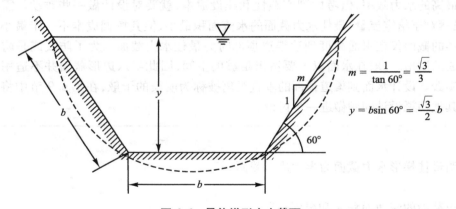

$$m = \frac{1}{\tan 60°} = \frac{\sqrt{3}}{3}$$

$$y = b\sin 60° = \frac{\sqrt{3}}{2}b$$

图 6.6   最佳梯形水力截面

6.4   明渠流的能量原理

管道中压力流的能量理论也普遍应用于明渠流。明渠中单位重量水流所携带的能量也可以用三个基本形式来衡量:

①动能;

②压力能;

③高于既定能量基准线的势能。

明渠任意一截面上的动能均以 $v^2/2g$ 的形式表示,v 表示平均速度,等于流量除以流通

面积($v=Q/A$)。明渠流的真正流速在截面的不同部分均不同,由于底部摩擦,接近渠底处的流速会出现延迟,而在明渠中间部分接近水面处流速会达到最大值。横截面上的流速分布导致横截面不同部分的动能不同,明渠横截面动能的平均值可以由平均速度表示为 $\alpha(v^2/2g)$,其中 α 为能量系数。α 的值取决于某一特定明渠截面上的真实速度分布,通常其值会大于 1。α 值一般处于 1.05(对于流速分布均匀的截面)到 1.20(对于高变化流速的截面)之间。不过在简单分析时,通常假定 $\alpha=1$,将速度头(动能头)取作 $v^2/2g$。

由于明渠流有与大气接触的自由液面,自由液面所受压力为定常值,通常作为零标准压力。一般以自由表面为参考基准计算明渠流的压力能,如果自由液面几乎为一直线坡,则水下任意一点 A 的压力头等于从自由液面到该点的垂直距离。因此,给定截面处的水深 y 经常用于表示压力头 $P/\gamma=y$。如果水流超过竖直弧度,如溢洪道或堰,则由流体质量块流过弯曲的渠道时产生的离心力可能会使实际压力与仅用水深测量的压力有明显差别。当水流流过凸形路径时(图 6.7(a)),离心力作用方向与重力方向相反,压力比水深项小 mv^2/r,其中 m 为单位面积水柱质量,v^2/r 为流体质量块沿曲率半径为 r 的路径运动的离心加速度。因此,压力水头为

$$\frac{P}{\gamma} = y - \frac{yv^2}{gr} \tag{6.6a}$$

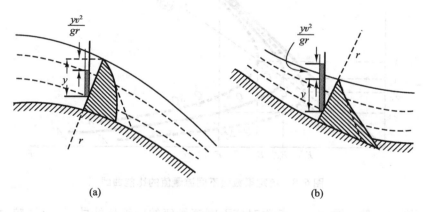

图 6.7 曲面上的流动

当水流流过凹形路径时(图 6.7(b)),离心力作用方向与重力方向相同,压力比水深项大,压力水头为

$$\frac{P}{\gamma} = y + \frac{yv^2}{gr} \tag{6.6b}$$

式中:γ 为水的重度;y 是从自由液面到测点的水深;v 是测点处的速度;r 是流径的曲率半径。明渠流的上升(势)能水头的测量与所选水平基准线有关,通常将基准线到渠底的垂直距离作为该截面的势能水头。

因此,明渠任一截面处的总能量水头通常表示为

$$H = \frac{v^2}{2g} + y + z \tag{6.7}$$

渠截面的比能是以渠截面底部为基准测量的能量水头。由式(6.7)可知,任意一截面的比能为

$$E = \frac{v^2}{2g} + y \tag{6.8}$$

即明渠某一截面的比能等于该截面处速度水头与水深之和。

确定了一特定截面的流通面积 A 和流量 Q,式(6.8)可以写为

$$E = \frac{Q^2}{2gA^2} + y \tag{6.9}$$

因此,对于确定的流量 Q,任一截面的比能仅为水深的函数。

绘出某一流量为定值的既定截面的水深 y 与比能对应的图像可以得到比能曲线(图 6.8)。比能曲线有 AC 和 CB 两支,较低的一支向右不断逼近水平轴,较高的一支渐进地接近过原点的45°直线。比能曲线上任一点的纵坐标代表截面处水深,横坐标表示对应的比能,通常横纵坐标使用相同的坐标范围。

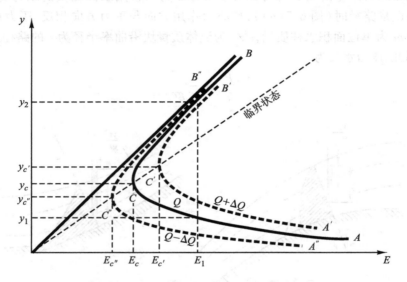

图 6.8 给定渠截面不同流量值的比能曲线

在一张图上一般会画出一个截面对应不同流量值的一组比能曲线,流量较大时曲线整体会右移(曲线 $A'C'B'$),流量较小时曲线整体会右左移(曲线 $A''C''B''$)。

比能曲线上的顶点 C 表示在该水深 y_c 对于流量为 Q 的流体经过该截面时所用能量最小(E_c),这一深度被称为给定渠截面流量的临界深度,所对应的流量为临界流。当水深小于临界水深时,运输相同流量的流体需要更大的流速和比能,这种速度高而深度小的流被称为超临界流或快速流。而当水深大于临界水深时,运输相同流量的流体需要更小的流速和更大的比能,这种平静而高阶的流被称为亚临界流。

对于给定的比能值,如 E_1,流体可能以深度 y_1(超临界流)或 y_2(亚临界流)通过截面,如图 6.8 所示。y_1、y_2 互为等效深度。临界状态下的流有最小的比能值,通过比能对水深求一次导数并使其等于零,可以求出该极值

$$\frac{\mathrm{d}E}{\mathrm{d}y} = \frac{\mathrm{d}}{\mathrm{d}y}\left(\frac{Q^2}{2gA^2} + y\right) = -\frac{Q^2}{gA^3}\frac{\mathrm{d}A}{\mathrm{d}y} + 1 = 0$$

在接近自由表面时,流通面积的微分 $\mathrm{d}A/\mathrm{d}y = T$,$T$ 为渠截面的顶宽,因此有

$$\frac{-Q^2 T}{gA^3} + 1 = 0 \tag{6.10a}$$

$A/T = D$ 定义了明渠流一个重要的参数，即截面的水力深度。对于矩形截面，水力深度等于水深。因此，上式可以简化为

$$\frac{\mathrm{d}E}{\mathrm{d}y} = 1 - \frac{Q^2}{gDA^2} = 1 - \frac{v^2}{gD} = 0 \tag{6.10a}$$

或

$$\frac{v}{\sqrt{gD}} = 1 \tag{6.11}$$

$v/\sqrt{gD}$ 的取值无边界，其可以由流体中的惯性力与重力的比值导出（详细的讨论见第10章）。该比值的物理解释为平均流速与一小重量波（扰动）飞越水面的速度之比，该比值被称为弗劳德数 Fr，有

$$Fr = \frac{v}{\sqrt{gD}} \tag{6.12}$$

如式（6.11）所示，当弗劳德数等于1，$v = \sqrt{gD}$，表面波（扰动）的速度与流速相等，此时流体处于临界状态。当弗劳德数小于1，流速小于表面波（扰动）的速度，此时流体处于亚临界状态。当弗劳德数大于1，流体处于超临界状态。

从式（6.10）中也可以得出（对于临界流）：

$$\frac{Q^2}{g} = \frac{A^3}{T} = DA^2 \tag{6.13}$$

在矩形截面的明渠中 $D = y$，且 $A = by$，则

$$\frac{Q^2}{g} = y^3 b^2$$

考虑到该式推导前提为临界流，即 $y = y_c$（临界深度），所以有

$$y_c = \sqrt[3]{\frac{Q^2}{gb^2}} = \sqrt[3]{\frac{q^2}{g}} \tag{6.14}$$

式中：$q = Q/b$ 为单位渠宽的流量。

对于梯形或圆形截面的明渠，无法得到像式（6.14）一样简捷的等式，需要通过迭代来求解式（6.13）以得到临界深度。此外，图6.9（a）和（b）可以分别用来确定梯形截面渠和圆形截面渠的临界深度。截面形状各异的明渠的临界深度一般都是渠流量的函数，而与渠底坡度无关。

例 6.5

如图 6.10（a）所示，两宽度相同的矩形明渠由一底面倾斜的水力过渡段连接。假设渠宽 3 m，在水深 3.6 m 处流量为 15 m³/s，在输送过程中有 0.1 m 的能量水头损失。试确定过渡段的水面轮廓线。

解：

利用式（6.9）得出的关系，可以用已知流量和截面几何尺寸为基础构建比能曲线：

$$E = \frac{Q^2}{2gA^2} + y = \frac{15^2}{2(9.81)(3y)^2} + y = \frac{1.27}{y^2} + y$$

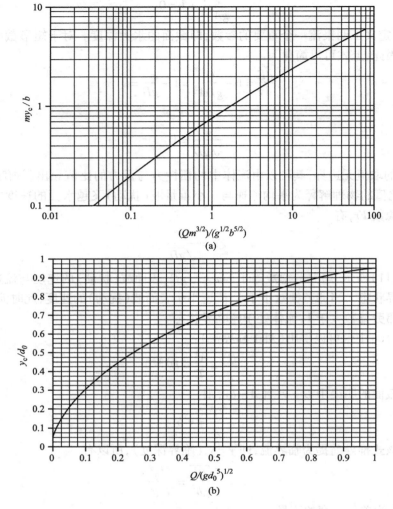

图 6.9 求解临界流

在过渡段入口处流速为

$$v_i = \frac{Q}{A_i} = \frac{15}{(3.6)(3)} = 1.39 \text{ m/s}$$

式中：A_i 为过渡段入口的流通面积。速度水头为

$$\frac{v_i^2}{2g} = \frac{1.39^2}{2(9.81)} = 0.10 \text{ m}$$

以基准线为参考，过渡段入口处的总水头为

$$H_i = \frac{v_i^2}{2g} + y_i + z_i = 0.10 + 3.60 + 0.40 = 4.10 \text{ m}$$

图 6.10(a)顶部的水平线表示该能量水头线。

如图 6.10(a) 中的 EGL 线表示，由于过渡段的存在，最终可获得的总能量减少了 0.1 m。

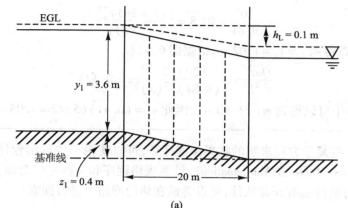

(a)

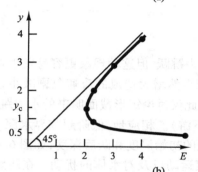

$$y_c = \sqrt[3]{\frac{5^2}{g}} = 1.37 \text{ m}$$

$$E_c(m) = 2.05 \text{ m}$$

y (m)	E (m)
0.5	5.60
1.0	2.27
2.0	2.32
3.0	2.32
3.0	3.14
4.0	4.07

(b)

图 6.10　水力过渡段

$$H_e = \frac{v_e^2}{2g} + y_e + z_e = H_i - 0.1 = 4.00 \text{ m}$$

E_e 为以渠底作参考测量的比能:

$$E_e = H_e = 4.00 \text{ m}$$

将该值代入图 6.10(b) 的比能曲线以获得所在平面的水深。

同理,可以求出其他四个截面处的水面高度,表 6.3 表示其计算结果。

表 6.3　例 6.5 计算结果

截面	入口	4.00 m	8.00 m	12.00 m	16.00 m	出口
比能 E(m)	3.70	3.76	3.82	3.88	3.94	4.00
水深 y(m)	3.60	3.67	3.73	3.79	3.86	3.92

例 6.6

一个梯形截面渠渠底宽度为 5 m,边坡 $m = 2$。如果流速为 20 m³/s,临界深度为多少?

解:

根据式 (6.13) 和表 6.1,有

$$\frac{Q^2}{g} = DA^2 = \frac{A^3}{T} = \frac{\left[\,(b + my)\,y\,\right]^3}{b + 2my}$$

$$\frac{20^2}{9.81} = 40.8 = \frac{[(5+2y)y]^3}{b+2(2)y}$$

通过迭代可以得到 $y = y_c = 1.02$ m，根据图 6.9，有

$$\frac{Qm^{3/2}}{g^{1/2}b^{5/2}} = \frac{(20)(2)^{3/2}}{(9.81)^{1/2}(5)^{5/2}} = 0.323$$

从图 6.9（a）中可以得到 $my_c/b = 0.41$，因此 $y_c = (0.41)(5)/2 = 1.03$ m。

注意：包含一些复杂方程求解的临界深度计算，可以使用一些可编程计算器、计算机代数软件（如 Mathcad、Maple 或 Mathematica）、计算表格程序和一些专门为该类任务设计的计算机软件（有专有软件也有开源软件，可以尝试在热门网站上进行搜索）。

6.5　水跃

在自然情况下，明渠流可能出现水力跳跃，但这种现象更容易发生在消力池（或水跃消力池）这样的建造结构物上。下游水深突然增大造成的流速急剧减小是产生水跃的原因，由于大多数消力池的横截面为矩形，因此仅讨论矩形截面明渠的水力跳跃。水跃将高速超临界流（上游）转化为低速亚临界流（下游）。相应地，低阶超临界水深 y_1 转变为高阶亚临界水深 y_2，这两个水深被分别称为水跃的初始深度和跃后深度，如图 6.11 所示。在水力跳跃区间，可以观察到水面有特点的翻滚运动以及对水体的扰动。在跳跃过程中，这些剧烈的运动伴随着能量水头的损失。对于流量确定的某一明渠，一次跳跃中的能量损失量 E 可以通过简单测量初始深度和跃后深度以及使用图 6.11 的比能曲线来确定。然而，通过估计能量损失来预测跃后深度是不现实的，初始深度和跃后深度关系的确定要考虑跳跃前后的力与力矩的平衡。

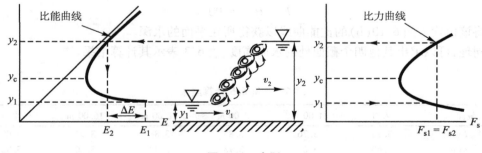

图 6.11　水跃

考虑如图 6.11 所示的跳跃范围周边的控制体，静水压力与动量通量在单位渠宽截面 1 和 2 处的平衡可以表示为

$$F_{s1} - F_{s2} = \rho q(v_2 - v_1) \tag{6.15}$$

式中：q 为单位渠宽的流量。将以下几个量

$$F_{s1} = \frac{\gamma}{2}y_1^2, F_{s2} = \frac{\gamma}{2}y_2^2, v_1 = \frac{q}{y_1}, v_2 = \frac{q}{y_2}$$

代入式（6.15）并简化后，可得

$$\frac{q^2}{g} = y_1 y_2 \frac{y_1 + y_2}{2} \tag{6.16}$$

将该式转换为更方便的形式：

$$\frac{y_2}{y_1} = \frac{1}{2}\left(\sqrt{1 + 8F_{r_1}^2} - 1\right) \tag{6.17}$$

式中：F_{r_1} 为迎面流的弗劳德数，有

$$F_{r_1} = \frac{v_1}{\sqrt{gy_1}} \tag{6.18}$$

例 6.7

一个宽 10 ft 的矩形截面明渠内水流量为 500 cf，在水跃前水深 2 ft。计算下游水深和临界深度。

解：

单位宽度流量为

$$q = \frac{500}{10} = 50 \text{ ft}^3/(\text{s} \cdot \text{ft})$$

应用式（6.14），可得临界深度为

$$y_c = \sqrt[3]{\frac{50^2}{32.2}} = 4.27 \text{ ft}$$

流速为

$$v_1 = \frac{q}{y_1} = \frac{50}{2} = 25 \text{ ft/s}$$

根据该速度和初始深度 $y_1 = 2$ m，计算弗劳德数：

$$F_{r_1} = \frac{v_1}{\sqrt{gy_1}} = 3.12$$

将该值代入式（6.17），得到

$$\frac{y_2}{2} = \frac{1}{2}\left(\sqrt{1 + 8(3.12)^2} - 1\right)$$

解得跃后深度

$$y_2 = 7.88 \text{ ft}$$

式（6.15）也可转换为

$$F_1 + \rho g v_1 = F_2 + \rho g v_2$$

其中

$$F_s = F + \rho q v \tag{6.19}$$

F_s 为单位渠宽的比力。对于给定的流量，在确定截面上的比力是水深的函数。用 F_s 与水深所得曲线与比能曲线很像，其也在临界深度处有一顶点，图 6.11 所示为一典型的比力曲线。水力跳跃通常在很短的一段渠道中发生，因此可以推测在水力跳跃的前后比力几乎相同，F_s 值可以通过给出的流的条件计算。如果将该值应用于图 6.11 的比力曲线中，我们可以作一条垂直线得到水力跳跃的初始深度和跃后深度。

然后,可以通过以下定义式估计水力跳跃带来的能量水头损失:

$$\Delta E = \left(\frac{v_1^2}{2g} + y_1 \right) - \left(\frac{v_2^2}{2g} + y_2 \right)$$

$$= \frac{1}{2g}(v_1^2 - v_2^2) + (y_1 - y_2) = \frac{q^2}{2g} \left(\frac{1}{y_1^2} - \frac{1}{y_2^2} \right) + (y_1 - y_2)$$

将式(6.16)代入上式并简化可得到:

$$\Delta E = \frac{(y_2 - y_1)^3}{4y_1 y_2} \tag{6.20}$$

例 6.8

一个矩形截面长明渠宽 3 m,流量为 15 m^3/s,坡度为 0.004,曼宁系数为 0.01。在渠中某一点流体达到正常深度。

①确定流体类别,即是超临界流还是亚临界流?

②如果在该深度处发生水力跳跃,跃后深度为多少?

③估计水跃损失的能量水头。

解:

①用式(6.14)计算临界深度 $y_c = 1.37$ m。明渠正常深度可由曼宁公式(式(6.5))确定:

$$Q = \frac{1}{n} A R_{h_1}^{2/3} S^{1/2}$$

其中

$$A = y_1 b, R_h = \frac{A_1}{\chi_1} = \frac{y_1 b}{2y_1 + b}, b = 3 \text{ m}$$

可以得到

$$y_1 = 1.08 \text{ m}, v_1 = \frac{15}{3y} = 4.63 \text{ m/s}$$

则

$$F_{r_1} = \frac{v_1}{\sqrt{gy_1}} = 1.42$$

由于 $F_{r_1} > 1$,流体为超临界流。

②应用式(6.17)可以得到:

$$y_2 = \frac{y_1}{2} \left(\sqrt{1 + 8N_{F_1}^2} - 1 \right) = 1.57y_1 = 1.70 \text{ m}$$

③可以用式(6.20)来估算水头损失:

$$\Delta E = \frac{(y_2 - y_1)^3}{4y_1 y_2} = \frac{(0.62)^3}{4(1.70)(1.08)} = 0.032 \text{ m}$$

6.6 渐变流

明渠渐变流与均匀流和急变流(水力跳跃、流线型过渡流动等)有所不同,其渠中水深随距离变化十分缓慢。

对于均匀流,水深保持为定值,即正常深度(或均匀深度),能量梯度线平行于水面和渠底,在整个渠长范围内速度分布也保持不变,因此对于整个渠道只计算一次水深。而对于急变流,如一次水力跳跃中,其水深在短距离内发生急速变化,流速的显著变化与过流横截面面积的快速变化有关,用能量原理计算水深不再可靠。在这种情况下要应用动量原理(式(6.15))来进行计算。对于渐变流,速度随距离变化非常缓慢,因此两相邻截面间流的加速度几乎可以忽略,计算水面轮廓即沿渠长的水深变化时,可严格按照能量法来考虑。如式(6.7),明渠任意截面的总能量水头在这里也有

$$H = \frac{v^2}{2g} + y + z = \frac{Q^2}{2gA^2} + y + z$$

计算水面轮廓则需要求得沿明渠的总水头变化。将 H 对于渠道水平距离 x 求导,可以得到流向的能量梯度:

$$\frac{dH}{dx} = \frac{-Q^2}{gA^3}\frac{dA}{dx} + \frac{dy}{dx} + \frac{dz}{dx} = -\frac{Q^2 T}{gA^3}\frac{dy}{dx} + \frac{dy}{dx} + \frac{dz}{dx}$$

式中:$dA = T(dy)$。等式可变形为

$$\frac{dy}{dx} = \frac{\frac{dH}{dx} - \frac{dz}{dx}}{1 - \frac{Q^2 T}{gA^3}} \tag{6.21}$$

dH/dx 为能量梯度线的斜率,由于总能量水头在流向上减少,其值通常为负值,或写作 $S_e = -dH/dx$。类似地,dz/dx 为渠道底坡,当渠道沿流向高度下降时,其为负值;当渠道沿流向高度上升时,其为正值,一般写作 $S_0 = -dz/dx$。

渐变流两相邻截面间的能量坡度一般也近似地使用均匀流公式计算。为了简便,用一宽矩形截面明渠进行推导,其 $A = by$,$Q = bq$,$R_h = A/\chi = by/(b+2y) \cong y$(考虑到宽矩形截面)。

用曼宁公式(式(6.5))得到

$$S_e = -\frac{dH}{dx} = \frac{n^2 Q^2}{R_h^{4/3} A^2} = \frac{n^2 Q^2}{b^2 y^{10/3}} \tag{6.22}$$

如果假定渠中流体为均匀流,则可以以相似形式表示渠道底坡。由于均匀流的底面坡度等于能量坡度,假定均匀流的条件用符号 n 表示,可得到

$$S_0 = -\frac{dz}{dx} = \left(\frac{n^2 Q^2}{b^2 y^{10/3}}\right)_n \tag{6.23}$$

从式(6.14)可以得到,对于矩形截面渠,有

$$y_c = \sqrt[3]{\frac{Q^2}{gb^2}} = \sqrt[3]{\frac{q^2}{g}}$$

或

$$Q^2 = gy_c^3 b^2 = \frac{gA_c^3}{b} \tag{6.24}$$

将式(6.22)、式(6.23)和式(6.24)代入式(6.21)中可以得到

$$\frac{dy}{dx} = \frac{S_0\left[1 - \left(\frac{y_n}{y}\right)^{10/3}\right]}{\left[1 - \left(\frac{y_c}{y}\right)^3\right]} \tag{6.25a}$$

对于非矩形截面渠道,式(6.25a)可以整理为

$$\frac{dy}{dx} = \frac{S_0\left[1 - \left(\frac{y_n}{y}\right)^N\right]}{\left[1 - \left(\frac{y_c}{y}\right)^M\right]} \tag{6.25b}$$

式中:指数 M、N 取决于横截面形状以及所指出的流体条件。

这种形式的渐变流方程对于量化分析十分有用,可以帮助理解下一节所涉及的渐变流分类,其他形式可用于计算水面轮廓。物理意义上,dy/dx 表示以渠底面为参考的水面坡度。当 $dy/dx = 0$,在整个渠长范围内的水深保持恒定,或是为均匀流的特殊情况。当 $dy/dx < 0$ 时,水深沿流向减小。当 $dy/dx > 0$ 时,水深沿流向增加。明渠流中的水面轮廓线可以通过在不同条件下求解该方程得出。

6.7　渐变流分类

临界深度 y_c 对于分析渐变流有着十分重要的作用。明渠流接近临界深度时($y = y_c$),式(6.25)的分母接近于零,且 dy/dx 的值趋向于无穷大,水面十分陡。在水力跳跃或是当水体从缓坡渠道或湖泊进入到陡坡渠道时,这种情况可以出现,在后一种情况下,渠中流量和水深有一种独特的——对应关系,即所谓的明渠流控制截面。

根据坡度、几何尺寸、粗糙度以及流量,明渠可以分为五种:
①陡坡明渠;
②临界明渠;
③缓坡明渠;
④水平明渠;
⑤反坡明渠。

这种分类取决于明渠内流体的条件,以每一个明渠所得出的正常深度(y_n)和临界深度(y_c)的相对关系表示,分类标准如下。

陡坡明渠:$y_n/y_c < 1.0$ 或 $y_n < y_c$。

临界明渠:$y_n/y_c = 1.0$ 或 $y_n = y_c$。

缓坡明渠:$y_n/y_c > 1.0$ 或 $y_n > y_c$。

水平明渠:$S_0 = 0$。

反坡明渠:$S_0 < 0$。

进一步对水面轮廓的分类取决于实际水深和其与临界深度和正常深度的关系,用比率 y/y_c 和 y/y_n 来分析,其中 y 是明渠所选任意截面处的实际水深。如果 y/y_c 和 y/y_n 均大于

1,则如图 6.12 所示,水面轮廓线高于临界深度线和正常深度线,认为该曲线为类型 1 曲线,对于陡坡、临界、缓坡明渠分别有 S-1,C-1 和 M-1 曲线。

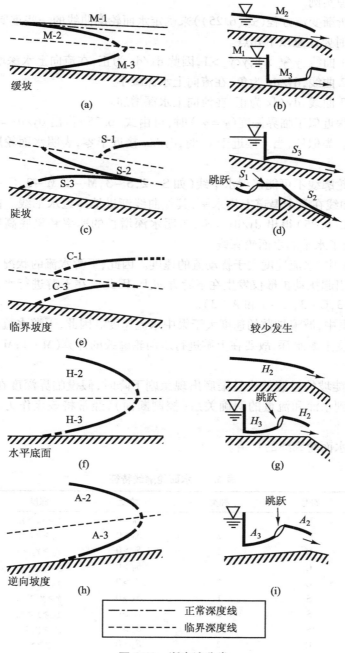

图 6.12　渐变流分类

如果水深 y 在正常深度和临界深度之间,则认为其曲线为类型 2 曲线,包括 S-2,M-2,H-2 和 A-2 曲线。临界明渠中不存在类型 2 曲线,因为临界明渠的正常深度等于临界深度,不存在深度介于二者之间的流动。

如果水深 y 小于正常深度 y_n 和临界深度 y_c,则水面轮廓曲线为类型3曲线,包括 S-3, C-3,M-3,H-3 和 A-3 曲线。图 6.12 清晰地罗列并表示了所有的水面轮廓曲线,且给出了明渠中的物理实例。

可以直接分析渐变流方程(式(6.25))来确定水面轮廓曲线的一些重要特征值,在对方程(6.25)做替代时要注意以下几点。

①对于类型1曲线,$y/y_c > 1$,$y/y_n > 1$,因此 dy/dx 为正,在流向上水深增加。

②对于类型2曲线,dy/dx 为负,在流向上水深减小。

③对于类型3曲线,dy/dx 为正,在流向上水深增加。

④当实际水深近似于临界深度($y = y_c$)时,可由式(6.25)得出 $dy/dx = \infty$,表明水面轮廓线理论上垂直。类似地,当 y 接近于 y_n 时,dy/dx 接近于零,表明水面轮廓线渐进地接近正常深度线。

⑤一些水面轮廓线不可能接近水平线(如 S-2,S-3,M-2,M-3,C-3,H-3 和 A-3)。除了 C-1 曲线在整个渠道上均水平,其他曲线渐进地接近水平线。由于在临界明渠中 $y_n = y_c$,可由式(6.25)得出 $dy/dx = S_0$,表明水深增长的速率和渠底高度下降的速率相同,在理论上造成了水平的水面轮廓线。

在 $y < y_c$ 的渠中,水流速度大于扰动流的速度。因此,下游水流的状况不会对上游造成影响。水深变化引起扰动扩散仅发生在下游方向上,因此要在下游进行水面轮廓线的计算(S-2,S-3,M-3,C-3,H-3 和 A-3)。

在 $y > y_c$ 的渠中,波浪扩散的速度大于渠中水流速度。因此,下游水流的任何干扰均可扩散到上游并改变上游水深,故要在上游进行水面轮廓线的计算(M-1,M-2,S-1,C-1,H-2 和 A-2)。

在渠缓坡到陡坡的过渡处或是渠底出现急剧下降时,假设临界深度在边缘附近产生。在该点处可以得到水深和流量的明确关系(控制断面),经常将该点作为水面轮廓计算的起点。

表 6.4 是对水面轮廓线的总结。

表 6.4　水面轮廓线特征

渠道	符号	种类	坡度	深度	曲线
平缓	M	1	$S_0 > 0$	$y > y_n > y_c$	M-1
平缓	M	2	$S_0 > 0$	$y_n > y > y_c$	M-2
平缓	M	3	$S_0 > 0$	$y_n > y_c > y$	M-3
临界	C	1	$S_0 > 0$	$y > y_n = y_c$	C-1
临界	C	3	$S_0 > 0$	$y_n = y_c > y$	C-2
陡峭	S	1	$S_0 > 0$	$y > y_c > y_n$	S-1
陡峭	S	2	$S_0 > 0$	$y_c > y > y_n$	S-2
陡峭	S	3	$S_0 > 0$	$y_c > y_n > y$	S-3
水平	H	2	$S_0 = 0$	$y > y_c$	H-2
水平	H	3	$S_0 = 0$	$y_c > y$	H-3
反式	A	2	$S_0 < 0$	$y > y_c$	A-2
反式	A	3	$S_0 < 0$	$y_c > y$	A-3

6.8 水面轮廓线计算

通过式(6.25)可以计算渐变流的水面轮廓线,通常从已知水面高度(或水深)和流量间关系的一个截面开始计算。这些截面一般被称为控制截面(或从数学角度上说,称为边界条件),图6.13为一些常见的明渠控制截面的例子。由于曼宁公式描述的就是水深和流量的关系,出现均匀流的截面可视为控制截面。均匀流(正常深度处的水流)一般不会在其他控制截面或渠道坡度与横截面相对恒定的截面及其附近出现,要通过基于能量平衡的迭代计算求得上游或下游的另一截面处的水面高程。由于水面由直线代替,截面间距十分重要。因此,如果在短距离内水深变化很快,为了准确表示水面轮廓,选取的相邻截面要布置紧密,在急剧(超临界)流的下游以及平缓(亚临界)流的上游逐步开展流程。

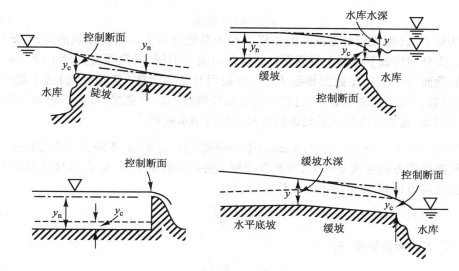

图6.13 明渠控制截面

6.8.1 标准步长法

这一部分主要介绍用于计算渐变流水面轮廓的标准步长法,该方法应用有限差分逼近解决渐变流的微分方程(式(6.25)),是用电脑软件包解决渐变流轮廓线求解最常用的算法。广泛使用的美国陆军工兵部队研发的 HEC-RAS 就是以其为最初算法,还有一些不太常用的计算方法,推荐读者去读周先生的经典教材《明渠水力学》。

标准步长法直接起源于两相邻截面间的能量平衡(图6.14)。两截面间距离十分短,因此水面可近似为一直线,两截面间的能量关系可以写为

$$\frac{v_2^2}{2g} + y_2 + \Delta z = \frac{v_1^2}{2g} + y_1 + h_L \tag{6.26a}$$

式中:Δz 为渠底高程的差值;h_L 为两截面间的能量水头损失,如图6.14所示。

式(6.26a)还可以写为

$$\left(S_o \Delta L + y_2 + \frac{v_2^2}{2g} \right) = \left(y_1 + \frac{v_1^2}{2g} \right) + \overline{S_e} \Delta L \tag{6.26b}$$

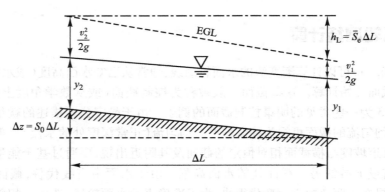

图 6.14 水平面轮廓能量关系

或

$$E_2' = E_1' + 损失 \tag{6.26c}$$

式中:z 为位置头(渠底相对于基准的高程);E 为总能量水头。需要注意的是,在式(6.26)中截面 1、2 分别代表下游和上游截面。如果截面编号不同,损失项要加到下游一侧。计算出深度的截面与深度已知截面相距 L。控制截面开始向上游(亚临界流)或下游(超临界流)进行计算。对于亚临界流,有时也称其水面轮廓线为回水曲线,有从下游向上游移动的过程。类似地,超临界流的水面轮廓线有时也称为前水曲线。

由于 v_2 和 $\bar{S}_e$ 与 y_2 相关,而式(6.26b)中的深度(如 y_2)未知,不能直接求解该式。因此,需要一种迭代的方法连续逼近 y_2,直至下游和上游达到能量平衡(或在可接受范围内)。应用曼宁公式可以计算 SI 单位下的能量坡度,有

$$\bar{S}_e = \frac{n^2 v^2}{R_h^{4/3}} \tag{6.27a}$$

和 BG 单位下的能量坡度,有

$$\bar{S}_e = \frac{n^2 v^2}{2.22 R_h^{4/3}} \tag{6.27b}$$

式中:$\bar{S}_e$ 为上下游能量梯度线坡度(EGL)的平均值。推荐一种平面计算方式来解决例子中的问题。

聪明的读者可能会质疑为什么没有解出式(6.26b)中的 ΔL。由于将深度分配给下一截面而不是假定截面深度,可以用该式来确定两截面间距离并避免完全迭代计算,这是一种被称为直接步长算法的合理解决方法,但该方法仅适用于棱形渠道(有统一坡度和横截面的渠道)。对于非棱形的自然渠道的水面轮廓,可以由预定位置的地理信息系统地图调查获得这些流动的横截面信息,确定截面间距离,之后用标准步长法估计在这些截面处的水深。幸运的是,求解水面轮廓线通常有电脑软件的帮助,减轻了进行迭代的繁重工作。

6.8.2 直接步长法

在使用直接步长法时,对渐变流公式进行变换,以清楚表示选择的两截面间的距离 ΔL。因为渠道所有截面要应用统一的横截面几何关系,这种方法仅适用于棱形渠道。

在直接步长法中分别用 U 和 D 代替渐变流截面 1 和截面 2,注意 $S_0 = (z_U - z_D)/\Delta =$

$\Delta z / \Delta L$。式(6.26b)变换为

$$\Delta L = \frac{\left(y_D + \dfrac{v_D^2}{2g}\right) - \left(y_U + \dfrac{v_U^2}{2g}\right)}{S_0 - \bar{S}_e} = \frac{E_D - E_U}{S_0 - \bar{S}_e} \tag{6.26d}$$

式中:$E = y + v^2/2g$ 为比能。式(6.26d)中的 U 和 D 分别代表上游和下游截面。对于亚临界流,计算从下游截面开始向上游进行,在这种情况下 y_D 和 E_D 已知,选择合适的 y_U 值,并计算相应的 E_U,之后通过式(6.26d)确定 ΔL。对于超临界流,计算从上游截面开始向下游进行,在这种情况下 y_U 和 E_U 已知,选择合适的 y_D 值,并计算相应的 E_D,之后通过式(6.26d)确定 ΔL。

例 6.9

一个灌浆抛石梯形截面渠($n = 0.025$),底部宽度为 4 m,边坡 $m = 1$,底坡为 0.001,流量为 12.5 m³/s。坝后回水深度为 2 m,计算低坝所产生的回水曲线(水面轮廓线)。确定大坝上游 188 m、423 m、748 m 以及 1 675 m 处的水深。

解:

用式(6.5)(迭代),图 6.4(a)或合适的电脑软件可以计算渠道的正常深度。根据图 6.4(a),有

$$\frac{nQ}{k_M S_0^{1/2} b^{8/3}} = \frac{(0.025)(12.5)}{(1.00)(0.001)^{1/2} 4^{8/3}} = 0.245$$

已知 $m = 1$,查图 6.4(a)可得

$$y_n / b = 0.415$$

因此,$y_n = (4 \text{ m})(0.415) = 1.66 \text{ m}$。

用式(6.13)(迭代)或合适的电脑软件可以计算该渠道的临界深度。由图 6.9(a),有

$$\frac{Q m^{3/2}}{g^{1/2} b^{5/2}} = \frac{(12.5)(1)^{3/2}}{(9.81)^{1/2} (4)^{5/2}} = 0.125$$

由图 6.9(a)可得

$$m y_c / b = 0.230$$

因此,$y_c = (4 \text{ m})(0.230)/1.0 = 0.92 \text{ m}$。

最先使用标准步长法,需要用曼宁公式(方程(6.27a))计算水面轮廓线,其中有变量 R_h 和 v。从之前的讨论中,可知 $R_h = A/\chi$,其中 A 为流通面积,χ 为湿周,$v = Q/A$。

表 6.5(a)所示计算过程用于确定水面轮廓线。大坝上游相邻截面为控制截面,记作截面 1,由于流体为亚临界流($y_c < y_n$),从该截面处开始并向上游(回水)进行能量平衡的计算。有限差分法有重复性,假定截面 2 处的水深,迭代直到前两个截面处的能量满足式(6.26b)。当截面 2 处的水深确定之后,假定截面 3 处的水深直到截面 2 和 3 处也达到能量平衡。逐步进行计算,直到构建出完整的水面轮廓线。由于开始的深度大于正常深度,且正常深度大于临界深度,轮廓线为 M−1 型(图 6.12)。如图 6.13(c)所示,水深将会随着计算向上游进行而逐渐接近于正常深度。一旦深度接近或等于正常深度,计算将会终止。表 6.5(a)表示最初的几个标准步计算,该问题的计算交由学生在习题 6.8.6 中完成。由于本例中考虑的明渠为棱形渠,也可以使用直接步长法来计算水面轮廓。用表 6.5(b)建立并解

决方程(6.26d)逐以确定轮廓线,表中的计算较容易理解。和标准步长法一样,计算从下游端部截面开始向上游进行。第一个考虑的渠截面深度是根据水面轮廓线(M-1,深度下降)选择且已知,与标准步长法进行比较。之后用这两个深度计算两截面间的距离。对于下一截面,1.91 m 为下游深度,取 $y_U = 1.82$ m。计算结果与用标准步长法计算的结果有轻微差别,差别是由于标准步长法的结果取决所选的容忍限度这一自然属性产生的。

表 6.5(a)   例 6.9 中用标准步长法计算水面轮廓(回水)

(1) (2) 截面 U/D		(3) y (m)	(4) z (m)	(5) A (m²)	(6) v (m/s)	(7) $v^2/2g$ (m)	(8) χ (m)	(9) R_h (m)	(10) S_e	(11) $\bar{S}_e$ (avg)	(12) h_L (m)	(13) 总能量 (m)
1	D	2.00	0.000	12.00	1.042	0.055 3	9.657	1.243	0.000 508	0.000 508	0.101 1	2.156
2	U	1.94	0.188	11.52	1.085	0.060 0	9.487	1.215	0.000 567	($\Delta L = 188$ m)		2.188

注意:实验深度 1.94 m 过高,能量没有达到平衡。尝试更小的上游水深。

| 1 | D | 2.00 | 0.000 | 12.00 | 1.042 | 0.055 3 | 9.657 | 1.243 | 0.000 508 | 0.000 554 | 0.104 2 | 2.159 |
| 2 | U | 1.91 | 0.188 | 11.29 | 1.107 | 0.062 5 | 9.402 | 1.201 | 0.000 601 | ($\Delta L = 188$ m) | | 2.160 |

注意:实验深度 1.91 m 正确,截面 2、3 间达到能量平衡。

| 1 | D | 1.91 | 0.188 | 11.29 | 1.107 | 0.062 5 | 9.402 | 1.201 | 0.000 601 | 0.000 673 | 0.158 2 | 2.319 |
| 2 | U | 1.80 | 0.423 | 10.44 | 1.197 | 0.073 1 | 9.091 | 1.148 | 0.000 745 | ($\Delta L = 235$ m) | | 2.296 |

注意:实验深度 1.80 m 过低,能量没有达到平衡。尝试更高的上游水深。

| 1 | D | 1.91 | 0.188 | 11.29 | 1.107 | 0.062 5 | 9.402 | 1.201 | 0.000 601 | 0.000 659 | 0.154 9 | 2.315 |
| 2 | U | 1.82 | 0.423 | 10.59 | 1.180 | 0.071 0 | 9.148 | 1.158 | 0.000 716 | ($\Delta L = 235$ m) | | 2.314 |

注意:实验深度 1.82 m 正确,截面 3、4 间达到能量平衡。

列(1):从下游到上游的截面编号。

列(2):能量平衡中下游(D)或上游(U)截面。

列(3):已知截面 1 的水深(m),并对截面 2 处水深做假定。能量达到平衡时的深度为截面 2 处的深度,并开始对截面 3 处水深做假定,直到截面 2、3 达到能量平衡。

列(4):给出渠底高出参考线(如平均海拔线)的高度。该例中,以截面 1 渠底高度为参考线,根据底面坡度和截面间距确定后面的底面高程。

列(5):梯形横截面对于水深的流通截面面积(m²)。

列(6):用流量除以列(5)中的面积得到的平均速度(m²/s)。

列(7):速度水头(m)。

列(8):基于水深的梯形横截面湿周(m)。

列(9):水力半径,等于列(5)的流通面积除以列(8)湿周。

列(10):由曼宁公式(式(6.27a))得到的能量坡度。

列(11):两平衡截面的平均能量梯度线坡度。

列(12):由于两截面间摩擦造成的能量损失(m),用式(6.26b)代入 $h_L = \bar{S}\Delta L$。

列(13):总能量水头(m)在相邻截面间必须平衡(式(6.26b))。通常将能量损失加到下游截面,在计算下一对截面时要尽可能接近能量平衡,否则在后续计算中误差会不断积累。因此,虽然对深度的精度要求为 0.01 m,一般速度水头的计算精度为 0.001 m。

表 6.5(b)　例 6.9 中用直接步长法计算水面轮廓(回水)

截面	U/D	y (m)	A (m²)	χ (m)	R_h (m)	v (m/s)	$v^2/2g$ (m)	E (m)	S_e	ΔL (m)	水坝距离 (m)
1	D	2.00	12.00	9.657	1.243	1.042	0.055 3	2.055 3	0.000 508		0
2	U	1.91	11.29	9.402	1.201	1.107	0.062 5	1.972 5	0.000 601	186	186
				两不同水深(2.00 m 和 1.91 m)截面距离 186 m。							
1	D	1.91	11.29	9.402	1.243	1.107	0.062 5	1.972 5	0.000 601		186
2	U	1.82	10.59	9.148	1.158	1.180	0.071 0	1.891 0	0.000 716	239	425
				两不同水深(1.91 m 和 1.82 m)截面距离 239 m。							

例 6.10

一个粗糙混凝土梯形截面渠($n = 0.022$),底部宽度为 3.5 ft,边坡 $m = 2$,底坡为 0.012,从水库中来的淡水流量为 185 cf。计算渠道中 2% 正常水深范围内的水面轮廓线。

解:

在计算水面轮廓线前,要计算正常深度和临界深度以确定渐变流类型。用曼宁公式结合图 6.4(a)可以确定正常深度:

$$\frac{nQ}{k_M S_0^{1/2} b^{8/3}} = \frac{(0.022)(185)}{(1.49)(0.012)^{1/2}(3.5)^{8/3}} = 0.883$$

从图 6.4(a)中可得,$y_n/b = 0.685$,$y_n = (0.685)(3.5) = 2.40$ ft。

或者可以从曼宁公式和表 6.1 中(连续替换)或用合适的软件计算得到正常深度。

用公式(6.13)和表 6.1 可以计算出临界深度:

$$\frac{Q^2 T}{gA^3} = \frac{Q^2(b + 2my_c)}{g[(b + my_c)y_c]^3} = \frac{(185)^2(3.5 + 2(2)y_c)}{32.2[(3.5 + 2y_c)y_c]^3} = 1$$

通过连续替换(或用合适的电脑软件),得到

$$y_c = 2.76 \text{ ft}$$

由于临界深度大于正常深度,该渠道为 S-2 型(图 6.12)。如图 6.13(a)所示,水库中的水进入明渠并经过临界深度处。由于控制截面在入渠口处,且此处为超临界流,计算将从入口临界深度截面开始向下游进行(前水),并逐渐接近于正常水深。S-2 形轮廓线的水面高程开始迅速变化,之后更加平缓地接近正常深度,因此采用包括控制截面的五个截面,分别距离起始点向下游 2 ft、5 ft、10 ft、40 ft(ΔL)。表 6.6(a)表示最初的几个标准步计算,该问题的计算交由学生在习题 6.8.7 中完成。

由于本例中考虑的明渠为棱形渠,也可以使用直接步长法来计算水面轮廓,表 6.6(b)总结了该方法。和标准步长法一样,计算从上游端部截面开始向下游进行。第一个考虑的渠截面深度 $y_U = 2.76$ ft 已知,根据水面轮廓线(S-2,深度下降)选择 $y_D = 2.66$ ft,与标准步长法进行比较。之后可以计算两截面间的距离,对于下一截面,2.66 ft 为上游深度,取 $y_D = 2.58$ ft。计算结果的差别是由于标准步长法的结果取决所选的容忍限度这一自然属性产生的。

表 6.6(a)　例 6.10 中用标准步长法计算水面轮廓(回水)

(1) 截面	(2) y (ft)	(3) z (ft)	(4) A (ft²)	(5) v (ft/s)	(6) $v^2/2g$ (ft)	(7) R_h (ft)	(8) S_e	(9) $\bar{S}_e$	(10) $h_L = S_e \Delta L$ (ft)	(11) 总能量 (ft)
1	2.76	10.000	24.90	7.431	0.857	1.571	0.006 59		($\Delta L = 2$)	13.617
2	2.66	9.976	23.46	7.885	0.966	1.524	0.007 73	0.007 16	0.014	13.616
2	2.66	9.976	23.46	7.885	0.966	1.524	0.007 73		($\Delta L = 5$)	13.602
3	2.58	9.916	22.34	8.280	1.065	1.486	0.008 82	0.008 82	0.041	13.602

列(1):从上游到下游的截面编号。

列(2):已知截面 1 的水深(ft),并对截面 2 处水深做假定。能量达到平衡时的深度为截面 2 处的深度,并开始对截面 3 处水深做假定,直到截面 2、3 达到能量平衡。该表仅给出了最终能量平衡的水深结果。

列(3):给出渠底高出参考线的高度(ft)。该例中,参考线在截面 1 处渠底以下 10 ft 处,根据底面坡度和截面间距确定后面的底面高程。

列(4):梯形横截面对于水深的流通截面面积(ft²),参考表 6.1 用合适的方程计算。

列(5):用流量除以列(4)中的面积得到的平均速度(ft/s)。

列(6):速度水头(ft)。

列(7):相对于水深的水力半径(ft),参考表 6.1 用合适的方程计算。

列(8):由曼宁公式(式(6.27a))得到的能量坡度

列(9):两平衡截面的平均能量梯度线坡度。

列(10):由于两截面间摩擦造成的能量损失(ft),用能量梯度线平均坡度。

列(11):总能量水头(ft)在相邻截面间必须平衡(式(6.26b))。通常将能量损失加到下游截面,在计算下一对截面时要尽可能接近能量平衡,否则在后续计算中误差会不断积累。因此,虽然对深度的精度要求为 0.01 ft,一般速度水头的计算精度为 0.001 ft。

表 6.6(b)　例 6.10 中用直接步长法计算水面轮廓(回水)

截面	U/D	y (ft)	A (ft²)	χ (ft)	R_h (ft)	v (ft/s)	$v^2/2g$ (ft)	E(ft)	S_e	ΔL (ft)	水坝距离 (m)
1	U	2.76	24.90	15.843	1.571	7.431	0.857 5	3.617 5	0.006 59		0
2	D	2.66	23.46	15.396	1.524	7.885	0.965 5	3.625 5	0.007 73	1.66	1.66
注意:两不同水深(2.76 ft 和 2.66 ft)截面距离 1.66 ft。											
1	U	2.66	23.46	15.396	1.524	7.885	0.965 5	3.625 5	0.007 73		1.66
2	D	2.58	22.34	15.038	1.486	8.280	1.064 6	3.625 544 6	0.008 82	5.12	6.78
注意:两不同水深(2.66 ft 和 2.58 ft)截面距离 5.12 ft。											

计算机课堂练习——水面轮廓线

回顾例 6.10,找到或编写合适的软件确定正常水深、临界水深和水面轮廓线。试算表可以快速地进行计算,最常用的水面轮廓线计算模型为 HEC-RAS(美国陆军工兵部队研发),该模型在网上可免费得到,可以参考本书前言以获得一些建议。通过电脑分析例 6.10

中的明渠流数据及相关变动,回答下述问题。

①在使用软件前,计算例6.10中的水面轮廓线需要输入什么数据?这些数据对于计算临界水深和正常深度也是必要的吗?为什么?

②用正常深度和临界深度的计算软件,输入要确定正常深度和临界深度需要的数据。将你的计算结果与例6.10得出结果进行比较,二者是否有区别?给出你的评论。

③用水面轮廓线的计算软件,输入要确定整个水面轮廓线需要的数据。将你的计算结果与例6.10得出结果进行比较(在例6.10中剩余两横截面的渠深未知,但在书后习题6.8.7是已知的),二者是否有区别?给出你的评论。

④如果深度不变,底坡变为原来的2倍,水面轮廓线会发生什么变化?是否需要计算新的正常深度?临界深度呢?将输入的坡度变为原来的2倍后,计算新的水面轮廓线。你的结论是否正确?将河道恢复为原来的坡度。

⑤如果流率变为原来的2倍,水面轮廓线将会有什么变化?是否需要计算新的正常深度?临界深度呢?将输入的流率变为原来的2倍后,计算新的水面轮廓线。你的结论是否正确?将流率恢复到原来的数值。

⑥确定使正常深度等于临界深度的渠道坡度。观察如果正常深度大于临界深度时水面轮廓的变化,参考图6.13(a)解释原因。

⑦按老师的要求进行一些其他改变。

6.9 明渠水力设计

明渠通常是以均匀流为对象或在正常条件下进行设计,因此用均匀流公式来确定明渠尺寸。设计明渠包括选择渠道排布、尺寸和形状、纵坡以及铺设衬里的材料类型等,一般会考虑多个水力可行的替换方案,再进行比较以确定经济效率最高的方案。本节主要考虑在明渠设计中的水力因素。

项目选址的地形、有通行权的可用宽度以及现存和计划毗邻的结构物都会影响渠道排布。地形也会影响渠道底坡,边坡的选择主要考虑坡度稳定性,表6.7给出了对于不同材料的渠道建议使用的边坡。由于下层土壤或基岩有高水表值,渠道深度也受到限制。大多数明渠以亚临界流为对象进行设计,因此在设计条件下保持弗劳德数远小于临界值1.0十分重要。如果设计弗劳德数接近1.0,流体很可能处于不稳定状态,并由于时间流量的变化在亚临界流和超临界流之间变换。

表6.7 渠道的稳定边坡

材料	边坡(水平:垂直)
岩石	几乎完全竖直
泥炭土	$\frac{1}{4}$:1
黏土或有混凝土内衬的土壤	$\frac{1}{2}$:1 ~ 1:1
大型明渠内或有岩石内衬的土壤	1:1

材料	边坡(水平:垂直)
小型沟渠土壤或硬黏土	$1\frac{1}{2}:1$
松软的沙土	$2:1 \sim 4:1$
沙土或多孔黏土	$3:1$

注:如果边坡被修剪,则推荐使用最大边坡$3:1$。

为防止渠边和渠底被流动产生的剪切应力腐蚀,通常会对渠道铺设衬里。现有的衬里可以分为两大类:刚性和柔性。刚性衬里是无弹性的,例如混凝土。柔性衬里具有一些柔韧性(有下层土)和自恢复力,例如砾石、抛石、石笼以及草衬垫。该节主要就无内衬的土坡渠道和有刚性衬里的渠道进行讨论。

在流体条件设计中,一般用"干舷"这个词表示渠道顶部到水面的垂直距离。考虑到风浪、潮汐、流量超过设计流量或其他原因造成的水面变化,该距离要足够大。没有统一的标准来确定可行的干舷值,在实践中一般仅凭判断或由盛行的设计标准来选择干舷值。比如,美国农垦总局推荐无内衬渠道干舷计算公式为

$$F = \sqrt{Cy} \tag{6.28}$$

式中:F 为干舷;y 为水深;C 是干舷系数。如果 F 和 y 的单位为 ft,则 C 的范围:在流量为 20 cf 的渠为 1.5,流量为 3 000 cf 或更大的渠为 2.5。如果 F 和 y 的单位为 m,则 C 的范围:在流量为 0.6 m³/s 的渠为 0.5,流量为 85 m³/s 或更大的渠为 0.76。对于有内衬的渠道,美国农垦总局推荐用图 6.15 所示曲线估计渠岸高出水面的距离和内衬高出水面的距离。

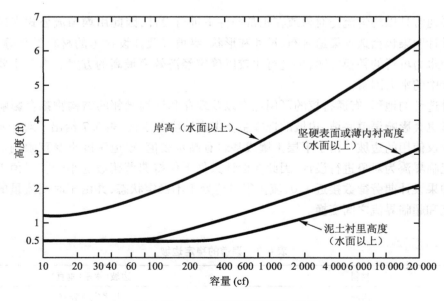

图 6.15　有内衬渠推荐干舷和岸高

6.9.1 无内衬渠道

土坡渠道的边和底均易蚀,土坡渠道设计的主要准则是渠道在设计流体条件下不会被侵蚀。易蚀渠道设计主要有两种方法:最大许用速度法和牵引力法。考虑到最大许用速度法的简易性,在这里对其进行讨论。

最大许用速度法,基于只要横截面平均流速不超过最大许用流速,渠道就不会被腐蚀的假定。因此,在设计渠道横截面时,在设计的流体条件下,平均流速保持低于最大许用流速。最大许用流速值取决于挖掘渠道的场地的材料和渠道排布,表6.8列出了不同类型土壤的最大许用流速。对于中度蜿蜒或深度蜿蜒的渠道,表6.8中的值可能会分别减小13%或22%。

表6.8 建议最大许用流速

渠道材料	v_{max}(ft/s)	v_{max}(m/s)
沙子或砾石		
细沙	2.0	0.6
粗沙	4.0	1.2
细小砾石 *	6.0	1.8
土壤		
砂质粉土	2.0	0.6
粉土黏土	3.5	1.0
黏土	6.0	1.8

* 应用于颗粒中值粒径(D_{50})小于0.75 in(20 mm)。

对于典型的渠道设计问题,会给出底坡S_0、设计流量Q和渠道材料。确定渠道截面尺寸的过程包括以下几步。

①对于规定的渠道材料,从表6.2中确定曼宁系数,表6.7中确定固定的边坡,从表6.8中确定最大许用流速。

②用曼宁公式计算水力半径R_h,并转换为

$$R_h = \left(\frac{nv_{max}}{k_M\sqrt{S_0}}\right)^{3/2} \tag{6.29}$$

式中:对于美式单位制,$k_M = 1.49$ ft$^{1/3}$/s;对于公制单位,$k_M = 1.0$ m。

③用$A = Q/v_{max}$计算所需流通面积。

④用$\chi = A/R_h$计算湿周。

⑤用表6.1中带A和χ的表达式同时计算水深y和底部宽度b。

⑥检查并确保弗劳德数不接近于1。

⑦代入干舷(式(6.28)),并出于实际考虑调整截面。

例6.11

在硬黏土地上挖掘一个流量$Q = 9$ m^3/s、坡度$S_0 = 0.0028$的无内衬渠道,用最大许用

速度法设计渠道尺寸。

解：

由表 6.7 可知，硬黏土的 $m = 1.0$；由表 6.2 可知，$n = 0.022$（干净平滑表面）。此外，由表 6.7 可知，$v_{max} = 1.8$ m/s。$k_M = 1.00$ 时，由式（6.29）可得

$$R_h = \left[\frac{0.022(1.8)}{1.00 \sqrt{0.002\ 8}} \right]^{3/2} = 0.647 \text{ m}$$

此外，$A = Q/v_{max} = 9.0/1.8 = 5.0$ m²。因此，$\chi = A/R_h = 5.0/0.647 = 7.73$ m。根据表 6.1 并代入 $m = 1.0$ 得

$$A = (b + my)y = (b + y)y = 5 \text{ m}^2$$

$$\chi = b + 2y \sqrt{1 + m^2} = b + 2.83\ y = 7.73 \text{ m}$$

现在有两个公式和两个未知数 y 和 b。由第二个方程得 $b = 7.73 - 2.83y$，代入第一个方程并简化得

$$1.83y^2 - 7.73y + 5.00 = 0$$

该方程有两个解，$y = 0.798$ m 和 3.43 m。第一个解得出渠宽 $b = 7.73 - 2.83(0.798) = 5.47$ m。第二个解得出渠宽 $b = 7.73 - 2.83(3.43) = -1.98$ m。显然，渠宽为负值无物理意义，因此取 $y = 0.798$ m。

下面检查弗劳德数是否接近于 1。从表 6.1 给出的顶部宽度的表达式可知

$$T = b + 2my = 5.47 + 2(1)0.798 = 7.07 \text{ m}$$

因此，水力深度为 $D = A/T = 5.0/7.07 = 0.707$ m，最终有

$$Fr = \frac{v}{\sqrt{gD}} = \frac{1.8}{\sqrt{9.81(0.707)}} = 0.683$$

该值表明在设计水流条件下，流体不会接近临界状态。

最后，用式（6.28）确定干舷。已知 C 的范围：在渠流量为 0.6 m³/s 时为 0.5，渠流量为 85 m³/s 时为 0.76。假设变化为线性的，通过插值可确定在 $Q = 9.0$ m³/s 时 C 为 0.526。于是有

$$F = \sqrt{0.526(0.798)} = 0.648$$

渠道总体深度为 $y + F = 0.798 + 0.648 = 1.45$ m ≈ 1.5 m（考虑工程建设中的实际性）。考虑到相同原因，底部宽度由 5.47 m 增长至 5.5 m，顶部宽度变为 $b + 2m(y) = 5.5 + 2(1)(1.5) = 8.5$ m。

6.9.2 刚性边界渠

铺有混凝土、柏油混凝土、水泥以及灌浆抛石等材料内衬的渠道被视为刚性边界渠。由于内衬材料的高剪切强度，这些渠道不易侵蚀，对于渠道的最大流速没有太多限制。因此，设计刚性边界渠时引用了最佳水力截面的概念。

在第 6.3 节对最佳水力截面的概念进行了讨论。总而言之，对于固定流通面积的截面，当湿周最小而运送能力最大时，该截面为最佳水力截面。对于梯形截面，固定边坡 m 的最佳水力截面可表示为

$$\frac{b}{y} = 2(\sqrt{1+m^2} - m) \tag{6.30}$$

用最佳水力截面法确定梯形截面的尺寸流程如下。

①对于某一特定材料内衬的渠道,选取其 m 并确定 n。

②根据式(6.30)算出比率 b/y。

③将曼宁公式改写为

$$y = \frac{\left[(b/y) + 2\sqrt{1+m^2}\right]^{1/4}}{\left[(b/y) + m\right]^{5/8}} \left(\frac{Qn}{k_M \sqrt{S_0}}\right)^{3/8} \tag{6.31}$$

已知等式右侧所有项,求解 y,然后找到对应的 b。

④检查弗劳德数。

⑤用图 6.15 确定铺装高度以及干舷,并根据实际要求进行改善。

例 6.12

一个梯形截面,混凝土内衬的渠道设计运送流量为 15 m³/s,渠道底坡 $S_0 = 0.00095$,根据当地法规最大边坡为 $m = 2.0$。用最佳水力截面设计渠道尺寸。

解:

由表 6.2 可知,混凝土 $n = 0.013$。将 $m = 2.0$ 代入式(6.30)得到

$$\frac{b}{y} = 2(\sqrt{1+2^2} - 2) = 0.472$$

利用式(6.31),其中在公制单位中 $k_M = 1.0$,有

$$y = \frac{\left[0.472 + 2\sqrt{1+2^2}\right]^{1/4}}{\left[0.472 + 2\right]^{5/8}} \left(\frac{(15.0)(0.013)}{1.0\sqrt{0.00095}}\right)^{3/8} = 1.69 \text{ m}$$

然后可得 $b = 0.472(1.69) = 0.798$ m。对于该截面,有

$$A = (b + my)y = [0.798 + 2(1.69)]1.69 = 7.06 \text{ m}^2$$

$$T = b + 2my = 0.798 + 2(2)(1.69) = 7.56 \text{ m}$$

$$D = A/T = 7.06/7.56 = 0.934 \text{ m}$$

$$v = Q/A = 15.0/7.06 = 2.12 \text{ m/s}$$

$$F_r = v/(gD)^{1/2} = 2.12/[9.81(0.933)]^{1/2} = 0.701$$

弗劳德数远小于临界值 1.0。

最终,根据图 6.15($Q = 15$ m³/s $= 530$ cf),内衬高于水面 1.2 ft(0.37 m)。此外,干舷(渠岸高度)高出水面 2.9 ft(0.88 m)。因此,设计渠深为 $y + F = (1.69 + 0.88)$ m $= 2.57$ m ≈ 2.6 m(考虑工程建设中的实际性)。考虑到相同原因,底部宽度由 0.798 m 增长至 0.8 m,顶部宽度变为 $b + 2m(y) = 0.8 + 2(2)(2.6)$ m $= 11.2$ m。

习　题
(6.1 节)

6.1.1 运用时间和空间准则,对以下明渠流进行分类:

①连续开放闸门让水流入棱形渠;

②流过长而倾斜屋顶的均匀降雨;

③由②产生进入天沟的流;

④降雨强度随时间增加,天沟中的流;

⑤在棱形运河中的水流;

⑥由于强烈雷阵雨产生的城市径流。

6.1.2 什么是自然渠道的流率? 在自然渠道(如河流、溪流)中很少有稳定的流率吗? 请解释原因。

(6.2 节)

6.2.1 梯形截面渠内流量为 2 200 cf(ft^3/s),正常深度为 8.0 ft。渠道坡度为 0.01,底部宽度为 12 ft,边坡为 1:1(H: V)。确定渠道粗糙度的曼宁系数。如果流率仅在 ±200 cf 的范围内,试确定粗糙度系数的灵敏性范围。

6.2.2 一个矩形路侧渠道边坡为 3:1(H: V),纵向坡度为 0.01。假设渠中为均匀流,水流顶部宽度为 2 m,试确定混凝土渠道中的流率。

6.2.3 一个梯形抛石内衬的渠中,水深为 1.83 m,渠底宽为 3 m,边坡为 2:1(H: V),底坡为 0.005。假设渠中为均匀流,则渠中流量为多少? 用图 6.4(a)检测你的结果。

6.2.4 确定运送流量为 49.7 m^3/s、宽 4 m 的梯形截面的正常深度。所挖渠道保持良好(表面平滑),流体坡度为 0.2%,边坡为 4:1(H: V),用图 6.4(a)或迭代法解决问题,用合适的电脑软件检查你的结果。

6.2.5 一个玻璃内衬的路边渠道($n = 0.02$),截面为矩形,有 30° 的边坡和 0.006 的底坡。确定当流量为 4 cf(ft^3/s)时的正常深度,用合适的电脑软件检查你的结果。

6.2.6 一个波纹金属排水管内流体未充满,流量为 5.83 m^3/s。假设直径为 2 m 的管内为均匀流,如果 100 m 长的管道有 2 m 的落差,确定水流深度。用图 6.4(b)和合适的电脑软件检测你的结果。

6.2.7 一个矩形公路排水沟(图 P6.2.7 所示)设计流量为 52 m^3/min,渠道坡度为 0.001 6。排水沟一侧 0.8 m 深,另一侧有边坡 m:1(H: V)。渠表面挖掘平滑干净,试确定边坡 m。用合适的电脑软件检查你的结果。

图 6.2.7 矩形公路排水沟

6.2.8 一个波纹金属排水管,当水流充满渠道一半时,设计流量为 6 cf(ft^3/s)。渠道坡度为 0.005,确定所需管道直径。如果水流充满管道要达到相同流体设计条件,试确定管道的尺寸。用图 6.4(b)和合适的电脑软件检测你的结果。

6.2.9 12 m 宽的矩形截面渠中水流流量为 100 m^3/s,如果此时正常水深为 3 m,那么当渠宽压缩为 8 m 时,正常深度变为多少？此处计算忽略损失。用合适的电脑软件检查你的结果。

6.2.10 用合适的电脑软件设计一个梯形截面渠和一个矩形截面渠,流量为 100 cf(ft³/s),坡度为 0.002,两渠内衬均为混凝土。确定宽度、深度和边坡。在两渠的设计中,都尽量使渠深为渠底宽度的 60%。

(6.3 节)

6.3.1 设计流体流过一个梯形截面渠(最佳水力截面)所需流通面积为 100 m²,确定渠深和底部宽度。

6.3.2 以例 6.4 为参考,证明最佳水力矩形截面形状为半正方形。

6.3.3 一明渠($n = 0.011$)设计流量为 1.0 m³/s,坡度为 0.006 5,确定最佳水力截面(半圆形)的直径。

6.3.4 例 6.4 中从式(4)到式(5)的所有计算过程。

6.3.5 确定最佳水力截面(矩形)的边坡。

6.3.6 设计一坡度为 0.01、流量为 150 ft³/s 的水流的混凝土渠道的最佳水力截面(梯形)。用合适的电脑软件检查你的结果。

(6.4 节)

6.4.1 有以下两种确定明渠流体种类(亚临界流、临界流或超临界流)的方法。
①计算弗劳德数,如果 $Fr < 1$,为亚临界流,如果 $Fr > 1$,为超临界流。
②计算临界深度 y_c,将其与流体深度 y 比较。如果 $y > y_c$,则流体是亚临界流;如果 $y < y_c$,则流体为超临界流。
用两种方法计算例 6.5 中过渡段入口处的流体种类。

6.4.2 确定流量为 100 m³/s、宽 4 m 的矩形截面渠的正常水深和临界水深。渠道材料为混凝土,坡度为 1.0%。确定当渠道为正常水深时的流体种类(亚临界流、临界流或超临界流)。

6.4.3 一个内衬为砖($n = 0.013$)的矩形截面长渠道内为均匀流,水深 4.5 ft,渠道地基宽度为 16.0 ft,边坡为 3:1(H:V),底部每 1 000 ft 下降 1 ft。试确定流速和流体种类(亚临界流、临界流或超临界流)。用合适的电脑软件检查你的结果。

6.4.4 一个直径为 60 cm 的混凝土管道,坡度为 1:400,水深为 30 cm。试确定流率和流体种类(亚临界流、临界流或超临界流)。用合适的电脑软件检查你的结果。

6.4.5 一个宽 10 ft 的矩形渠道内流量为 834 cf,水深为 6 ft。渠道比能为多少？流体为亚临界流还是超临界流？如果 $n = 0.025$,该水深下产生均匀流所需的坡度为多少？用合适的电脑软件检查你的结果。

6.4.6 一个梯形截面渠道流量为 100 m³/s,水深为 5 cm。如果渠道底部宽度为 5 m,边坡为 1:1,流体种类(亚临界流、临界流或超临界流)是什么？流体比能为多少？如果水面高于能量基准线 50 m,则总能量水头为多少？用合适的电脑软件检查你的结果。

6.4.7 宽 40 ft 的矩形渠道底部坡度 $S = 0.0025$,流量为 1 750 cf,曼宁系数 $n = 0.035$。用合适的电脑软件确定正常深度和临界深度,并构建出该流量的比能曲线。

6.4.8 一个梯形截面渠底部宽度为 4 m,边坡 $z = 1.5$,渠内流量为 50 m^3/s,水深为 3 m。试确定以下几点:

①相同比能下的等效深度;

②临界深度;

③坡度为 0.000 4,$n = 0.022$ 时的均匀流水深。

6.4.9 两个梯形截面渠由一过渡段连接,两渠道底部坡度分别为 0.001 和 0.000 4。两渠道横截面形状相同,底部宽度为 3 m,边坡 $z = 2$,曼宁系数 $n = 0.02$。过渡段长 20 m,设计流量 20 m^3/s,在过渡段均匀的能量损失为 0.02 m。确定从过渡段一端到另一端的高程变化,并计算在进入过渡段前和流过过渡段后的均匀(正常)深度,并用合适的电脑软件辅助。

6.4.10 一个水力过渡段长 100 ft,连接 12 ft 和 6 ft 的两矩形截面渠道。设计流量为 500 cfs,$n = 0.013$,两渠道坡度均为 0.000 9。如果过渡段的能量损失为 1.5 ft,且在过渡段损失均匀,试确定过渡段渠底高程变化以及水面轮廓线,计算在进入过渡段前和流过过渡段后的均匀(正常)深度,并用合适的电脑软件辅助。

(6.5 节)

6.5.1 等效深度和序列深度之间的区别。

6.5.2 绘出某一流量为定值的既定截面的水深 y 与比能对应的曲线,可以得到比能曲线。较低的一支(超临界流)渐进地不断逼近水平轴,较高的一支(亚临界流)渐进地接近过原点的 45° 直线,解释这些限制的物理意义。

6.5.3 宽 7 m 的矩形截面渠出现水力跳跃,跃前深度为 0.8 m,跃后深度为 3.1 m。试确定渠道的能量损失和流量以及跃前、跃后的弗劳德数。

6.5.4 宽 12 ft 的矩形截面渠出现水力跳跃,如果流量为 403 cf,下游深度为 5 ft,试确定上游深度、水跃的能量损失和跃前、跃后的弗劳德数。

6.5.5 构建一个宽 3 ft、流量为 48 cf 的矩形混凝土渠道(4.5 ft 高)的比能曲线和比力曲线。

6.5.6 构建一个宽 10 m、流量为 15 m^3/s 的矩形渠道的比能曲线和比力曲线。将深度 1.4 m 增加 0.2 m,试确定临界深度和最小比能,并讨论流量对比能曲线的影响。

(6.8 节)

6.8.1 定义所有图 6.13 所示的渐变流种类和图 6.12 所示的所有可能的分类。

6.8.2 有一障碍物埋在宽 10 ft、底坡为 0.005 的矩形截面渠($n = 0.022$)中。障碍物上游相邻截面处的深度为 5 ft,如果流量为 325 cf,渠道和流体种类(如 $S-3$,$M-2$)是什么?并给出逻辑解释。

6.8.3 梯形抛石内衬($n = 0.04$)渠,流量为22.8 m^3/s,底部宽度为3 m,边坡为2:1(H: V),底坡为0.005。在某一截面底坡增长至0.022,渠道截面尺寸不变,试确定间断相邻截面处渠道和流体种类(如S−3,M−2),并给出逻辑解释。

6.8.4 水流经过闸门进入一个梯形混凝土渠道。闸门宽度为0.55 m,流量为12.6 m^3/s。渠道底宽1.5 m,边坡为1:1(H: V),底坡为0.015。试确定渠道和流体种类(如,S−3,M−2),并给出逻辑解释。

6.8.5 在某一截面处,宽矩形渠道水深为0.73 m。渠道流量为单位宽度1.6 m^3/s,底部坡度为0.001,曼宁系数为0.015。试确定渠道和流体种类(如M−1,S−2等),深度会随向上游流动增加或减少吗? 用标准步长法确定上游12 m处的水深。

6.8.6 完成例6.9,确定大坝上游188 m、423 m、748 m、1 675 m处临界分流点的水深。仅求得上游188 m、423 m处的深度,试用以下两种方式确定另两个点处的流体深度:
①标准步长法;
②直接步长法。
在最后一截面处深度是否为正常深度? 可使用计算机软件。

6.8.7 完成例6.10。在该例中,需要小于2%正常深度的排放渠道的水深。已经确定下游2 ft和7 ft(分开距离L为2 ft和5 ft)处的水深,仍需要下游17 ft和57 ft处的水深。用以下两种方式确定另两个点处的流体深度:
①标准步长法;
②直接步长法。
在最后一截面处深度(2%以内)是否为正常深度? 可使用计算机软件。

6.8.8 一个梯形截面渠道底部宽5 m,边坡$m = 1.0$,流量为35 m^3/s。平滑的混凝土渠道(0.011)坡度为0.004。确定从水深为1.69 m截面处上游6 m处的截面水深。首先确定渠道流体种类(如M−1,S−2),并给出逻辑解释。深度会随向上游流动增加或减少吗? 用标准步长法确定水深。

6.8.9 在图P6.8.9中,一个10 m宽的矩形截面渠,流量为16 m^3/s,粗糙度系数为0.015。如果在渠道中安放5 m高的大坝,距离坝上游5 m处的水深提升至5.64 m,渠道和流体种类(如$M−2,S−1$)是什么? 并给出逻辑解释。然后通过找到上游距离300 m、900 m、1 800 m和3 000 m处的水深确定上游水面轮廓线。确定坝上游的水面轮廓,用计算机或合适的电脑软件进行计算。

图6.8.9 矩形截面渠

6.8.10 习题6.8.9的大坝下游坡度为1/10,直到其达到原有坡度(图P6.8.9)。宽10 m的矩形截面渠,流量为16 m^3/s,粗糙度系数为0.015。确定渠道和流体种类(如M−2,S−1)并给出逻辑解释,确定控制截面的位置和深度。提示:在确定渠道和流体种类后(参考图 6. 12 和图 6. 13),通过找到上游距离 0. 3 m、2. 0 m、7. 0 m 和 30. 0 m 处的水深确定上游水面轮廓线,用计算机或合适的电脑软件进行计算。

6. 8. 11   一个引水闸门将流引入宽 5 ft 的矩形截面渠($S_0 = 0.001$, $n = 0.015$)。渠道中流量为 50 cf,闸门处水深为 5 ft,渠道和流体种类(如 M − 2,S − 1)是什么? 并给出逻辑解释。然后通过找到闸门上游距离 200 ft、500 ft 和 1 000 ft 处的水深,确定上游水面轮廓线,确定坝上游的水面轮廓。用计算机或合适的电脑软件进行计算。

6. 8. 12   一段长梯形渠粗糙度为 0. 015,底面宽度为 3. 6 m,$m = 2.0$,流量为 44 m³/s。渠道中有障碍物使水深提升至 5. 8 m。如果渠道坡度为 0. 001,确定障碍物上游渠道和流体种类(如 M − 2,S − 1)是什么? 并给出逻辑解释。然后通过找到深度小于 2% 正常深度的 250 m 间隔的水深以确定上游水面轮廓线,计算上游的水面轮廓。用计算机或合适的电脑软件进行计算。

6. 8. 13   一段混凝土梯形渠道底面宽度为 5 m,边坡为 1 : 1(H: V),且流量为 35 m³/s,底部坡度为 0. 004。确定大坝上游渠道和流体种类(如 M − 2,S − 1)是什么? 并给出逻辑解释。然后通过找到深度小于 2% 正常深度的 250 m 间隔的水深以确定上游水面轮廓线,计算到达水跃前大坝上游 50 m 间隔的水面轮廓。用计算机或合适的电脑软件进行计算。

(6. 9 节)

6. 9. 1   在沙土中挖掘一条土质渠道,$v_{max} = 4.0$ ft/s,$n = 0.022$,$m = 3$。渠道底坡为 0. 001 1,渠内流量为 303 cf。设计渠道截面尺寸。

6. 9. 2   在坚硬黏土中挖掘一条深渠(土地挖掘,表面平滑),边坡 $m = 1.5$,底坡 $S_0 = 0.001$,底部宽度 $b = 1.0$ m。该渠道是否能运送 11 m³/s 的水而不被侵蚀?

6. 9. 3   一个内衬为混凝土的梯形渠道需要运送 342 cf 的水,该渠道底坡 $S_0 = 0.001$,边坡 $m = 1.5$,用最佳水力半径法设计渠道。

6. 9. 4   习题 6. 9. 3 中渠道的最佳水力截面中 $y = 4.95$ ft(超高前),$b = 3.00$ ft。然而,由于该地的高水位,深度不能超过 3. 5 ft,考虑水深限制重新设计渠道截面。

7

地下水

地下水存在于具有渗透性、可储水性的地质构造中,也就是我们通常所说的含水层。含水层通常分为以下两大类:

①承压含水层,是指在具有非常低的渗透性土层(如黏土)之下,具有相对高的渗水性的可储水的土层,如沙或砾石;

②非承压含水层,是指具有可确定的地下水位及上部受到大气压强的自由表面,且下方土层完全饱和,具有相对较高的渗水性及储水能力的土层。

图7.1大致描绘了几种在承压与非承压含水层中的地下水存在形式。

地下水运动的发生与管道或明渠中的水流流动机理相同,是由水力坡度或重力斜坡引起的。水力坡度可以是自然形成(如倾斜潜水面)或是由人力所为(如井泵)。

在承压含水层中的压力水平,即压力水头,可以用远水源生成的量压面表示,如水源地的水位高程。当不透水地层在地表面低于量压面的地方被穿破时,自流泉就会产生。当地表高于量压面时,形成的则是自流井。如图7.1所示,非承压含水层的地下水位通常与同一

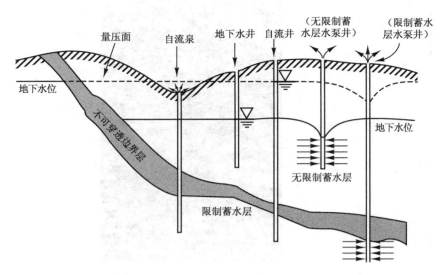

图 7.1　承压和非承压含水层中的地下水储存

区域的承压含水层的量压面无关,这是因为承压与非承压含水层之间已被不透水地层液压分离开。

　　在某一特定地质构造下的地下水体的容量取决于土层构造之间空隙所占比例以及间隙之间的连接方式,如何把地下水以最经济的方式抽出取决于下文将论述的其他因素,如空隙的大小、空隙间相互连接的作用力、水流方向等。图 7.2 为几种岩土的构成及对应的空隙关系。

图 7.2　岩土结构和空隙示例

　　空隙所占体积与储水层总的体积(样本体积)的比值称为孔隙率,定义为

$$\alpha = \frac{V_v}{V} \tag{7.1}$$

式中:V_v 是孔隙的体积;V 是含水层(土样)的总体积。表 7.1 列出了常见的含水层材质的孔隙率范围。

表 7.1 常见含水层孔隙率范围

材料	α
黏土	0.45 ~ 0.55
淤泥	0.40 ~ 0.50
中粗粒混合沙	0.35 ~ 0.40
中细粒混合沙	0.30 ~ 0.35
均匀沙	0.30 ~ 0.40
砾石	0.30 ~ 0.40
砾石泥沙掺混	0.20 ~ 0.35
砂石	0.10 ~ 0.20
石灰岩	0.01 ~ 0.10

7.1 地下水的运动

地下水的流动速度与水流方向的水力坡度成比例,在多孔疏松介质中的地下水流的表面速度遵循达西定律:

$$v = K\frac{\mathrm{d}h}{\mathrm{d}L} \tag{7.2}$$

式中:$\mathrm{d}h/\mathrm{d}L$ 是指水流流经方向(dL)的水力坡度;K 是一个正比常数,即渗透系数,有时也被称为液压传导率。表面流速由渗流量除以水流通过的含水层的横截面面积(过水断面面积)的商表示。

渗透系数的数值取决于含水层自身以及流经液体的特性。由量纲分析法,此系数可以写成

$$K = \frac{Cd^2\gamma}{\mu} \tag{7.3}$$

式中:Cd^2 是与含水层构成成分特性相关的一个系数;γ 是比重;μ 是流体的动力黏度;常数 C 代表含水层构成成分的各种性质;d 是一个与含水层成分中间隙大小成比例的无量纲系数。运用达西公式,渗透系数可以通过室内实验方法或实地测量有效地求出。表 7.2 给出了一些具有代表性的天然岩土结构的渗透系数。

表 7.2 天然土的典型渗透系数范围

土的类型	渗透系数 $K(\mathrm{m/s})$
黏土	$<10^{-9}$
砂质黏土	$10^{-9} \sim 10^{-8}$
泥炭土	$10^{-9} \sim 10^{-7}$
淤泥	$10^{-8} \sim 10^{-7}$
粉沙	$10^{-6} \sim 10^{-5}$
细沙	$10^{-5} \sim 10^{-4}$
粗沙	$10^{-4} \sim 10^{-2}$
夹砂砾石	$10^{-3} \sim 10^{-2}$
砾石	$>10^{-2}$

注:K 乘以 3.28 可转换为 ft/s 单位,乘以 2.12×10^6 可转换为 gpd/ft^2 单位。

渗流速度是指在时间间隔 Δt 内水流在含水层中流过距离 ΔL 的平均速度,这与达西公式中定义的表面速度不同,因为水流只能通过孔隙流过,对应的公式为

$$v_s = \Delta L / \Delta t \ \text{或} \ v = Q/A$$

鉴于水流只能通过间隙流过,有

$$v_s = Q/(\alpha A) = v/\alpha$$

式中:A 指水流流经区域的总横截面面积;αA 指孔隙区域的横截面面积。渗流速度不是水分子穿过孔隙的实际速度。水分子在多孔疏松介质中任意两点通过的实际距离不是一条直线,而是一条曲折的路径,所以实际距离会比 ΔL 更长。在本章节中,我们将从水力工程师的角度考虑地下水的运动问题,即从宏观层面分析水流运动,而不是从微粒或微观层面进行分析,所以文中的研究将不涉及孔隙介质中水质点运动层面的分析。

对于含水层中的区域 A 而言,当水流方向垂直于此平面时,渗流流量可以表示为

$$Q = Av = KA \frac{\mathrm{d}h}{\mathrm{d}L} \tag{7.4}$$

实验测量渗透系数的方法可由以下几个实例给出。

例 7.1

一份含水层土样(均质沙)被装在实验圆柱模型内,模型长 30 cm、直径 4 cm 如图 7.3 所示。在柱体出口处收集 21.3 cm³ 的水耗时 2 min。在实验过程中压力水头差保持不变,为 14.1 cm,求所测土样的渗透系数。

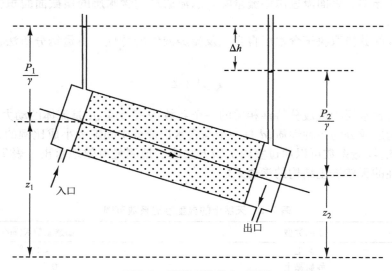

图 7.3　渗透系数的实验测定

解:

样本的横截面面积(过水断面面积)为

$$A = \frac{\pi}{4}(4)^2 = 12.6 \ \text{cm}^2$$

水力坡度等于沿水流方向测得单位长度含水层长度的水头差(地下水水流的速度水头可以忽略),有

$$\frac{\mathrm{d}h}{\mathrm{d}L} = \frac{14.1}{30} = 0.470$$

渗流流量为

$$Q = 21.3 \ \mathrm{cm}^3/2 \ \mathrm{min} = 10.7 \ \mathrm{cm}^3/\mathrm{min}$$

由达西公式,可计算出渗透系数为

$$K = \frac{Q}{A} \cdot \frac{1}{\left(\frac{\mathrm{d}h}{\mathrm{d}L}\right)} = \frac{10.7}{12.6} \cdot \frac{1}{0.470} = 1.81 \ \mathrm{cm}^3/(\mathrm{min} \cdot \mathrm{cm}^2) = 3.02 \times 10^{-4} \ \mathrm{m/s}$$

注意到渗透系数的单位以单位面积的含水层的地下水流速(体积/时间)表示,这个基本单位也可以简化为仅有流速的形式。同时,即使是在沙地中地下水流动的速度也是很缓慢的,所以能量水头中的速度水头部分可以忽略。

目前已有的一些渗透仪装置基于达西定律对少量的含水层土样进行渗透性实验测量,但由于实验测量条件与样本含量是有限的,实验的结果并不能完全代表采样现场的土样渗透率。再者,当我们把现场的疏松土样带回实验室,并重新装入实验装置中时,其质地、疏松度、颗粒分散走向及紧实程度都会受到明显影响和改变,进而影响到测量得出的渗透率值。用薄壁试管包装的原状土试样会稍微理想一点,但仍旧会对实验结果产生一些干扰,例如采样试管的器壁效应、携入的空气以及流动方向的改变(如水流在现场流动的方向可能与实验中水流渗透过样本的方向有所差异)。为提高实验结果可靠性,含水层的现场渗透实验可以通过现场抽水实验完成,该方法将在第7.4章节中进一步详细讨论。

7.2 水井的稳定径向流

严格来说,地下水流的流动是三维的,然而在大多数的含水层水流中,其垂直方向速度分量是可以忽略的。因为含水层的水平方向的维度比垂直方向或含水层厚度要大好几个量级,所以含水层中的水流可视为仅有 x 与 y 方向的速度分量,假设所有的含水层及其内水流的特性在水层厚度方向上保持不变。基于此假设,我们可以得出含水层同一垂直高度位置的测压水头是相同的结论。在本节以及以下章节中的所有公式都是基于含水层是均质的(含水层的土样性质是均匀分布的)与等向的(渗透率取决于水流方向),且水井完全穿透含水层的假设推出的。

用泵将含水层中的水从水井中吸上来的过程,会在含水层中产生朝着水井的径向辐射流,其产生的机理是泵的抽吸作用降低了水井中的潜水面(或量压面),并在井的周围引起了压力坍缩区域。对于离水井任意距离的点,其潜水面(或量压面)的降低可以用原点到降低的潜水面(或量压面)的垂直距离表示。图7.4(a)给出了在一个非承压含水层中的地下水位下降曲线;图7.4(b)给出了一个承压含水层中的量压面下降曲线。

在一个均质的、各向同性的含水层内,轴对称的下降曲线为圆锥截面的形式,也就是通常所称的沉陷锥。沉陷锥的外边界区域被定义为水井影响区。如果沉陷锥不随时间变化而发生改变,则水流就可以视为稳定流状态。所谓稳定流状态,即单位时间内流入的水流体积与流出的水流体积相等。当排泄井用泵将水从含水层抽出时,只有当其他水源以相同速率从湖泊、河流、降水等其他含水层或别的途径渗入含水层,水流才会达到我们所说的稳定流状态。如果没有此种地下水补给,是不可能达到严格的水流稳定流状态的。然而在某

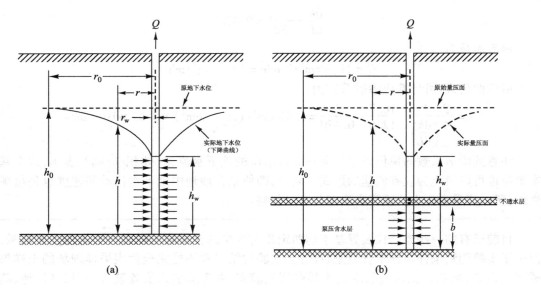

图 7.4　泵井径向流

些情况下,当泵以固定速率抽水时,由于沉陷锥的变化非常微小,水流也可达到近乎稳定流的状态。

7.2.1　承压含水层中的稳定径向流

达西定律可以直接用于推导径向流公式,此公式可将非承压含水层中达到稳定状态的水流的排水量与测压水头下降值联系起来。定义以水井为原点的极坐标平面,我们可以发现流经以水井中心为圆心,半径为 r 的圆柱平面的水流量可以表示为

$$Q = Av = 2\pi rb\left(K\frac{\mathrm{d}h}{\mathrm{d}r}\right) \tag{7.5}$$

式中:b 为承压含水层的厚度。因为水流处于稳定流状态,所以 Q 同时也表示水井的排水量,即水井抽水的速率。压力水头 h 可以从任意水平基准线测量得到,通常选择从含水层底端测量。图 7.4(b)绘出了各种变量。

在式(7.5)中结合水井的边界条件($r = r_w$,$h = h_w$)及抽水场有效影响半径的边界条件可得

$$Q = 2\pi Kb\frac{h_0 - h_w}{\ln\left(\dfrac{r_0}{r_w}\right)} \tag{7.6}$$

以上公式仅适用于距水井任意距离的单位时间排水量保持不变的稳定流,即有效直径没有扩张也没有缩小。求任意距离 r 下的流量(稳定流),可给出更一般化的公式:

$$Q = 2\pi Kb\frac{h - h_w}{\ln\left(\dfrac{r}{r_w}\right)} \tag{7.7}$$

联立式(7.6)与式(7.7),消去 Q,得到

$$h - h_w = (h_0 - h_w) \frac{\ln\left(\dfrac{r}{r_w}\right)}{\ln\left(\dfrac{r_0}{r_w}\right)} \tag{7.8}$$

从上式可看到,测压水头与距离水井距离的对数呈线性关系,与排水量无关。

导水率 T 或导水系数,是承压含水层的一个特性参数,定义为 $T = Kb$。承压含水层中水流的公式常用 T 来表达。整理式(7.7),并结合导水率 T 的定义,我们可以得到

$$h = h_w + \frac{Q}{2\pi T}\ln\left(\frac{r}{r_w}\right) \tag{7.9}$$

此公式可在水井水头高度已知的情况下用于求解任意距离 r 下的测压水头。如果仅知道在抽水井以外地方的水头高度,如观察井的水头高度,则测压水头为

$$h = h_{0b} + \frac{Q}{2\pi T}\ln\left(\frac{r}{r_{0b}}\right) \tag{7.10}$$

在比较常见的地下水问题中,相对于水头,我们会更多地关注水位下降,水位下降定义为 $s = h_0 - h$,其中 h_0 是初始水头,从水位下降的角度入手,式(7.10)变为

$$s = s_{0b} + \frac{Q}{2\pi T}\ln\left(\frac{r_{0b}}{r}\right) \tag{7.11}$$

式(7.11)可用于求取由单个抽水泵引起的水位下降。因为承压流公式都是线性的,可以运用叠加原理求出由多个泵吸井引起的水位下降,也就是说,由多个泵吸井在某一特定位置造成的水位下降等于单个泵吸井引起的水位下降叠加的总和。假设位于 A 点处的一个水井以 Q_A 的排水率在抽水,在 B 点的另一水井以排水率 Q_B 在抽水,在点 O 处的观测井处观测到的水位下降值为 s_{0b}(图7.5),则在点 C 处的水位下降可由以下公式给出:

$$s = s_{0b} + \frac{Q_A}{2\pi T}\ln\left(\frac{r_{A0}}{r_A}\right) + \frac{Q_B}{2\pi T}\ln\left(\frac{r_{B0}}{r_B}\right) \tag{7.12a}$$

式中: r_{A0} 是抽水井 A 和观测井间的距离; r_{B0} 是抽水井 B 与观测井间的距离; r_A 是抽水井 A 与观测到水位下降值 s 的点之间的距离; r_B 是抽水井 B 与观测到水位下降值 s 的点之间的距离。

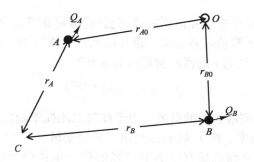

图7.5 含两个抽水井的蓄水层平面图

如果总共有 M 个抽水井,且知道其中一个观测井处的水位下降值 s_{0b},则我们可以推广式(7.12a),得到

$$s = s_{0b} + \sum_{i=1}^{M} \frac{Q_i}{2\pi T}\ln\left(\frac{r_{i0}}{r_i}\right) \tag{7.12b}$$

式中:Q_i 是水井 i 的恒定抽水速率;r_{i0} 是抽水井 i 与观测井之间的距离;r_i 是抽水井 i 与水位下降值观测点间的距离。

例 7.2

　　一个完全穿透承压含水层的水井以恒定的 2 500 $\mathrm{m^3/d}$ 的抽水率向含水层抽水,含水层的导水率为 1 000 $\mathrm{m^2/d}$。在水流稳定状态下,从距离抽水井 60 m 处的观测点测量得到的水位下降值为 0.80 m,求距离抽水井 150 m 处的点的水位下降值。

解:

　　利用式(7.11),有

$$s = s_{0b} + \frac{Q}{2\pi T}\ln\left(\frac{r_{0b}}{r}\right) = 0.80 + \frac{2\ 500}{2\pi(1\ 000)}\ln\left(\frac{60}{150}\right) = 0.435\ \mathrm{m}$$

例 7.3

　　两个完全穿透承压含水层的抽水井(1 和 2)分别以 3 140 $\mathrm{m^3/d}$ 和 942 $\mathrm{m^3/d}$ 的抽水率抽水,含水层导水率为 1 000 $\mathrm{m^2/d}$。在水流稳定状态下,在某一观测点测得的水位下降值为 1.20 m。此观测点距离井 1 有 60 m,距离井 2 有 100 m。求另一个与井 1 和井 2 距离分别为 200 m 和 500 m 的观测点的水位下降值。

解:

　　由式(7.12)得

$$\begin{aligned}
s &= s_{0b} + \frac{Q_1}{2\pi T}\ln\left(\frac{r_{10}}{r_1}\right) + \frac{Q_2}{2\pi T}\ln\left(\frac{r_{20}}{r_2}\right) \\
&= 1.20 + \frac{3\ 140}{2\pi(1\ 000)}\ln\left(\frac{60}{200}\right) + \frac{942}{2\pi(1\ 000)}\ln\left(\frac{100}{500}\right) = 0.357\ \mathrm{m}
\end{aligned}$$

7.2.2　非承压含水层中的稳定径向流

　　达西定律可以直接用于推导径向流公式,此公式可将非承压含水层中达到稳定状态的水流的排水量与潜水面下降值联系起来。建立以水井为原点的平面极坐标系,可以发现流经以水井中心为圆心,半径为 r 的圆柱截面的流量可写为

$$Q = Av = 2\pi rh\left(K\frac{\mathrm{d}h}{\mathrm{d}r}\right) \tag{7.13}$$

式中:h 指从含水层底部到潜水面的高度。由于此时水流处于稳定流状态,Q 等于水井排水量,即水井往外抽水的速率。图 7.4(a)描绘出了各个变量。

　　结合式(7.13)及水井和流场有效影响半径的边界条件($r = r_w$,$h = h_w$;$r = r_0$,$h = h_0$),可得

$$Q = \pi K \frac{h_0^2 - h_w^2}{\left(\ln\dfrac{r_0}{r_w}\right)} \tag{7.14}$$

　　有效直径 r_0 的选取是随机的。在很大的 r_0 取值范围内,相应 Q 的变化都是很小的,因为远处的潜水面高度对水井的影响很小,在工程实际中,r_0 的值一般为 100 ~ 500 m,取决于

含水层的自然特性和抽水泵的具体操作。

可以将式(7.14)重新整理成

$$h_w^2 = h_0^2 - \frac{Q}{\pi K}\ln\left(\frac{r_0}{r_w}\right) \tag{7.15}$$

对于已知距离抽水井任意距离为 r 的点以及距抽水井为 r_{0b} 的观测井,可以将式(7.15)变为更一般的形式:

$$h^2 = h_{0b}^2 - \frac{Q}{\pi K}\ln\left(\frac{r_{0b}}{r}\right) \tag{7.16}$$

非承压含水层水流公式沿 h 方向是非线性的。所以,在非承压含水层的多井问题中是不允许叠加 h 值的,但这些公式在不同的 h^2 下却是线性的,因此要找到某个点由 M 个抽水井引起的稳定流的水头,可以利用以下公式:

$$h^2 = h_{0b}^2 - \sum_{i=1}^{M} \frac{Q_i}{\pi K}\ln\left(\frac{r_{i0}}{r_i}\right) \tag{7.17}$$

式中:h_{0b} 是在观测井测得的水头;Q_i 是井 i 的恒定抽水速率;r_{i0} 是抽水井 i 与观测井之间的距离;r_i 是抽水井 i 与水位下降点之间的距离。

例 7.4

一个 95 ft 厚的非承压含水层被一个直径为 8 in 的水井打穿,水井以 50 gal/min 抽水率抽水,水井的水位下降值为 3.5 ft,有效直径为 500 ft。求距水井 80 ft 处的水位下降值。

解:

首先,需求出含水层的导水率。将给定的已知数据带入式(7.14),注意到每 1 cf 的水流量为 449 gal/min,有

$$(50/449) = \pi K \frac{95^2 - 91.5^2}{\ln(500/0.333)}$$

$$K = 3.97 \times 10^{-4}\ \text{ft/s}$$

利用式(7.6)及已知的水井水头(或有效直径)作为观测井的数据,有

$$h^2 = 91.5^2 - \frac{50/449}{\pi(3.97 \times 10^{-4})}\ln\left(\frac{0.333}{80}\right) \qquad h = 94.1\ \text{ft}$$

所以,水位下降值可写成 $s = h_0 - h = 95.0 - 94.1 = 0.9$ ft。

例 7.5

两个排水井(1 与 2)打通了一个非承压含水层,并分别以 3 000 m³/d 和 500 m³/d 的恒定排水率抽水。在第一个观测井测到的稳定流水头(水头高度)为 40 m,此观测井与井 1、井 2 的距离分别为 50 m 和 64 m。在第二个观测井测到的水头高度为 32.9 m,此观测井与井 1、井 2 的距离分别为 20 m 和 23 m。求含水层的导水率(m/d)。

解:

由式(7.17)得

$$h^2 = h_{0b}^2 - \frac{Q_1}{\pi K}\ln\left(\frac{r_{10}}{r_1}\right) - \frac{Q_2}{\pi K}\ln\left(\frac{r_{20}}{r_2}\right)$$

$$32.9^2 = 40^2 - \frac{3\,000}{\pi K}\ln\left(\frac{50}{20}\right) - \frac{500}{\pi K}\ln\left(\frac{64}{23}\right)$$

所以，$K = 2.01$ m/d。

7.3 水井的不稳定径向流

如果在给定的点，水流的流动情况，如压力水头和速度是随时间变化的，就称地下水流是不稳定的，这些变化同样也与储水量的变化相关联。储水系数 s'，也称为储水常数和储容，是一个将水体体积变化和压力水头变化联系到一起的含水层特性参数，它是一个无量纲参数，定义为每单位高度的潜水位或量压面下降引起的含水层圆柱（单位面积）中的排水含量。储水系数的上极限是孔隙体积，但我们知道由于毛细作用力的存在，储存在孔隙中的水不可能被完全排尽。在非承压含水层中，s' 可能会十分接近孔隙体积，但在承压含水层中其数值因为孔隙不排水的原因会偏小很多。水流是由饱和层的压缩和地下水的膨胀所驱动的。

不稳定地下水流的公式及其解的推导过程已经超出本书的研究范围，所以在此仅给出相应的结果。

7.3.1 承压含水层中的不稳定径向流

如图 7.6 所示，在 t 时刻承压含水层中的不稳定径向流公式可表示为

$$\frac{\partial^2 r}{\partial r^2} + \frac{1}{r}\frac{\partial h}{\partial r} + = \frac{s'}{T}\frac{\partial h}{\partial t} \tag{7.18}$$

式中：s' 是储水系数；T 是导水率。这两个含水层特性参数都假设为不随时间变化的常量。对于所有的 r 和边界条件 $r = +\infty$ 时 $h = h_0$，使用初始条件 $t = t_0$ 时 $h = h_0$，即可得到此公式的解析解：

$$r\frac{\partial h}{\partial r} = \frac{Q_w}{2\pi T}(r = r_w, r_w \rightarrow 0)$$

式中：Q_w 是水井从 $t = 0$ 时刻开始的恒定排水速率；r_w 是水井的半径。初始条件表明在刚开始抽水时测压表面是水平的；第一个边界条件表明含水层是无限大的，即不存在影响流动的如湖泊、河流等边界；第二个边界条件假设从含水层进入水井的水流速率与水井的抽水速率一致，这一边界条件也表明相比于含水层中其他水平尺度，水井的半径可视为一个小到可以忽略的值，同时也忽略了水井中水体体积随时间的变化。

首次给出不稳定承压水流公式的解，有

$$h_0 - h = s = \frac{Q_w}{4\pi T}\int_u^{+\infty} \frac{e^{-u}}{u}\mathrm{d}u \tag{7.19}$$

式中：$h_0 - h = s$ 是距离抽水井 r 处的观测井的水位下降；u 是一个无量纲参数，有

$$u = \frac{r^2 s'}{4Tt} \tag{7.20}$$

在式（7.20）中，t 是从抽水开始的时间。

在式（7.19）中的积分一般写成 $W(u)$ 的形式，即 u 的井函数，所以公式变为

$$s = \frac{Q_w}{4\pi T}W(u) \tag{7.21}$$

此井函数不是直接可积的，但可以写成无穷级数的形式来计算，有

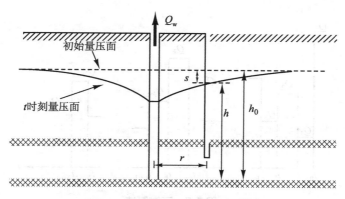

图7.6 不稳定径向流定义示意图

$$W(u) = -0.5772 - \ln u + u - \frac{u^2}{2 \cdot 2!} + \frac{u^3}{3 \cdot 3!} \cdots \tag{7.22}$$

对于一系列不同的 u 的取值,表7.3 给出了井函数的值。

表7.3 井函数的值

u	1.0	2.0	3.0	4.0	5.0	6.0	7.0	8.0	9.0
×1	0.219	0.049	0.013	0.0038	0.0011	0.00036	0.00012	0.000038	0.000012
×10^{-1}	1.823	1.223	0.906	0.702	0.560	0.454	0.374	0.311	0.260
×10^{-2}	4.038	3.355	2.959	2.681	2.468	2.295	2.151	2.027	1.919
×10^{-3}	6.332	5.639	5.235	4.948	4.726	4.545	4.392	4.259	4.142
×10^{-4}	8.633	7.940	7.535	4.247	7.024	6.842	6.688	6.554	6.437
×10^{-5}	10.936	10.243	9.837	9.549	9.326	9.144	8.990	8.856	8.739
×10^{-6}	13.238	12.545	12.140	11.852	11.629	11.447	11.292	11.159	11.041
×10^{-7}	15.541	14.848	14.442	14.155	13.931	13.749	13.595	13.461	13.344
×10^{-8}	17.843	17.150	16.745	16.457	16.234	16.052	15.898	15.764	15.646
×10^{-9}	20.146	19.453	19.047	18.760	18.537	18.354	18.200	18.067	17.949
×10^{-10}	22.449	21.756	21.350	21.062	20.839	20.657	20.503	20.369	20.251
×10^{-11}	24.751	24.058	23.653	23.365	23.142	22.959	22.805	22.672	22.554
×10^{-12}	27.054	26.361	25.955	25.668	25.444	25.262	25.108	24.974	24.857
×10^{-13}	29.356	28.663	28.258	27.747	27.747	27.565	27.410	27.277	27.159
×10^{-14}	31.659	30.966	30.560	30.050	30.050	29.867	29.713	29.580	29.462

对于式(7.20),如果其中的 t 足够大,而 r 足够小,u 则会变成一个很小的值,使得在式(7.22)中的 $\ln u$ 也变成一个小到可以忽略的值。所以,当 $u < 0.01$ 时,泰斯公式可以写成雅各布斯公式,即

$$s = h_0 - h = \frac{Q_w}{4\pi T}\Big[-0.5772 - \ln\frac{r^2 s'}{4Tt} \Big]$$
$$= \frac{-2.30Q_w}{4\pi T}\lg\frac{0.445r^2 s'}{Tt} \tag{7.23}$$

承压含水层水流公式及其解是关于 s、Q_w 和 t 线性的公式,可以利用这个特性在不同的情况下使用叠加原理得到泰斯解。假设水井排水速率不是恒定的,而是如图 7.7 所示变化的,在 t 时刻,其中 $t_N > t > t_{N-1}$,水位下降值 s 可以写为

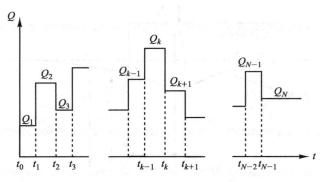

图7.7 可变泵速

$$s = \frac{1}{4\pi T} \sum_{k=1}^{N} (Q_k - Q_{k-1}) \cdot W(u_k) \tag{7.24}$$

其中

$$u_k = \frac{r^2 s'}{4T(t - t_{k-1})} \tag{7.25}$$

注意到如果要求抽水停止后某刻某点的水位下降值，则在式（7.24）中有 $Q_N = 0, Q_0 = 0, t_0 = 0$。

叠加原理同样也适用于多个水井的情况。例如，在一个无边界的含水层中，$t = 0$ 时有 M 个水井同时开始抽水，速率分别为 $Q_j, j = 1, 2, \cdots, M$，在时间 t 时某一特定位置的水位下降值为

$$s = \sum_{j=1}^{M} s_j = \frac{1}{4\pi T} \sum_{j=1}^{M} Q_j \cdot W(u_j) \tag{7.26}$$

其中

$$u_j = \frac{r_j^2 s}{4Tt} \tag{7.27}$$

式中：r_j 是抽水井 j 与特定位置之间的距离。

对于无边界含水层中 M 个水井在不同的时刻开始以同样的恒定速率 Q 抽水的问题，总的水位下降值还是可以用式（7.26）得到，写为

$$u_j = \frac{r_j^2 s'}{4T(t - t_j)} \tag{7.28}$$

如图 7.7 所示，如果 M 个水井有不同的抽水速率，则总的水位下降值还是可以通过叠加法计算得到，有

$$s = \sum_{j=1}^{M} s_j \tag{7.29}$$

式中：s_j 是水井 j 的水位下降值，分别通过对不同水井运用式（7.26）求得。

7.3.2　非承压含水层中的不稳定径向流

非承压含水层中的储水排水调节机制是由原先沉陷锥上孔隙间水流的自流排水决定的，但是自流排水不是瞬时发生的，当非承压含水层被抽水时，其初始反应与承压含水层相似。也就是说，泄水过程主要是由水层骨架与水流之间的压缩引起的，所以在非承压含水

层中泵流量的初期状态同承压含水层中一样,即利用解析解和式(7.20)、式(7.21)。储水系数与承压含水层就量级而言近乎一致。随着自流排水的发生,水位下降值将会受到上文所说调节机制的影响,并且会与解析解的值产生偏差。在后期,随着自流排水机制的完全建立,如果水位下降值与含水层的初始厚度相比很小,则含水层中的水流特性会与承压含水层中一致。此时,解析解仍适用,但公式中的储水系数则要改为相应的非承压条件下的值。

纽曼研究了一套将自流排水的延迟考虑在内的水位下降值计算方法,图7.8给出了纽曼的此种求解方法的图解,梅斯也进一步解释了此种方法。

$$u_{a} = \frac{r^2 s'_a}{4Tt} \tag{7.30}$$

$$u_{y} = \frac{r^2 s'_y}{4Tt} \tag{7.31}$$

$$\eta = \frac{r^2}{h_0^2} \tag{7.32}$$

式中:s'_a 为有效早期储水系数,s'_y 为非承压储水系数,T 为 Kh_0;K 为渗透系数,h_0 为初始地下水位高度,$w(u_a, u_y, \eta)$ 为带有延迟自流排水非承压含水层的井函数。式(7.30)可应用于较短的时间段,并对应于图7.8中横切割线到左端曲线的交汇值。式(7.31)则适用于较长的时间段,并对应于图7.8中横切割线到右端曲线的交汇值。从图7.8中获得井函数的值后,水位下降值可由以下公式得出:

$$s = \frac{Q_w}{4\pi T} W(u_a, u_y, \eta) \tag{7.33}$$

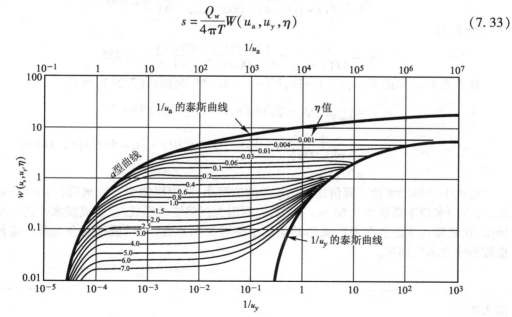

图 7.8　非承压含水层的井函数

例 7.6

一个大容量的排泄井完全穿透承压含水层,并以 5 000 m³/d 的恒定速率向外抽水。含水层导水率为 1 000 m²/d,储水系数为 0.000 4。求在抽水 1.5 d 后,距离抽水井 1 500 m 处的点的水位下降值是多少。

解:

利用式(7.31),有

$$u = \frac{r^2 s'_y}{4Tt} = \frac{(1\ 500)^2(0.000\ 4)}{4(1\ 000)(1.5)} = 0.15$$

由表 7.3,运用式(7.21),得

$$s = \frac{Q_w}{4\pi T} W(u) = \frac{5\ 000}{4\pi(1\ 000)}(1.523) = 0.61\ \text{m}$$

例 7.7

假设例 7.6 中的水井在 1.5 d 的作业后停止运作,求在停止运作 1 d 后,距离抽水井 1 500 m 处同一点的水位下降值,并解释造成两题最后结果差异的原因。

解:

对于此问题,利用非稳定井流的叠加概念解决,因为水井出水速率在所考察时间段内并不是恒定值。这里运用式(7.24),其中 $N=2$,$Q_0=0$,$Q_1=5\ 000\ \text{m}^3/\text{d}$,$Q_2=0$,$t_0=0$,$t_1=1.5\ \text{d}$。

结合式(7.25),$k=1$,有

$$u_1 = \frac{r^2 s'}{4T(t-t_0)} = \frac{(1\ 500)^2(0.000\ 4)}{4(1\ 000)(2.5-0)} = 0.090$$

$k=2$,有

$$u_2 = \frac{r^2 s'}{4T(t-t_1)} = \frac{(1\ 500)^2(0.000\ 4)}{4(1\ 000)(2.5-1.5)} = 0.225$$

对于表 7.3,知道 $W(u_1)=1.919$,$W(u_2)=1.144$. 利用式(7.24),可得

$$s = \frac{1}{4\pi T}[(Q_1-Q_0)W(u_1) + (Q_2-Q_1)W(u_2)]$$

$$= \frac{1}{4\pi(1\ 000)}[(5\ 000-0)(1.919) + (0-5\ 000)(1.144)]$$

$$= 0.31\ \text{m}$$

此例中求得的水位下降值比例 7.6 中的值要小,原因可能为当抽水泵在 $t=1.5\ \text{d}$ 时关闭,对应的水位下降值为 0.61 m。然而,此刻因为沉陷锥的形成,会造成朝水井的一个水力梯度,这就使得水流会在泵已关闭的情况下继续流向水井,所以量压面会上升。这种现象也被称作含水层回采。

例 7.8

完全穿透承压含水层的排水井以 60 000 ft³/d 的恒定速率抽水。问第二个水井要以多少的速率抽水,才能使距离第一个水井 300 ft、距离第二个水井 400 ft 的点处的水位下降值在两天的抽水后不超过 5 ft? 含水层的导水率为 10 000 ft²/d,储水系数为 0.000 4。

解:

在此问题中,需要运用到多个水井的含水层的不稳定流叠加的概念。对于第一个水井,运用式(7.27)得

$$u_1 = \frac{r_1^2 s'}{4Tt} = \frac{(300)^2(0.000\ 4)}{4(10\ 000)(2.0)} = 0.000\ 45$$

结合表 7.3，$W(u_1) = 7.136$。对于第二个水井，同样有

$$u_2 = \frac{r_1^2 s'}{4Tt} = \frac{(400)^2(0.000\ 4)}{4(10\ 000)(2.0)} = 0.000\ 8$$

结合表 7.3 得，$W(u_2) = 6.554$，运用式(7.26)，有

$$s = \frac{1}{4\pi T}[Q_1 \cdot W(u_1) + Q_2 \cdot W(u_2)]$$

$$5.0 = \frac{1}{4\pi(10\ 000)}[60\ 000(7.136) + Q_2(6.554)]$$

解得 $Q_2 = 3.05 \times 10^4 \text{ft}^3/\text{d}$。

7.4 含水层特征的现场实验测定

泥土渗透性的实验测试是通过测试小份的土样得到的，实验结果对解决工程实际问题的价值和意义取决于所取土样可以在多大程度上代表整个含水层的特性。在考虑到现场环境和谨慎运输的前提下，实验测试方法的价值还是很大的。然而，一些重要的地下水工程通常会要求进行现场抽水实验来测量含水层的水力特性参数，如渗透率、导水率和储水系数等。抽水井以已知速率抽水，在此水井处或其他观测井处由此引发的水位下降值会被一一测量，通过分析这些水位下降值数据可以进一步得到含水层参数。分析抽水实验数据的基本原理就是将测得的水位下降值运用到已有的解析解法中。含水层特性参数的解提供了理论和观测结果之间的最佳匹配，有时会把这种求解过程称作逆问题。含水层的渗透率和导水率可以从稳定或非稳定水流条件下测得的水位下降值数据得到，而储水系数则需要由非稳定水流条件下的水位下降值获得。

7.4.1 承压含水层的平衡实验

在平衡(稳定)条件下的抽水实验可用于求取承压含水层的导水率。如图 7.9 所示，距离抽水井分别为 r_1 和 r_2 的两观测井处的水位下降值分别为 s_1 和 s_2，我们将式(7.11)写成如下形式，以求取导水率(T)，有

$$T = \frac{Q_w \ln(r_1/r_2)}{2\pi(s_2 - s_1)} \tag{7.34}$$

式中：$s = h_0 - h$，且 h_0 是未扰动含水层的测压水头。

在多数的抽水实验中，都会采用多井观测的方法来更好地求取含水层特性。所以，用常用对数重新写成式(7.11)，有

$$T = -\frac{2.30 Q_w}{2\pi} \frac{\Delta(\lg r)}{\Delta s} \tag{7.35}$$

式中：$\Delta(\lg r) = \lg r_2 - \lg r_1$；$\Delta s = s_2 - s_1$。当观测井数量超过 2 个时，基于式(7.11)的形式，在半对数坐标中 s 与 r 的关系图像(s 为直线标度，r 为对数标度)会是一条直线，而在实际情况中，这些点并不会全都在一条直线上。通常画(估计)一条最佳拟合的直线，如图 7.10

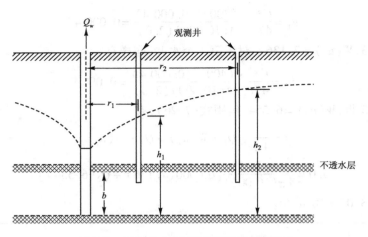

图 7.9   承压含水层渗透系数的现场测定

所示,并运用直线的斜率找到 T,可发现对于任意 r 的对数周期,$\Delta(\lg r) = 1.0$。所以,Δs 定义为每对数周期 r 中 s 的下降值,得到

$$T = -\frac{2.30 Q_w}{2\pi(\Delta s)}$$

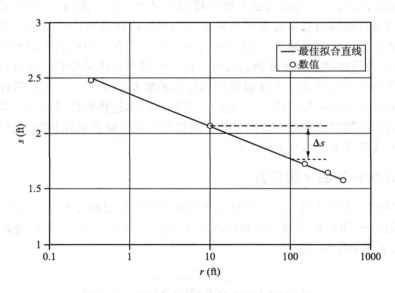

图 7.10   承压含水层稳定抽水实验资料分析

$$T = \frac{2.30 Q_w}{2\pi(\Delta s)} \tag{7.36}$$

例 7.9

在一承压含水层的现场实验中,一直径为 8 in 的水井以 400 ft³/h 的恒定速率抽水。在近乎稳定的状态下,抽水井的水位下降值为 2.48 ft,在距离抽水井 150 ft 处的水位下降值为 1.72 ft。求含水层的导水率。

解：

由式(7.34)得

$$T = \frac{Q_w \ln(r_1/r_2)}{2\pi(s_2-s_1)} = \frac{400\ln(0.33/150)}{2\pi(1.72-2.48)} = 513 \text{ ft}^2/\text{h}$$

例 7.10

假设在例7.9中，有另外存在3个观测点，与抽水井距离 r 分别为 10 ft、300 ft、450 ft。对应的水位下降值 s 分别为 2.07、1.64、1.58，求含水层的导水率。

解：

在半对数坐标上，s 与 r 的关系曲线如图 7.10 所示。由最佳拟合曲线，可得 $\Delta s = 0.29$ ft，然后可由式(7.36)进一步给出导水率，有

$$T = \frac{2.30 Q_w}{2\pi(\Delta s)} = \frac{2.30(400)}{2\pi(0.29)} = 505 \text{ ft}^2/\text{h}$$

7.4.2 非承压含水层的平衡实验

在非承压含水层中，含水层的渗透系数 K 可以通过现场抽水实验有效测得。除了抽水井本身，抽水实验还需要另外两个贯穿含水层的观测井。观测井位于距离抽水井随机距离 r_1 和 r_2 的地点，如图 7.11 所示。在抽水井以恒定排水速率 Q_w 抽水一定长时间后，观测井中的水平面 h_1 和 h_2 会达到最终的平衡值。测量这些值可用于计算含水层的渗透系数。

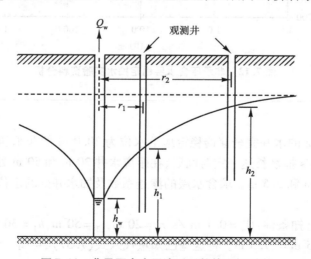

图 7.11 非承压含水层渗透系数的现场测定

对于非承压含水层，渗透系数可以通过结合式(7.13)和2个观测井的数据得到多观测井情况下的含水层渗透系数，用常用对数的形式改写公式，有

$$K = \frac{Q_w}{\pi(h_2^2 - h_1^2)}\ln\left(\frac{r_2}{r_1}\right) \tag{7.37}$$

$$K = \frac{2.30Q_w\Delta(\lg r)}{\pi} \frac{}{\Delta h^2} \tag{7.38}$$

式中：$\Delta(\lg r) = \lg r_2 - \lg r_1$；$\Delta h^2 = h_2^2 - h_1^2$。当观测井的数量多于 2 个时，在半对数坐标系中 h^2 与 r 的变化关系（h^2 为直线标度，r 为对数标度）会是一条直线。而在实际情况中，这些点并不会全都在一条直线上。通常画（估计）一条最佳拟合的直线，如图 7.12 所示，并运用直线的斜率找到 K，可发现对于任意 r 的对数周期，$\Delta(\lg r) = 1.0$。所以，定义 Δh^2 为每对数周期 r 中 h^2 的增量，有

$$K = \frac{2.30Q_w}{\pi(\Delta h^2)} \tag{7.39}$$

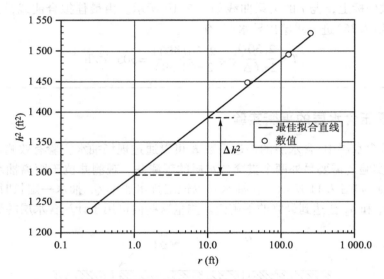

图 7.12 非承压含水层稳定抽水实验资料分析

例 7.11

一直径为 20 cm 的水井完全穿透稳定地下水位为 30.0 m 的非承压含水层。在以恒定的抽水速率 0.1 m³/s 抽水长达一定时间后，在距离水井 20 m 和 50 m 处的点观察到的水位下降值分别为 4.0 m 和 2.5 m。求含水层的渗透系数及抽水井处的水位下降值。

解：

参照图 7.11，已知条件：$Q_w = 0.1$ m³/s，$r_1 = 20$ m，$r_2 = 50$ m，$h_1 = 30.0$ m $- 4.0$ m $= 26.0$ m，$h_2 = 30.0$ m $- 2.5$ m $= 27.5$ m。将这些已知量代入式（7.37），可得

$$K = \frac{0.1}{\pi(27.5^2 - 26.0^2)}\ln\left(\frac{50}{20}\right) = 3.63 \times 10^{-4} \text{ m/s}$$

抽水井处的水位下降值可由计算得到的渗透系数的值和水井直径带入式（7.37）得到，在抽水井处，$r = r_w = 0.1$ m，有

$$3.63 \times 10^{-4} = \frac{Q}{\pi(h_1^2 - h_w^2)} \ln\left(\frac{r_1}{r_w}\right) = \frac{0.1}{\pi(26^2 - h_w^2)} \ln\left(\frac{20}{0.1}\right)$$

抽水井的水位下降值为 $\qquad\qquad h_w = 14.5$ m

$$s = 30 - 14.5 = 15.5 \text{ m}$$

例 7.12

现场抽水实验通过一完全穿透含水层的直径 6 in 水井进行,水井抽水速率恒定,为 1 300 ft³/h,未被干扰过的含水层厚度为 40 ft。在不同的点观测到的稳定状态下的水位下降值见表 7.4 的前两列,求含水层的渗透系数。

表 7.4   实验数据

r (ft)	s (ft)	$h = 40 - s$ (ft)	h^2 (ft)
0.25	4.85	35.15	1.236
35.00	1.95	38.05	1.448
125.00	1.35	38.65	1.494
254.00	0.90	39.10	1.529

解:

如表 7.4 所示首先求出 h^2 的值,然后在半对数坐标中画出 h^2 与 r 的变化关系曲线,如图 7.12 所示。从最佳拟合曲线可以得到 $\Delta s = 95$ ft²,利用式(7.39),得

$$K = \frac{2.30 Q_w}{\pi(\Delta h^2)} = \frac{2.30(1\ 300)}{\pi(95)} = 10 \text{ ft/h}$$

7.4.3   非平衡测试

如上文所述,在稳定状态下测得的现场实验数据可用于求取含水层的渗透系数和导水率,储水系数仅能通过不稳定状态下的水位下降数据获得。求取含水层特性的过程基本将现场数据与专门求解地下水流的解析解联系起来,然而现在还没有针对非承压含水层中不稳定水流的解析解。所以,现在讨论的求解过程仅限于在承压含水层中使用。但在实际工程运用中,如果水位下降值与含水层厚度相比很小,则这一求解过程也可用于非承压含水层。研究不稳定抽水实验数据的过程方法有很多,基于简便起见,我们这里介绍一些基于雅各布斯解的方法。

雅各布斯解也就是之前介绍的式(7.23),也可写成常用对数的形式:

$$s = \frac{2.30 Q_w}{4\pi T}\left[\lg\frac{2.25 Tt}{r^2 s'}\right] \qquad (7.40)$$

$$s = \frac{2.30 Q_w}{4\pi T}\lg\frac{2.25 T}{r^2 s'} + \frac{2.30 Q_w}{4\pi T}\lg t \qquad (7.41)$$

这个公式表明,s 与 t 在半对数坐标上的关系曲线应该是如图 7.13 所示的直线形式(s 在线性轴,t 在对数轴)。此直线 $\Delta s / \Delta(\lg t)$ 的斜率为 $2.30 Q_w / 4\pi T$,所以有

$$T = \frac{2.30 Q_w \Delta(\lg t)}{4\pi} \frac{}{\Delta s}$$

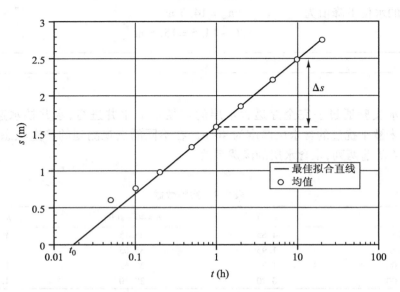

图 7.13   单井非稳定抽水实验资料分析

对于任意 t 的对数周期,$\Delta(\lg t) = 1.0$,所以有

$$T = \frac{2.30 Q_w}{4\pi(\Delta s)} \tag{7.42}$$

式中:Δs 为每 t 个对数周期中 s 的增量。同时,从式(7.40)中也能得出

$$s' = \frac{2.25 T t_0}{r^2} \tag{7.43}$$

式中:r 为观测井与抽水井之间的距离;t_0 为图 7.13 所示拟合直线与水平轴交汇时的时间值。式(7.43)是通过将式(7.40)中的数据设为 $t = t_0$,$s = 0$。

雅各布斯解法在最初以式(7.23)的形式被介绍时,它仅适用于 u 值较小(或 t 值很大)的情况。所以,抽水实验的持续时间应该足够长,以满足式(7.40)中直线分析的适用范围,否则数据点将构不成一条直线。当绘画数据点时,可发现有时候在 t 值较大的区域数据点会落在一条直线上,而在 t 值较小的区域数据点则会偏离这条直线。在这种情况下,采用简单的方法,即忽略 t 值较小区域的数据点,只要保留的数据点还能形成一条直线即可。对此的解释是,t 值较小的区域的数据点不满足雅各布斯解,所以不适用于分析计算。

当多于一个的观察井可以提供水位下降数据时,上述的求解过程可以用于求解每个单个观测井的数据。然后可以使用从不同井中获得的 T 值和 s' 值的平均值,或者也可使用所有的数据,那就需要将式(7.40)改写为

$$s = \frac{2.30 Q_w}{4\pi T}\left[\lg \frac{2.25 T/(r^2/t)}{s'} \right] \tag{7.44}$$

或

$$s = \frac{2.30 Q_w}{4\pi T}\lg \frac{2.25 T}{s'} - \frac{2.30 Q_w}{4\pi T}\lg \frac{r^2}{t} \tag{7.45}$$

式(7.45)表明,s 与 r^2/t 在半对数坐标上的关系曲线应该如图 7.14 所示的直线形式(s 在线性轴,r^2/t 在对数轴)。此直线的斜率为

$$\frac{\Delta s}{\Delta \lg(r^2/t)} = -\frac{2.30 Q_{\mathrm{w}}}{4\pi T}$$

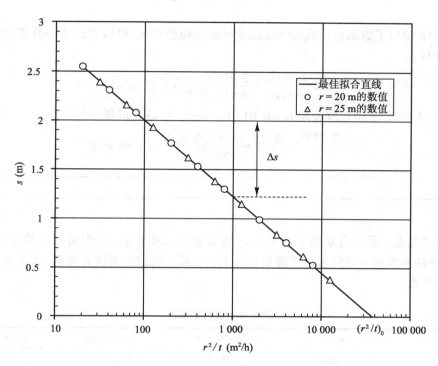

图 7.14 多井非稳定抽水实验资料分析

解 T 得

$$T = -\frac{2.30 Q_{\mathrm{w}}}{4\pi}\frac{(\Delta \lg(r^2/t))}{\Delta s}$$

对于任意 r^2/t 的对数周期,$\Delta\lg(r^2/t)=1.0$。定义 s 为 r^2/t 的每对数周期,则有

$$T = \frac{2.30 Q_{\mathrm{w}}}{4\pi(\Delta s)} \qquad (7.46)$$

将 $(r^2/t)_0$ 定义为直线与水平轴交汇时的值,有

$$s = \frac{2.25 T}{(r^2/t)_0} \qquad (7.47)$$

例 7.13

一抽水井在一承压含水层中以 $8.5\ \mathrm{m^3/h}$ 的抽水速率作业,在距离抽水井 20 m 处的观测井处的水位下降值如表 7.5 所示。求含水层的导水率及储水系数。

表 7.5   水位下降值

t(h)	0.05	0.10	0.20	0.50	1.00	2.00	5.00	10.0	20.0
s(m)	0.60	0.76	0.98	1.32	1.58	1.86	2.21	2.49	2.76

解：

图 7.13 给出了数据点绘成的图线以及其最佳拟合直线，可以看到 $\Delta s = 0.90$ m。所以，式(7.42)写成

$$T = \frac{2.30 Q_w}{4\pi(\Delta s)} = \frac{2.30(8.5)}{4\pi(0.90)} = 1.73 \text{ m}^2/\text{h}$$

同样，从图 7.13 中也能发现 $t_0 = 0.017$ h。由式(7.43)，可得

$$s' = \frac{2.25 T t_0}{r^2} = \frac{2.25(1.73)(0.017)}{(20)^2} = 1.65 \times 10^{-4}$$

例 7.14

一抽水井在一承压含水层中以 8.5 m³/h 的抽水速率作业，在距离抽水井分别为 20 m 和 25 m 处的两观测井处的水位下降值如表 7.6 所示。通过分析所有数据，求含水层的导水率及储水系数。

表 7.6   水位下降值

t(h)	$r = 20$ m 处 s(m)	$r = 25$ m 处 s(m)	$r = 20$ m 处 r^2/t(m²/h)	$r = 25$ m 处 r^2/t(m²/h)
0.05	0.53	0.38	8 000	12 500
0.10	0.76	0.62	4 000	6 250
0.20	0.99	0.84	2 000	3 125
0.50	1.30	1.15	800	1 250
1.00	1.53	1.38	400	625
2.00	1.77	1.62	200	312.5
5.00	2.08	1.93	80	125
10.00	2.31	2.16	40	62.5
20.00	2.55	2.39	20	31.25

解：

如表 7.6 最后两列所示，首先计算两个观测井的 r^2/t 值。图 7.14 给出了所有的数据点和最佳拟合线。从此线上可得 $\Delta s = 0.78$ m，$(r^2/t)_0 = 37\ 500$ m²/h。解式(7.46)和式(7.47)得

$$T = \frac{2.3 Q_w}{4\pi(\Delta s)} = \frac{2.3(8.5)}{4\pi(0.78)} = 1.99 \text{ m}^2/\text{h}$$

$$s = \frac{2.25 T}{(r^2/t)_0} = \frac{2.25(1.99)}{37\ 500} = 1.19 \times 10^{-4}$$

7.5　含水层边界

　　上述对水井水力特性的论述都是基于含水层是均质的（均匀质地、各向同性）和边界是无限远的假设提出的,造成了辐射对称式的水位下降形式。通常,水位下降的形式会受到含水层边界条件的影响,如相邻的不渗水土层（无流动边界）和水体（如湖泊或河流,恒定水头边界）,如果含水层的边界位于抽水井的有效影响范围内,则水位下降曲线的形式会发生很大的改变,而这又会影响径向流公式得出的排水率。

　　含水层边界的求解通常可利用图像法进行简易化求解。水力图像中的水井与实际水井有相同效力（如抽水速率）的源或汇,位于含水层边界的对面,以表示边界的影响。图7.15 绘出了一个完全穿透的不渗水边界对距离其很近的水井的影响,可注意到不渗水边界造成了很大的水位下降,并扰乱了水位下降的辐射对称形式。图 7.16 给出了图像法的运用方法,即在距离边界与实际水井一样距离的对称处绘制与实际水井有着相同效力（Q）的虚拟井。这样,在均质假设和无限假设的含水层中,原边界的水力效应与新的双井系统等效。

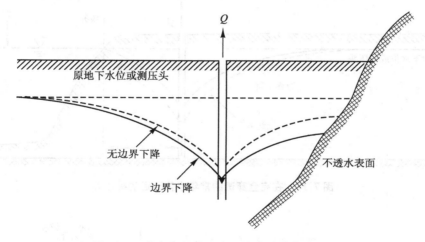

图 7.15　完全穿透的不渗水边界附近的抽水井

　　对于受到完全贯穿边界影响的水井的水位下降曲线,需要考虑含水层的类型。对于承压含水层,如图 7.16 所绘两个水井（真实水井和虚拟水井）会通过水位下降曲线线性叠加的方式相互影响对方的水力特性。所以,由两个水井引起的水位下降曲线可以通过将两个水井的水位下降曲线叠加得到。同时注意到,在边界线处虚拟井与真实井相互抵消,形成了水平的水力剃度（$dh/dr = 0$）,结果就导致了没有水流流过边界。注意到非承压含水层水位下降是非线性的,而在 h^2 的差值上是线性的。求取非承压含水层边界的方法有很多种,但在这里出于简便性考虑,只介绍针对承压水流的求解方法。

　　在水井周围区域的湖泊、河流或其他大型水体会增加流向水井的水流量。一个完全贯入的水体对水位下降的影响与一个完全贯入的不渗水边界造成的影响正好相反,其导致的水位下降情况如图 7.17 所示,比正常情况下要偏小,但对称形式仍旧被破坏。图 7.18 绘制了另一等效水力系统,其中用一个虚拟的补给井代替了虚拟抽水井,设置在边界另一边等距的位置,在正压力作用下补给井以速率 Q 将水注入含水层。

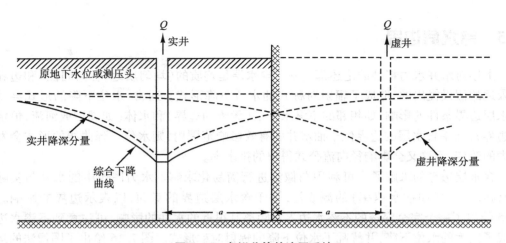

图 7.16　虚拟井等效液压系统

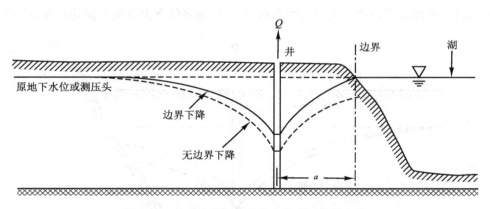

图 7.17　在完全穿透的常年水体附近的抽水井

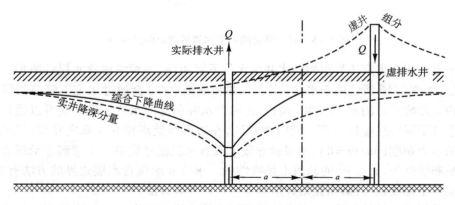

图 7.18　虚补井等效液压系统

如图 7.18 所示,在承压含水层中由完全贯穿的水体引起的水位下降曲线可通过线性叠加由真实水井引起的水位下降和由代替水体边界的虚拟(补给)水井引起的水位下降得到。由真实水井引起的水位下降曲线在自由水表面升高处与边界线交汇,所以水井中大部分的水都是从水体中获得,而不是从含水层中。

利用一个虚拟井代替含水层边界的等效水力系统可用于多种类型的含水层边界。图 7.19(a)给出了一个从两边具有不渗水边界的含水层抽水的排水井,需要 3 个虚拟井才能形成与原条件等效的水力系统。虚拟井 I_1、I_2 提供了缺失的穿过边界的水流,另一虚拟井 I_3 对系统的平衡来说是必要的存在。3 个虚拟井的排水速率 Q 均与实际井相同,所有井与物理边界的距离都相等。

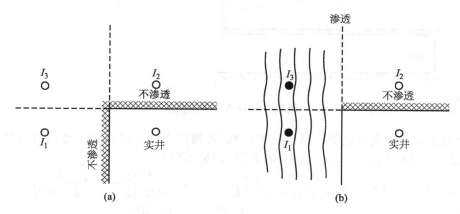

图 7.19　多边界附近的泵井

图 7.19(b)描绘了一个排泄井从一个边界为不透水边界、另一个边界为常流河的含水层中抽水的情形,等效系统包括了 3 个具有同等效力的虚拟井。其中,I_1 是一个补给井,I_2 是一个排泄井,I_3 与 I_1 一样为补给井,保持系统平衡。

例 7.15

建在河岸边上的工厂需要从承压含水层中($K=0.000\ 4$ ft/s, $b=66$ ft)以 1.55 cf 的速率抽水。当地居民要求,在距离河岸 100 ft 的地方地下水的潜水面较正常河道水面不能低于 1/3 ft。求符合要求的安装水井点与河岸之间的最小距离。

解:

如图 7.17 和图 7.20 所示,常流河岸边上的抽水井在水力效果上可用在边界另一边对称等距安装的等效力虚拟井来替代,引起的水位下降曲线可通过叠加真实井和虚拟井的作用得到,并假设含水层是无边界的。但需要注意的是,这种方法仅适用于承压含水层和完全贯入水体的求解。

假设 L 是抽水井到河岸的距离,则水位下降(距离河岸 100 ft 处,或距离真实井 $L-100$ ft 和距离虚拟井 $L+100$ ft)是抽水井和补给井产生的量压面的总和。对真实井运用式(7.11)得

$$s_{\text{real}} = s_{0b} + \frac{Q}{2\pi T}\ln\left(\frac{r_{0b}}{r}\right) = s_{\text{P(real)}} + \frac{1.55}{2\pi(0.026\ 4)}\ln\left(\frac{L}{L-100}\right)$$

其中,观测井在河中,且有 $T=Kb=(0.000\ 4)(66)=0.026\ 4$ ft^2/s。

对虚拟井用同样的公式,有

$$s_{\text{image}} = s_{0b} + \frac{Q}{2\pi T}\ln\left(\frac{r_{0b}}{r}\right) = s_{\text{P(image)}} + \frac{-1.55}{2\pi(0.026\ 4)}\ln\left(\frac{L}{L+100}\right)$$

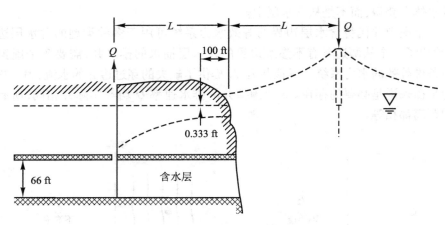

图 7.20　从含水层中抽水

式中:负号表示补给泵的速率。基于叠加原理,将增加水位下降以使所考察的点处的水位下降值达到 0.333 ft, $s_{P(real)} + s_{P(image)} = 0$,见图 7.18,所以有

$$s = s_{real} + s_{image} = \frac{1.55}{2\pi(0.026\,4)}\ln\left(\frac{L}{L-100}\right) - \frac{1.55}{2\pi(0.026\,4)}\ln\left(\frac{L}{L+100}\right)$$

$$s = 0.333 = \frac{1.55}{2\pi(0.026\,4)}\ln\left(\frac{L+100}{L-100}\right)$$

$$\ln\left(\frac{L+100}{L-100}\right) = 0.035\,6$$

或

$$L + 100 = 1.036(L-100)\quad L = 5\,660\text{ ft}$$

在此例中,观测井位于边界处, $s_{0b} = 0.0$ ft。此外,所求点处的水位下降值 $s = 0.333$ ft,符合居民要求的值。其他变量则分别为: Q_A 为抽水井的抽水速率, Q_B 为(虚拟)补给井的抽水速率。通过适当的公式变化,可得到距离 L 的最小值。

$$s = s_{0b} + \frac{Q_A}{2\pi T}\ln\left(\frac{r_{A_0}}{r_A}\right) + \frac{Q_B}{2\pi T}\ln\left(\frac{r_{B_0}}{r_B}\right)$$

$$0.333 = 0.0 + \frac{1.55}{2\pi(0.026\,4)}\ln\left(\frac{L}{L-100}\right) + \frac{(-1.55)}{2\pi T(0.026\,4)}\ln\left(\frac{L}{L+100}\right)$$

$$0.333 = \frac{1.55}{2\pi(0.026\,4)}\ln\left(\frac{L+100}{L-100}\right)$$

$$L + 100 = 1.036(L-100)$$

$$L = 5\,660\text{ ft}$$

例 7.16

非无限大的承压含水层在一侧与不透水层相接。含水层的导水率为 5 000 ft²/d,储水系数为 0.000 2,在距离边界 200 ft 处有一水井以 20 000 ft³/d 的恒定速率抽水。求在抽水作业 3 天后,水井与边界之间中点处的水位下降值。

解:

将与真实井具有同样特性的虚拟井设置在边界的另一端,虚拟井与边界之间的距离为

200 ft。虚拟井与要计算水位下降值的点之间的距离为 300 ft。使用式(7.20)和式(7.21)分别计算真实井和虚拟井的水位下降值,然后再通过叠加原理将二者相加。

对于真实井有

$$u = \frac{r^2 s'}{4Tt} = \frac{(100)^2(0.000\ 2)}{4(5\ 000)(3)} = 3.33 \times 10^{-5}$$

由表 7.3 得 $W(u) = 9.741$,所以有

$$s = \frac{Q_w}{4\pi T}W(u) = \frac{20\ 000}{4\pi(5\ 000)}(9.741) = 3.10\ \text{ft}$$

对于虚拟井有

$$u = \frac{r^2 s'}{4Tt} = \frac{(300)^2(0.000\ 2)}{4(5\ 000)(3)} = 3.00 \times 10^{-4}$$

由表 7.3 得 $W(u) = 7.535$,所以有

$$s = \frac{Q_w}{4\pi T}W(u) = \frac{20\ 000}{4\pi(5\ 000)}(7.535) = 2.40\ \text{ft}$$

总水位下降值为

$$3.10 + 2.40 = 5.50\ \text{ft}$$

例 7.17

假设例 7.16 中的边界为一河流而不是土层,再次计算水位下降值,并解释为什么两例中的结果会不同。

解:

在本例中,虚拟井为补给井,分别由真实井和虚拟井引起的水位下降值与例 7.16 中的计算方法一致。然而,由虚拟井引起的水位下降就变成了负值(-2.40 ft),导致总的水位下降值为 3.10 - 2.40 = 0.70 ft,比例 7.16 中求得的值要小。原因是河流产生了一个恒定水头边界,阻止测压面在河流和水井之间下降。或者,也可以观察在等效水力系统中的排水井和虚拟井(图7.18),补给井一直在抬高测压面高度,使其值不会下降很多。

7.6　地下水的地表调查

用从地表获得的信息来定位地下水资源的技术在古代被称为"占卜",现在仍有人沿用这种"艺术",通过使用 Y 形棍或被称为探测杖的金属棍来探测水源。在 20 世纪时,为了开采石油和矿产,勘探方法慢慢发展了起来。在这些方法中,有少数被证明适用于地下水的定位和分析。从地表获得的信息只能间接表明地下水的存在,对数据正确的解释通常需要一些补充信息,而这些补充信息只能通过地下勘探得到。下面将介绍两种最常用的勘探方法。

7.6.1　电阻系数法

不同质地的岩土的电阻系数会在很大的范围内变化,特定地层的测量电阻系数取决于

很多物理及化学因素,如构造的材料及其具体结构形式、大小、形状及孔隙分布和含水率。干岩地层与同一地层间充水量大的差异是地下水探测的关键。

勘探的流程是测量地表两电极之间的电势差,当在与测量电极的外侧在同一直线上的另外两个电极上加载电流时,电场就会渗透到地下,并产生如图 7.21 所示的电流线网,其中(a)为均匀介质中的电场,(b)为由于含水层而扭曲的电场。

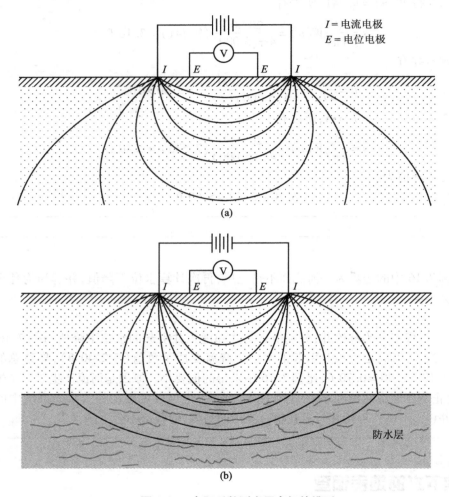

图 7.21 电阻系数测定用电极的排列

当增加两电极之间的距离时,电场就会渗透到更深的地方。绘制显示了电阻与电极间距之间的变化关系,可以得到一条光滑曲线。根据地下构造来解释电阻率间距曲线通常是很复杂、很困难的。然而,通常还会利用地下勘探得到的一些补充数据来验证地表的测量结果,从而进一步校正地下水层的存在及深度信息。

7.6.2 地震波传播法

通过用小型爆炸或重力冲击地表面,可以测量声波或冲击波到达某一已知距离的点所需的时间。地震波通过传输介质传播的方式与光波一样,它们可以在任意两种弹性性质不同的材料界面间折射或反射,传播速度会在接触到界面时发生改变。波的传播速度在固体火成岩中最大,在松散地层中最小。某一结构中水的含量则会显著地改变波在这种结构中传播速度的大小。地震波在几百米深的地下传播,地下信息可以通过在冲击点同一直线上的不同位置摆放的地震仪得到。图 7.22 所示为波传播时间与地震仪和冲击点距离之间的关系。时间间隔曲线的斜率突然变化可以用来解释并求解地下水潜水面的深度。图 7.22 中,波在上层(干燥层)以 v_1 的速度传播,在下层(含水层)以更高的速度传播。对于 AB 线右下角的点,在 A 点通过下层 2 折射并反射回表面的波比直接通过上层 1 传播的波要快。

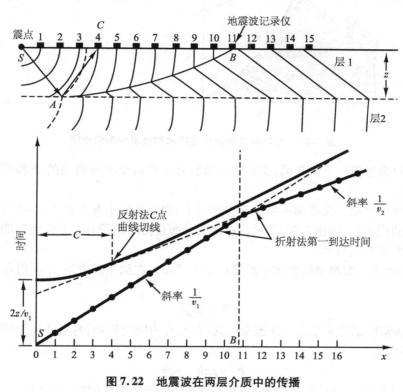

图 7.22　地震波在两层介质中的传播

7.7　沿海地区的海水入侵

　　沿海岸线地区的沿海淡水含水层与海水是有接触的。在自然环境下,地下淡水会在潜水面的作用下进入海中,如图 7.23 所示。然而,由于在某些沿海岸线地区对地下水资源的需求日益增加,这种流向海洋的淡水流量已经被人为地减少甚至转向,让海水进入或渗透至淡水含水层,这种现象通常就被称为海水入侵。如果海水流到内陆一定远处,且进入了水源井,则地下水源就不能使用了。再者,沿海岸线含水层一旦受到盐污染后,就很难再将盐从其中去除,含水层就会被永久的破坏。所以,在这一部分内容中,会介绍工程中对海水入侵的预防与控制方法。

　　对沿海含水层的透支会导致非承压含水层中的潜水面和承压含水层中的量压面降低,自然情况下向海洋方向倾斜的水力梯度会被减小或反转。因为海水与淡水密度不同,当两

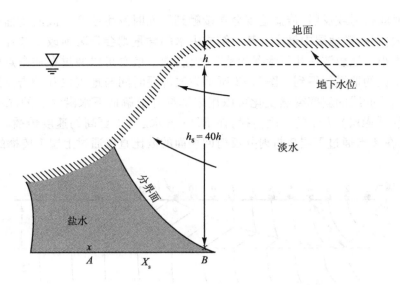

图 7.23　无限制海岸含水层淡水和盐水分布示意图

种液体接触时会形成一个交界面,交界面的形状和运动由交界面两边的淡水与海水之间的压力平衡决定。

人们发现这个地下交界面不发生在海平面上,而是在海平面下方大概 40 倍的淡水平面高于海平面的距离处,如图 7.23 所示。这样的分布是由于两种具有不同密度的液体之间存在的静水压力平衡所致的。

图 7.23 给出了沿海岸线含水层的横剖面示意图。在海平面之下 h_s 深的点 A 处的总静水压力为

$$P_A = \rho_s g h_s$$

式中:ρ_s 是海水的密度,g 是重力加速度。同样的,在内陆交界面,与点 A 位于同样深度的点 B 处,静水压力为

$$P_B = \rho g h + \rho g h_s$$

式中:ρ 是淡水密度。对于静止的交界面,A 和 B 处的压力是相同的,所以有

$$\rho_s g h_s = \rho g h + \rho g h_s \tag{7.48}$$

解式(7.48)得

$$h_s = \frac{\rho}{\rho_s - \rho} h \tag{7.49}$$

取 $\rho_s = 1.025 \ \text{g/cm}^3$,$\rho = 1.000 \ \text{g/cm}^3$,则由上述关系式可推出

$$h_s = \frac{1.000}{1.025 - 1.000} h = 40h \tag{7.50}$$

这个公式也就是吉本-赫茨贝格关系。

这个关系表明,靠近海岸线处由抽水引起的潜水面存在很小的下降值就会造成海水和淡水交界面的大幅抬高。同样的,在靠近海岸线处由人工补给灌水造成的潜水面上升,会驱使海水嵌入地下深处,使其朝海的方向运动。图 7.24 系统地描述了这些现象,其中,(a)为排水井影响,(b)为补给井影响。

由此可见,对沿海岸过度使用的含水层的人工灌水补给是控制海水入侵问题的一种有

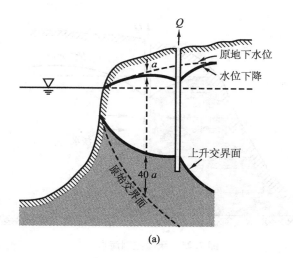

(a)

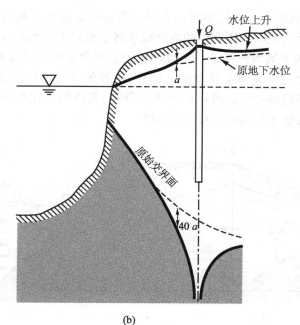

(b)

图 7.24 海水入侵

效措施。在适当的管理下,对含水层的人工灌水补给可以抵消过度使用的地下水资源,并使潜水面和水力梯度保持适当的值。

除了人工灌水补给,还有一些其他的方法也被运用到海水入侵问题的控制上,一些最常见的方法列举如下。

①泵流法:就是在海岸线附近安装一系列呈直线排列的抽水井,通过水井抽水,沿这条直线就会形成水位下降,如图 7.25 所示。海水被带入井中时,也会有一定量的淡水从含水层流出,淡水的运动从朝海方向流向水井。这种地下淡水的流动可以起到稳定淡水和海水交界面的作用。

②高压脊:安装一系列平行于海岸线的回灌井,淡水被注入沿海含水层,以保持沿着海

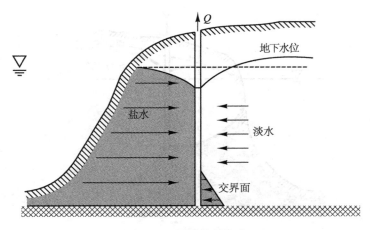

图 7.25　泵槽控制海水

岸线的淡水高压脊,从而进一步控制海水入侵。高压脊必须大到足以压回海水,且必须位于内陆地区足够深处;否则,高压脊中的内陆咸水将会流向更深的内陆,如图 7.26 所示(a)为适当的补给,(b)为不适当的补给。不可避免的是有少量淡水将会被冲入大海。向内陆流动的水的剩余部分可以充当泵排量的一部分,回收的废水可以满足部分补给回灌的需要。该方法的优点是它不会消耗可用的地下水资源,其缺陷是建设和运营成本高,且对淡水补给的需要经常会使小规模操作缺乏实践性。

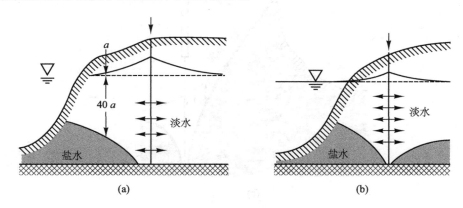

图 7.26　高压脊控制海水

　　③地下阻断层:沿着海岸线建造,其作用是减少沿海含水层的渗透。在相对薄层的含水层中,地下堤坝可由板桩、膨润土,甚至混凝土材料建成。一个不渗水的地下阻断层则是将流动材料,如泥浆、硅凝胶或水泥浆,通过一排洞注射到含水层中。地下阻断层的方法最适用于连通大型内陆含水层的狭窄的冲积峡谷。虽然地下阻断层的最初安装成本可能非常高,但其后期几乎不需要操作或维修费用。

7.8　坝基渗流

　　在一般意义上,渗流的定义是水经过土壤的运动。对于实际工程而言,通常不希望渗流的发生,这种现象是需要分析和控制的。例如,水库中所建的用来储水的大坝会因渗流而损失储水量;建在一个冲积地层上的不渗水的混凝土大坝会因为地基渗流而流失水量;而土坝会由于堤岸的渗流失水。由渗流引起的水的运动,同地下水流动一样遵循达西定律。运用流线网技术可以快速并准确地分析渗流。

流线网是流动模式的图形表示,由一系列的流线和相应的等势线组成。流线方向总是与流的方向一致,它们可将流场划分为一定数量的流量相同的流道。等势线连接了流场中所有速度势相等(或水头相等)的点。在一个构造合理的流线网中,相邻等势线间的水头下降值 h 通常保持不变。两组线会以正确的角度相交并在流场中形成一个正交网,图 7.27 给出了由一组流线和等势线形成的流线网的一部分。

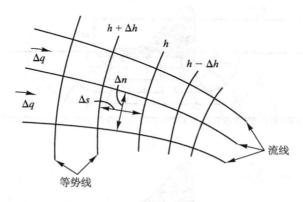

图 7.27 流线网

在流线网中,每一个网格中相邻流线之间的距离都等于每对等势线之间的距离。方形网格的概念就如图 7.27 所示,可得

$$\Delta n = \Delta s$$

对于流线网中的每个网格而言,因为在以下方程中距离这个参数是很重要的,所以就在比例图中建立流线网。

在图 7.27 中,通过尺度为 Δn 和 Δs 的网格的水流速度可用达西定律中多孔介质中稳定流的方法求出。所以,有

$$v = K \frac{\mathrm{d}h}{\mathrm{d}s} = K \frac{\Delta h}{\Delta s}$$

流经每单位宽度坝,相应流道的体积流量为

$$\Delta q = Av = KA \frac{\Delta h}{\Delta s} \tag{7.51}$$

式中:A 是流道中流经区域的面积。因为流量是每单位宽度坝下的流量,所以在考察网格中(图 7.27)流经区域为

$$A = \Delta n \tag{7.52}$$

将此区域表达式带入式(7.51),可得

$$\Delta q = K(\Delta n) \frac{\Delta h}{\Delta s} = K \Delta h \tag{7.53}$$

式中:Δh 是图 7.27 中任意两相邻等势线之间的水头下降值,是恒定的,可得

$$\Delta h = \frac{H}{n} \tag{7.54}$$

式中：ΔH 是上游水库水位和下游水位之间的差异（图 7.28），n 是网格的数量，或流线网中每流道中的势能下降。式（7.53）可以写成

$$\Delta q = K\frac{H}{n} \tag{7.55}$$

设流线网中有 m 个不同的流道，则每单位宽度坝的总渗流速率为

$$q = m\Delta q = K\left(\frac{m}{n}\right)H \tag{7.56}$$

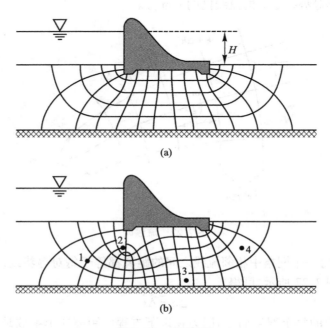

图 7.28　坝基渗流

因此，大坝下的总渗流可以仅通过从流线网中确定 m/n 的比率和底层土壤的渗透系数来求得。

描述混凝土坝中渗流流动的没有和有截水墙的流线网分别如图 7.28（a）和（b）所示，截水墙是一层不透水材料制成的薄层，或部分穿透大坝下含水层的板桩部分。从图 7.28 所示的两个描述中，可以发现截水墙通过延长流经路径，增加流动阻力，进而改变了渗流的模式。因此，截水墙在位置适当的情况下，可以有效减少渗流流量，并可以显著降低大坝的基础上所受的总浮力。

手工描绘流线网草图是一门科学，更是一门艺术。复杂的流线网会运用到非常繁复的绘图技术。然而，就本书的出发点而言，将会依托一些简易的草图来加深对一些基本原则的理解。建立简易流线网的实用指南如下。

①构造一个比例图来表示所有不渗水边界（如不渗水或低渗透率的自然地层，或人工边界如板桩）。

②以正确的角度描绘 2~4 个进出透水边界，且流动基本上平行于不透水边界的流线。

③等势线垂直于流线绘制,形成一个流线网的网格基本上是方形的(等于中线)。

④在均匀流区域,网格的大小相同;在扩散流中,网格的大小会增大;而在收敛流中,网格的尺寸会减小。

这些规定有助于读懂图 7.28 所示的流线网。

例 7.18

一混凝土重力坝建立在一个冲积河床上,如图 7.28 所示,其储水深度为 50 m。如果渗透系数 $K = 2.14$ m/d,求①没有截水墙和②有截水墙的大坝,每米宽的渗流量。

解:

从式(7.56)可得

$$q = K\left(\frac{m}{n}\right)H$$

①对于没有截水墙的大坝,如图 7.28(a)所示,计流道的数量($m = 5$)及沿流道分布的网格的数量(如等势线下降的数量)($n = 13$),可得

$$q = (2.14)\left(\frac{5}{13}\right)(50) = 41.2 \text{ m}^3/\text{d}$$

②对于有截水墙的大坝,如图 7.28(b)所示,计流道的数量($m = 5$)及沿流道分布的网格的数量(如等势线下降的数量)($n = 16$),可得

$$q = (2.14)\left(\frac{5}{16}\right)(50) = 33.4 \text{ m}^3/\text{d}$$

流线网还能用来求取能量水头、位置水头、压力水头和坝下任意位置的渗流速度。可从流线网中获得的有价值信息,参见习题 7.8.2。

7.9 土坝渗流

土坝是由透水的材料建成的,所以它存在一些特殊的工程问题。通过土坝的渗流量如果过度,则可能会引发下游路堤或管涌(通过排水将土沙排出)等的塌陷(滑坡)。这些情况都可能导致一个大坝完全失效,因此每个土坝都需要通过流线网的方法来进行渗流分析。

土坝中的渗流可视为通过非承压多孔介质中的流动。流动的上表面,也称为饱和表面或浸润面,直接受到大气压力作用。在均质土坝中地下水位线典型形状如图 7.29 所示,地下水位线是一条与等势线垂直交汇的线,其交汇点是等距的,间距都为 $h = H/n$,其中 H 是总压头,n 是流线网图像中等势线下降的数量。这条线提供了流线网的上边界,必须通过试画首先将其确定下来。卡萨格兰德给出了确定地下水位线的一种经验法则,如图 7.29 所示。大部分浸润线 AD 可以用抛物线 BCE 近似,F 为焦点,通过 B 点。土坝上游面上的点 A 是水面与坝的交点,点 D 是下游过渡段,在该过渡段,渗漏暴露在大气中。

在下游坝面的较低部分 DF 的下部必须防止土沙管涌的危害,因为这种现象可能最终导致整个大坝的失效。在合理的排水系统设计中,渗透水可以从下游表面排尽。对于不分层的均质的土坝,一条狭窄的纵向的排水管就可以有效地拦截所有的渗水通过路堤,图 7.30 绘出了一个典型土坝排水层的几何示意图。

　　如第 7.8 节讨论到的一样,通过土坝的总流量可以使用图表的流线网求得。式(7.56)给出了每单位宽度坝的渗流量,即

$$q = K\left(\frac{m}{n}\right)H$$

式中:m 是流线网中流道的个数,n 是等势线下降的个数。

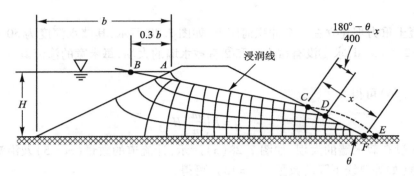

图 7.29　均质土坝的渗流网

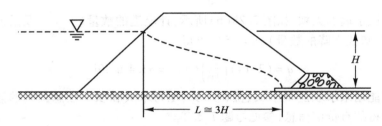

图 7.30　土坝中的排水覆盖层

习　题
(7.1 节)

7.1.1　从直径为 6 in 的井(钻孔)中提取出锥形沙土样本,12 in 深处的沙土样本干燥后倒入装有水的量筒,排出 3 450 mL 水。试估计沙土样品的孔隙率。

7.1.2　式(7.1)是确定含水层土质孔隙率的基本方程,孔隙率可以由 $\alpha = 1 - \rho_b/\rho_s$ 求出,其中 ρ_b 是样本的体积密度,ρ_s 是样本中固体的密度。利用密度的定义,用式(7.1)推导出上述公式。

7.1.3　一份石灰石样本烘干后重 157 N,用煤油浸泡至饱和后,再次称重为 179 N,最后将其沉入煤油中,排出的煤油重 65.0N,求此石灰石的孔隙率。

7.1.4　参考例 7.1,回答下列问题。
　　①为什么从松散的样本测量的渗透率与现场实验(原地)测得的不匹配?
　　②如果一份保持原状(在原位置)的沙土样本从一个测试井中用细管取样器获得(而不是从松散的样品中),我们是否还有理由怀疑实验确定的渗透率的准确性呢?为什么?

③估计一个水分子从样本一端运动到另一端所需要的时间。

④估计一个水分子穿过渗透仪的实际速度。

7.1.5 通过渗透仪实验确定非常细腻的沙土的渗透性。测试的圆柱形土样长 30 cm,直径 10 cm。为了改善实验的准确性,在计算渗透率之前收集 50 mL 的水。如果使用的压差头为 40 cm,请问一个实验需要多少分钟完成? 如果之后要进行示踪实验,一个保守的示踪剂通过整个样品需要多长时间(通常为若干小时)?

7.1.6 例 7.1 中的实验是在室温下(20 ℃)进行的。应用式(7.3)确定在温度为 5 ℃ 的条件下进行同样的实验,5 min 后的排水量,并求在这个温度下样品渗透系数。

7.1.7 制造厂发生了化学品泄漏事件,地下水采样显示在发生泄漏处的地下水中含有保守污染物。如果含水层由沙子和砾石构成,问污染物要花多少个小时扩散到 82 ft 外的边界,假设含水层是均匀的且地下水位的斜率是 2%。

7.1.8 挡土墙后方有高地下水位(图 P7.1.8),挡土墙底部每隔 3.0 m 有一个钻孔以减轻其所受静水压力。如果渗透率为 10^{-5} m/s,求通过每个泄水孔的渗流量(cm/s)。

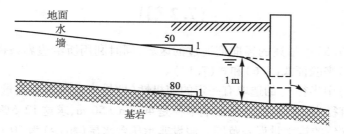

图 P7.1.8 挡土墙

7.1.9 在科罗拉多州丹佛附近的落基山脉的阿森纳有许多不透水岩石露出地表,图 P7.1.9 给出了该承压区附近的地下水位图。给定一个典型截面,求通过此承压开口的流速,假设导水率为 0.000 58 ft/s。

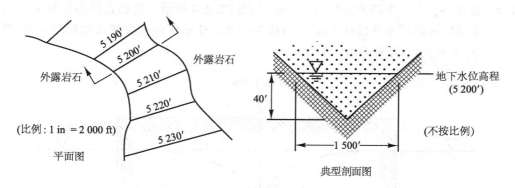

图 P7.1.9 地下水位图

7.1.10 一个非承压含水层($k = 12.2$ m/d)从一个潜在的承压含水层($k = 15.2$ m/d)被一个 1.5 m 厚的半渗透层($k = 0.305$ m/d)隔开,如图 P7.1.10 所示。为什么有水流从非承压含水层通到承压含水层,求水流通过半渗透层时的流量。

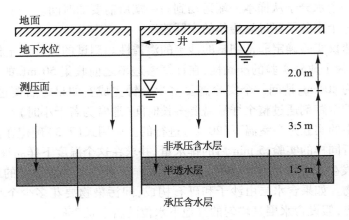

图 P7.1.10   水流渗透简图

(7.2 节)

7.2.1   画出式(7.5)中描述的径向流通过的区域,同时利用所给边界条件联立式(7.5)和式(7.13)来验证式(7.6)和式(7.14)。

7.2.2   式(7.14)中半径 r_0 的选取有一定的随机性(即排水量对这个变量并不是很敏感)。假设一直径为 20 cm 的井的影响半径是 400 m ± 50 m,求这 12.5% 的影响半径波动误差所导致的排水量误差范围。假设非承压含水层(粗沙)为 50 m 厚,且水井的水位下降 10 m。

7.2.3   一个半径为 16 ft 的水井从一承压含水层中以 1 570 gal/min 的速率抽水。承压含水层有 100 ft 厚,水压面(抽水之前)在含水层底部向上 350 ft 处,水井的水位下降 100 ft。如果含水层的导水率为 4.01×10^{-4} ft/s,求影响半径。

7.2.4   排水井位于一个圆形岛的中心附近,如图 P7.2.4 所示。岛的直径约为 800 m,直径为 30 cm 的排水井以 0.2 m^3/s 的速率抽水。非承压含水层底部由粗沙构成,总深为 40 m,求水井处的水位下降。

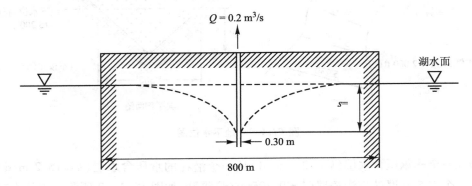

图 P7.2.4   圆形岛中排水井

7.2.5   一承压含水层(图 P7.2.5)的厚度为 10.0 m,渗透率为 1.30×10^{-4} m/s。当一个直

径为 30 cm 的井以 30 m³/h 的速率抽水,在水井处的水压面会下降 15 m。求在距离水井 30 m 远处的水压面下降值。

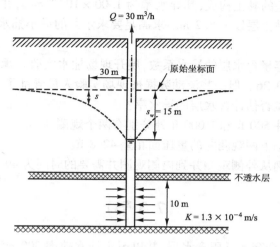

图 P7.2.5 承压含水层排水井

7.2.6 一制药厂拥有一个完全穿透承压含水层的排泄井,其排水速率恒定为 2 150 m³/d,含水层导水率为 880 m²/d。稳定状态下距离井 80 m 处的水位下降值为 2.72 m。问此作业井的水位下降对 100 m 以外的内部井有什么影响?如果在距离内部井 140 m 外的地方安装第二个具有相同排水速率的作业井,问两个井对水位下降的影响。提示:对于承压含水层中的流,在某一点由多个水井引起的水位下降值等于由单个水井引起的水位下降值的叠加。

7.2.7 两个穿透承压含水层的排水井 1 和 2 分别以恒定的速率 2 950 m³/d 和 852 m³/d 排水。稳定状态下在观测井 1(距排水井 1 为 50 m,距排水井 2 为 90 m)得到的水位下降值为 1.02 m,在观测井 2(距排水井 1 为 180 m,距排水井 2 为 440 m)得到的水位下降值为 0.242 m。求含水层的导水率。

7.2.8 一个工业制造商拥有一直径为 12 ft 的完全穿透非承压含水层的井,含水层厚 130 ft,渗透系数为 0.000 55 ft/s。水井的抽水速率为 3.5 cf,影响半径为 500 ft。另一个企业打算在相邻的地区安装一个性能相同的井,如果新井在 250 ft 远的地方,问对现有井的水位会产生什么影响?提示:非承压含水层水位下降的公式是非线性的,而在两个抽水井都在运作时,它们造成的影响可以用影响半径来分析。

7.2.9 一个水井完全穿透 33 m 厚的承压含水层,并以恒定速率 2 000 m³/d 进行抽水。在距离水井 20 m 和 160 m 远处的两个观测井之间的水头差为 2.0 m。如果未被干扰的水头为 250 m 且最远处的观测井的水头为 249 m,计算水井的影响半径。

7.2.10 一个直径为 12 ft 的水井抽水一段时间后,在承压含水层中达到平衡稳定状态。渗透系数(基于实验测试)的大小为 7.55 × 10⁻⁴ ft/s,在距离水井 90 ft 处,两个距离很近的观测井之间的量压面斜率为 0.022 2。如果含水层厚度为 50 ft,求水井的排水速率。

7.2.11 为了满足工程项目建设降低地下水位的需要,一水井被安装在一非承压沙质含水层上。作业要求是在稳定状态下,距离水井30 m 处和3.0 m 处的水位下降至少分别达到1.5 m 和3.0 m。沙土的导水率为 1.00×10^{-4} m/s;含水层的底部是由渗水性相对较差的黏土构成,其导水率为 1.00×10^{-10} m/s,在抽水之前含水层中的水面高度在黏土层以上8.2 m。求满足要求水井的最小抽水速率。假设影响半径为150 m。

7.2.12 为了获得大容量含水层的导水系数,展开现场抽水实验。承压含水层的厚度为20 ft,孔隙率为0.26。但一些流动数据被现场实验人员弄乱了,通过以下给出的现场实验数据你能否估计含水层的导水率?
①距离抽水井500 ft 和1 000 ft 处分别有两个观测井。
②在平衡状态下两观测井的量压面相差42.8 ft。
③保守示踪剂从外侧观测井到内侧观测井需要的时间为49.5 h。

(7.3 节)

7.3.1 一个排水井完全穿透承压含水层,并以恒定抽水速率300 m³/h 抽水。含水层的导水率为25.0 m²/h,储水系数为0.000 25。求在距离水井100 m 远处的观测井在抽水10 h、50 h 和100 h 后的水位下降值分别是多少。

7.3.2 一个排水井完全穿透承压含水层,并以恒定抽水速率50 000 ft³/d 抽水。如果规定在距离抽水井300 ft 远处的水位下降值不能超过3.66 ft,则抽水时间可以为多长?含水层的导水率为12 000 ft²/d,储水系数为0.000 3。

7.3.3 一个工业排水井完全穿透一承压含水层,并以恒定抽水速率300 m³/h 抽水,但仅在需要时使用。工厂决定再安装另外一个井以提高抽水能力。然而,按要求在距离第一个井100 m 远处的一个生活用井的含水层的水位下降不能超过10.5 m。如果工厂的两个井同时作业4 天,第二个排水井以200 m³/h 的速率抽水,问第二个排水井最多可以离居民生活用井多近? 含水层的导水率为25.0 m²/h,储水系数为0.000 25。

7.3.4 两个完全穿透承压含水层的水井相距600 ft,每个水井的抽水速率为40 000 ft³/d。然而,第二个水井从第一个水井开始作业一天半后才开始抽水。确定从第一个水井开始抽水三天后,两水井距离中点处的水位下降值。含水层导水率是10 000 ft²/d,储水系数是0.000 5。

7.3.5 一排水井完全穿透承压含水层,以800 m³/h 的速率抽水两天后,抽水速率下降到500 m³/h。含水层的导水率是40 m²/h,存水系数是0.000 25。求在抽水开始三天后距离抽水井50 m 远处的水位下降值。

7.3.6 一非承压含水层的前期存水系数为0.000 5,储水系数为0.10,渗透率为5 ft/d,含水层厚度是500 ft。一完全穿透非承压含水层的水井以10 000 ft³/d 的速率抽水。求抽水两天后距离抽水井50 ft 远处的水位下降值。

(7.4 节)

7.4.1 一承压含水层厚30 m,水压面在含水层上75 m 处。一直径为40 cm 的水井以0.1

m^3/s 的速率从含水层中抽水,如果在水井处的水位下降值为 30 m,在 50 m 外观测井的水位下降值为 10 m,求含水层的导水率以及水井影响半径。

7.4.2 绘制图 P7.4.2 所示由一个圆形岛中央的水井引起的地下水位自由表面。如果水井排量为 7.5 gal/min,求含水层的渗透系数和距离水井 150 ft 处的水位下降值。

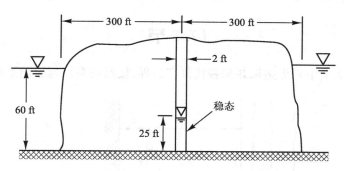

图 P7.4.2　圆形岛中央水井

7.4.3 现场抽水实验通过抽水速率为 14.9 m^3/h、直径为 20 cm 的水井从一承压含水层中抽水。到达稳定状态后,抽水井的水位下降值为 0.98 m。在距离抽水井 3 m、45 m、90 m 和 150 m 处的水位下降值分别为 0.78 m、0.63 m、0.59 m 和 0.56 m。求含水层的导水率,并求在距离水井多远的地方水位下降值可以小于 0.5 m。

7.4.4 现场抽水实验通过抽水速率为 1 300 ft^3/h、直径为 8 ft 的水井从一非承压含水层中抽水。含水层的厚度为 46 ft,在稳定状态下,不同采样点的水位下降值如表 P7.4.4 所示。求含水层的渗透系数,并求要距离水井多远水位下降值才会小于 2.5 ft。

表 P7.4.4　不同采样点水位下降值

r(ft)	0.33	40	125	350
s(ft)	6.05	4.05	3.57	3.05

7.4.5 解释为什么求取含水层的储水系数要用不平衡测试法而不是平衡测试法。

7.4.6 推导式(7.43)和式(7.47)。

7.4.7 现场抽水实验通过速率为 6.00 m^3/h 的泵在一承压含水层中抽水。在抽水井 22.0 m 外的一个观测井的水位下降情况如表 P7.4.7 所示。求含水层的导水率、储水系数以及抽水 50 h 后的水位下降值。

表 P7.4.7　观测井的水位下降值

时间(h)	0.05	0.10	0.20	0.50	1.0	2.0	5.0	10.0	20.0
s(m)	0.47	0.60	0.74	0.93	1.09	1.25	1.46	1.61	1.77

7.4.8 表 P7.4.8 的水位下降数据是从距离抽水井 120 ft 远处的观测井中收集到的。抽水井直径为 16 ft,抽水速率为 1.25 cf。求厚度为 90 ft 的含水层的渗透系数及储水系数。提示:忽略不能在半对数坐标上形成直线的水位下降的小值。

表 P7.4.8　水位下降数据

时间(h)	1	2	3	4	5	6	8	10	12	18	24
s(ft)	0.4	1.0	1.7	2.3	2.9	3.3	4.7	5.7	6.6	8.5	9.6

(7.5 节)

7.5.1 在图 P7.5.1 中画出虚拟井来替代真实边界,使新的系统与原图系统水力等效。

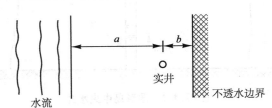

图 P7.5.1　确定虚拟井

7.5.2 一个直径为 12 in 的水井完全贯穿了厚 25 ft 的承压含水层,不渗水的岩层在距含水层 105 ft 以外处。当水井抽水速率为 20 000 gal/d 且达到平衡状态时,这个不透水边界会不会影响水井的水位下降曲线? 含水层的渗透系数为 20 gpd/ft^2,水井处的水位下降值为 30 ft。

7.5.3 承压含水层的厚度为 10.0 m,且导水率为 1.30×10^{-3} m^2/s。在不受含水层边界条件影响的前提下,当一个直径为 30 cm 的水井以 30 m^3/h 的速率抽水时,在距离 30 m 外的观测井的量压面下降值为 9.60 m。如果在同一个含水层的完全穿透的不渗水边界处安装一个同样的水井,求含水层边界处以及水井处的水位下降值。

7.5.4 一承压含水层的厚度为 10.0 m,且导水率为 1.30×10^{-3} m^2/s。在不受含水层边界条件影响的前提下,当一个直径为 30 cm 的水井以 30 m^3/h 的速率抽水时,水井的量压面下降值为 15.0 m。如果在同一个含水层中距离一个完整河流 60 m 处安装一个同样的水井,求含水层边界处、水井处以及二者之间距离中点处的水位下降值。

7.5.5 在厚度为 80 ft、导水率为 0.045 5 ft^2/s 的承压含水层中挖掘一个工业井。水井距完整溪流 600 ft。一个农民的灌溉井位于溪流和工业井的中点,在保证灌溉井的水位下降不超过 5 ft 的前提下,工业井最大可以以多少速率抽水?

7.5.6 一抽水速率恒定为 300 m^3/h 的水井完全穿透一承压含水层。含水层的导水率为 25.0 m^2/h,储水系数为 0.000 25。在 500 m 外有一完整溪流。求位于水井和溪流之间的点(距溪流 400 m、距水井 100 m)在 50 h 的抽水后水位下降值是多少。

7.5.7 一承压含水层的厚度为 40.0 ft,导水率为 250 ft^2/h,储水系数为 0.000 23。一个直径为 16 in 的水井以 10 600 ft^3/h 的速率从含水层中抽水。该水井距离一个完全穿透的不渗透边界 300 ft。求在抽水 50 h 后边界处的水位下降值。同时,求边界水位下降达到 59.0 ft 所需要的时间。

(7.8 节)

7.8.1 正如前文所述,绘制一个好的流线网既是一门科学更是一门艺术,因为不同的人画出来的流线网毫无疑问都是不同的,所以我们就会考虑到其对求解渗流计算的准确性。在合理的情况下,我们发现不同的工程师画出的流线网计算得到的渗流结果有着较高的一致性。为了进一步提高这种假设的可信度,请完成以下练习。

①用铅笔在图 7.28(a)中加上五条流线可以平分现有流道。为什么得到的结果并不是一个标准的流线网? 还有什么步骤需要完成? 在加上漏掉的步骤后,重新计算例 7.18 中的渗流速率,对比结果会有什么不同。

②观察图 7.28(a)中大坝的轮廓线和边界。用两条流线另外画出你自己的流线网,并重新用新的流线网估算例 7.18 中的渗流,对比答案的差异。

7.8.2 流线网除了能反映渗流速率,还含有很多信息。例如,流线网内任意位置的总能量头都可以使用等势线估算出来;在按顺序排列的等势线中,从库水位到下游水位,会出现等间距的水头下降;对于在任意点的总能量水头而言,压力水头可以通过总能量水头减去位置水头得到;此外,在流线网中任意位置的渗流速度的大小和方向都可以通过相邻等势线总压水头与比例图上的距离来获得。在此背景下,估计在图 7.28(b)中位置 1、2 和 4 处的总能量水头和渗流速度(大小和方向)。假设上游水深为 160 ft,渗透率为 7.02 ft/d,孔隙率是 0.40,总能量头从水库的底部开始测量。

7.8.3 板桩将水和桥墩建造地点隔绝开来,如图 P7.8.3 所示(按比例绘制)。为了确定将水排出工地的泵的参数,需要求出渗流量大小(m³/h,每单位长度板桩)。渗流范围为 $d=3.5$ m,$b=4.7$ m,$z=1.3$ m。渗透率为 0.195 m/d,孔隙率为 0.35。同时求板桩周围水流的排出速率。注意:当排出速度大到一定程度时,水流会携带土沙,并会最终造成板桩的失效破坏。

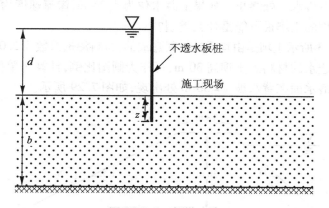

图 P7.8.3　桥墩建造

7.8.4 一个水泥大坝建造在冲积土层上,如图 P7.8.4 所示。求 100 m 长的大坝的渗流速率,其渗透率为 4.45×10^{-7} m/s,上游的水流深度为 20 m。同时求能量头(以大坝底部为基点)以及大坝中部下方的瞬时渗流速度,其中土沙的孔隙率为 0.45。

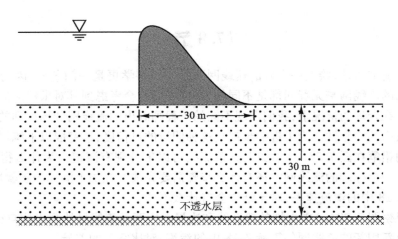

图 P7.8.4　坝根处隔水墙

7.8.5 在坝踵处安装一隔水墙,如图 P7.8.4 所示,同例 7.18 相似。隔水墙要向地下延伸 1/3 的距离到达不渗水土层处。求单位宽度大坝的渗流量。假设渗透系数为 4.45×10^{-7} m/s,上游水深为 20 m。如果在没有隔水墙的情况下每米的渗流量可达到 4.45×10^{-6} m³/s,问安装隔水墙后渗流量减小了百分之多少?

(7.9 节)

7.9.1 求图 7.29 中所绘的均质土坝的渗流量,单位为 m³/d,同时求下游堤坝水面位于 D 点时水流的渗流速度。上游水深 7.0 m,土坝长 80 m,建造土坝的土质为淤泥。假设图 7.29 为比例图,上游水深标尺长度对应水深为 7.0 m。

7.9.2 复制图 7.30 并构造一个流线网。用地下水位线作为其最上层流线,下方所有其他流线一起在排水层处终止。如果上游水位为 4.24 m,渗流速度为 0.005 m³/d,问用来建造大坝的土壤最可能是什么类型?

7.9.3 如图 P7.9.3 所示土坝是由均质的材料建成的,材料渗透系数为 2.00×10^{-6} m/s,坝基为相对不透水的材料。土坝高 30 m,可作为画图比例,计算每单位宽度坝的渗流速率。假设潜水面在背水坡 $x = 30$ m 处出现,如图 7.29 所示。

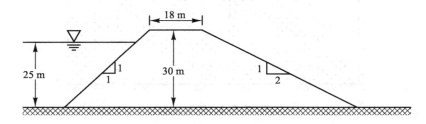

图 P7.9.3　土坝

7.9.4 当如图 7.30 所绘的排水层从坝趾处向后延伸 30 m,求习题 7.9.3 中每单位宽度坝的渗流速率。绘制流线网的第一步是画出地下水位线(流线最上层的一条,如图

7.30 所示)与排水层相交于距上游水端口 5 m 处,所有流线都会在此交点与上游水端口点之间与排水层交汇。

7.9.5 如图 P7.9.5 所示的土坝储水高为 30 ft,如果坝长 90 ft,求坝的渗流速率(ft³/d)。构成坝的均质土的渗透系数为 3.28×10⁻⁶ ft/s,孔隙率为 0.40,求图 7.29 中点 D 处开始出现水流时的渗流速度。下游侧的坝角 θ=16°,假设图 P7.9.5 是一个比例图,以上游水深 30 ft 作为比例标尺。

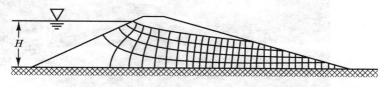

图 P7.9.5 土坝

8

水工建筑物

当能合理地控制、输送和容纳水时,水会对人们更有益处。为了达到这些目的,我们设计和建造水工建筑物。一些最常见的水工建筑物有管道、泵、明渠、井、水测量装置、雨水收集和雨水输送系统,这些结构在本书的其他章节中介绍;水坝、堰、溢洪道、涵洞和消力池也很常见,本章将对它们进行讨论。

8.1 水工建筑物的功能

水工建筑物的任何分类都因情况而定,因为它们很多都可以服务于多个目的。另外,许多相同的结构可满足完全不同的目的,因此以使用功能为标准的水力结构的分类是不能令人满意的。例如,可以在河道上建造一个低水坝,作为测量流量的装置,或者可以建造一个低水坝,用以提高灌溉渠入口处的水位,从而将水转移到运河中。我们没有将各种水工建筑物任意分类,而是列出了水工建筑物的基本功能和基本设计标准。

①存水建筑物在静水压条件下用来蓄水。针对静水压头(水位升高)相对小的变化,存水建筑物通常具有大容量。

②输水建筑物用于将水从一个地方输送到另一个地方,该设计通常强调以最小的能量消耗输送给定的流量。

③水路和航运建筑物用于支持水上运输,在各种条件下维持最小水深至关重要。

④海岸线建筑物用来保护海滩、入口、港口和建筑物,波浪力影响是这些结构设计中的关键考虑因素。

⑤测量或控制建筑物用于量化特定管道中的流量。流量和某些参数(通常是高度)之间的稳定性能和一对一关系是必要的。

⑥能量转换建筑物用于将液压转换成机械能或电能(例如水力涡轮系统)或将电能或机械能转换成液压能(例如液压泵),设计重点在于系统效率和消耗或产生的功率。

⑦沉积物和渔业监控建筑物用于引导或调节非水力因素在水中的运动,了解所涉及元素的基本机制和行为是设计的基本要求。

⑧能量耗散建筑物用于控制和分散多余的液压能量来防止通道侵蚀。

⑨收集建筑物用于收集和输送水到液压系统,典型的例子是地表排水入口用于收集地表径流,并将其引入雨水输送系统。

显然,详细考虑所有这些功能及其设计标准超出了本书的范围,这里仅讨论最常遇到的水工建筑物,以说明在设计中如何使用基本考虑因素。

8.2 水坝的功能和分类

水坝是横跨水道的屏障结构,用于储存水并改变正常的水流。水坝的大小从几米高(农场池塘坝)到超过 100 m 高大型建筑,如大型水电大坝不等,美国最大的两座水坝是胡佛水坝(位于科罗拉多河上,亚利桑那州和内华达州的边界)和大古力水坝(位于华盛顿的哥伦比亚河上)。胡佛水坝于 1936 年完工,高 222 m,长 380 m,可储存 3.52×10^{10} m³ 的水。大古力水坝于 1942 年建成,高 168 m,长 1 592 m,可存储 1.17×10^{10} m³ 的水。这两座水坝与世界上最大的水坝相比相形见绌,世界上最高的大坝是塔吉克斯坦的罗贡水坝,高达 335 m,于 1985 年完工。世界上最大的水库大坝是中国的三峡大坝,2009 年完工,可储存 3.93×10^{10} m³ 的水。

大坝实现了许多功能,胡佛水坝和大古力水坝为美国西部提供了大量电力,但是像大多数大型水坝一样,它们有多种用途。它们还控制下游洪水(见第 11 章的储存路线),灌溉大量农田和提供娱乐设施。大坝还可用于提供工业用水、冷却水(用于发电厂)和市政用水,建造船闸和水坝,以支持许多大型河流的导航。在过去,水坝与水轮一起建造,以为其他机械提供动力。

水坝有多种分类方法,根据它们如何实现稳定性和在构造中使用什么材料来对它们进行分类可能是有用的,表 8.1 列出了一种分类方案,主要有四种类型的水坝:重力坝、拱形坝、支撑坝和土坝。典型的重力坝是一个巨大的结构(图 8.1(a)),坝体的巨大重量提供了必要的稳定性,以防止翻倒(坝趾周围)或剪切破坏(沿着底部)。拱坝通常建在坚固的岩石基础中,通过拱形作用提供对静水力的抵抗力(图 8.1(b))。结合重力作用和拱形作用是一种常见的做法,典型的坝垛每隔一段距离用支撑墩支撑一个倾斜的混凝土板(上游面)。由于大部分横截面是坝垛之间的空隙,因此稳定性来自作用在面板上的水重量。由于它们的重要性和所涉及的基本原理,重力坝和拱形坝的稳定性将在下一节中讨论。

最常见的大坝类型是土坝,通过由自身质量和上游的水来实现自身稳定性。因为这些水坝是由多孔材料制成的,所以会不断地渗水,控制渗漏的数量和渗漏位置是一个重要的设计问题(第7章)。在不久的将来可能很少建造大型水坝,但每年都会设计和建造许多小型水坝,其中大多数是为城市雨水管理而建造的(第11章),由于其重要性和普遍性,第8.4节描述了一些关键的设计考虑因素和典型的构建方案。

表 8.1　大坝的分类

种类	稳定性	材料	断面形态
重力坝	较大质量	混凝土、岩石或砖石	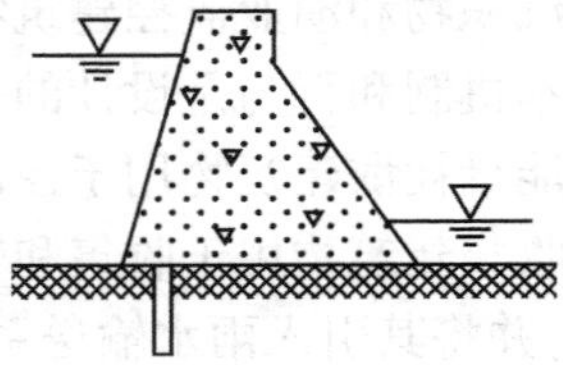
拱形坝	拱形放置于岩石狭缝中	混凝土	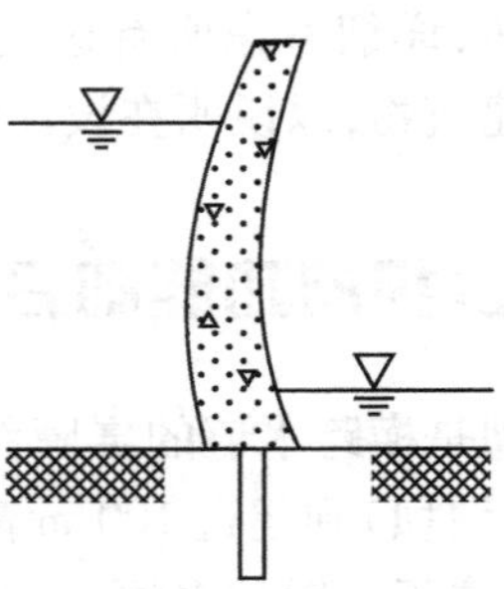
支撑坝	大坝和水的质量作用在上游表面	混凝土、铁或木材	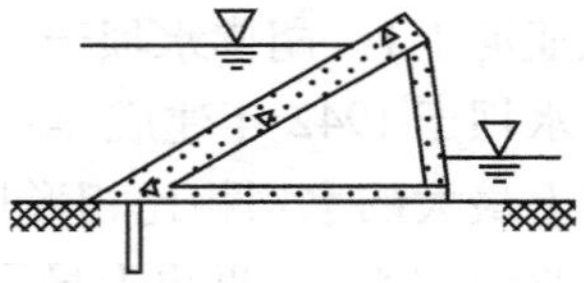
土坝	大坝和水的质量作用在上游表面	泥土或石头	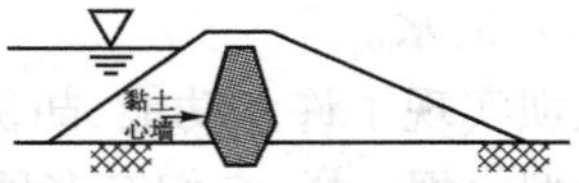

8.3　重力坝和拱形坝的稳定性

8.3.1　重力坝

作用于重力坝的主要力如图 8.2 所示,有:

①静水力(F_{HS});

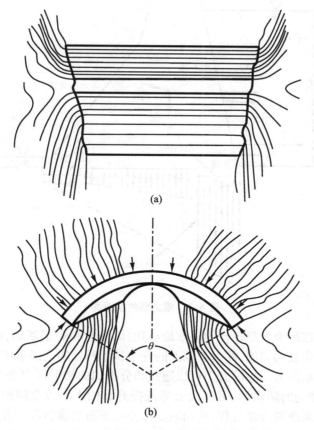

(a)

(b)

图 8.1　重力坝和拱形坝的俯视图

②大坝的重量(W)；
③大坝底部的提升力(F_u)；
④沉积(淤泥沉积)压力(F_s)；
⑤大坝上的地震力(F_{EQ})；
⑥由大坝后面的水质量引起的地震力(F_{EW})。

　　许多重力坝在其整个宽度上具有均匀的横截面,可以在每单位宽度的坝上进行力分析,在分析中因为每个单位宽度段之间的结合力只增加大坝的稳定性,可以忽略。

　　作用在坝的上游面上的静水力可以分解为水平分量和垂直分量。静水力的水平分量沿着坝底部上方 $H/3$ 的水平线作用,这个水平力在坝趾周围产生了一个顺时针方向的力矩(图 8.2),并且可能导致大坝因倾覆而失效,也可能通过沿大坝底部的水平面剪切导致大坝失效。静水力的垂直分量等于大坝上游面正上方的水的重量,沿垂直线穿过大坝的形心。静水力的垂直分量总是形成一个围绕坝趾的逆时针方向的力矩,它是重力坝的稳定因素。

　　最大的稳定力是大坝的重力,它不仅取决于大坝的尺寸,还取决于其所使用的材料。大多数砖石或固体土壤材料的单位重力为水的 2.4~2.6 倍,这种稳定力的重要性解释了这个名称——重力坝。

　　大坝底部的升力可以通过基础渗流分析(第 7 章)确定,该力在与重力相反的方向上作

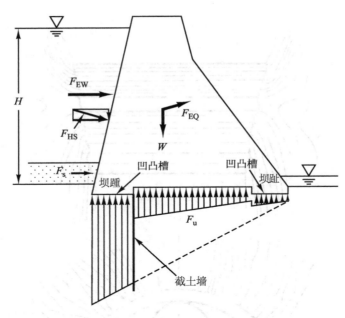

图 8.2　重力坝的横截面

用,如果可能的话,在每个大坝设计中应该最小化,因为它削弱了基础,并倾向于推翻大坝。如果基础土壤是多孔且均匀的,那么基础上的升力从坝踵处的全静水压力(即 $P = \gamma H$)线性变化到坝趾的全静水压力。总的升力可以通过积分得到的梯形压力分布来确定。如图 8.2 所示,通过安装不渗透的防渗墙,可以大大降低提升力的大小以及倾覆(顺时针)力矩。截止墙通过延长通道来改变渗流过程,从而减少截止壁下游的渗流和上升力。

大坝下游的水流速度非常慢,或几乎为零。因此,水流不能携带沉积物或其他悬浮物,一些较重的材料沉积在水库的底部,还有一些靠近坝的底部。泥水混合物比水重约 50%(比重为 1.5),并在坝踵附近形成过大的压力。通常,淤泥层的厚度将随时间缓慢增加,这个力可能沿基部的剪切导致坝体失效。

在地震带中,地震运动产生的力必须纳入大坝的设计中。大坝上的地震力来自与地震运动相关的加速度,坝体地震力 F_{EQ} 的大小与坝体的加速度和质量成正比,力可以通过坝体的中心向任何方向作用。

大坝下游水体加速产生的地震力约为

$$F_{EQ} = \frac{5}{9}\left(\frac{\alpha\gamma}{g}\right)H^2$$

式中:α 是地震加速度;γ 是水的比重;H 是水坝下游的静水压头或水深。水体的地震力沿水平方向作用于坝底上方 $(4/3\pi)H$ 处。

为保证稳定,防止滑动或倾覆失效的安全系数必须大于 1.0,并且通常要更大。此外,施加在基础上的最大压力不得超过基础的承载强度。

抗滑动力比(FR_{slide})由基础可以产生的总水平阻力与导致滑动的作用在坝上的所有力的总和之比来定义,可表示为

$$FR_{slide} = \frac{\mu\left(\sum F_V\right) + A_s\tau_s}{\sum F_H} \tag{8.1}$$

式中:μ 为坝基和基础之间的摩擦系数,通常 $0.4 < \mu < 0.75$;$\sum F_V$ 为作用在坝上的所有垂直力分量的总和;τ_s 为凹凸槽的剪切应力强度;A_s 为坝趾和坝踵提供的总剪切面积;$\sum F_H$ 为作用在坝上的所有水平力分量的总和。

如图 8.2 所示的凹凸槽是建在基础中的大坝组件,以增加对大坝滑动的抵抗力。水平力通过凹凸槽中的剪切力传递到基础。由凹凸槽提供的总剪切力 $\tau_s A_s$ 必须大于作用在坝上的总水平力 $\sum F_H$ 与基础提供的摩擦力 $\mu(\sum F_H)$ 之间的差值,有

$$\tau_s A_s > \left[\sum F_H - \mu \left(\sum F_{H_v} \right) \right]$$

倾覆力 FR_{over} 由抵抗力矩(围绕坝趾的逆时针力矩)与倾覆力矩(围绕坝趾的顺时针力矩)之比来定义,有

$$FR_{over} = \frac{W l_w + (F_{HS})_v l_v}{\sum F_H Y_H + F_u l_u}$$

式中:$(F_{HS})_v$ 是静水力的垂直分量;l_w、l_v 和 l_u 分别是坝趾到重力 W 作用线的水平距离、坝趾到静水力垂直分量的水平距离、坝趾到提升力 F_u 的水平距离;Y_H 是从坝趾到作用在坝的上游面上的每个水平力分量 F_H 的垂直距离。

通常,可以假设基础上的垂直压力在坝趾和坝踵之间线性分布,如图 8.3 所示。如果用 R_V 代表作用在大坝底部的所有垂直力,P_T 和 P_H 分别代表在坝趾和坝踵处产生的基础压力,可以写为

$$R_V = \frac{(P_T + P_H)}{2}(B)$$

并计算中心线周围的力矩(仅垂直力),有

$$R_V(e) = \left[\frac{(P_T - P_H)}{2}(B) \right] \left(\frac{B}{6} \right)$$

联立上述两个方程式,得到

$$P_T = \left(\frac{R_V}{B} \right) \left(1 + \frac{6e}{B} \right) \tag{8.3}$$

$$P_H = \left(\frac{R_V}{B} \right) \left(1 - \frac{6e}{B} \right) \tag{8.4}$$

垂直合力通常通过基准中心线下游侧的点起作用。因此,P_T 通常是设计中的临界压力,P_T 的值必须保持小于基础的承载强度,坝踵处的压力 P_H 不太重要,但仍希望始终保持 P_H 为正值,以防止在跟部区域中产生张力裂缝。负压表示张力,砖石材料对拉伸应力的抵抗力非常低,如果垂直合力 R_V 保持在基座的中间三分之一范围内,则可以确保正的 P_H 值,或者有

$$e < \frac{B}{6} \tag{8.5}$$

e 的值可以通过力矩原理得到;也就是说,由各个垂直力分量围绕中心线产生的力矩等于 R_V 产生的力矩。

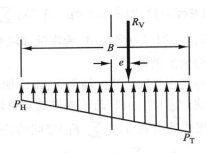

图 8.3　坝基压力分布

8.3.2　拱形坝

拱形坝上的载荷与重力坝上的载荷基本相同。为了承受这些荷载,坝基必须提供拱形水平反作用力,较大的水平反作用力只能通过拱形两端坚固的岩石基台提供(图 8.1)。拱形坝通常是建在相对狭窄的岩石峡谷区域的高坝,与重力坝相比,拱形坝更重视使用材料强度而不是体积,横截面较小,使得拱形坝在许多情况下成为最佳选择。由于拱形坝将拱形作用的阻力与重力相结合,因此坝体的每个部分都存在较高的应力,需要进行详细的应力分析。

拱形坝的稳定性分析通常在每个水平肋上进行。在水库设计水位以下 $h(m)$ 处单位宽度处,作用于大坝中心线方向的力为

$$2R\sin\frac{\theta}{2} = 2r(\gamma h)\sin\frac{\theta}{2}$$

式中:R 是来自基础的作用力;θ 是肋的中心角;r 是拱的外半径(外弧);γh 是作用在单位肋位的静水压力(图 8.4)。对于基础的作用力,可以简化先前的方程,有

$$R = r\gamma h \tag{8.6}$$

该值是通过仅考虑抵抗坝上的静水载荷的拱形反应来确定的。然而,在实际中,还应包括若干其他阻力,如重力坝所讨论的那样,拱和重力作用的组合阻力。

拱形坝的体积与每个肋的厚度 t、肋的宽度 B 和中心角 θ 有直接关系。对于大坝的最小体积,有 $\theta = 133°34'$(图 8.4(a))。其他因素,例如地形条件,通常会优先满足这一最佳值,在 $110° < \theta < 140°$ 范围内的值通常用于拱形坝设计。

拱形坝设计的一个简单方法是保持中心角不变,同时不同的肋,其半径也不相同,如图 8.4(a)所示。经常使用的另一种方法是将肋的半径保持在恒定值,并允许中心角的变化,如图 8.4(b)所示。

8.4　小土坝

小土坝(或堤坝)的设计和建造有多种原因,例如小型土坝经常用于雨水池塘、尾矿池、农场池塘(灌溉或蓄水)、人工湿地和防洪堤(堤坝)。这些结构非常常见,因此对关键设计特征和构造考虑因素的基本了解非常重要。以下对其中一些项目进行了初步讨论,可以在经典的小水坝设计中找到详细的研究。

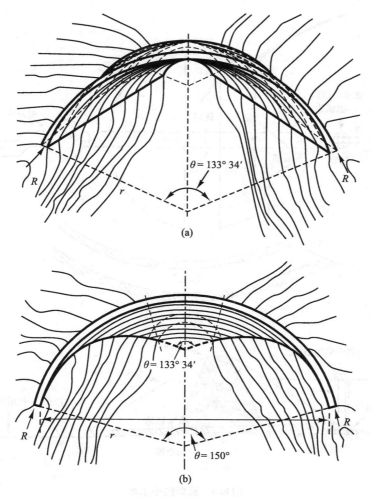

图 8.4　恒定角度和恒定半径的拱形坝

　　小土坝必须设计和构造得恰当,以满足其预期目的,必须特别注意以下功能。

　　①基础:在没有任何场地准备的情况下,将坝堤直接放置在原生材料上仅适用于非常小的土坝。通常需要进行场地清理,分级或铲平以及压实以提供稳定性,并最小化沉降和渗漏。通常沿着横截面的中心线挖掘沟槽(也称为键或键槽,图8.5),然后将沟槽回填,并用黏土压实,以使渗漏最小化。

　　②堤坝:必须指定高度、坡度、顶部宽度和材料。高度通常由存储要求或场地限制(如海拔限制或土地持有)决定。斜率在某种程度上取决于所使用的材料,但通常在2:1和3:1之间。顶部宽度可能需要容纳维护设备,否则小型水坝通常需要1~3 m。最后,需要指定坝堤材料。小型水坝和堤坝通常采用均质材料建造(简单的堤坝),更常见的是黏土芯放置在坝堤的中间,两侧有更多的透水材料(分区坝堤,见图8.5)。内部黏土会减少渗漏,外部材料(淤泥或淤泥和沙子)会提供稳定性。通常需要压实测试(使用密度计),因为坝堤是在测量的提升层中构建和压实的。

　　③工作溢洪道:需要一个出水装置来通过进入下游水库的正常水流。小型土坝的常见

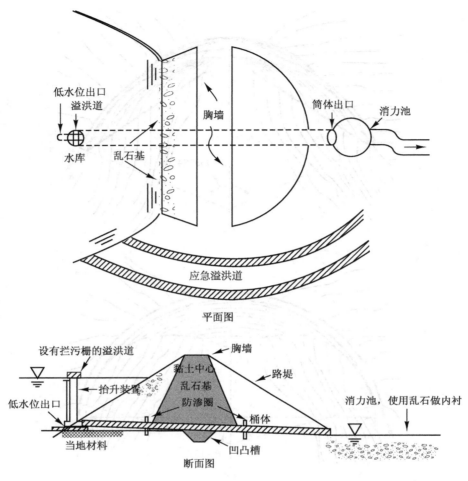

平面图

断面图

图 8.5 典型的小土坝

出水装置是立管和筒组件,通常称为下降式进水口(图 8.5)。水流过立管顶部,落入筒或管道,并通过土堤。提升管需要根据预期的流量和一些可接受的水位增加来确定尺寸。立管充当堰,设计方程将在下一节中介绍。筒的尺寸同样需要适应流动而不允许水支撑提升管并阻塞流动,模式像一个涵洞,设计方程在第 8.9 节中介绍。通常,筒在底部上有闸门出口(低水位出口),以便在必要时排放水库中的水。渗圈(图 8.5)最大限度地减少了沿筒体的渗漏。管道可以用混凝土包裹三分之二的长度来代替渗圈,最后三分之一用过滤环。

　　④紧急溢洪道:任何土坝的损坏将导致经济损失或潜在的生命威胁,这就需要一个紧急溢洪道。紧急溢洪道用于预防罕见暴雨导致的流量,使其不会超过大坝的危险水位(大约三分之一的土坝决堤是由于溢流和随后的堤坝侵蚀造成的)。通常情况下,通过围绕大坝一端的原生(原始)材料挖掘通道来建造紧急溢洪道(图 8.5),控制高程(允许水流过紧急溢洪道)高于服务溢洪道高程,因此很少使用。设计考虑因素包括确定峰值流速的水文分析,通过峰值流量的通道尺寸,防止与峰值流量相关的腐蚀的衬砌设计。草坪紧急溢洪道很常见,如果斜坡不太陡峭,在不经常使用的情况下也能保持良好状态。

　　在施工过程结束时,需要进行测量以确认最终坡度、高度和距离,最重要的是大坝顶部

（坝顶）、服务溢洪道和紧急溢洪道的高程。适当大小的工作溢洪道管道和紧急溢洪道也很重要。

8.5　堰

堰是流动障碍物，会使水位上升并淹过它。由于堰通常建在具有自由水面的溪流和河道中，因此堰上的流动行为受到重力的影响。堰的一个独特应用是防止桥梁被洪水淹没，如图 8.6 所示。通过在相反的亚临界值的水流中放置足够尺寸的堰，水位在堰的上游升高，随着有效水头的增加，水流在通过堰顶时加速，这种加速导致水深减小，并在通过临界深度后达到超临界水流。

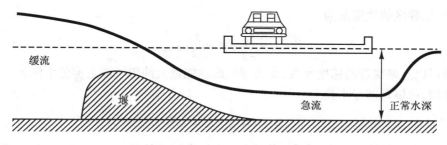

图 8.6　堰上流动的利用

在堰下游一定距离处，流动通过水跃返回到正常的亚临界深度，这种布置可以保护桥梁结构不被淹没。这个概念在澳大利亚用于设计"最小能量"桥梁，通过最小化水路开口来降低桥梁的成本。

堰上的水流加速度在接近的水位高度（深度）和每种堰的流量之间存在独特的一对一关系。因此，通常建造堰以测量明渠中的流量，堰也用于提高溪流水位，以便将水转移并用于灌溉和其他目的。

第 9 章将详细讨论使用堰作为流量测量装置，在本节将介绍堰的水力特性。

如前所述，堰增加了堰上游的水深，并减小了顶部的横截面流动面积。水深的增加降低了上游的流速，但是横截面面积的突然减小，导致流动在通过顶部时迅速加速。堰上临界流动的发生是堰结构的基本特征。

溢流堰的水力学原理可以通过使用理想的无摩擦堰进行检验（图 8.7）。在发生临界深度的位置，堰的每单位宽度的流量可以通过使用临界流动方程（第 6 章）来确定，有

$$\frac{v}{\sqrt{gD}} = 1 \qquad\qquad (6.11)$$

和

$$y_c = \sqrt[3]{\frac{Q^2}{gb^2}} = \sqrt[3]{\frac{q^2}{g}} \qquad\qquad (6.14)$$

可以用 y_c 代替式（6.11）中的 D，代替矩形通道，有

$$\frac{v_c^2}{2g} = \frac{y_c}{2}$$

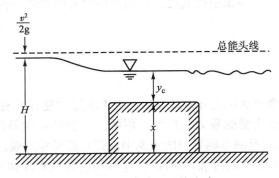

图 8.7 无摩擦堰上的流动

因此,临界区的比能量为

$$E = y_c + \frac{v_c^2}{2g} = y_c + \frac{y_c}{2} = \frac{3}{2}y_c$$

如果可以忽略接近的速度水头,那么接近流的能量大约等于堰上游的水深 H。因此,对于无摩擦堰,可以写能量平衡为

$$E + x = \frac{3}{2}y_c + x = H \tag{8.7}$$

式中:x 是堰的高度,如图 8.7 所示。将式(8.7)与式(6.14)联立,定义 $H_s = H - x$,得到

$$q = \sqrt{gy_c^3} = \sqrt{g\left(\frac{2H_s}{3}\right)^3} \tag{8.8a}$$

式中:q 是堰的每单位宽度的排水量。这是堰方程的基本形式,用英制单位,等式变为

$$q = 3.09H_s^{3/2} \tag{8.8b}$$

在国际单位制中,等式变为

$$q = 1.70H_s^{3/2} \tag{8.8c}$$

所得流量系数(3.09 $ft^{1/2}$/s 和 1.70 $m^{1/2}$/s)高于实验中获得的系数,因为在上述分析中忽略了摩擦损失。另请注意,H_s 定义为从堰顶部到上游水位的垂直距离。

薄壁堰如图 8.8(a)所示。在距离堰很近的上游,所有速度矢量几乎均匀且平行。然而,当流动接近堰时,通道底部附近的水上升,以便越过障碍。在堰上游面附近的流动的垂直分量导致流的下表面与堰分离,并在流经堰后形成推覆体,如图 8.8(a)中的左图。推覆体通常在其下表面和堰的下游侧之间有一个真空区,如果没有提供恢复空气的方法,则会出现空白,代表结构上的负压。推覆体也会间歇地附着在堰的侧面,导致流动不稳定。这种不稳定流动的动态效应可能导致增加的负压,最终可能损坏结构。

当下游水位超过堰顶时,堰被淹没,如图 8.8(a)中的右图。在这种情况下,不再存在负压,并且在确定流量系数时可以考虑一组新的流量参数。

低水头坝是一种特殊类型的堰,设计用于跨越溪流或河流,随着水流经过整个长度而略微提高上游水位,这使得上游的水可以相对恒定地分流,可用于明渠灌溉或发电厂冷却水,这是这些水力结构的两个共同目的。大多数低水头坝高不到 3 m,根据下游深度,会产生不同的水力条件,如图 8.8(b)所示。

低水头坝要采用水力设计以实现其目的,但还有人身安全的问题。水上运动爱好者经

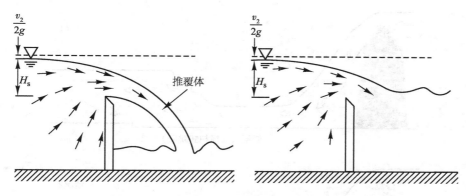

图 8.8（a）　低水头坝上的堰流（四个水力条件）

常低估水流的力量,这些水坝可能会带来巨大的危险,应避免的下游条件如图 8.8（b）中的情况 3。虽然这种情况可能看起来无害,但它可能造成许多溺水死亡。这种包括反向滚动的水体条件至少存在三种危险:第一个危险是反向水流吸引冒险太靠近大坝背面的任何人;第二个危险是由于暴雨,水中产生的大量空气导致"浮力"降低;第三个危险是水落在大坝上的力量,会冲击无法抵抗逆流的人。水利工程师应该意识到这些结构的危险性,并避免对公众有害的设计。合理的设计超出了本书的范围,但可以在工程文献中找到,现有结构最常见的设计包括战略性的放置碎石和改变下游深度。

例 8.1

　　2 m 深处的均匀流动发生在 4 m 宽的长矩形通道中,通道铺设在 0.001 的斜率上,曼宁系数为 0.025,如图 8.9 所示。确定可以在此通道底部构建的低堰的最小高度,以产生临界深度。

解:

　　对于均匀流动条件,曼宁方程式（6.5a）可用于确定涌道流量 Q,有

$$Q = \frac{1}{n} A R_h^{2/3} S_D^{1/2}$$

在这种情况下,$A = (2 \text{ m})(4 \text{ m}) = 8 \text{ m}^2$,$\chi = 2(2 \text{ m}) + 4 \text{ m} = 8 \text{ m}$,$R_h = A/\chi = 1.0 \text{ m}$,因此有

$$Q = \frac{1}{0.025}(8)(1.0)^{2/3}(0.001)^{1/2} = 10.1 \text{ m}^3/\text{s}$$

和

$$v = \frac{Q}{A} = \frac{10.1}{8} = 1.26 \text{ m/s}$$

具体的比能量为

$$E = y + \frac{v^2}{2g} = 2 + \frac{(1.26)^2}{2(9.81)} = 2.08 \text{ m}$$

堰上的水流经过临界深度,使用式（6.14）得出

$$y_c = \sqrt[3]{\frac{Q^2}{gb^2}} = \sqrt[3]{\frac{(10.1)^2}{(9.81)(4)^2}} = 0.87 \text{ m/s}$$

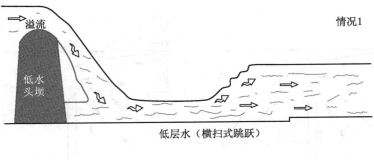

低层水（横扫式跳跃）

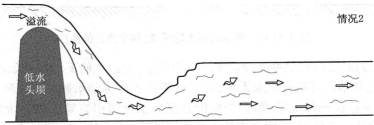

下游水位增大（最适宜的水跃）

下游高水位伴随逆向环流（下潜水跃）

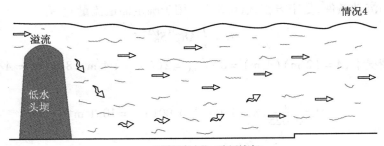

下游很高水位（表层越流）

图 8.8(b)　低水头坝上的堰流(四个水力条件)

相应的速度为

$$v_c = \frac{Q}{4y_c} = \frac{10.1}{4(0.87)} = 2.90 \text{ m/s}$$

临界速度水头为

$$\frac{v_c^2}{2g} = 0.43 \text{ m}$$

　　现在,在堰的两个位置和堰的上游之间可以实现能量守恒,如图8.9所示。假设堰上没有能量损失,可以建立产生临界流量的最小堰高度 x。

$$E = y_c + \frac{v_c^2}{2g} + x$$

$$2.08 = 0.87 + 0.43 + x$$

$$x = 0.78 \text{ m}$$

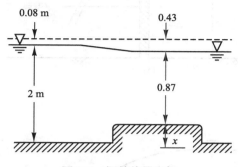

图8.9　堰的能量守恒

8.6　溢流溢洪道

　　溢流溢洪道作为大坝上的安全阀,设计用于将大量水安全地通过大坝顶部,以维持目标水位。通常作为紧急溢洪道,或与紧急溢洪道一起,在暴雨天气期间防止大坝被淹没。溢流溢洪道在拱形坝、重力坝和支墩坝上很常见。许多土坝都有一个混凝土部分,以容纳溢流溢洪道。对于小型水坝,溢流溢洪道的设计形状并不重要,但在大型水坝上,溢流溢洪道的有效性在很大程度上取决于其形状。

　　从本质上讲,溢流溢洪道是一种有效的水利堰,其后是陡峭的开放通道,允许多余的水以超临界速度流过大坝。溢流溢洪道理想的纵向剖面或形状应与薄壁堰的自由落水突出物的下侧紧密匹配,如图8.10所示,这将最大限度地减少溢洪道表面的压力。但仍要谨慎小心,避免表面上的任何负面压力,负压是由高速水流与溢洪道表面分离引起的,导致撞击作用对溢流道结构造成严重损坏(例如点蚀)。

　　美国水道实验站建议使用一组简单的波峰曲线,这些波形曲线与实际的原型测量结果一致,溢洪道顶部剖面的几何形状如图8.11所示。

　　溢洪道的流量可以通过类似于在堰上流动得到的等式(式(8.8))计算,有

$$Q = CLH_a^{3/2} \tag{8.9}$$

式中:C 是流量系数;L 是溢洪道顶部的宽度;H_a 是顶部静压水头(H_s)和行进速度水头($v_a^2/2g$)的总和(图8.10)。因此,有

$$H_a = H_s + \frac{v_a^2}{2g} \tag{8.10}$$

　　特定溢洪道顶部的流量系数通常由比例模型实验(第10章)确定,并考虑能量损失和

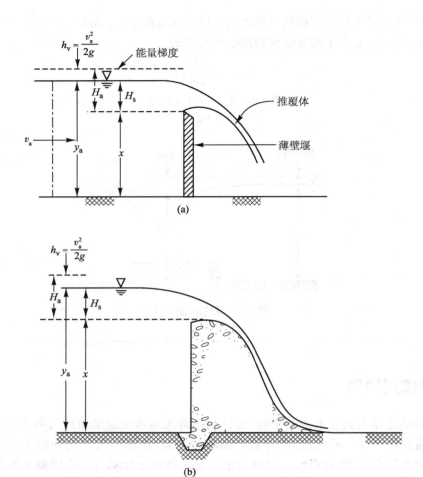

图 8.10　溢流溢洪道的理想纵向剖面或形状

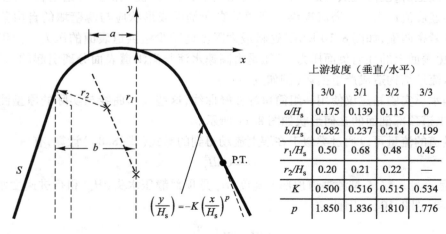

图 8.11　溢流溢洪道剖面图

行进速度水头的大小。系数的值通常为 $1.66 \sim 2.25$ m$^{1/2}$/s，关于堰的详细讨论见第 9 章。

例 8.2

80 m 宽的溢流溢洪道最大（设计）流量为 400 m^3/s，计算静态（设计）水头，并定义溢洪道的波峰轮廓。考虑波峰剖面的上游斜率 3:1 和下游斜率 2:1，假设基于模型研究的流量系数为 2.22，基于坝高度的可接受速度可忽略不计。

解：

应用式(8.9)，并假设最小行进速度，得到

$$Q = 2.22 L H_s^{3/2}$$

和

$$H_s = \left(\frac{Q}{2.22L}\right)^{2/3} = \left(\frac{400}{2.22(80)}\right)^{2/3} = 1.72 \ \text{m}$$

从图 8.11 中的表中可以看出

$$a = 0.139 H_s = 0.239 \ \text{m} \quad r_1 = 0.68 H_s = 1.170 \ \text{m}$$

$$b = 0.237 H_s = 0.408 \ \text{m} \quad r_2 = 0.21 H_s = 1.361 \ \text{m}$$

$$K = 0.516 \quad p = 1.836$$

并从图 8.11 中，有

$$\left(\frac{y}{H_s}\right) = -K\left(\frac{x}{H_s}\right)^p = -0.516\left(\frac{x}{H_s}\right)^{1.836}$$

轮廓曲线的下游端将与斜率为 2:1 的直线匹配，相切点的位置由下式确定：

$$\frac{\mathrm{d}\left(\dfrac{y}{H_s}\right)}{\mathrm{d}\left(\dfrac{x}{H_s}\right)} = -Kp\left(\frac{x}{H_s}\right)^{p-1} = -0.947\left(\frac{x}{H_s}\right)^{0.836} = -2$$

所以

$$\frac{x}{H_s} = 2.45 \quad x_{\text{P.T.}} = 4.21 \ \text{m}$$

$$\frac{y}{H_s} = -2.67 \quad y_{\text{P.T.}} = -4.59 \ \text{m}$$

溢洪道的顶部轮廓曲线如图 8.12 所示。

8.7 侧槽溢洪道

侧槽溢洪道将水从溢洪溢流道输送到与溢洪道顶部平行的通道中，如图 8.13 所示。

溢流溢洪道的整个宽度 L 上的流量可以通过式(8.9)确定，并且通过距离通道上游端 x 处的侧槽任何部分的流量为

$$Q_x = xCH_a^{3/2} \tag{8.11}$$

侧槽溢洪道必须提供足够陡峭的斜坡，以便带走通道中的累积水量，但需要沿着洪道的每个点处的斜率和深度最小，以便最小化建造成本。因此，在侧槽溢洪道设计中，最大设

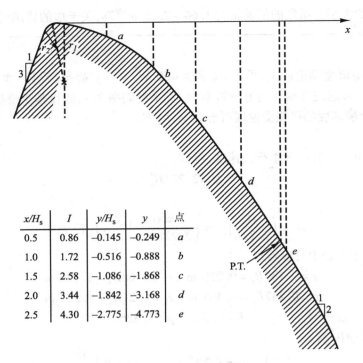

x/H_s	I	y/H_s	y	点
0.5	0.86	−0.145	−0.249	a
1.0	1.72	−0.516	−0.888	b
1.5	2.58	−1.086	−1.868	c
2.0	3.44	−1.842	−3.168	d
2.5	4.30	−2.775	−4.773	e

图 8.12 溢洪道的顶部轮廓曲线

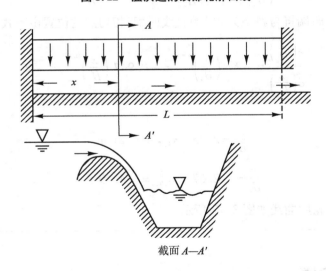

截面 $A—A'$

图 8.13 侧槽溢洪道

计流量的精确水面轮廓非常重要。

侧槽中的流动剖面不能通过能量原理(第 6 章,逐渐变化的流动剖面)来分析,因为高速流动的紊流条件导致通道中的过多能量损失,但基于动量原理的分析已经通过模型和原型实验得到验证,有

$$\sum F = \rho(Q + \Delta Q)(v + \Delta v) - \rho Qv \qquad (8.12)$$

式中:ρ 是水的密度;v 是平均速度;Q 是上游部分的流量;Δ 表示相邻下游部分的增量变化。

式(8.12)左侧所示的力通常包括流体方向上两个部分之间水体的重为分量($\rho gA\Delta x$) $\sin\theta$,不平衡的静水力 $\rho gA\bar{y}\cos\theta - \rho g(A+\Delta A)(\bar{y}+\Delta\bar{y})\cos\theta$ 和通道底部的摩擦力 F_f,这里 A 是水横截面面积,y 是该区域的形心和水面之间的距离,θ 是通道斜率的角度。

因此,动量方程可以写成

$$\rho gA\Delta x\sin\theta + \left[\rho gA\bar{y} - \rho g(A+\Delta A)(\bar{y}+\Delta\bar{y})\right]\cos\theta - F_f = \rho(Q+\Delta Q)(v+\Delta v) - \rho Qv \tag{8.13}$$

设 $S_0 = \sin\theta$ 为一个相当小的值,$Q=Q_1$,$v+\Delta v = v_2$,$A=(Q_1+Q_2)/(v_1+v_2)$,$F_f = \gamma AS_f\Delta x$,上述等式可以简化为

$$\Delta y = -\frac{Q_1(v_1+v_2)}{g(Q_1+Q_2)}\left(\Delta v + v_2\frac{\Delta Q}{Q_1}\right) + S_0\Delta x - S_f\Delta x \tag{8.14}$$

式中:Δy 是两个部分之间水面高程的变化。该等式用于计算侧通道中的水面轮廓,右侧的第一项表示两个部分之间的水面高度的变化,这是由于水落入洪道造成的冲击损失。中间项表示由底部斜率引起的变化,最后一项表示由通道中的摩擦引起的变化。将水面轮廓与水平基准联立,有

$$\Delta z = \Delta y - S_0\Delta x = -\frac{Q_1(v_1+v_2)}{g(Q_1+Q_2)}\left(\Delta v + v_2\frac{\Delta Q}{Q_1}\right) - S_f\Delta x \tag{8.15}$$

注意,当 $Q_1 = Q_2$ 或 $\Delta Q = 0$ 时,式(8.15)简化为

$$\Delta z = \left(\frac{v_2^2}{2g} - \frac{v_1^2}{2g}\right) - S_f\Delta x \tag{8.16}$$

这是第 6 章得出的明渠恒定流量的能量方程。

例 8.3

一个 20 ft 的溢流溢洪道将水排入侧通道溢洪道,坡底水平。如果溢流溢洪道($C=3.7$ $ft^{1/2}/s$)位于 4.2 ft 的水头下,确定从侧槽末端(在从溢流溢洪道收集所有水之后)到上游 5 ft 处的深度变化。混凝土($n=0.013$)侧通道为矩形,底部为 10 ft,求水通过侧通道末端的临界深度。

解:

侧槽末端的流量(式(8.9))为

$$Q = CLH_a^{3/2} = (3.7)(20)(4.2)^{3/7} = 637 \text{ ft}^3/\text{s}$$

上游 5 ft 处的流量(式(8.11))为

$$Q_x = xCH_a^{3/2} = (15)(3.7)(4.2)^{3/2} = 478 \text{ ft}^3/\text{s}$$

求解洪道末端的临界深度(式(6.14)),有

$$y_c = \left[Q^2/gb^2\right]^{1/3} = \left[(637)^2/\{(32.2)(10)^2\}\right]^{1/3} = 5.01 \text{ ft}$$

求解方法采用有限差分格式(式(8.14)),并且可以采用迭代来计算上游深度。估计上游深度(或深度变化 y),并且针对深度变化求解方程(8.14)。比较两个深度变化,如果完全不相等则进行新的估计。表 8.2 显示了解决方案,由于侧槽溢洪道剖面计算涉及隐式方程,计算机代数软件(例如 Mathcad、Maple 和 Mathematic)或电子表格程序将非常有效。

表8.2　侧通道配置文件计算(例8.3)

(1) Δx	(2) Δy	(3) y	(4) A	(5) Q	(6) v	(7) $Q_1 + Q_2$	(8) $v_1 + v_2$	(9) ΔQ	(10) Δv	(11) R_h	(12) S_f	(13) Δy
—	—	5.01	50.1	637	12.7	—	—	—	—	—	—	—
5	-1.00	6.01	60.1	478	7.95	1 115	20.7	159	4.75	2.73	0.001 3	-2.48
	-2.48	7.49	74.9	478	6.38	1 115	19.1	159	6.32	3.00	0.000 7	-2.68
	-2.72	7.73	77.3	478	6.18	1 115	18.9	159	6.52	3.04	0.000 7	-2.71

注:列(1)距离通道末端的上游距离(ft)。

列(2)假设各部分之间的深度变化(ft)。

列(3)从假设 y 获得的通道深度(ft)。

列(4)对应于深度的通道横截面积(ft²)。

列(5)基于溢洪道位置的通道排放(ft³/s)。

列(6)平均通道速度,$v = Q/A$(ft/s)。

列(7)至(10)式(8.14)所需的变量,下标1指的是上游部分,下标2指的是下游部分。

列(11)通过湿润周长除以面积得到的水力半径(ft)。

列(12)从曼宁方程($n^2 v^2 /(2.22 R_h^{4/3})$)中找到的摩擦斜率。应使用 v 和 R_h 的平均值,但是由于摩擦损失小,因此使用上游值是为了方便。

列(13)使用式(8.14)找到的截面之间的通道深度的变化,将该值与列(2)中的假定值进行比较,如果不对应则进行另一个估计。当上游5 ft、深度7.73 ft时发生平衡。

8.8　虹吸式溢洪道

当液面高于水力梯度线(压力管线)时,通过封闭管道的水将承受负压,如第4.2节所述。设计用于负压下在封闭管道中排水的溢洪道被称为虹吸式溢洪道。当储水达到引导管道的入口高程时,虹吸式溢洪道开始在负压下排放水。在此之前,水溢出溢洪道顶部的方式与第8.6节中图8.11(a)中描述的溢流溢洪道相同。但是,如果流入水库的水超过溢洪道的容量,则顶部的水位将上升,直至达到并超过顶部 C 的水位,如图8.4(a)所示。此时,导管已充注,虹吸作用开始将自由表面流动改变为压力流。理论上,水头的增加量等于 $H - H_a$,如图8.14(b)所示,因此放水率可以大大增加。大的水头可以快速排出多余的水,直到它达到溢洪道入口高度。

溢流道的管道抬升到液压等级线(HGL)以上的部分处于负压下。因为液压等级线表示零大气压,所以在 HGL 和导管(紧邻 HGL 之上)之间测量的垂直距离表示该位置处的负压头($-P/\gamma$)。虹吸管的顶部是管道中的最高点,因此它受到最大负压,在合理的温度下,溢流道顶部的最大负压不得低于水的蒸气压。

如果管道中任何部分的负压下降到低于水蒸气压力,则液体蒸发,并形成大量细小的蒸气泡。这些蒸气泡随着流动沿着导管传送,当气泡到达较高压力区域时,蒸气冷凝成液体形式并发生突然下落。随着气泡下落,气泡周围的水以极快的速度冲入管内。所有这些水都在管内碰撞,产生很大的动量,造成潜在的破坏性压力。该过程称为空化,参考第4.2节中的管道进行解决。

在正常情况下,大气压相当于 10.3 m(33.8 ft)的水柱高度。因此,顶部(虹吸管中的最高点)与水面高度之间的最大距离限制在约8 m,如图8.14(a)所示。10.3 m - 8.0 m = 2.3

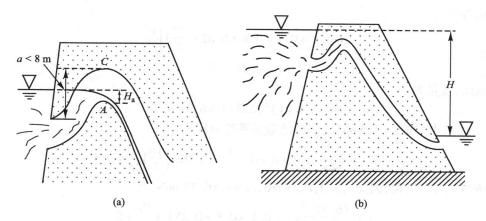

图 8.14　虹吸式溢洪道的示意图

m 的差异是蒸气压头、速度水头和静水面与虹吸管顶部之间的水头损失。

例 8.4

图 8.15 所示的虹吸式溢洪道在洪水期间启动,大大降低了水库水位,但仍然在压力流下运行。40 m 长的虹吸管具有 1 m × 1 m 的恒定横截面,入口与顶部之间的距离为 10 m,摩擦系数为 0.025,入口损耗系数为 0.1,弯曲损耗系数(顶部)为 0.8,出口损耗系数为 1.0。确定顶部的流量和压头。

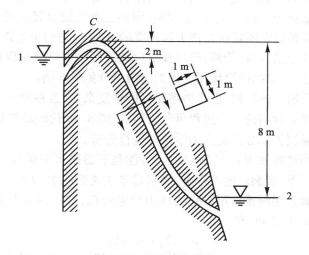

图 8.15　虹吸式溢洪道

解:

点 1(上游水库)和点 2(出口)之间的能量关系可以写为

$$\frac{v_1^2}{2g} + \frac{P_1}{\gamma} + z_1 = \frac{v_2^2}{2g} + \frac{P_2}{\gamma} + z_2 + 0.1\frac{v^2}{2g} + 0.8\frac{v^2}{2g} + 0.025\left(\frac{L}{D}\right)\frac{v^2}{2g} + 1.0\frac{v^2}{2g}$$

等式右边的最后四项分别代表不同位置的能量损失:入口、弯曲、摩擦和出口。在这种情况下,$v_1 = v_2 = 0$,$P_1/\gamma = P_2/\gamma = 0$,$z_1 = 6$ m,$z_2 = 0$,并且 v 是虹吸速度。因此,上述等式可

以简化为

$$6 = \left[1 + 0.1 + 0.8 + 0.025\left(\frac{40}{1}\right)\right]\frac{V^2}{2g}$$

$$v = 6.37 \text{ m/s}$$

因此，流量为

$$Q = Av = (1)^2(6.37) = 6.37 \text{ m}^3/\text{s}$$

点 1(水库)和点 C(顶部)之间的能量关系可表示为

$$\frac{v_1^2}{2g} + \frac{P_1}{\gamma} + 6 = \frac{v_c^2}{2g} + \frac{P_c}{\gamma} + 8 + 0.1\frac{v_c^2}{2g} + 0.025\left(\frac{10}{1}\right)\frac{v_c^2}{2g} + 0.8\frac{v_c^2}{2g}$$

该等式可以简化，因为 $v_1 = 0, P_1/\gamma = 0, v_c = v = 6.37$ m/s，有

$$6 = \frac{(6.37)^2}{2(9.81)}(1 + 0.1 + 0.8 + 0.25) + \frac{P_c}{\gamma} + 8$$

因此，顶部的压头为

$$\frac{P_c}{\gamma} = -6.45 \text{ m}$$

8.9　涵洞

涵洞是水工建筑物，提供从道路、高速公路或铁路路堤的一侧到另一侧的流动通道，有各种尺寸、形状(例如圆形、盒形、拱形)和材料，混凝土和波纹金属是最常见的材料。通常，涵洞设计的主要目标是确定不超过允许上游高度的情况下，进行最经济排水的设计。

涵洞的主要部件包括入口、管筒、出口和出口消能器。入口结构保护基础免受侵蚀，并改善涵洞的水力性能；出口结构设计用于保护涵洞出口免受冲刷。

尽管涵洞似乎是简单的结构，但水力系统可能很复杂，并且涉及压力管道流动、孔口流动和明渠流动的原理。涵洞的水力过程可分为四类，图 8.16 代表最常见的设计条件。

下面就这四种涵洞流动分类的水力学原理进行分析。

①涵洞出水口的淹没如图 8.16(a)所示，可能是下游排水不足或下游河道洪水的大流量导致。在这种情况下，涵洞坡度不考虑，涵洞排水主要受尾水(TW)高度和通过涵洞的水流的水头损失的影响。涵洞流量可以作为压力管道处理，水头损失 h_L 是入口损失 h_e、摩擦损失 h_f 和出口损失 h_d 的总和，有

$$h_L = h_e + h_f + h_d \tag{8.17a}$$

根据式(3.34)、式(3.28)(其中 $S = h_f/L$)和式(3.37)，在国际单位制中，有

$$h_L = k_e\left(\frac{v^2}{2g}\right) + \frac{n^2v^2L}{R_h^{4/3}} + \frac{v^2}{2g} \tag{8.17b}$$

在英制单位制中，有

$$h_L = k_e\left(\frac{v^2}{2g}\right) + \frac{n^2v^2L}{2.22R_h^{4/3}} + \frac{v^2}{2g} \tag{8.17c}$$

对于方形入口，入口系数的近似值是 $k_e = 0.5$；对于圆形入口，入口系数是 $k_e = 0.2$。对于混凝土管，曼宁粗糙系数的常见值为 $n = 0.013$；对于波纹金属管，$n = 0.024$。由于能量原

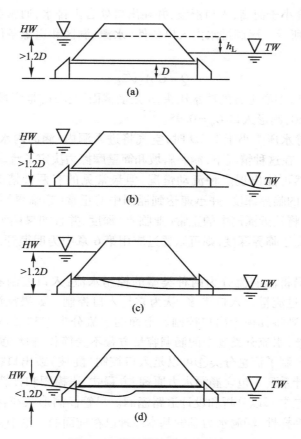

图 8.16　常见的涵洞流动分类

理,可以将水头损失添加到 TW 高程以获得水头 HW 高程,如图 8.16(a)所示,有

$$HW = TW + h_L$$

在真实的设计情况下,涵洞的尺寸必须能够在不超过规定的水头高程的情况下保证一定量的流量(设计流量)。在这种情况下,重新排列式(8.17b),以表示排水和涵洞尺寸之间的直接关系,对于尾水和源水之间的给定高程差 h_L,圆形涵洞中(以 SI 为单位),有

$$h_L = \left[k_e + \left(\frac{n^2 L}{R_h^{4/3}}(2g) + 1 \right) \right] \frac{8Q^2}{\pi^2 g D^4} \tag{8.18}$$

式中:Q 是排量;D 是直径;R_h 是涵洞管的水力半径;满水管道的水力半径为 $D/4$。对于非圆形横截面的涵洞,可以通过式(8.17b)计算水头损失,其中相应的水力半径通过将横截面面积 A 除以湿润周边 χ 来计算。

②如果涵洞水流的平均深度大于洞高,那么即使尾水位低于出口顶部,涵洞也会充满,如图 8.16(b)所示。流量由水头损失和 HW 高程控制。水力原理与上述①所讨论的相同,也就是说,能量方程可以用相同的表达式找到水头损失。但是,在条件①中,将水头损失加到尾水高程得到上游高程。在这种情况下,水头损失会增加到出口高程。根据联邦公路管理局的模型和全面研究,流量实际上从管顶部和临界深度之间的某个位置流出,用出口顶部代表保守估计。

③如果正常深度小于筒高,入口浸没,并在出口处自由排水,通常会产生部分满管流量条件,如图8.16(c)所示。涵洞排水由入口条件(水源、洞区和边缘条件)控制,排水可以通过孔口方程计算,有

$$Q = C_d A \sqrt{2gh} \qquad (8.19)$$

式中:h 是洞口(孔口)中心上方的静水压头;A 是横截面面积;C_d 是流量系数,实际中方形入口的常用值 $C_d = 0.60$,圆形入口 $C_d = 0.95$。

④当入口处的静水压头小于 $1.2D$ 时,空气将进入洞内,涵洞内水流不在压力下流动,如图8.16(d)所示。在这种情况下,涵洞斜坡和筒壁摩擦力决定了流动深度,就像在明渠流动状态中那样。虽然可能出现多种流动情况,但最常见的有两种情况。如果涵洞坡度陡峭,流动通过入口处的临界深度,并迅速达到涵洞中的正常(超临界)深度。如果涵洞坡度较小,那么流动深度将接近涵洞中的正常(亚临界)深度,并且如果尾水低,则通过末端的临界深度。如果尾水高于临界深度,则可以通过应用第6章中为明渠开发的水面剖面程序计算流动深度。

联邦公路管理局将涵洞流分为两种类型的控制水流:入口控制和出口控制。本质上说,如果涵洞管可通过流量比入口更多,认为它是入口控制。如果涵洞入口可进入的水流比它可以运输的多,则将其视为出口控制。上面的水流分类①和②是出口控制,水流分类③是入口控制。注意,水流分类③中的涵洞容量方程不受筒长、粗糙度或尾水深度的影响,因为只有入口条件限制了流量分类④可以是入口控制(陡坡)或出口控制(缓坡)。联邦公路管理局的水力设计系列5包含涵洞水力原理、方程式、诺模图和计算机算法(包括在许多专有和非专有软件包中),以分析和设计道路涵洞。尽管涵洞形状和材料多种多样,以及流动情况的复杂性和多样性,涵洞水力学的基本原理已在前面的讨论中得到了阐述。

例8.5

假定的波纹钢涵洞的设计流量为 $5.25\ \mathrm{m^3/s}$,最大可用上游水源在涵洞上方 $3.2\ \mathrm{m}$ 处,如图8.17所示。涵洞长40 m,方形入口,坡度为0.003,出口没有浸没(自由放水)。确定所需的直径。

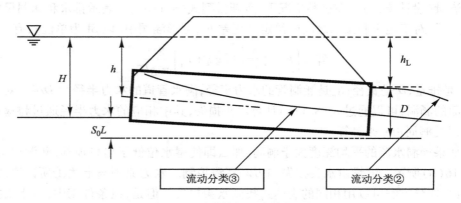

图8.17　波纹钢涵洞流动剖面图

解：

因为出口没有浸没，不可能是流动分类①。流动分类④也是不可能的，因为入口很可能被淹没。因此，管道的尺寸将适合流动分类②和③。

假设完整的管道流量或流量分类②，该涵洞的能量平衡可表示为

$$H + S_0L = D + h_L$$

$$h_L = H + S_0L - D = 3.2 + 0.003(40) - D = 3.32 - D$$

假设尾水深度等于 D，即涵洞的直径。另外，根据式(8.18)，有

$$h_L = \left(k_e + \frac{n^2 L}{R_h^{4/3}(2g)} + 1 \right) \frac{8Q^2}{\pi^2 g D^4}$$

$$= \left[0.5 + \frac{(0.024)^2(40)}{(D/4)^{4/3}} \{2(9.81)\} + 1 \right] \frac{8(5.25)^2}{\pi^2(9.81)D^4}$$

从上面两个水头损失方程得出

$$D + \left(1.5 + \frac{2.87}{D^{4/3}} \right)\left(\frac{2.28}{D^4} \right) = 3.32$$

解该方程，得到 $D = 1.41$ m。

假设部分满管道流量或流量分类③，排水仅由入口条件控制。在这种情况下，头部 h 在管道中心线上方测量，有

$$h + \frac{D}{2} = 3.2$$

或

$$h = 3.2 - \frac{D}{2}$$

现在可以将这个表达式替换为式(8.19)中的孔口流量，有

$$Q = C_d A \sqrt{2gh} = C_d(\pi D^2/4)\sqrt{2gh}$$

$$5.25 = 0.60(\pi D^2/4)\sqrt{2(9.81)(3.2 - D/2)}$$

解该方程得到 $D = 1.25$ m。

以上得到两种不同的管道直径，但哪一个是所需的尺寸？假设管道内完全流动，已确定需要 1.41 m 的管道才能使设计流通过洞体（即出口控制）。假设部分满管道流，我们已经确定需要 1.25 m 的管道使其流入筒内（即入口控制）。因此，直径为 1.41 m，涵洞将根据流动分类②在出口控制下运行。涵洞管有标准尺寸，因此可能会使用 1.5 m 的直径。

8.10 消力池

当水工建筑物出口处的流速很大时，流动所承载的过量动能可能损坏接收渠，甚至破坏水工建筑物的出口。这种情况经常发生在溢洪道的尽头，此处大幅加速的水直接倾注在下游通道中会产生巨大的侵蚀，为避免损坏，可提供多种能量耗散器。消力池是一种有效的能量消散器，可产生可控的水跃，如第 6 章所述，在从超临界到亚临界流动的过渡中损失了大部分破坏性能量。消力池可以是水平的或倾斜的，以配合接收渠的斜率，在任何一种

情况下,都应提供足以克服重力的障碍物和摩擦力,以使流动减速,并在消力池的范围内产生水头跳跃。

要消散的能量与消力池中的流动深度之间的关系包含在弗劳德数$(v/\sqrt{gD})$中,将在第10.4节中讨论。弗劳德数在式(6.12)中定义,其中D是水力深度,矩形通道的$D=y$。一般而言,当来自水工建筑物出口的流动小于1.7倍的弗劳德数时,不需要特殊的消力池。随着弗劳德数的增加,挡板、门槛和块体等能量消散器可以沿着盆地安装,以增强有限盆地长度内的动能减少。美国垦务局已经开发了一套全面的曲线来定义消力池的尺寸和其中包含的各种类型的能量消散器,这些曲线基于广泛的实验数据,如图8.18、图8.19和图8.20所示。从三种不同设计(类型Ⅳ、Ⅲ和Ⅱ)中选择适当的消力池是基于入口弗劳德数和速度。请注意,美国垦务局使用d代替y来表示下标1(流入盆地的流量)和下标2(离开盆地的流量)的流动深度。此外,对于弗劳德数,使用F代替Fr。

消力池的有效设计要求特别注意下游深度。第6章中,尾水(TW)深度决定了水头跳跃的类型和位置,在有消力池的情况下,下游渠道特征和溢洪道设计流量决定实际的TW深度。可以使用曼宁方程,假设下游渠道的流量是均匀的。确定TW深度后,需要调整消力池的底面,以满足图8.18至图8.20中给出的TW/d_2比率。然后,从第6章可知,d_2是离开水头跳跃的水流深度。如果不满足TW/d_2比率,那么跳跃可能会移出消力池(如果TW太低)或溢渠上可能发生跳跃(如果TW太高)。理想情况下,应检验消力池的性能,确定除设计排水之外的其他流量。

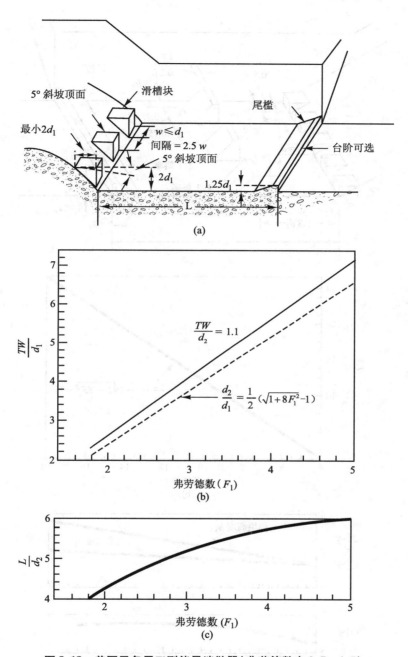

图 8.18 美国垦务局 Ⅳ 型能量消散器(弗劳德数在 2.5 ~ 4.5)

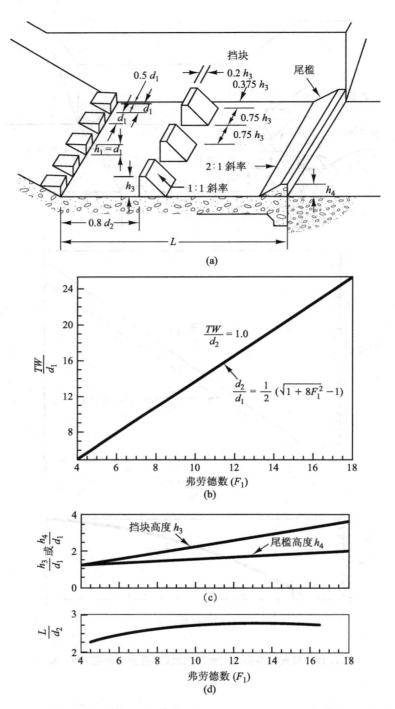

图 8.19　美国垦务局Ⅲ型能量耗散器(弗劳德数高于 4.5, 流动速度低于 20 m/s)

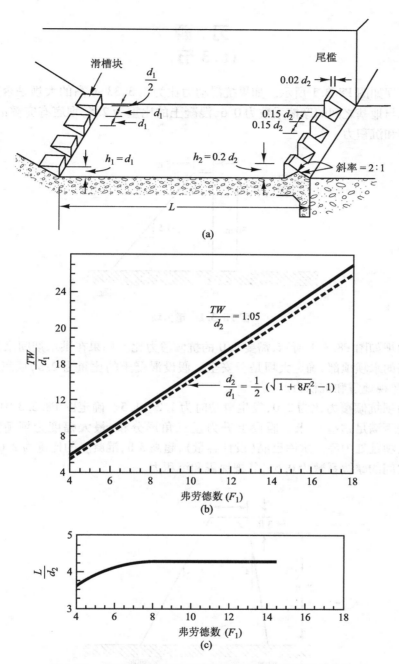

图 8.20　美国垦务局 II 型能量消散器（弗劳德数超过 4.5）

习 题
(8.3节)

8.3.1 重力坝如图 P8.3.1 所示。如果抗滑动力比为 1.3,33 m 高的大坝是否安全? 假设坝基与地基之间的摩擦系数为 0.6,混凝土的比重为 2.5,坝底有完整的升力,忽视地震和沉积力。

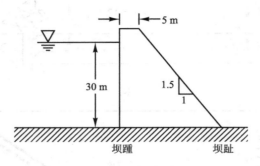

图 P8.3.1　重力坝

8.3.2 重力坝如图 P8.3.1 所示,需要 2.0 的抗倾覆力比。如果在洪水期间水位上升到 33 m 高的水坝顶部,确定大坝是否安全。假设混凝土的比重为 2.5,坝底有完整的升力,忽视地震和沉积力。

8.3.3 重力坝抗倾覆力比为 2.0,发生滑动时为 1.2～1.5。确定图 P8.3.3 中描述的重力坝是否满足这些要求。假设上升力呈三角形分布,最大幅度为坝踵静水压力的 1/3,坝趾处为零。水库已满(设计容量),超高 3 ft,混凝土的比重为 2.65,坝基与地基之间的摩擦系数为 0.65,忽视地震和沉积力。

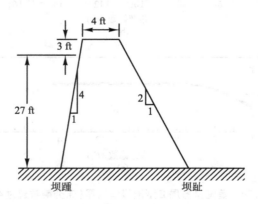

图 P8.3.3　重力坝

8.3.4 图 P8.3.4 所示坝体的比重为 2.63,坝体与基础之间的摩擦系数为 0.53。当水库达到设计容量时,水的深度为 27.5 m。假设升力呈三角形分布,其最大幅度为坝踵的全静水压力的 60%。确定滑动和倾覆的力比,忽视地震和沉积力。

8.3.5 在习题 8.3.1 中确定坝踵和坝趾的基础压力。

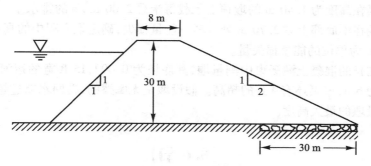

图 P8.3.4 重力坝

8.3.6 对于图 P8.3.3 中所示的混凝土重力坝,计算坝踵和坝趾的基础承压。假设升力呈三角形分布,其最大幅度为坝踵静水压力的 1/3,坝趾为零。水库水位达到设计的高度,超高 3 ft,砖石的比重为 2.65。

8.3.7 证明如果合成的垂直力 R_v 穿过混凝土重力坝的中间三分之一的基部,沿坝底部的混凝土都不会处于拉伸状态。

8.3.8 V 形峡谷上有一个 100 ft 高,恒定角度(120°)的拱形坝。如果峡谷顶部宽 60 ft,设定超高 6 ft(即水位低于坝顶 6 ft),确定大坝距峡谷的底部 25 ft、50 ft 和 75 ft 时,对基础的作用力。

8.3.9 恒定角($\theta = 150°$)拱形坝设计为跨越 150 m 宽的垂直壁峡谷。大坝的高度为 78 m,包括 3 m 的超高。如果坝体顶部厚度为 4 m,并且在基部具有对称的横截面,其厚度增加到 11.8 m,使用圆柱法(恒定半径)确定大坝中顶部、中间和坝基的砌体应力,以便进行近似分析。

(8.5 节)

8.5.1 在 4 m 宽的矩形渠上建造了一个 1.05 m 高的堰。如果堰上游的水深为 1.52 m,那么顶部的水深和渠的排水量是多少? 忽略摩擦损失和上游的速度水头。

8.5.2 在不停止水流流动的情况下,有需要获得通道中堰顶的高度。堰上游的水面高度比平均海平面(MSL)高 96.1 ft。如果堰宽 4.90 ft,并且排水量 30.9 ft³/s,确定 MSL 上方堰顶的高度。假设堰摩擦损失和上游速度水头可以忽略不计。

8.5.3 一个 3.05 m 宽的无摩擦堰在渠底部上方 1.10 m 处,堰上游的水深为 1.89 m。通过两个不同的方程式确定通道中的流量,以及水流过堰的速度。假设上游速度水头可以忽略不计。

8.5.4 验证以下内容:
①式(6.14)可以由式(6.11)推导出;
②使用 SI 单位制(式(8.8c))的流量系数为 1.70;
③如果不认为堰是无摩擦的,那么流量系数会更低。

8.5.5 在一个 4 m 宽的矩形渠上建造了一个 0.78 m 高的堰。如果堰上游的水深是 2 m,那么河道的流速是多少? 忽略摩擦损失和上游的速度。如果不忽略速度,确定流速。

8.5.6 矩形渠在高度为 1.40 m 的堰顶上承载每米渠 2.00 m³/s 的排水量。堰上游的能量等级线在渠底部上方 2.70 m 处。考虑能量损失,确定堰方程中的真实流量系数,确定以 m 为单位的能量损失量。

8.5.7 考虑在长的混凝土灌溉渠中测量堰,其底坡为 0.002,15 ft 宽的运河中的最大流动深度为 6 ft,该渠还有 4 ft 的超高。假设堰是无摩擦的,在回水超过超高之前确定流量测量堰的最大高度。

(8.6 节)

8.6.1 在设定条件下,一个 31.2 ft 宽的溢洪溢流道的头部长度为 3.25 ft。基于模型研究,流量系数为 3.42。
①假设行进速度可忽略不计,确定溢洪道排放。
②如果水头增加到 4.10 ft,并且流量系数增加到 3.47,在洪水条件下确定溢洪道排水。
③如果大坝高 30 ft(即溢洪道顶部),确定在洪水条件下(考虑行进速度)溢洪道流量的近似值。使用②部分的洪水流来确定行进速度,这就是解决方案是近似的原因。

8.6.2 假设例 8.2 中的溢洪道高 6 m,通过考虑行进速度来重新计算溢洪道上的静压头。通过忽略行进速度,在静压头中引入了多少误差?

8.6.3 确定在 2% 的误差下,进入溢洪道流量计算之前可能发生的最大行进速度(作为 H_s 的函数),以英制单位计算(即 $g = 32.2 \text{ ft/s}^2$)。

8.6.4 一个 21 m 宽的溢流溢洪道在洪水阶段的排放系数为 1.96。洪水阶段发生在 1.7 ~ 3.1 m 的静水头上,溢洪道高 15 m。确定溢洪道能够通过的最大排放量:①忽略行进速度;②包括行进速度。

8.6.5 溢流溢洪道设计为在最大扬程 1.86 m 处卸载 214 m³/s。如果上游和下游斜坡为 1:1,确定溢洪道顶部的宽度和轮廓。假设 $C = 2.22$。

8.6.6 确定一个 104 ft 宽的溢流溢洪道的最大排水量,溢洪道的水头为 7.2 ft。同时确定溢洪道顶部的剖面,该溢洪道顶部具有垂直上游斜坡和 1.5:1 下游斜坡,假设 $C = 4.02$。

(8.7 节)

8.7.1 在例 8.3 中,侧槽溢洪道通过通道末端的临界深度(5.01 ft)。在上游 5 ft 处,水平(0% 斜率)通道中确定深度为 7.73 ft。如果侧通道斜率为 5%,确定上游 5 ft 的深度。

8.7.2 回答以下问题。
①式(8.13)中的 $\cos \theta$ 项会发生什么变化(没有出现在式(8.14)中)?
②验证 $F_f = \gamma A S_f \Delta x$。提示:见第 6 章。
③确定将 S_0 保持在 $\sin \theta$ 的 1% 范围内的最大通道斜率。回想一下,在推导式

（8.14）时,使用假设 $S_0 = \sin\theta$ 得到一个相当小的角度。

8.7.3　30 m 长的侧槽溢洪道末端的流量为 36.0 m³/s。一个 30 m 长的溢流溢洪道位于 0.736 m 的水头下,为侧槽溢洪道提供了流量。如果侧通道的底部宽度为 3 m($n = 0.020$),底部斜率为 0.01,则渠末端上游 10 m 处(如果通过临界深度)的深度是多少?

8.7.4　在例 8.3 中描述的溢洪道上工作的工程师尝试一种替代设计。如果溢流溢洪道延长至 25 ft,仍能在整个长度上均匀地设计 637 ft³/s 的设计流量,确定上游 5 ft 和 10 ft 的深度。此外,侧槽宽度缩短到 8 ft。

8.7.5　在水头 1.22 m 下的 90 m 长的溢流溢洪道($C = 2.00$)有助于水流流向侧槽溢洪道。矩形侧槽溢洪道($n = 0.015$)宽 4.6 m,底坡为 0.001。确定从溢流溢洪道停止汇流的位置(深度为 9.80 m)上游的剖面(每隔 30 m)。在通道下方,流动通过临界深度,如图 P8.7.5 所示。

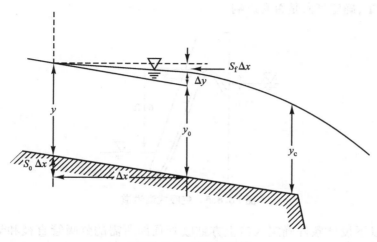

图 P8.7.5　溢流溢洪道

8.7.6　例 8.2 的溢流溢洪道流入具有水平底部斜坡的侧槽溢洪道($n = 0.013$)。溢流溢洪道顶部对面的墙是垂直的,侧通道出口端的水深是临界深度。使用 $20 - m(\Delta x)$ 增量确定通道开始(上游端)的水深,通道底部的宽度为 10 m。

(8.8 节)

8.8.1　虹吸管清空水库时,例 8.4 中的水库水位将继续下降。如果水温为 20 ℃,那么在拱顶处的压力降到水蒸气压力之前,拱顶和下降水库水位之间的最大高程差是多少?假设当储层排空时流速保持恒定(下游水位和水库水位以相同的速率下降)。

8.8.2　参考例 8.4,回答以下问题。

①如果水温是 20 ℃,那么在空化开始之前允许的(负)压头是多少?

②是否应将在拱顶处的弯曲损耗用于确定压头的计算中?

③据说上游水库水位和虹吸拱顶之间的最大差异大约为 8 m,如图 8.14(a)所示,以防止气穴现象,这个"经验法则"适用于此吗?

8.8.3 一个矩形虹吸管(3 ft×6 ft)排入海拔 335 ftMSL 的上游水池中。如果损失为 10.5 ft (不包括出口损失),在虹吸管上游水池高度为 368 ft MSL 的情况下确定排水量。如果在拱顶之前产生 3.5 ft 的损耗,确定在这些条件下虹吸拱顶的压头。虹吸拱顶的高度为 366.5 ft。

8.8.4 一个 60 m 长的虹吸式溢洪道以 0.32 m³/s 的速度排水。虹吸拱顶位于水库水面高度 2 m 处,距离虹吸入口 10 m。如果虹吸管直径为 30 cm,摩擦系数为 0.02,水头损失系数为 0.2(入口)和 1.0(出口),虹吸拱顶与下游水池之间的高度差是多少? 以 kN/m² 为单位的压力是多少?

8.8.5 横截面面积为 12 ft² 的虹吸式溢洪道(图 P8.8.5)可将水排放到溢洪道顶部下方 60 ft 的下游水库。如果上游水库水位高于进水口 5 ft,虹吸管已经灌注,那么顶部的压头是多少? 假设摩擦压头损失等于速度水头的两倍,并且在整个长度上均匀分布,入口和出口损耗系数分别为 0.5 和 1.0,虹吸拱顶是入口总长度的 1/4。如果水温为 68 ℉,确定气穴是否有影响。

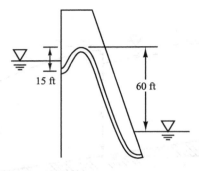

图 P8.8.5　虹吸式溢洪道

8.8.6 根据以下设计条件确定入口上方虹吸管顶部所需的虹吸管直径和最大高度:$Q = 5.16$ m³/s,$K(入口) = 0.25$,$K(出口) = 1.0$,$K(虹吸弯曲) = 0.7$,$f = 0.022$,虹吸管长度 $= 36.6$ m,长度至波峰 7.62 m,上游水池海拔 $= 163.3$ m MSL,下游水池海拔 154.4 m MSL,$(P/\gamma) = -10.1$ m。

8.8.7 虹吸式溢洪道的设计排水量为 20 m³/s,顶部高度 h_s 为 30 m,出口高度为 0 m。在设计过程中,顶部允许的表压为 8 m 水柱。顶部按顺序依次为垂直截面、90°弯曲、中心线曲率半径为 3 m、水平截面为 0 m。入口到虹吸顶的距离为 3.2 m,垂直截面为 30 m,垂直截面与出口距离为 15 m。如果虹吸管道的曼宁系数 $n = 0.025$,并且入口和弯曲系数(组合)分别是 $K_e = 0.5$ 和 $K_b = 0.3$,那么满足给定要求所需的虹吸区域是多少?

(8.9 节)

8.9.1 在例 8.5 中,如果最大的标准尺寸可能需要 1.5 m 的涵洞直径。作为设计工程师,你希望使用 1.25 m 直径的涵洞来节省客户资金。在下列情况下,这种直径较小的涵洞是否符合设计要求。

①在1.25 m的管道上使用了一个圆形入口。

②使用圆形的入口,同时将管道坡度增加至1.0%,同时将最高可用水位维持在3.2 m。

8.9.2 通过图P8.9.2中平衡点1和2之间的能量,得出方程(8.19)。假设最初没有能量损失,变量h代表什么? 变量C_d代表什么?

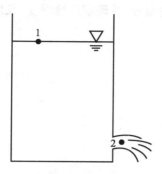

图 P8.9.2 能量平衡

8.9.3 在洪汛期间,阶段记录器在涵洞的上游(4.05 m)和下游(3.98 m)处记录了水流深度。2 m×2 m的混凝土涵洞(方形入口)长15 m,坡度为3.0%。根据这些信息,确定通过涵洞的洪水流量,假设在上游和下游端的涵洞底上测量水流深度。

8.9.4 如果出口没有浸没,确定习题8.9.3中的流速。提示:假设为流动分类③。一旦确定流速,通过检查正常深度验证它是流动分类③。

8.9.5 需要一个混凝土涵洞,在330 ft的长度和0.015的斜坡上输送654 cf的设计流量。由于下游有一个大型湖泊,尾水高度恒定在526.4 ft MSL,这将淹没涵洞出口。在没有超越道路路堤的情况下,水位高度不能超过544.4 ft MSL。确定单筒涵洞和双筒涵洞的直径,假设为方形入口。

8.9.6 直径为1.5 m的涵洞(混凝土,圆形入口)长20 m,安装在2%的坡度上。设计流量为9.5 m³/s,入口将浸没,但出口没有浸没。确定在设计洪水期间将在上游(底上方)产生的深度。

8.9.7 根据设计条件,确定圆形波纹金属涵洞的尺寸:长60.0 m,坡度0.10,流量2.5 m³/s,出口未浸没,入口(方形)浸没在涵洞倒置上方2.0 m的水源深度。

8.9.8 矩形混凝土涵洞(方形入口)放置在0.09的斜坡上,涵洞截面面积为4.0 ft×4.0 ft,长140 ft,尾水位在出水口的涵洞顶下方2.0 ft处。当水源水位为①入口处顶部上方1.5 ft处;②与顶部重合;③位于顶部下方1.5 ft处,确定流量。

(8.10 节)

8.10.1 在溢洪道出口处使用水平矩形消力池(USBR Ⅲ型)来消除能量。溢洪道排水量为350 ft³/s,宽度平均为35 ft。在水进入水池时,速度为30 ft/s。计算以下内容:
①水跃的后续深度;
②水跃的长度;

③水跃中的能量损失；

④水跃效率定义为水跃后的比能量与水跃前的比能量之比。

8.10.2 溢洪道的排水量为 22.5 m³/s，出口速度为 15 m/s，深度为 0.2 m。选择一个足够的消力池型号，并确定后续深度、水跃的长度和能量损失。

8.10.3 习题 8.10.2 中溢洪道排水量增加到 45 m³/s 会使溢洪道出口深度增加到 0.25 m。选择一个足够的消力池型号，并确定后续深度、长度、能量损失和水跃效率。

9

水压力、流速及流量测量

水压力、流速及流量测量为分析、设计和操作每个水利系统提供了基础数据。各种的测量仪器及测量方法可应用于实验室与现场研究,用于测定压力、流速及流量的仪器设备均基于物理学和流体力学的基本定律。通常,每种测量装置都是被设计成应用于某些特定条件,因此这些装置都有其使用范围。根据所应用的特定情况恰当地选择测量装置需要基于对本章中所讨论的基础原理的正确理解。关于特定测量设备安装及操作的详细信息收录在相关专业文献中,如美国机械工程师协会(American Society of Mechanical Engineers,ASME)中流体计量相关方面的出版物和设备制造商的文件。

9.1 水压力测量

液体中任意点处的压力定义为液体在单位表面区域上所施加的法向力。通常通过边界壁中的孔或开口在容器中测量该力,若垂直管连接开口,那么容器中所含水体在管中上升的高度即代表压头（P/γ）。对于水利应用中的典型压力范围，压强计的高度变化较为不准确，此时可用测压计代替，测压计是可以使用与水互不混溶的稠密流体的 U 形透明管，测压原理在第 2 章中介绍过。

测压计能够检测静止及运动状态下液体的压力。当容器中的水静止时，测压计读数将反映边界壁开口处的静水压力。若水在容器中处于运动状态，则开口处的压力将随开口处流速的增加而降低，且下降量可由伯努利原理计算得出。

重要的是，边界壁的开口需要满足某些特性，以记录真实水压，即开口必须与表面齐平并垂直于边界。图 9.1（a）和（b）分别示意性地展示了用于运动状态液体压力测量的各种正确与不正确的开口形式，其中加号（＋）表示开口测量水压高于实际压力值，减号（－）则表示开口测量水压低于实际压力值。为了消除可能导致显著误差的不规则行为和变化，可以在封闭管道中的给定横截面处构造多个压力开口。例如，多个开口可以连接到同一个测压计柱，以在横截面处记录平均压力。这种多开口系统在相对较直的管道部分中较为有效，其速度分布合理对称，且管道一侧与另一侧之间压差也较小。如果在开口间存在较大压差，则可能由于水从高压开口流出，并经测压计流入低压开口，而产生测量误差。因此，必须注意确保在任何压力下开口处均不产生净流量。

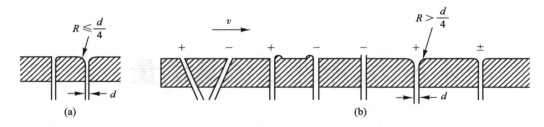

图 9.1　压力开口

其他设备也可用于测量水压。例如，为提高压力测量灵敏度，可使用斜管测压计，其压力的微小变化可驱动指示剂流体在倾斜的测压计管道中运动较长距离（图 9.2）。差压计测量两个容器间的压差，该内容在第 2 章中已讨论过。布尔登管测压计是半机械装置，包含一个弯管，该管一端密封，通过另一端的容器壁开口连接加压水，管内压力的增大会使弯管略微变直，这可以反映在模拟量表或读数上。

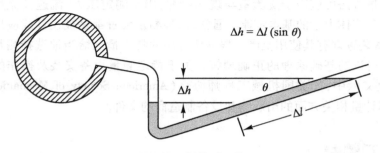

图 9.2　斜管测压计

测压计系统和模拟布尔登管测压计用于在相对稳定的流动条件下测量水中的压力。然而，它们均不适用于需要在测量和记录系统中进行高频响应的时变流场情况，而电子压力传感器(传送器)适用于这类情况。通常,这些装置将水引起的隔膜上的应变转换成与压力成正比的电信号。随着时间推移,可使用计算机软件捕获数字读数来进行操作控制或评估。大量设备制造商的文件可在网络上查找。

例9.1

在图9.3中,水在管道中流动,水银(比重 = 13.6)是测压计流体。确定管道中的压力,单位为 psi(lb/ft²) 和 in。

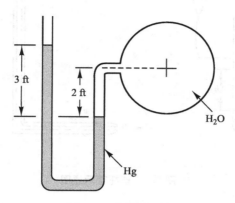

图9.3 水银测压计

解:

可从水银 – 水界面向测压计水银侧抽取等压力的水平表面。两处压力相等是由于:①含有相同液体(水银);②两处位于同一高度;③水银相互连通(复习第2.3节的等压面),基于测压原理,有

$$(3\ \text{ft})(\gamma_{Hg}) = P + (2\ \text{ft})(\gamma)$$
$$(3\ \text{ft})(13.6)(62.3\ \text{lb/ft}^3) = P + (2\ \text{ft})(62.3\ \text{lb/ft}^3)$$
$$P = 2\ 420\ \text{lb/ft}^2 = 16.8\ \text{psi}$$

压力可表示为任意流体的高度,对于水银,有

$$h = P/\gamma_{Hg} = (2\ 420\ \text{lb/ft}^2)/[\ (13.6)(62.3\ \text{lb/ft}^3)\ ]$$
$$h = 2.86\ \text{ft}(34.3\ \text{in})$$

9.2 流速测量

管道中的流速由接近固定边界处的近零值向接近流动正中处的最大值变化。测量管道和明渠中的流速分布很有意思,通过在横截面中的多个位置进行局部测量来完成。测量只能使用小尺寸的流速探头完成,以避免流场中探头的存在干扰水流的局部流动,通常用于流速测量的仪器是毕托管和水流表。

毕托管*是弯曲的以测量流动流体中压力的中空管,其探头通常由两根管子组成,两根管子弯曲,使一根管子的开口垂直于速度矢量,另一根则平行于流动方向,如图9.4(a)所示。为便于测量,两根管子通常组合成一个同心结构,即一个较小管处于另一个较大管内,如图9.4(b)所示。

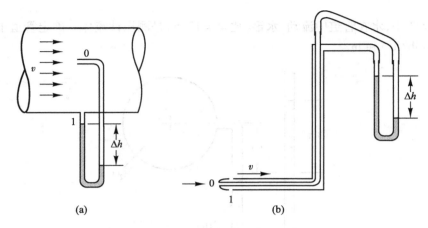

图9.4 毕托管示意图

在探针头端0处,形成速度为零的停滞点,在该开口处测得的压力为停滞点压力或停滞压力。在侧开口1处,流速v实际上不受干扰,该开口可以感应现场的静态(或环境)压力。

在0和1两个位置间应用伯努利方程,忽略两者间较小的垂直距离,可以得到

$$\frac{P_0}{\gamma} + 0 = \frac{P_1}{\gamma} + \frac{v^2}{2g}$$

显然,滞止压头(P_0/γ)是静压头(P_1/γ)和动压头($v^2/2g$)的组合(即探头尖端处速度头到压头的转换),由这个表达式可以确定流速:

$$v^2 = 2g\left(\frac{P_0 - P_1}{\gamma}\right) = 2g\left(\frac{\Delta P}{\gamma}\right) \tag{9.1a}$$

或

$$v = \sqrt{2g(\Delta P/\gamma)} \tag{9.1b}$$

$\Delta P/\gamma$表示探头中两个开口之间的压头差,它是图9.4所示测压计中液柱位移高度(Δh)的函数。压差(ΔP)可利用第2章中讨论的测压原理得到,将在下面的例9.2中进行回顾。

毕托管广泛用于测量流动水体的压力和流速,由于其只涉及简单的物理原理和设置,所以既可靠又准确。毕托管非常适用于在无法确定流体流动精确方向的条件下测量水流流速,在这些情况下,探头错位很有可能发生。图9.4(b)所示的毕托管在与流动方向夹角为20°时的误差约为1%。

毕托管外径通常很小,如5 mm,内部的两个压力管要小得更多。由于这些管的直径很

---

* 享利·德·毕托(1695—1771),使用一个90°弯曲的开口玻璃管来测量塞纳河的流速分布,管垂直部分的水位升高可显示停滞压力。然而如本节所述,毕托没有采用伯努利原理来获得正确的流速。

小,因此必须小心谨慎,防止气泡被困在里面。而且界面处的表面张力会在小管中产生显著影响,并使读数不可靠。

例 9.2

用一只毕托管测量水管中某个位置的流速。测压计显示压差(柱高)为 14.6 cm,指示液比重为 1.95。计算流速。

解:

参照图 9.4(b),设 x 是从位置 1 到水和测压流体(左侧)之间的界面的距离,令 γ_m 是测压流体比重。应用第 2 章中的测压原理,有

$$P_1 - \gamma x + \gamma_m \Delta h - \gamma \Delta h + \gamma x = P_0$$

或

$$P_0 - P_1 = \Delta P = \Delta h(\gamma_m - \gamma)$$

将其代入式(9.1a),有

$$v^2 = 2g\Delta h\left(\frac{\gamma_m - \gamma}{\gamma}\right) = 2g\Delta h\left[\frac{\gamma_m}{\gamma} - 1\right]$$

$$= 2(9.81)\left(\frac{14.6}{100}\right)[1.95 - 1.0]$$

$$v = 1.65 \text{ m/s}$$

水流表经常用于测量明渠中的水流流速,有两种不同类型的机械流速仪:旋杯式和旋桨式。

旋杯式流速仪通常由 4 到 6 个均匀形状的杯子组成,这些杯子围绕垂直旋转轴线径向安装,如图 9.5(a)所示。运动的水流以与流速成正比的速率带动杯子绕轴旋转,机械或光纤传感器将每次旋转的数据传递给电子数据采集设备。数据采集设备对流速数据进行转换,这些数据最终被存储或呈现为读数。由于启动摩擦的影响,大多数旋杯式流速仪不能记录每秒几厘米以下的速度。

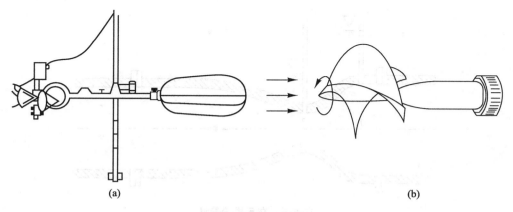

(a)   (b)

图 9.5 流速仪

旋桨式流速仪含有水平旋转轴,如图 9.5(b)所示,它更适合于测量水流中部区域较高

的流速范围,且不易受杂草和碎物的干扰。

根据流速仪的设计和构造,可知轴向旋转速度可能不与水流速度成线性比例。因此,每个流速仪必须在用于现场测量前单独校准。校准方法可采用以恒定速度将探头拖过静水,制造商通常会提供覆盖适用速度范围的校准曲线。

声学多普勒(声呐)流速仪可用于测量明渠中的水流流速。它基于多普勒原理,沿各种路径发送声脉冲波。由于沿水流运动方向传播的声脉冲波比分逆流方向的声脉冲波传播速度更快,因此可利用到达时差确定流速。设备其他额外附加信息可从设备制造商处获得。

9.3 管道中的流量测量

尽管管道流量测量可通过多种不同方法完成,但最简单也最可靠的方法无疑是体积(或重量)法,该方法仅需利用秒表及一个开放式水箱来收集从管道中流出的水体,通过测量单位时间内收集的水体体积(或重量)来确定流量。由于其绝对的可靠性,该方法常用于各种流量计的校准。对于大多数操作应用来说,这是不切实际的,因为在进行测量时,流动水体会完全转移到容器中,但是在某些情况下,可利用内部有水塔或地面水箱的管网进行测量。

不需通过导流来获得加压管流中的精确流量数据,管道流速与能量(水头)分布变化相关,而能量(水头)分布变化又与管道横截面几何形状的突然变化相联系,该测量原理在文丘里流量计、喷嘴式流量计及孔板式流量计中均得到应用。

文丘里流量计是一种精确设计的喉部狭窄的管道,如图9.6所示,在流量计入口处及喉部安装有两个压力开口,在1、2截面应用伯努利方程,忽略水头损失,可以得到

$$\frac{v_1^2}{2g} + \frac{P_1}{\gamma} + z_1 = \frac{v_2^2}{2g} + \frac{P_2}{\gamma} + z_2 \tag{9.2}$$

两截面间的连续性方程为

$$A_1 v_1 = A_2 v_2 \tag{9.3}$$

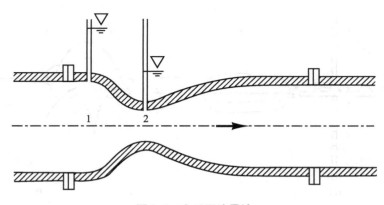

图9.6 文丘里流量计

式中:A_1 和 A_2 分别是管道和喉部的横截面面积。将式(9.3)代入式(9.2)并整理,得到

$$Q = \frac{A_1}{\sqrt{\left(\frac{A_1}{A_2}\right)^2 - 1}} \sqrt{2g\left(\frac{P_1 - P_2}{\gamma} + z_1 - z_2\right)} \tag{9.4}$$

该等式可简化为

$$Q = C_d A_1 \sqrt{2g\left[\Delta\left(\frac{P}{\gamma} + z\right)\right]} \tag{9.5a}$$

式中:无量纲流量系数 C_d 取值为

$$C_d = \frac{1}{\sqrt{\left(\frac{A_1}{A_2}\right)^2 - 1}} \tag{9.5b}$$

对于安装在水平位置的文丘里流量计,有

$$Q = C_d A_1 \sqrt{2g\left(\frac{\Delta P}{\gamma}\right)} \tag{9.5c}$$

系数 C_d 可直接根据 A_1 和 A_2 的值来计算。对于制造精良的文丘里流量计来说,该理论计算值与实验得到数值(计算损失)之间的差异应不超过几个百分点。

为获得满意的使用效果,仪表应安装在管道的一个部分,该部分管道需满足水流在进入仪表前相对不受干扰。为保证这一点,必须在仪表安装的上游提供一段没有连接件且至少为30倍管径长的均匀直管。

例9.3

一个直径6 cm(喉管)文丘里流量计安装在直径12 cm的水平直管中,安装在喉部和入口部分之间的差压计(水银–水)记录的水银(比重 = 13.6)柱读数为15.2 cm。计算流量。

解:

根据测压原理(如例9.2所述),有

$$\Delta P = \Delta h(\gamma_{Hg} - \gamma)$$

或

$$\Delta P / \gamma = \Delta h\left(\frac{\gamma_{Hg} - \gamma}{\gamma}\right) = \Delta h\left[\frac{\gamma_{Hg}}{\gamma} - 1\right]$$

$$= (15.2 \text{ cm})(13.6 - 1.0)$$

$$A_1 = (\pi/4)(12)^2 = 113 \text{ cm}^2 \quad A_2 = (\pi/4)(6)^2 = 28.3 \text{ cm}^2$$

无量纲流量系数 C_d 可利用式(9.5b)通过面积比计算:

$$C_d = \frac{1}{\sqrt{\left(\frac{A_1}{A_2}\right)^2 - 1}} = 0.259$$

为确定流量,对水平安装的文丘里流量计应用式(9.5c):

$$Q = 0.259\left(\frac{113}{10\,000}\right)\sqrt{2(9.81)\left[\left(\frac{15.2}{100}\right)12.6\right]} = 0.017\,9 \text{ m}^3/\text{s}$$

喷嘴式流量计(图9.7(a))与孔板式流量计(图9.7(b))基于与管道截面形状突然变

化相关的能量(头部)分布变化的原理制成。事实上,喷嘴式流量计和孔板式流量计的流量方程与文丘里流量计的流量方程(式(9.5a))形式相同,在应用上的主要区别是喷嘴式和孔板式流量计的流量系数与通过式(9.5b)计算得到的理论值C_d有所不同,这主要由于流动收缩部分下游管壁边界处的分流引起的。

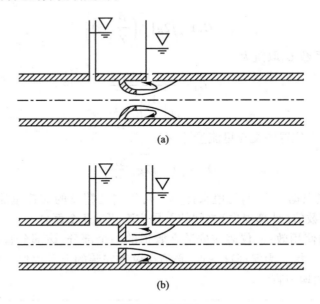

图9.7　流量计

由于大部分转化为动能的压能(通过狭窄开口加速流体)无法恢复,喷嘴式和孔板式流量计会产生大量水头损失。每一米的流量系数都会有很大不同,该值不仅取决于管道内的流动状况(管道的雷诺数),同时取决于喷嘴(或孔口)与管道的面积比、压力龙头位置及管道流上下游情况。因此,建议对每台安装的仪表进行现场校准。若安装管口流量计时未经现场校准,则应参考制造商数据,并遵循详细的安装要求。

如前所述,喷嘴式流量计和孔板式流量计的流量系数不能直接从面积比A_1/A_2计算得出。流量方程(式(9.5a)和式(9.5c))必须通过实验的无量纲系数C_V进行修正,即有

$$Q = C_V C_d A_1 \sqrt{2g\left[\Delta\left(\frac{P}{\gamma}+z\right)\right]} \tag{9.6a}$$

式中:z为两个压头高度差。对于水平安装,有

$$Q = C_V C_d A_1 \sqrt{2g\left(\frac{\Delta P}{\gamma}\right)} \tag{9.6b}$$

美国机械工程师协会和国际标准协会赞助了对喷嘴式流量计的广泛研究,以规范喷嘴几何形状、仪表安装、仪表规格及实验系数。作为美国常用的典型流量喷嘴装置之一,其相应的实验系数如图9.8所示。

与文丘里流量计和喷嘴式流量计相比,孔板式流量计受流量影响更大。因此,制造商必须为每种型号和尺寸的孔板式流量计提供对应的安装和校准曲线的详细说明。如果仪表未严格按照说明安装,则需在现场仔细校准。

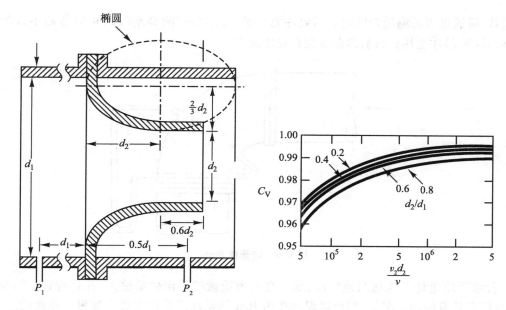

图 9.8 ASME 喷嘴尺寸及系数

例 9.4

将例 9.3 中的文丘里流量计替换为 ASME 流量计(图 9.8)。实验过程中,差压计(水银－水)水银柱读数为 15.2 cm,管道中水温为 20 ℃。确定流量。

解:

直径比 $d_2/d_1 = 6/12 = 0.5$,$C_d = 0.259$(根据例 9.3)。假设实验仪表系数 $C_V = 0.99$,相应的流量可由式(9.6b)计算,得

$$Q = (0.99)(0.259)\left(\frac{113}{10\ 000}\right)\sqrt{2(9.81)\left[\left(\frac{15.2}{100}\right)(12.6)\right]} = 0.017\ 8\ \text{m}^3/\text{s}$$

该值需通过检查相应的喷嘴雷诺数来验证,基于流量计算得 Re 值为

$$Re = \frac{v_2 d_2}{v} = \frac{\left[\dfrac{(0.017\ 8)}{(\pi/4)(0.06)^2}(0.06)\right]}{1.00 \times 10^{-6}} = 3.78 \times 10^5$$

利用此雷诺数,在图 9.8 中给出了一个更好的实验系数值,即 $C_V = 0.986$。因此,正确的流量值为

$$Q = (0.986/0.99)(0.017\ 8) = 0.017\ 7\ \text{m}^3/\text{s}$$

弯管流量计(图 9.9)可测量管道弯曲处外侧面与内侧面之间的压力差。在管道弯曲处产生的离心力迫使流体主流在弯曲处更靠近管道外壁,压力差由此在弯曲部分的内部与外部之间产生。随着流量增大,压差随之增大,两者间的关系可通过流量测定来确定。流量方程可表示为

$$Q = C_d A \sqrt{2g\left(\frac{P_0}{\gamma} - \frac{P_i}{\gamma}\right)} \tag{9.7}$$

式中:A 为管道截面面积;P_i 和 P_0 分别为管曲处弯道内外记录的局部压力值;C_d 为无量纲流

量系数,可通过现场测量来确定。需要注意的是,在水头间的高差(Δz)可以忽略不计的情况下,式(9.7)才适用;否则,高差需包含在压差中。

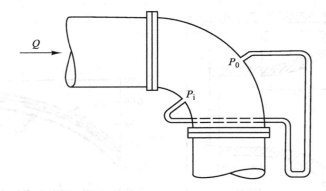

图9.9　弯管流量计

若弯管流量计不能适当地校准,那么在管道流量的雷诺数足够大,并且弯管上游至少为30倍直管直径的情况下,仍可以保证在约10%的精确度范围内确定流量。在此情况下,流量系数近似为

$$C_d = \frac{R}{2D} \tag{9.8}$$

式中:R 为弯道中心线半径;D 为管道直径。

弯管流量计既廉价且方便,管道内的弯头不需额外的安装费用,也不会增加水头损失。

9.4　明渠中的流量测量

堰是一种横跨河道并向水流方向延伸的简单的溢流结构。堰有各种类型,且通常按形状分类,既可以为尖顶(用于测量流量),也可以为宽顶(纳入水工建筑物的范畴,将流量测量作为次要功能)。

9.4.1　薄壁堰

薄壁堰(图9.10)包括以下四种基本类型:

①无末端收缩的水平堰,如图9.10(a)所示;
②有末端收缩的水平堰,如图9.10(b)所示;
③V 形缺口堰,如图9.10(c)所示;
④梯形堰,如图9.10(d)所示。

无收缩的水平堰横跨整个河道,标准的无收缩堰应满足以下要求:

①堰顶应是水平的,边缘是尖锐的,且与水流垂直;
②堰板应垂直,且上游表面平滑;
③近堰渠道应均匀一致,水面无大浪。

标准无收缩水平堰(图9.10(a))的基本流量方程为

$$Q = CLH^{3/2} \tag{9.9}$$

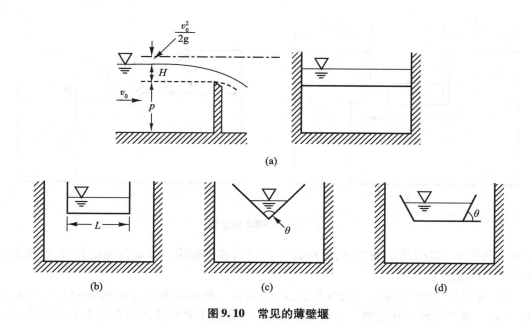

图 9.10 常见的薄壁堰

式中:L 为堰顶长度;H 为堰上水头;C 为流量系数。流量系数通常由美国垦务局(USBR)等政府机构的实验数据得出。采用英制单位,以 ft$^{0.5}$/s 为单位的流量系数通常可表示为

$$C = 3.22 + 0.40 \frac{H}{p} \tag{9.10a}$$

式中:p 为堰高。在 SI 单位制中,流量系数将变为

$$C = 1.78 + 0.22 \frac{H}{p} \tag{9.10b}$$

水平堰的堰顶宽度比河道小,因此水在水平方向和垂直方向上都进行收缩以流过堰顶。堰则可在任意一端收缩,也可两端同时收缩,一般流量方程可表示为

$$Q = C\left(L - \frac{nH}{10}\right)H^{3/2} \tag{9.11}$$

式中:n 为末端收缩个数,$n=1$ 表示一端收缩,$n=2$ 表示两端均收缩,如图 9.10(b)所示;流量系数 C 应恰当取值,需要注意的是取值将基于所使用的单位制。

标准的收缩水平堰是指其堰顶和侧边与河道底部及两侧相距较远,从而形成完全收缩的堰。标准收缩水平堰的尺寸如图 9.11(a)所示,其中堰长 L 表示为 b,由 USBR 给出的该标准堰流量方程为

$$Q = 3.33(L - 0.2H)H^{3/2} \tag{9.12a}$$

该表达式是专为英制单位确定的,L 和 H 单位均为 ft,Q 单位为 ft^3/s。而在 SI 单位制中,该方程表示为

$$Q = 1.84(L - 0.2H)H^{3/2} \tag{9.12b}$$

V 形堰适用于较大范围内的水深条件对测量精度有所要求的情况,V 形堰的流量方程一般形式为

$$Q = C\left(\tan\frac{\theta}{2}\right)H^{5/2} \tag{9.13}$$

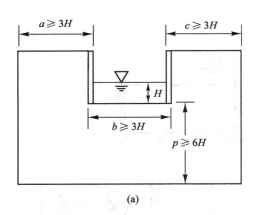
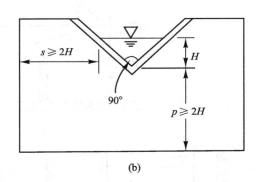

(a)   (b)

图 9.11 USBR 标准堰

式中：θ 为图 9.10（c）所示堰角；流量系数 C 由适当校准确定。需要注意的是，C 值取决于所使用的单位制。

USBR 标准 90°V 形堰由一块薄板组成，薄板切口两侧由垂直方向倾斜 45°，如图 9.11（b）所示。该堰运转工作时像一个收缩水平堰，所有的要求都满足于标准无收缩水平堰的应用。堰的两侧到河道浅滩的最小距离应至少是堰上水头的两倍，而从堰顶到河底的最小距离也应至少是堰上水头的两倍。由 USBR 给出的标准 90°V 形堰流量方程为

$$Q = 2.49H^{2.48} \tag{9.14}$$

该表达式为英制单位拟定，H 单位为 ft，Q 单位为 ft^3/s。

梯形堰的水力特性介于收缩水平堰和 V 形堰之间，为收缩水平堰确定的流量方程也可应用于流量系数单独校准的梯形堰。

USBR 标准梯形堰（图 9.12）也被称为辛普莱堰，有一个水平堰顶，两侧向外倾斜，斜率为 1:4（H:V）。该堰所有要求的标准均适用于无收缩水平堰，堰顶高度应至少为堰上水头 H 的两倍，而从切口侧到河道侧的距离也应至少是水头的两倍。由 USBR 给出的辛普莱堰流量方程为

$$Q = 3.367LH^{3/2} \tag{9.15}$$

该表达式为英制单位拟定，L 和 H 单位为 ft，Q 单位为 ft^3/s。

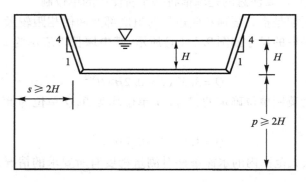

图 9.12 USBR 标准梯形堰

例 9.5

实验室测量在一个堰顶长度为 1.56 m 的收缩(两侧)水平堰上进行。在水头 $H=0.2$ m 的条件下,实测流量为 0.25 m³/s。确定在给定单位系统(SI)下的流量系数。

解:

对该收缩水平堰应用式(9.11),可以得到

$$Q = C\left(L - \frac{nH}{10}\right)H^{3/2}$$

这里 $L=1.56$ m,$H=0.2$ m,$n=2$(表示两端收缩),有

$$0.25 = C\left(1.56 - \frac{2(0.2)}{10}\right)(0.2)^{3/2}$$

$$C = 1.84 \text{ m}^{0.5}/\text{s}$$

9.4.2　宽顶堰

宽顶堰在过流的临界流体处设有一段高架通道(图 9.13)。根据堰高与近堰渠道深度的关系,流量方程可由上游接近段与堰顶过流最小深度间的力与动量平衡关系导出。取堰的单位宽度,有

$$\rho q\left(\frac{q}{y_2} - \frac{q}{y_1}\right) = \frac{1}{2}\gamma\left[y_1^2 - y_2^2 - h(2y_1 - h)\right] \tag{9.16}$$

式中:q 为单位宽度下的流量;h 为从通道层测量的堰高;y_1 和 y_2 分别为上游及下游深度。

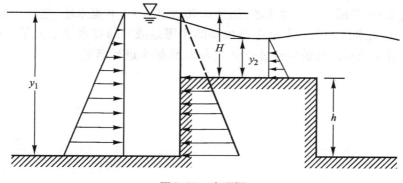

图 9.13　宽顶堰

上述条件不足以将式(9.16)简化为接近水深与流量间的一对一关系。从平均流量的实验测量中可以得到另一个方程为

$$y_1 - h = 2y_2 \tag{9.17}$$

将式(9.17)代入式(9.16)中,化简得到

$$q = 0.433\sqrt{2g}\left(\frac{y_1}{y_1 + h}\right)^{1/2}H^{3/2} \tag{9.18}$$

堰上总流量为

$$Q = Lq = 0.433 \sqrt{2g} \left(\frac{y_1}{y_1 + h} \right)^{1/2} LH^{3/2} \tag{9.19}$$

式中：L 为堰顶溢流长度；H 为堰顶以上水体高程。

考虑堰从零($h=0$)到无穷($h \to \infty$)的高程范围，式(9.19)可能在 $Q = 1.92LH^{3/2}$ 到 $Q = 1.36LH^{3/2}$ 之间变化，单位取 m 和 s。

9.4.3　文丘里量水槽

使用堰测量明渠流量可能是最简单的方法。然而，使用堰坝也有不足和缺陷，比如会产生相对较高的能量损失，在堰上游池中发生沉积等。而这些困难可通过使用一种被称为文丘里量水槽的临界流体槽来部分解决。

大量文丘里量水槽已经被设计应用于现场。大多数水槽在淹没的状态下工作，并在收缩区域(喉部)处达到临界水深，之后在出口处发生水跃。通过水槽的流量可利用位于临界流段和另一参考段的观察井水深来计算。

美国最广泛使用的临界流水槽是由 R. L. 帕歇尔于 1920 年开发的帕歇尔水槽。该水槽在英制单位下开发，具有固定尺寸，如图 9.14 和表 9.1 所示，并已建立与每个水槽尺寸相对应的经验流量方程，方程列于表 9.2 中。

在式(9.20)至式(9.24)中，Q 是单位为 ft^3/s 的流量(cf)，W 是单位为 ft 的喉部宽度，H_a 是从观察井读取的水位，同样以 ft 为单位。这些方程严格按所述单位及图 9.14 和表 9.1 中规定尺寸推导得出，它们在国际单位制中无等效版本。

当仪表中读数 H_b(来自观察井 b)与 H_a(来自观察井 a)的比值超过 0.50 采用 1、2、3 in 宽水槽，超过 0.60 采用 6、9 in 宽水槽，超过 0.70 采用 1 ~ 8 ft 宽水槽，超过 0.80 采用 10 ~ 50 ft 宽水槽，说明水体淹没。下游部分沉降的作用是减少通过水槽的流量。在这种情况下，上述方程计算所得流量值应通过考虑 H_a 和 H_b 读数来进行修正。

表 9.1　帕歇尔水槽尺寸

注：各尺寸列分为 ft.（英尺）与 in.（英寸）两栏，下表以「ft′in″」形式合并表示；流速单位为 cf。

序号	W	A	2/3A	B	C	D	E	F	G	H	K	M	N	P	R	X	Y	Z	流速 最小	流速 最大
1*	0′1″	1′2‑9/32″	0′9‑17/32″	1′2″	0′3‑21/32″	0′6‑19/32″	6~9″	0′3″	0′8″	0′8‑1/8″	0′3/4″	—	0′1‑1/8″	—	—	0′5/16″	0′1/2″	0′1/8″	0.01	0.19
	0′2″	1′4‑5/16″	0′10‑7/8″	1′4″	0′5‑5/16″	0′8‑13/32″	6~10″	0′4‑1/2″	0′10″	0′10‑1/8″	0′7/8″	—	0′1‑11/16″	—	—	0′5/8″	0′1″	0′1/8″	0.02	0.47
	0′3″	1′6‑3/8″	1′0‑1/4″	1′6″	0′7″	0′10‑3/16″	12~18″	0′6″	1′0″	1′0‑5/32″	0′1″	—	0′2‑1/4″	—	—	0′1″	0′1‑1/2″	0′1/4″	0.03	1.13
2	0′6″	2′0‑7/16″	1′4‑5/16″	2′0″	1′3‑5/8″	1′3‑5/8″	2′0″	1′0″	1′0″	—	0′3″	1′0″	0′4‑1/2″	2′11‑1/2″	1′4″	0′2″	0′3″	—	0.05	3.9
	0′9″	2′10‑5/8″	1′11‑1/8″	2′10″	1′3″	1′10‑5/8″	2′6″	1′0″	1′6″	—	0′3″	1′0″	0′4‑1/2″	3′6‑1/2″	1′4″	0′2″	0′3″	—	0.09	8.9
	1′0″	4′6″	3′0″	4′4‑7/8″	2′0″	2′9‑1/4″	3′0″	2′0″	3′0″	—	0′3″	1′3″	0′9″	4′10‑3/4″	1′8″	0′2″	0′3″	—	0.11	16.1
	2′0″	5′0″	3′4″	4′10‑7/8″	3′0″	3′11‑1/2″	3′0″	2′0″	3′0″	—	0′3″	1′3″	0′9″	6′1″	1′8″	0′2″	0′3″	—	0.15	24.6
	3′0″	5′6″	3′8″	5′4‑3/4″	4′0″	5′1‑7/8″	3′0″	2′0″	3′0″	—	0′3″	1′3″	0′9″	7′3‑1/2″	1′8″	0′2″	0′3″	—	0.42	33.1
	4′0″	6′0″	4′0″	5′10‑5/8″	5′0″	6′4‑1/4″	3′0″	2′0″	3′0″	—	0′3″	1′6″	0′9″	8′10‑3/4″	1′8″	0′2″	0′3″	—	0.61	50.4
	5′0″	6′6″	4′4″	6′4‑1/2″	6′0″	7′6‑5/8″	3′0″	2′0″	3′0″	—	0′3″	1′6″	0′9″	10′1‑1/4″	2′0″	0′2″	0′3″	—	1.3	67.9
	6′0″	7′0″	4′8″	6′10‑3/8″	7′0″	8′9″	3′0″	2′0″	3′0″	—	0′3″	1′6″	0′9″	11′3‑1/2″	2′0″	0′2″	0′3″	—	1.6	85.6

* 喉部宽度（W）公差为英寸；其他尺寸公差为英尺。喉部两边侧壁须保持平行且各自垂直。资料来源 1 科罗拉多州立大学技术公报第 61 号，资料来源 2 美国农业部土壤保持局通告第 843 号，资料来源 3 科罗拉多州立大学技术公报第 426 – A 号。

续表

序号	W	A	2/3A−B	B	C	D	E	F	G	H	K	M	N	P	R	X	Y	Z	流速(cf)
2	6 ft 0−in.	7 ft 0	4 ft 8	6 ft 10 3/8	7 ft 0	8 ft 9	3 ft 0	2 ft 0	3 ft 0−in.	—	0 ft 3	1 ft 6	0 ft 9	11 ft 3 1/2	2 ft 0	0 ft 2	0 ft 3−in.	—	2.6 103.5
	7 ft 0−in.	7 ft 6	5 ft 0	7 ft 4 1/4	8 ft 0	9 ft 11 3/8	3 ft 0	2 ft 0	3 ft 0−in.	—	0 ft 3	1 ft 6	0 ft 9	12 ft 6	2 ft 0	0 ft 2	0 ft 3−in.	—	3.0 121.4
	8 ft 0−in.	8 ft 0	5 ft 4	7 ft 10 1/8	9 ft 0	11 ft 1 3/4	3 ft 0	2 ft 0	3 ft 0−in.	—	0 ft 3	1 ft 6	0 ft 9	13 ft 8 1/4	2 ft 0	0 ft 2	0 ft 3−in.	—	3.5 139.5
3	10 ft 0−in.	—	6 ft 0	14 ft 0	12 ft 0	15 ft 7 1/4	4 ft 0	3 ft 0	6 ft 0−in.	—	0 ft 6	—	1 ft 1 1/2	—	—	0 ft 9	1 ft 0−in.	—	6.0 200
	12 ft 0−in.	—	3 ft 8	4 ft 0	2 ft 8	2 ft 4 3/4	3 ft 0	2 ft 0	3 ft 0−in.	—	0 ft 6	—	1 ft 1 1/2	—	—	0 ft 9	1 ft 0−in.	—	8.0 350
	15 ft 0−in.	—	3 ft 8	4 ft 0	3 ft 4	3 ft 0	3 ft 0	2 ft 0	3 ft 0−in.	—	0 ft 9	—	1 ft 6	—	—	0 ft 9	1 ft 0−in.	—	8.0 600
	20 ft 0−in.	—	3 ft 4	5 ft 0	4 ft 0	5 ft 0	3 ft 0	2 ft 0	3 ft 0−in.	—	1 ft 0	—	2 ft 3	—	—	0 ft 9	1 ft 0−in.	—	10 1 000
	25 ft 0−in.	—	4 ft 0	5 ft 0	5 ft 4	6 ft 0	3 ft 0	2 ft 0	3 ft 0−in.	—	1 ft 0	—	2 ft 3	—	—	0 ft 9	1 ft 0−in.	—	15 1 200
	30 ft 0−in.	—	4 ft 8	6 ft 0	6 ft 8	7 ft 4 3/4	3 ft 0	2 ft 0	3 ft 0−in.	—	1 ft 0	—	2 ft 3	—	—	0 ft 9	1 ft 0−in.	—	15 1 500
	40 ft 0−in.	—	4 ft 0	6 ft 0	7 ft 4	8 ft 9 1/2	3 ft 0	2 ft 0	3 ft 0−in.	—	1 ft 0	—	2 ft 3	—	—	0 ft 9	1 ft 0−in.	—	20 2 000
	50 ft 0−in.	—	4 ft 4	6 ft 0	7 ft 8	8 ft 9 1/2	3 ft 0	2 ft 0	3 ft 0−in.	—	1 ft 0	—	2 ft 3	—	—	0 ft 9	1 ft 0−in.	—	25 3 000

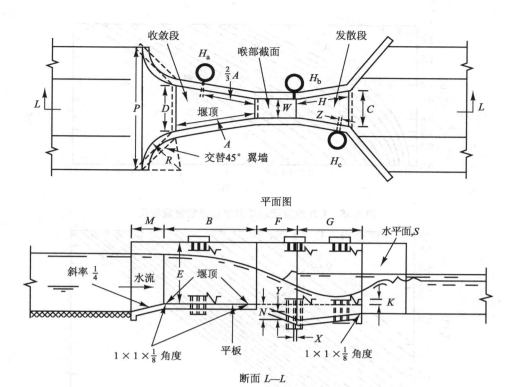

图 9.14　帕歇尔水槽尺寸

表 9.2　帕歇尔水槽流量方程

入口宽度	流量方程	编号	自由流量(cf)
3 in	$Q = 0.992H_a^{1.547}$	(9.20)	$0.03 \sim 1.9$
6 in	$Q = 2.06H_a^{1.58}$	(9.21)	$0.05 \sim 3.9$
9 in	$Q = 3.07H_a^{1.53}$	(9.22)	$0.09 \sim 8.9$
$1 \sim 8$ ft	$Q = 4WH_a^{1.522W^{0.026}}$	(9.23)	最大 140
$10 \sim 50$ ft	$Q = (3.6875W + 2.5)H_a^{1.6}$	(9.24)	最大 2 000

水槽尺寸(ft)	1.0	2.0	3.0	4.0	6.0	8.0
校正系数	1.0	1.8	2.4	3.1	4.3	5.4

水槽尺寸(ft)	10	15	20	30	40	50
校正系数	1.0	1.5	2.0	3.0	4.0	5.0

图 9.15 展示了通过 1 ft 帕歇尔水槽的水下流速,该图可通过对 1 ft 水槽的校正流量乘以所选水槽尺寸对应的特定系数适用更大尺寸的水槽(最大 8 ft)。

图 9.16 展示了通过 10 ft 帕歇尔水槽的淹没流量,该图可通过对 10 ft 水槽的校正流量乘以所选水槽尺寸对应的特定系数适用更大尺寸的水槽(最大 50 ft)。

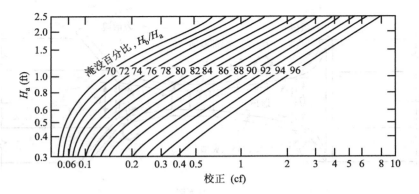

图 9.15　1 ft 浸没状态帕歇尔水槽的流量校正

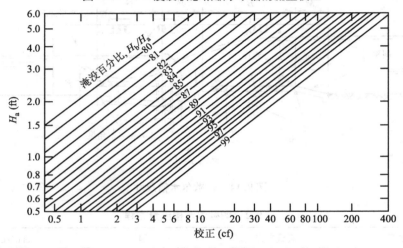

图 9.16　10 ft 浸没状态帕歇尔水槽的流量校正

例 9.6

一个 4 ft 的帕歇尔水槽安装在进水渠道中以监测流速。仪表读数 H_a 和 H_b 分别为 2.5 ft 和 2.0 ft。确定渠道中流量。

解:

$$H_a = 2.5 \text{ ft} \quad H_b = 2.0 \text{ ft}$$

浸没度，$H_b/H_a = 80\%$。

式(9.23)给出未浸没情况下的流量值为

$$Q_u = 4WH_a^{1.522W^{0.026}} = 4(4)(2.5)^{1.522(4)^{0.026}} = 67.9 \text{ cf}$$

在给定条件下，水槽在 80% 浸没度下运行，并应随之相应地校正该值。

从图 9.15 中，发现 1 ft 帕歇尔水槽的流速校正为 1.8 cf。对于 4 ft 的水槽，校正后的流量为

$$Q_c = 3.1(1.8) = 5.6 \text{ cf}$$

由此渠道中校正流量为

$$Q = Q_u - Q_c = 67.9 - 5.6 = 62.3 \text{ cf}$$

习 题
(9.1节)

9.1.1 将水倒入开口的 U 形管中(图 P9.1.1),再将油从 U 形管的一端倒入,使一端的水平面比另一端的油 – 水分界面高 6 in。已知油柱高 8.2 in,问油的比重是多少?

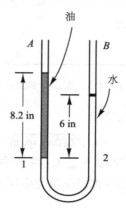

图 P9.1.1 开口 U 形管

9.1.2 若 $y = 1.24$ m, $h = 1.02$ m,测压液为水银(比重为13.6),求图 P9.1.2 中所示管道内压力。若测量同一位置的压力,求测压液在测压计中上升的高度。

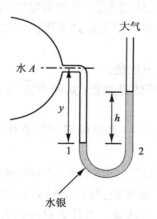

图 P9.1.2 测压计

9.1.3 倾斜油压计用于测量风洞中压力。若323 Pa 的压力变化在15°倾斜角上引起15 cm 的读数变化,要求确定油的比重。

(9.2节)

9.2.1 一支有机玻璃管(测压计)安装在管道上,如图 P9.2.1 所示。另一支含90°弯曲的有机玻璃管(毕托管)插入管道中心并指向水流方向。对于给定的流量,测压计记录的水柱高度为 320 cm,毕托管水柱高度为 330 cm。求水体压强(kPa)和流速(m/s)。流速是平均管道流速吗? 请说明。

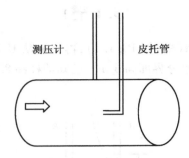

图 P9.2.1　测压计和皮托管

9.2.2 证明式(9.1b)可用以下形式编写

$$v = \sqrt{2g\Delta h\,(sp.\,gr.\,-1)}$$

若管道内流体是水,但测压流体不是水(管道中的水一直延伸到测压流体处),且 *sp. gr.* 为测压流体比重。提示:将测压原理应用于图 9.4(b)中简图,并与伯努利原理相结合。

9.2.3 毕托管在直径 5 ft 管道中的测量结果表明,滞止压力与静压力差值为 5.65 in 高水银柱。问水流流速是多少? 并估算管道中流量,为什么只能是估算?

9.2.4 参见图 9.4(b)并回答以下问题:
①若管道内流体和测压流体均为水(其间有空气),$\Delta h = 34.4$ cm,求管道流速;
②若管道内流体是水银,并一直延伸到测压流体处(水银的比重 $= 13.6$),$\Delta h = 34.4$ cm,则管道流速为多少;

9.2.5 参见图 9.4(b)并回答以下问题:
①若管道内流体和测压流体是水银(其间有空气),$\Delta h = 18.8$ in,则管道流速为多少,油的比重 $= 0.85$;
②若管道内流体是水银,并一直延伸到测压流体(水银的比重 $= 13.6$),$\Delta h = 18.8$ in,则管道流速为多少?

9.2.6 参见图 9.4(a),若毕托管最大刻度长为 25 cm,确定最大可测量流速。管道内流体是水,并一直延伸至测压流体处,测压流体是比重为 13.6 的水银。估算直径为 10 cm 的管道所能满足的最大流量。为什么只能是估算?

(9.3 节)

9.3.1 若压力水头读数为 290 kN/m^2 和 160 kN/m^2,确定内置直径 20 cm(喉管)文丘里流量计的直径 50 cm 管道中的流速。

9.3.2 一个 4 in 的文丘里流量计,喉部安装在 8 in 直径(垂直)水线中。水银测压计中喉部与入口部分间压差读数为 2.01 in。若水流向下运动且测压计测压孔间距离为 0.80 ft,确定流速。

9.3.3 0.082 m³/s 的流量通过 20 cm 水平水线,水线中包含 10 cm ASME 流量喷嘴。以帕斯卡为单位,确定流量计中的压差。

9.3.4 确定图 P9.3.4 中 40 cm 直径水线的流量值。已知喷嘴式流量计的喉部直径为 16 cm,按照 ASME 标准制造和安装,测压计测压孔间距离为 25 cm。

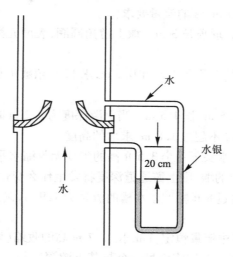

水

水银

20 cm

水

图 P9.3.4 喷嘴式流量计

9.3.5 一支 12 in 孔板式流量计($C_V = 0.675\,2$)安装在直径 21 in 的水线的垂直段中。若预计的最大流量为 12.4 ft³/s,则差压计(水银 – 水)中垂直 U 形管的必要长度为多少? 测压计水头间差值为 9 in,水流流动方向向上。

9.3.6 维护人员在旧水管线上发现一个孔板式流量计,负责的工程师想在不拆除精密仪表的情况下知道孔板开口的大小。仪表侧面的规格板标有" $C_V = 0.605$ ",对于 0.005 78 m³/s 的流量,水银测压计所示压差为 9.0 cm。若水平管道内径为 10 cm,则孔板尺寸是多少?

9.3.7 弯管流量计安装在直径 75 cm 的水管中,如图 9.9 所示。该装置在 1 min 内输送了 51 m³ 水。当水管与弯管处于水平位置时,确定水银 – 水测压计中测得的压头差(cm)。已知弯曲半径为 80 cm。

9.3.8 弯管流量计安装在直径 75 cm 的水管中,弯曲半径为 80 cm,如图 9.9 所示。管道中流速为 0.850 m³/s,外部与内部水头差由水银 – 水测压计测得为 5.26 cm。若弯管处于垂直位置且水流方向向下,确定弯管流量计的流量系数。需要注意的是,在垂直位置时测压计接口沿水平基准面倾斜 45°角安装。

(9.4 节)

9.4.1 无收缩水平堰(顶部)长 4.5 m,高 3.1 m。若上游水深 4.4 m,计算流量值。若建议用堰顶长 2.4 m、高度相同的收缩堰代替原有堰,确定上游深度相同时的流量值。假设两者流量系数相同。

9.4.2 USBR 标准 V 形堰顶部高出进水通道底部 3 ft,该堰用于测量流向用户的流量。在该流速下,堰上游水深等于通道最大允许水深。若用户需增加流量,则标准收缩水平堰(顶部高度相同)所需顶部长度为多少才能满足新的需求,且不会淹没上游通道?

9.4.3 若最大水头限制为 0.259 m,则帕歇尔堰(USBR 标准梯形堰)的顶部长度需要为多少,方能满足 0.793 m^3/s 的流量要求?

9.4.4 宽顶矩形堰高 1 m,堰顶长 3 m。堰上游角圆润,表面光滑。若水头为 0.4 m,则流量为多少?

9.4.5 若仪表读数 H_a 和 H_b 分别为 1 m 和 0.5 m,求 15 ft 帕歇尔水槽测得的流量值,单位取 m^3/s。

9.4.6 无收缩水平堰高 1.5 m,长 4.5 m。当上游深度为 2.2 m 时,求堰上流量。若要求流量相同,但上游深度不超过 1.8 m,求堰的高度。

9.4.7 流动发生在 1.0 ft 水头下一个 3.5 ft 高的尖顶无收缩水平堰上,若以该堰代替另一个高度只有其一半的堰,则上游通道深度将发生什么变化?

9.4.8 当 H_a 为 2.50 ft,通过 8 ft 帕歇尔水槽的流量为 129 cf,确定产生此流速的下游水位 (H_b)。

9.4.9 4 m 宽的矩形通道中流量恒定,1 m 长、1.7 m 高的收缩(两端)水平堰($C = 1.86$)始终保持 2.3 m 水深。该堰将由另一个与其上游深度相同的无收缩水平堰代替。若流量系数根据式(9.10b)确定,求堰的高度。

9.4.10 由冲量 – 动量方程式(9.16)推导出式(9.18),写出全部步骤。

9.4.11 式(9.19)为宽顶堰的一般表达式。考虑堰从零($h = 0$)到无穷($h \to \infty$)的高程范围,式(9.19)可能在 $Q = 1.92LH^{3/2}$ 到 $Q = 1.36LH^{3/2}$ 之间变化,其中 H 单位为 m,Q 单位为 m^3/s。验证这些表达式,并找出英制单位中的等效表达式。

9.4.12 在第 8 章中有人指出,堰的一个基本特征为流体通过堰达到临界深度。由此原因,利用临界深度与流速相关联的式(6.14)推导式(9.9)。提示:临界深度也须通过能量平衡(忽略损失)与堰上水头联系。符号 C 代表什么?

9.4.13 实验室测试 60°V 形堰得到以下结果:$H = 0.3$ m,$Q = 0.22$ m^3/s;$H = 0.6$ m,$Q = 0.132$ m^3/s。确定该 V 形堰在国际单位制和英制单位下的流量方程。

10

水力相似与模型研究

利用小模型预测水力结构的历史至少可追溯到达·芬奇*,但利用比例模型所得的实验结果定量预测全尺寸水力结构(原型)的性能,却直到 20 世纪初才完全实现。模型研究所依据的原理逐渐形成了水力相似理论。通俗来说,该理论就是验证模型中的水力关系是否与原型足够相似。而对结构实际性能所涉及的物理量和基本水力关系(静态和动态)进行评估,则称为量纲分析。

在完成某些初步模型研究后,就会设计并构造重要的水力结构,此类研究可用于以下任何一个或多个目的:

①确定大型测量结构的流量系数,如溢洪道或堰;

②开发一种有效的水力结构出口消能方法;

③减少进口结构处或过渡段内的能量损失;

---

* 达·芬奇(1452—1519),文艺复兴时期的科学家、工程师、建筑师、画家、雕刻家和音乐家。

④为水库开发高效、经济的溢洪道或其他类型泄洪结构;

⑤确定温度控制结构中的平均行进时间,如发电厂的冷却池;

⑥确定各类结构部件的最佳横截面、位置和尺寸,如防波堤、码头及港口与航道中的船闸设计;

⑦确定运输或海上设施中浮动状态、半浸入状态及底部结构的动态行为。

河流模型在水利工程中也得到了广泛应用,包括:

①洪水通过河道的方式;

②弯道、堤坝、堤围、防波堤、导流墙等人工结构对渠道中沉积运动及上下游河道的影响;

③航道或港口内自然水流与人为水流的方向和力,及其对航行和海洋生物的影响。

10.1　量纲一致性

当物理现象由一个或一组方程描述时,每个方程中的所有项须保持量纲一致 *。换句话说,方程中的所有项必须以相同单位表示。

事实上,要得到涉及物理现象的几个参数间的关系,就必须始终检验方程中量纲的一致性。若关系中所有项在方程两边未保持相同单位,则可以确定存在相关参数的缺失或错位,或式中包含了无关项。

基于对现象的概念和物理理解及量纲一致性原理,可制定诸多水力问题的解决方案。例如,已知表面波的水上传播速度 C 与重力加速度 g 和水深 y 有关,一般来说,就可表示为

$$C = f(g, y) \tag{10.1}$$

式中:f 用来表示一个函数。所涉及的物理量单位有长度 L 和时间 T,均列在括号内:

$$C = [LT^{-1}]$$
$$g = [LT^{-2}]$$
$$y = [L]$$

由于式(10.1)左侧单位为 $[LT^{-1}]$,因此同样的单位也需在右侧出现。所以,y 与 g 必须组合为乘积形式,而函数 f 则为平方根。由此,有

$$C = \sqrt{gy}$$

如第 6 章(式(6.11))所述。表 10.1 列出了水利工程中常用物理量的量纲。

表 10.1　水利工程中常用物理量的量纲

物理量	量纲	物理量	量纲
长度	L	力	MLT^{-2}
面积	L^2	压强	$ML^{-1}T^{-2}$
体积	L^3	剪应力	$ML^{-1}T^{-2}$
角度(弧度)	无	比重	$ML^{-2}T^{-2}$
时间	T	弹性模量	$ML^{-1}T^{-2}$
流量	L^3T^{-1}	压缩系数	$M^{-1}LT^2$

---

* 存在例外,如一些经验公式(例如第3.6节)。

物理量	量纲	物理量	量纲
线速度	LT^{-1}	表面张力	MT^{-2}
角速度	T^{-1}	动量	MLT^{-1}
加速度	LT^{-2}	角动量	ML^2T^{-1}
质量	M	扭矩	ML^2T^{-2}
惯性矩	ML^2	能量	ML^2T^{-2}
密度	ML^{-3}	功率	ML^2T^{-3}
黏度	$ML^{-1}T^{-1}$	运动黏度	L^2T^{-1}

10.2　水力相似原理

水力模型与原型之间的相似性可通过以下三种基本形式表示：
①几何相似；
②运动相似；
③动力相似。

几何相似意味着形式的相似性，模型是原型的几何还原，通过保持模型与原型间所有对应长度的固定比例来实现。

几何相似涉及的物理量有长度 L、面积 A 和体积 V。为保持原型中长度 L_p 和模型中长度 L_m 相对应，固定比例 L_r 需遵守以下表达式规定：

$$\frac{L_p}{L_m} = L_r \tag{10.2}$$

面积 A 是两个对应长度的乘积，对应面积的比例也为常数，可表示为

$$\frac{A_p}{A_m} = \frac{L_p^2}{L_m^2} = L_r^2 \tag{10.3}$$

体积 V 是三个对应长度的乘积，对应体积的比例可表示为

$$\frac{V_p}{V_m} = \frac{L_p^3}{L_m^3} = L_r^3 \tag{10.4}$$

例 10.1

几何相似的明渠模型以 5∶1 的比例构建。若模型中测量的流量为 7.07 cf(ft³/s)，则原型中相应的流量为多少？

解：

可利用表达式 $Q = Av$ 得到流量比例，而得到该表达式需要面积比例及速度比例。式（10.3）中原型与模型的面积比例为

$$\frac{A_p}{A_m} = \frac{L_p^2}{L_m^2} = L_r^2 = 25$$

原型与模型的速度比例为

$$\frac{v_{\mathrm{p}}}{v_{\mathrm{m}}} = \frac{\dfrac{L_{\mathrm{p}}}{T}}{\dfrac{L_{\mathrm{m}}}{T}} = \frac{L_{\mathrm{p}}}{L_{\mathrm{m}}} = L_{\mathrm{r}} = 5$$

需要注意的是,对于几何相似性,原型与模型的时间比例保持不变。因此,两者的流量比例为

$$\frac{Q_{\mathrm{p}}}{Q_{\mathrm{m}}} = \frac{A_{\mathrm{p}} v_{\mathrm{p}}}{A_{\mathrm{m}} v_{\mathrm{m}}} = (25)(5) = 125$$

因此,原型中相应的流量为

$$Q_{\mathrm{p}} = 125 Q_{\mathrm{m}} = 125(7.07) = 884 \ \mathrm{cf}$$

运动相似性意味着运动中的相似性。若对应移动的粒子沿几何相似的路径具有相同的速度比,则形成模型与原型间的运动相似性。因此,运动相似涉及时间尺度与长度尺度。对应粒子在模型及原型中行进对应距离所需的时间比例为

$$\frac{T_{\mathrm{p}}}{T_{\mathrm{m}}} = T_{\mathrm{r}} \tag{10.5}$$

速度 v 定义为单位时间内运动的距离。因此,速度比例可表示为

$$\frac{v_{\mathrm{p}}}{v_{\mathrm{m}}} = \frac{\dfrac{L_{\mathrm{p}}}{T_{\mathrm{p}}}}{\dfrac{L_{\mathrm{m}}}{T_{\mathrm{m}}}} = \frac{\dfrac{L_{\mathrm{p}}}{L_{\mathrm{m}}}}{\dfrac{T_{\mathrm{p}}}{T_{\mathrm{m}}}} = \frac{L_{\mathrm{r}}}{T_{\mathrm{r}}} \tag{10.6}$$

加速度 a 定义为每单位时间平方的长度。因此,对应加速度比例可表示为

$$\frac{a_{\mathrm{p}}}{a_{\mathrm{m}}} = \frac{\dfrac{L_{\mathrm{p}}}{T_{\mathrm{p}}^2}}{\dfrac{L_{\mathrm{m}}}{T_{\mathrm{m}}^2}} = \frac{\dfrac{L_{\mathrm{p}}}{L_{\mathrm{m}}}}{\dfrac{T_{\mathrm{p}}^2}{T_{\mathrm{m}}^2}} = \frac{L_{\mathrm{r}}}{T_{\mathrm{r}}^2} \tag{10.7}$$

流量 Q 定义为单位时间内的体积。因此,对应流量比例可表示为

$$\frac{Q_{\mathrm{p}}}{Q_{\mathrm{m}}} = \frac{\dfrac{L_{\mathrm{p}}^3}{T_{\mathrm{p}}}}{\dfrac{L_{\mathrm{m}}^3}{T_{\mathrm{m}}}} = \frac{\dfrac{L_{\mathrm{p}}^3}{L_{\mathrm{m}}^3}}{\dfrac{T_{\mathrm{p}}}{T_{\mathrm{m}}}} = \frac{L_{\mathrm{r}}^3}{T_{\mathrm{r}}} \tag{10.8}$$

构造水力机械的运动学模型会经常涉及用弧度表示的角位移 θ,它等于切向位移 L 除以切线半径 R。因此,角位移比例可表示为

$$\frac{\theta_{\mathrm{p}}}{\theta_{\mathrm{m}}} = \frac{\dfrac{L_{\mathrm{p}}}{R_{\mathrm{p}}}}{\dfrac{L_{\mathrm{m}}}{R_{\mathrm{m}}}} = \frac{\dfrac{L_{\mathrm{p}}}{L_{\mathrm{m}}}}{\dfrac{R_{\mathrm{p}}}{R_{\mathrm{m}}}} = \frac{\dfrac{L_{\mathrm{p}}}{L_{\mathrm{m}}}}{\dfrac{L_{\mathrm{p}}}{L_{\mathrm{m}}}} = 1 \tag{10.9}$$

以每分钟转数为单位的角速度 N 定义为单位时间内的角位移。因此,角速度比例可表示为

$$\frac{N_p}{N_m} = \frac{\dfrac{\theta_p}{T_p}}{\dfrac{\theta_m}{T_m}} = \frac{\dfrac{\theta_p}{\theta_m}}{\dfrac{T_p}{T_m}} = \frac{1}{T_r} \tag{10.10}$$

角加速度 α 定义为每单位时间平方的角位移。因此,角加速度比例可表示为

$$\frac{\alpha_p}{\alpha_m} = \frac{\dfrac{\theta_p}{T_p^2}}{\dfrac{\theta_m}{T_m^2}} = \frac{\dfrac{\theta_p}{\theta_m}}{\dfrac{T_p^2}{T_m^2}} = \frac{1}{T_r^2} \tag{10.11}$$

例 10.2

建立比例为 10:1 的模型来研究冷却池中的流动。动力装置设计流量为 200 m^3/s,模型最大流量可达 0.1 m^3/s。问合适的时间比例为多少?

解:

原型与模型间的长度比例为

$$L_r = \frac{L_p}{L_m} = 10$$

流量比例为 $Q_r = \dfrac{200}{0.1} = 2\,000$,且

$$Q_r = \frac{Q_p}{Q_m} = \frac{\dfrac{L_p^3}{T_p}}{\dfrac{L_m^3}{T_m}} = \left(\frac{L_p}{L_m}\right)^3 \left(\frac{T_m}{T_p}\right) = L_r^3 T_r^{-1}$$

将长度比例代入流量比例,得到时间比例为

$$T_r = \frac{T_p}{T_m} = \frac{L_r^3}{Q_r} = \frac{(10)^3}{2\,000} = 0.5$$

或

$$T_m = 2T_p$$

因此,在模型中测量的单位时间周期相当于原型中的两个单位时间周期。

动力相似指的是运动中所涉及力的相似性。要得到模型与其原型间的动力相似性,可将对应力间(原型与模型)的比例保持在恒定值,或

$$\frac{F_p}{F_m} = F_r \tag{10.12}$$

许多流体动力学现象可能涉及多种不同类型的力。通常,尽管构建的模型可以缩小的比例模拟原型,但可能无法同时模拟所有类型的力。因此,在实践中,模型被设计于仅研究少数主导力的影响。动力相似要求模型与原型间这些力的比例保持不变。第 10.3、10.4、10.5 和 10.6 节中具体讨论了由各种力的比例所控制的水力现象。由于力等于质量 M 乘以加速度 a,而质量为密度 ρ 与体积 V 的乘积,因此力的比例可表示为

$$\frac{F_p}{F_m} = \frac{M_p a_p}{M_m a_m} = \frac{\rho_p V_p a_p}{\rho_m V_m a_m} = \frac{\rho_p L_p^3 \dfrac{L_p}{T_p^2}}{\rho_m L_m^3 \dfrac{L_m}{T_m^2}} = \frac{\rho_p L_p^4}{\rho_m L_m^4} \frac{1}{\dfrac{T_p^2}{T_m^2}} = \rho_r L_r^4 T_r^{-2} \tag{10.13}$$

质量（力除以加速度）比例可表示为

$$\frac{M_p}{M_m} = \frac{\dfrac{F_p}{a_p}}{\dfrac{F_m}{a_m}} = \frac{\dfrac{F_p}{F_m}}{\dfrac{a_p}{a_m}} = F_r T_r^2 L_r^{-1} \tag{10.14}$$

功等于力乘以距离，因此在动力相似条件下对应功的比例可表示为

$$\frac{\overline{W_p}}{\overline{W_m}} = \frac{F_p L_p}{F_m L_m} = F_r L_r \tag{10.15}$$

功率为做功的速率，功率比例可表示为

$$\frac{P_p}{P_m} = \frac{\dfrac{\overline{W_p}}{T_p}}{\dfrac{\overline{W_m}}{T_m}} = \frac{\overline{W_p}}{\overline{W_m}} \frac{1}{\dfrac{T_p}{T_m}} = \frac{F_r L_r}{T_r} \tag{10.16}$$

例 10.3

一台 59 700 W（80 马力）的泵用于为供水系统供能。为研究该系统而构建的模型的比例为 8∶1，若速度比尺为 2∶1，则模型泵所需功率为多少？

解：

将长度比例代入速度比例，可得到时间比例：

$$V_r = \frac{L_r}{T_r} = 2 \quad L_r = 8$$

$$T_r = \frac{L_r}{2} = \frac{8}{2} = 4$$

由于未指定替代方案，假设模型和原型中使用相同的流体。因此，$\rho_r = 1$，且力的比例由式（10.13）计算得：

$$F_r = \rho_r L_r^4 T_r^{-2} = \frac{(1)(8)^4}{(4)^2} = 256$$

由式（10.16），得到功率比例为

$$P_r = \frac{F_r L_r}{T_r} = \frac{(256)(8)}{(4)} = 512$$

则模型泵所需功率为

$$P_m = \frac{P_p}{P_r} = \frac{59\ 700}{512} = 117\ \text{W} = 0.157\ \text{hp}$$

例 10.4

设计用于研究水力机械原型的模型需满足：

①几何相似；

②具有定义为 $Q/(A\sqrt{2gH})$ 的相同流量系数；

③具有相同的边缘流速与平均流速之比 $\omega D/(Q/A)$。

根据流量 Q、水头 H、直径 D 和角速度 ω 确定比例。

解：

关键是要认识到，尽管能量水头 H 用长度单位表示，但不一定以线性尺寸建模。为使边缘流速与平均流速之比相同，有

$$\frac{\omega_p D_p}{Q_p/A_p} = \frac{\omega_m D_m}{Q_m/A_m}$$

或

$$\frac{\omega_r D_r A_r}{Q_r} = \frac{T_r^{-1} L_r L_r^2}{L_r^3 T_r^{-1}} = 1$$

为获得相同的流量系数，有

$$\frac{Q_p/(A_p\sqrt{2gH_p})}{Q_m/(A_m\sqrt{2gH_m})} = \frac{Q_r}{A_r\sqrt{(gH)_r}} = 1$$

或

$$\frac{L_r^3 T_r^{-1}}{L_r^2 (gH)_r^{1/2}} = 1$$

并由此得到

$$(gH)_r = \frac{L_r^2}{T_r^2}$$

由于重力加速度 g 对于模型和原型来说保持不变，因此可以写为

$$H_r = L_r^2 T_r^{-2}$$

所需的其他比例为

流量比例： $Q_r L_r^3 T_r^{-1}$

直径比例： $D_r = L_r$

角速度比例： $\omega = T_r^{-1}$

10.3 由黏性力主导的现象：雷诺数相似准则

运动中的水体总是含有惯性力，当惯性力与黏性力被认为是唯一主导运动的力时，对于在模型和原型中作用于对应粒子的力，它们间的比值可由雷诺数相似准则定义：

$$Re = \frac{惯性力}{黏性力} \tag{10.17}$$

由牛顿第二定律（$F = ma$）定义的惯性力可用式（10.13）中的比例来表示，有

$$F_r = M_r \frac{L_r}{T_r^2} = \rho_r L_r^4 T_r^{-2} \tag{10.13}$$

对于牛顿黏性定律定义的黏性力,有

$$F = \mu \left(\frac{dv}{dL} \right) A$$

可表示为

$$F_r = \frac{\mu_p \left(\dfrac{dv}{dL} \right)_p A_p}{\mu_m \left(\dfrac{dv}{dL} \right)_m A_m} = \mu_r L_r^2 T_r^{-1} \tag{10.18}$$

式中:μ 为黏度;v 为速度。

利用 F_r 相等将式(10.13)与式(10.18)联立,得到

$$\rho_r L_r^4 T_r^{-2} = \mu_r L_r^2 T_r^{-1}$$

由此

$$\frac{\rho_r L_r^4 T_r^{-2}}{\mu_r L_r^2 T_r^{-1}} = \frac{\rho_r L_r^2}{\mu_r T_r} = \frac{\rho_r L_r v_r}{\mu_r} = 1 \tag{10.19}$$

重新整理上述方程,可以写出

$$\frac{\dfrac{\rho_p L_p v_p}{\mu_p}}{\dfrac{\rho_m L_m v_m}{\mu_m}} = (Re)_r = 1$$

或

$$\frac{\rho_p L_p v_p}{\mu_p} = \frac{\rho_m L_m v_m}{\mu_m} = Re \tag{10.20}$$

式(10.20)指出,当惯性力与黏性力被认为是唯一主导水体运动的力时,模型的雷诺数须与原型雷诺数保持相同值。

若在模型与原型中使用相同流体,则可根据雷诺数相似准则推导得出诸多物理量的比例,这些物理量列于表 10.2 中。

表 10.2　雷诺数相似准则下的比例(模型与原型中流体均为水,$\rho_r = 1$,$\mu_r = 1$)

几何相似		运动相似		动力相似	
长度	L_r	时间	L_r^2	力	1
面积	L_r^2	速度	L_r^{-1}	质量	L_r^3
体积	L_r^3	加速度	L_r^{-3}	功	L_r
		流量	L_r	功率	L_r^{-1}
		角速度	L_r^{-2}		
		角加速度	L_r^{-4}		

例 10.5

为研究瞬变过程,模型以 10:1 的比例构建。原型中流体为水,且已知黏性力为主导力。

若模型使用下列流体,试比较时间、速度及力的比例。

①水;

②比水黏稠 5 倍的油,且 $\rho_{油} = 0.8\rho_{水}$。

解：

①由表 10.2,有

$$T_r = L_r^2 = (10)^2 = 100$$

$$v_r = L_r^{-1} = (10)^{-1} = 0.1$$

$$F_r = 1$$

②根据雷诺数相似准则,有

$$\frac{\rho_p L_p v_p}{\mu_p} = \frac{\rho_m L_m v_m}{\mu_m}$$

得到

$$\frac{\rho_r L_r v_r}{\mu_r} = 1$$

由于黏度和密度的比例分别为

$$\mu_r = \frac{\mu_p}{\mu_m} = \frac{\mu_水}{\mu_油} = \frac{\mu_水}{5\mu_水} = 0.2$$

$$\rho_r = \frac{\rho_p}{\rho_m} = \frac{\rho_水}{\rho_油} = \frac{\rho_水}{0.8\rho_水} = 1.25$$

由雷诺数相似准则,有

$$v_r = \frac{\mu_r}{\rho_r L_r} = \frac{(0.2)}{(1.25)(10)} = 0.016$$

时间比例为

$$T_r = \frac{L_r}{v_r} = \frac{(10)}{(0.016)} = 625$$

或

$$T_r = \frac{L_r}{v_r} = \frac{\rho_r L_r^2}{\mu_r} = \frac{(1.25)(10)^2}{(0.2)} = 625$$

力的比例为

$$F_r = \frac{\rho_r L_r^4}{T_r^2} = \frac{(1.25)(10)^4}{(625)^2} = 0.032$$

或

$$F_r = \frac{\rho_r L_r^4}{T_r^2} = \frac{\rho_r L_r^4}{\frac{\rho_r^2 L_r^4}{\mu_r^2}} = \frac{\mu_r^2}{\rho_r} = \frac{(0.2)^2}{1.25} = 0.032$$

首先求解的 T_r 和 F_r 方程简化了计算。然而,根据雷诺数相似准则(以 ρ 和 μ 表示),重新建立的方程证明了选择模型中流体的重要性。模型中所用流体的性质,尤其是黏度,对雷诺数模型的性能影响较大。

10.4 由重力主导的现象:弗劳德数相似准则

在某些流动情况下,惯性力和重力被认为是唯一主导的力。作用于模型和原型中流体对应部分的惯性力,其比例可由式(10.13)确定,经重新表述为

$$\frac{F_p}{F_m} = \rho_r L_r^4 T_r^{-2} \tag{10.13}$$

由所含流体对应部分重量表示的重力比例,可表示为

$$\frac{F_p}{F_m} = \frac{M_p g_p}{M_m g_m} = \frac{\rho_p L_p^3 g_p}{\rho_m L_m^3 g_m} = \rho_r L_r^3 g_r \tag{10.21}$$

将式(10.13)与式(10.21)联立为等式,可以得到

$$\rho_r L_r^4 T_r^{-2} = \rho_r L_r^3 g_r$$

由此可重新整理为

$$g_r L_r = \frac{L_r^2}{T_r^2} = v_r^2$$

或

$$\frac{v_r}{g_r^{1/2} L_r^{1/2}} = 1 \tag{10.22}$$

式(10.22)可表示为

$$\frac{\frac{v_p}{g_p^{1/2} L_p^{1/2}}}{\frac{v_m}{g_m^{1/2} L_m^{1/2}}} = (Fr)_r = 1$$

因此,有

$$\frac{v_p}{g_p^{1/2} L_p^{1/2}} = \frac{v_m}{g_m^{1/2} L_m^{1/2}} = Fr(\text{弗劳德数}) \tag{10.23}$$

换句话说,当惯性力与重力被认为是主导流体运动的唯一力时,模型与原型的弗劳德数应保持相等。

若模型与原型使用相同流体,且受到相同的引力场,则可根据弗劳德数相似准则推导出诸多物理量的比例,这些物理量列于表10.3中。

表 10.3 弗劳德数相似准则下的比例($g_r=1, \rho_r=1$)

几何相似		运动相似		动力相似	
长度	L_r	时间	$L_r^{1/2}$	力	L_r^3
面积	L_r^2	速度	$L_r^{1/2}$	质量	L_r^3
体积	L_r^3	加速度	1	功	L_r^4
		流量	$L_r^{5/2}$	功率	$L_r^{7/2}$
		角速度	$L_r^{-1/2}$		
		角加速度	L_r^{-1}		

例 10.6

为满足弗劳德数相似准则的要求,现建立一个 30 m 长的明渠模型。若使用比例为 20:1,则原型中流量为 700 m³/s 时,模型中流量为多少? 同时确定力的比例。

解:

由表 10.3,可知流量比例为

$$Q_r = L_r^{5/2} = (20)^{2.5} = 1\ 790$$

因此,模型中流量应为

$$Q_m = \frac{Q_p}{Q_r} = \frac{700\ \text{m}^3/\text{s}}{1\ 790} = 0.391\ \text{m}^3/\text{s} = 391\ \text{L/s}$$

力的比例为

$$F_r = \frac{F_p}{F_m} = L_r^3 = (20)^3 = 8\ 000$$

10.5 由表面张力主导的现象:韦伯数相似准则

表面张力是液体表面分子能量的量度,产生的力在小表面波的运动中或在诸如储水箱或蓄水池的大水体蒸发控制中都极为重要。

表面张力用单位长度的力来表示。因此,产生的力可表示为 $F = \sigma L$。原型和模型中表面张力的比例为

$$F_r = \frac{F_p}{F_m} = \frac{\sigma_p L_p}{\sigma_m L_m} = \sigma_r L_r \tag{10.24}$$

令表面张力比例与惯性力比例(式(10.13))相等,有

$$\sigma_r L_r = \rho_r \frac{L_r^4}{T_r^2}$$

重新整理得到

$$T_r = \left(\frac{\rho_r}{\sigma_r}\right)^{1/2} L_r^{3/2} \tag{10.25}$$

将 $v_r = L_r/T_r$ 的基本关系代入式(10.25),可重新整理得到

$$v_r = \frac{L_r}{\left(\frac{\rho_r}{\sigma_r}\right)^{1/2} L_r^{3/2}} = \left(\frac{\sigma_r}{\rho_r L_r}\right)^{1/2}$$

或

$$\frac{\rho_r v_r^2 L_r}{\sigma_r} = 1 \tag{10.26}$$

因此,有

$$\frac{\rho_p v_p^2 L_p}{\sigma_p} = \frac{\rho_m v_m^2 L_m}{\sigma_m} = We(\text{韦伯数}) \tag{10.27}$$

换句话说,为研究惯性力与表面张力主导的现象,韦伯数须在模型与原型中保持不变。

若模型与原型中使用相同液体,则 $\rho_r = 1.0$,$\sigma_r = 1.0$,式(10.26)可简化为

$$v_r^2 L_r = 1$$

或

$$v_r = \frac{1}{L_r^{1/2}} \tag{10.28}$$

由于 $v_r = L_r/T_r$,也可以写为

$$\frac{L_r}{T_r} = \frac{1}{L_r^{1/2}}$$

因此,有

$$T_r = L_r^{3/2} \tag{10.29}$$

10.6 由重力与黏性力主导的现象

重力与黏性力对于研究在水中或明渠传播的浅水波中运动的水面船只均有重要意义,这些现象要求同时满足弗劳德数相似准则和雷诺数相似准则,即 $(Re)_r = (Fr)_r = 1$,或

$$\frac{\rho_r L_r v_r}{\mu_r} = \frac{v_r}{(g_r L_r)^{1/2}}$$

假设模型与原型均受到地球的引力场($g_r = 1$),且由于 $\nu = \mu/\rho$,上述关系可简化为

$$\nu_r = L_r^{3/2} \tag{10.30}$$

这一要求仅能通过选择某一特殊模型流体来满足,该流体与水的运动黏度比等于比例的 3/2 次方。通常来说,这个要求很难满足。例如,1:10 的比例模型需要模型流体的运动黏度为比水的 1/31.6,这显然是不可能的。

然而,根据这两种力在特定现象中的相对重要性,可采取两种方案。在船舶阻力情况下,船舶模型可根据雷诺数相似准则制造,并根据弗劳德数相似准则在拖曳水池中作业。对于明渠浅水波情况,根据弗劳德数相似准则,可利用曼宁公式(式(6.4))等经验公式作为波测量的辅助条件。

10.7 浮体和潜体模型

对浮体和潜体进行模型研究以获得相关资料:
①沿运动船只边界的摩擦阻力;
②由船体形状引起的边界流分离所形成的形状阻力;
③在重力波形成中消耗的力;
④船体承受波浪和波浪力的稳定性。

前两种现象受黏性力严格控制,因此模型应根据雷诺数相似准则进行设计。第三种现象受重力主导,须基于弗劳德数相似准则进行分析。三种测量均可在装满水的拖曳水池中进行。在分析数据时,首先利用已知公式和阻力系数,由测量数据计算摩擦力和形状阻力。拖船通过水面过程中测得的剩余力为产生重力波(波浪阻力)所消耗的力,并可由弗劳德数相似准则按比例增大到原型值。

例 10.7 演示了分析过程。对于潜艇等水下舰艇,水面波的影响几乎可忽略不计,因此不需要弗劳德数模型。为研究稳定海上结构的稳定性及波浪力,必须考虑惯性力的影响。惯性力定义为 $F_i = M'a$,可直接根据原型尺寸计算。其中,M' 是被浸入水线以下的部分结构排开水的质量(也称为虚质量);a 是水团加速度。

例 10.7

水线以下最大横截面面积为 0.780 m² 的船舶模型,其特征长度为 0.9 m。模型以 0.5 m/s 的速度在波浪槽中被牵引。对于特定形状的船舶,阻力系数可近似为 $C_D = (0.06/N_R^{0.25})$,$10^4 \leqslant Re \leqslant 10^6$;$C_D = 0.0018$,$Re > 10^6$。弗劳德数模型适用于 1:50 模型。在实验过程中,测得总力为 0.400 N,试确定原型船舶的总阻力。

解:

根据弗劳德数相似准则(表 10.3),可确定速度比例为

$$v_r = L_r^{1/2} = (50)^{1/2} = 7.07$$

因此,船舶的相应速度为

$$v_p = v_m v_r = 0.5(7.07) = 3.54 \text{ m/s}$$

模型雷诺数为

$$Re = \frac{v_m L_m}{\nu} = \frac{0.5(0.9)}{1.00 \times 10^{-6}} = 4.50 \times 10^5$$

模型阻力系数为

$$C_{D_m} = \frac{0.06}{(4.50 \times 10^5)^{1/4}} = 0.00232$$

船舶阻力定义为 $D = C_D\left(\frac{1}{2}\rho A v^2\right)$,其中 ρ 是水的密度,A 是船舶浸没部分在垂直于运动方向的平面上的投影面积。因此,模型阻力可计算得

$$D_m = C_{D_m}\left(\frac{1}{2}\rho_m A_m v_m^2\right) = \frac{1}{2}(0.00232)(998)(0.78)(0.5)^2 = 0.226 \text{ N}$$

模型波浪阻力为测量的牵引力与阻力间差值,即

$$F_{w_m} = 0.400 - 0.226 = 0.174 \text{ N}$$

对于原型,雷诺数为

$$Re = \frac{v_p L_p}{\nu_p} = \frac{v_p L_r L_m}{\nu_p} = \frac{3.54(50)(0.9)}{1.00 \times 10^{-6}} = 1.59 \times 10^8$$

因此,原型船舶阻力系数为 $C_{D_p} = 0.0018$,且阻力为

$$D_p = C_{D_p}\left(\frac{1}{2}\rho_p A_p v_p^2\right) = C_{D_p}\left(\frac{1}{2}\rho_p A_m L_r^2 v_p^2\right)$$

$$= 0.0018\left(\frac{1}{2}(998)(0.780)(50)^2(3.54)^2\right) = 21\,900 \text{ N}$$

根据弗劳德数相似准则(表 10.3),计算原型船舶的波浪阻力:

$$F_{w_p} = F_{w_r} F_{w_m} = L_r^3 F_{w_m} = (50)^3(0.174) = 21\,800 \text{ N}$$

因此,原型的总阻力为

$$F = D_p + F_{w_p} = 21\ 900 + 21\ 800 = 43\ 700\ \text{N}$$

10.8 明渠模型

明渠模型可用来研究流速－坡度关系以及流动模式对河道河床形态变化的影响。对于前者,可对河道中较长河段进行建模,一个突出的例子是位于密西西比州维克斯堡的水道实验站,曾在密西西比河该地一处建模。在这些应用中,河床构造的变化并非首要考虑的问题,可使用固定河床模型,该模型基本用于研究某一特定河道的流速－坡度关系。因此,河床粗糙度的影响极为重要。

可通过一个经验关系,如曼宁公式(式(6.4))来假设原型与模型间的相似性,有

$$v_r = \frac{v_p}{v_m} = \frac{\dfrac{1}{n_p}R_{h_p}^{2/3}S_p^{1/2}}{\dfrac{1}{n_m}R_{h_m}^{2/3}S_m^{1/2}} = \frac{1}{n_r}R_{h_r}^{2/3}S_r^{1/2} \tag{10.31}$$

若模型的水平尺寸 $\bar{X}$ 与垂直尺寸 $\bar{Y}$ 的比例相同,即无畸变模型,则有

$$R_{h_r} = \overline{X_r} = \overline{Y_r} = L_r$$

$$S_r = 1$$

$$v_r = \frac{1}{n_r}L_r^{2/3}$$

由于曼宁粗糙系数 $n \propto R_h^{1/6}$(式(6.3)),因此可以得到

$$n_r = L_r^{1/6}$$

这通常会导致模型的流速较小(或反过来说,模型的粗糙度较大),以致无法进行实际测量。此外,也可能由于模型的水深太浅,导致流动的物理特性发生改变。这些问题均可通过使用一种畸变模型来解决,这种模型中竖直比例与水平比例不必保持相同,且通常竖直比例为其中较小的值,即 $X_r > Y_r$。这意味着有

$$S_r = \frac{S_p}{S_m} = \frac{\overline{Y_r}}{\overline{X_r}} < 1$$

因此,$S_m > S_p$,模型的坡度更大。曼宁公式的使用要求水流在模型与原型中均为完全紊流。

涉及泥沙输移、侵蚀或沉积的明渠模型,需要可移动的河床模型。可移动河床由沙或其他松散物质组成,响应河床中的水流作用而移动。通常来说,将床体物质按比例缩小到模型尺寸是不切实际的。因此,可移动河床模型普遍采用竖直尺度畸变,以提供足够的牵引力来驱使床体物质运动。可移动河床模型中很难实现数量相似,对于任何沉降研究,重要的是通过大量的现场测量得到定量的验证。

例 10.8

建立明渠模型以研究 10 km 河段(在 7 km 长的区域内蜿蜒)内潮汐波对沉积运动的影响。河段平均深度与宽度分别为 4 m 和 50 m,流量为 850 m^3/s。曼宁粗糙度为 $n_p = 0.035$。

若要在 18 m 长的实验室中建立模型,确定合适的比例、模型流量及模型粗糙系数,并验证紊流在模型中占主导地位。

解:

在表面波现象中,重力占主导地位。利用弗劳德数相似准则进行建模,实验室长度将限制水平比例:

$$\overline{X}_r = \frac{L_p}{L_m} = \frac{7\,000}{18} = 389$$

为求解方便,取 $L_r = 400$。

取 $\overline{Y}_r = 80$ 的竖直比例是较为合理的(足够测量表面梯度)。水力半径是明渠流的特征尺寸,对于宽深较大的情况,可认为水力半径大致等于水深。因此,可以做出如下近似:

$$R_{h_r} = \overline{Y}_r = 80$$

由于

$$Fr = \frac{v_r}{g_r^{1/2} R_{h_r}^{1/2}} = 1 \tag{10.22}$$

则

$$v_r = R_{h_r}^{1/2} = \overline{Y}_r^{1/2} = (80)^{1/2}$$

使用曼宁公式或式(10.31),有

$$v_r = \frac{v_p}{v_m} = \frac{1}{n_r} R_{h_r}^{2/3} S_r^{1/2} \qquad S_r = \frac{\overline{Y}_r}{\overline{X}_r}$$

得到

$$n_r = \frac{R_{h_r}^{2/3} S_r^{1/2}}{v_r} = \frac{\overline{Y}_r^{2/3} \left(\dfrac{\overline{Y}_r}{\overline{X}_r} \right)^{1/2}}{\overline{Y}_r^{1/2}} = \frac{\overline{Y}_r^{2/3}}{\overline{X}_r^{1/2}} = \frac{(80)^{2/3}}{(400)^{1/2}} = 0.928$$

因此,有

$$n_m = \frac{n_p}{n_r} = \frac{0.035}{0.928} = 0.038$$

流量比例为

$$Q_r = A_r v_r = \overline{X}_r \overline{Y}_r v_r = \overline{X}_r \overline{Y}_r^{3/2} = (400)(80)^{3/2} = 2.86 \times 10^5$$

因此,所需的模型流量为

$$Q_m = \frac{Q_p}{Q_r} = \frac{850}{2.86 \times 10^5} = 0.002\,97 \text{ m}^3/\text{s} = 2.97 \text{ L/s}$$

若要使用曼宁公式,模型中需保证为紊流。为验证模型中的紊流条件,需计算模型雷诺数的值。

原型中水平流速为

$$v_p = \frac{850 \text{ m}^3/\text{s}}{(4 \text{ m})(50 \text{ m})} = 4.25 \text{ m/s}$$

因此,有

$$v_m = \frac{v_p}{v_r} = \frac{4.25}{(80)^{1/2}} = 0.475 \text{ m/s}$$

模型水深为

$$Y_{\mathrm{m}} = \frac{Y_{\mathrm{p}}}{Y_{\mathrm{r}}} = \frac{4}{80} = 0.05 \text{ m}$$

模型雷诺数为

$$Re = \frac{v_{\mathrm{m}} Y_{\mathrm{m}}}{v} = \frac{(0.475)(0.05)}{1.00 \times 10^{-6}} = 23\,800$$

远大于临界雷诺数(2 000)。因此,模型中流动为紊流。

10.9 π 定理

复杂的水利工程问题往往涉及较多变量,每个变量通常包含一个或多个量纲。在本节中,引入 π 定理以结合实验模型研究来降低这些问题的复杂性。π 定理依靠量纲分析将几个自变量组合成无量纲组合,从而减少实验所需控制变量的数量。除减少变量外,量纲分析可指出显著影响现象的重要因素,从而可指导实验(模型)工作的方向。

水利工程中物理量可利用力 – 长度 – 时间(FLT)单位制或质量 – 长度 – 时间(MLT)单位制表示。上述两种单位制通过牛顿第二定律联系,牛顿第二定律表明力等于质量乘以加速度,即 $F = ma$。通过这种联系,可从一种单位制转换为另一单位制。

量纲分析的步骤可通过分析简单的流动现象予以示范,在这里以球体通过黏性流体时受到的阻力为例。对这一现象的一般理解是阻力与球体直径 D、球体速度 v、流体黏度 μ 及流体密度 ρ 有关。因此,可将阻力表示为 D、v、μ 和 ρ 的函数,或者也可以写成

$$F_{\mathrm{d}} = f(D, v, \rho, \mu)$$

通过白金汉 π 定理,可对现象的量纲分析提出一种广义的方法。此定理指出,若一物理现象包含量纲一致性方程中的 n 维变量,且该方程由 m 个基本量表示,则可将变量组合成 $(n - m)$ 个无因次数群进行分析。对于运动球体的阻力,共涉及 5 个变量。因此,先前的等式也可表示为

$$f'(F_{\mathrm{d}}, D, v, \rho, \mu) = 0$$

上述 5 个变量($n = 5$)由基本量纲 M、L、T($m = 3$)表示。由于 $n - m = 2$,可用 2 个 Π 数组来描述方程:

$$\phi(\Pi_1, \Pi_2) = 0$$

下一步是将 5 维参数排列组合成 2 维无量纲 Π 组,通过选择 m 个重复变量来实现(对于目前的问题,需要 3 个重复变量),这些变量将出现在每个无量纲 Π 组中。重复变量必须包含全部 m 个量纲且保持独立(不能组合形成自己的无量纲变量),同时应为所有实验变量中量纲最简单的。在本例中,将选择以下 3 个重复变量:球体直径(量纲简单,且包含长度量纲)、速度(量纲简单,且包含时间量纲)和密度(等式左边含质量量纲的最简单变量)。此时,将 3 个重复变量与 2 个非重复变量组合形成 2 个 Π 组,有

$$\Pi_1 = D^a v^b \rho^c \mu^d$$

$$\Pi_2 = D^a v^b \rho^c F_{\mathrm{d}}^d$$

指数的值通过 Π 组为无量纲来确定,且可由 $M^0 L^0 T^0$ 替代。

如本章前文所述,由于大多数水力研究都涉及一些常见的无量纲数,如雷诺数、弗劳德数和韦伯数,因此在量纲分析时应始终注意发现它们。为确定 Π_1 组,可写出如下量纲表达式:

$$M^0 L^0 T^0 = (L)^a \left(\frac{L}{T}\right)^b \left(\frac{M}{L^3}\right)^c \left(\frac{M}{LT}\right)^d$$

其中量纲见表 10.1,基于此代数关系如下。

对 M:$0 = c + d$。

对 L:$0 = a + b - 3c - d$。

对 T:$0 = -b - d$。

给出的 3 个条件中含 4 个未知数。总是可以通过第 4 个数——d,来表示其余 3 个未知数。从以上方程中,得到

$$c = -d, b = -d, a = -d$$

因此,有

$$\Pi_1 = D^{-d} v^{-d} \rho^{-d} \mu^{-d} = \left(\frac{\mu}{Dv\rho}\right)^d = \left(\frac{Dv\rho}{\mu}\right)^{-d}$$

其中的无量纲变量组合产生雷诺数(Re)。

以类似方法处理 Π_2 组,得到

$$\Pi_2 = \frac{F_d}{\rho D^2 v^2}$$

需要注意的是,基于牛顿第二定律,$F = ma$,如表 10.1 所示,MLT 单位制中阻力的量纲为 (ML/T^2)。

最后,回到最初的条件 $\phi(\Pi_1, \Pi_2) = 0$,可以写成 $\Pi_1 = \phi'(\Pi_2)$ 或 $\Pi_2 = \phi''(\Pi_1)$,从而有

$$\frac{F_d}{\rho D^2 v^2} = \phi''(Re)$$

其中 ϕ'' 是正在寻找的未定义函数。换句话说,等式左侧变量的无量纲组(包括阻力)为雷诺数的函数。现已将初始问题中的 5 个变量减少到含有这 5 个变量的 2 个无量纲变量。

现在 π 定理的好处对读者来说应是显而易见的。基于最初的问题式,含 5 个变量的实验难以建立和分析。然而,对新的 2 个变量实验则要简单许多。为了找到适当的关系或函数 ϕ'',可设计一个实验,在雷诺数改变时测量阻力,将由此得到的数据绘图($F_d/(\rho D^2 v^2)$,Re),并通过统计软件分析来定义函数关系。顺便提醒,因为 $Re = (\rho Dv)/\mu$,通过改变实验流速,可以很容易地改变雷诺数,而不需通过改变实验流体(需改变 ρ 和 μ)来实现,这是一项不必要的烦琐工作。

应该强调的是,量纲分析不能解决问题,而是帮助指出适用于该问题的参数间的关系。若忽略了某一重要参数,则可能导致结果不完整,因此而得出错误的结论。相反,若包含了与问题无关的参数,则又会产生与问题无关的其他无量纲组。因此,量纲分析的成功应用在一定程度上取决于工程师对所涉及水力现象的基本理解。这些注意事项可通过以下示例问题来进一步阐释。

例 10.9

设计一宽顶堰模型来研究原型中每英尺的流量。试利用白金汉 π 定理推导出流量表达式。假定溢流水片相对较厚,可忽略流体表面张力和黏度。

解:

根据对该现象的一般理解,可假设流量 Q 会受到溢洪道水头 H、重力加速度 g 及溢洪道高度 h 的影响,因此有 $Q = f(H, g, h)$ 或 $f'(Q, H, g, h) = 0$。

在这种情况下,$n = 4$,$m = 2$(由于这些项不涉及质量,因此不是 3)。根据 π 定理,有 $n - m = 2$ 个无量纲组,且

$$\phi(\Pi_1, \Pi_2) = 0$$

根据用于指导重复变量选择的法则,使用溢洪道水头(量纲简单,且包含长度量纲)和溢洪道流量(量纲简单,且包含时间量纲)。需要注意的是,一旦选择溢洪道水头,就不能将溢洪道高度作为重复变量,因为两者会组合成无量纲参数 (h/H)。不过,重力加速度 g 可被选为第 2 个重复变量而不影响问题的解决。鼓励读者完成习题 10.9.1 以验证此说法是否准确。

将 Q 和 H 作为基本重复变量,有

$$\Pi_1 = Q^{a_1} H^{b_1} g^{c_1}$$
$$\Pi_2 = Q^{a_2} H^{b_2} h^{c_2}$$

由 Π_1,得到

$$L^0 T^0 = \left(\frac{L^3}{TL}\right)^{a_1} L^{b_1} \left(\frac{L}{T^2}\right)^{c_1}$$

从而,有

$$L: \quad 0 = 2a_1 + b_1 + c_1$$
$$T: \quad 0 = -a_1 - 2c_1$$

因此,有

$$c_1 = -\frac{1}{2} a_1 \quad b_1 = -\frac{3}{2} a_1$$

$$\Pi_1 = Q^{a_1} H^{-\frac{3}{2} a_1} g^{-\frac{1}{2} a_1} = \left(\frac{q}{g^{1/2} H^{3/2}}\right)^{a_1}$$

由 Π_2,得到

$$L^0 T^0 = \left(\frac{L^3}{TL}\right)^{a_2} L^{b_2} L^{c_2}$$

从而,有

$$L: \quad 0 = 2a_2 + b_2 + c_2$$
$$T: \quad 0 = -a_2$$

因此,有

$$a_2 = 0 \quad b_2 = -c_2$$

$$\Pi_2 = q^0 H^{-c_2} h^{c_2} = \left(\frac{h}{H}\right)^{c_2}$$

需注意,若将 h 和 H 都用作重复变量,则不会产生此无量纲变量。现已确定的 2 个无

量纲组为

$$\left(\frac{q}{g^{1/2}H^{3/2}}\right) \text{和} \left(\frac{h}{H}\right)$$

可回代得到

$$\phi(\Pi_1, \Pi_2) = \phi\left(\frac{q}{g^{1/2}H^{3/2}}, \frac{h}{H}\right) = 0$$

或

$$\frac{q}{g^{1/2}H^{3/2}} = \phi'\left(\frac{h}{H}\right)$$

$$q = g^{1/2}H^{3/2}\phi'\left(\frac{h}{H}\right)$$

结果表明,溢洪道单位长度内流量与 $\sqrt{g}$ 和 $H^{3/2}$ 成正比。如第 9 章式(9.19)所示,流量同时受比例(h/H)影响。

习 题
(10.2 节)

10.2.1 2 m 深处的均匀流发生在 4 m 宽的矩形通道内。通道坡度为 0.001,曼宁系数为 0.025。若模型中流量必须限制在 0.081 m³/s,确定几何相似通道的最大深度和宽度。

10.2.2 以 1:15 的比例模型研究矩形蓄水池的循环模式。池底长 40 m,底宽 10 m。水池四周有坡度为 3:1(H:V)的斜坡。若设计深度为 5 m,则模型的深度、表面积、存储体积各是多少?存储体积表达式为 $V = LWd + (L+W)zd^2 + (4/3)z^2d^3$,其中 L 和 W 分别为底部长度及宽度,d 为深度,z 为边坡坡度。

10.2.3 设计流量为 2 650 cf 的航道正遭遇大量泥沙堆积。现对 3.20 mi 长的河道进行模型研究,模型长度仅为 70 ft。已知时间比例为 10,试选择合适的长度比例并确定模型流量。

10.2.4 蓄水池通过孔口方程控制的门控开口排水:$Q = C_d A (2gh)^{1/2}$(式(8.19)),其中 C_d 为流量系数。使用 1:150 的比例模型,模型蓄水池可在 18.3 min 内排空。问排空原型需多少小时?假设原型与模型流量系数相同。

10.2.5 采用转速为 1 200 r/min 的 1:5 模型研究离心泵原型。已知当转速为 400 r/min 时,原型在 30 m 水头条件下产生流量为 1.00 m³/s。试确定模型流量及水头。提示:在此情况下,水头非线性尺寸,可参阅例 10.4 获得更完整解释。

10.2.6 在允许最大水头为 3.00 m 的情况下,堰顶长 100 m 的溢洪道设计流量为 1 150 m³/s。在水工实验室的 1:50 比例模型上研究原型溢洪道的运行,模型的时间比尺为 $L_r^{1/2}$。在溢洪道末端(趾端)测得模型中流速为 3.00 m/s,试确定模型中流量及模型和原型中溢洪道趾端的弗劳德数,$Fr = v/(gd)^{1/2}$,其中 d 为流深。

10.2.7 建立耗能结构的 1:20 比例模型来研究力的分布及水深,速度比例为 7.75。若模型流量为 10.6 ft³/s,试确定力的比例及原型流量。

10.2.8 采用 1:50 比例模型研究潜艇原型的动力需求。在充满海水的水箱中,该模型将以 50 倍于原型的速度被拖曳。试确定原型到模型的时间、力、功率、能量的转换比例。

10.2.9 拟建海堤来消散海滩前波浪力。现用 3 ft 长,1:30 比例模型来研究其对原型的影响。若模型测得的总力为 0.510 磅,速度比例为 1:10,则原型中单位长度上的力是多少?

10.2.10 在实验室水箱中,采用 1:125 比例模型研究闸门结构的受力力矩。在 1 m 长的门臂上,模型测得力矩为 1.5 N·m,试确定施加在原型上的力矩。

(10.3 节)

10.3.1 在实验室中研究潜艇运动。原型在海洋中速度为 5 m/s,运动由惯性力与黏性力主导。假定拖曳槽内水体与海水相同,问 1:10 模型需以多大的理论速度被拖曳才能建立模型与原型间的相似关系?

10.3.2 验证表 10.2 中以下量的雷诺数相似准则比例:速度、时间、加速度、流量、力、功率。

10.3.3 拟为一偏远地区修建一条直径 4 ft 的输油管道,油的比重为 0.8,动力黏度为 9.93×10^{-5} lb-s/ft²。利用直径 0.5 ft 管道和正常条件下(68.4 ℉)的水建立模型来研究管道流动条件。若原型中设计流量为 125 cf(ft³/s),则模型中流量需为多少?

10.3.4 使用温度与河水相同的水体,在隧道中建立 1:20 比例模型来研究施加在船舵上的力矩,惯性力与黏性力主导流体运动。当过水隧道中流速为 20 m/s 时,模型中测得扭矩为 10 N·m。试确定原型中对应的流速及扭矩。

10.3.5 供水管道系统的 1:10 比例模型将在 20 ℃下进行测试,以确定输水温度为 85 ℃的原型中的总水头损失。原型设计流量为 5.0 m³/s,试确定模型流量。

10.3.6 在实测 5 m/s 的强水流海底建造一水下结构,惯性力与黏性力占主导地位。通过 1:25 模型在过水隧道中研究该结构,模型所用海水的密度($\rho = 1030$ kg/m³)和温度(4 ℃)均与海洋中所测相同。为研究水流施加在结构上的载荷,过水隧道中流速需为多少? 若所需隧道流速不符合实际,研究是否能在风洞中用空气进行? 若可以,确定风洞中的空气速度。

(10.4 节)

10.4.1 若使用 1:1 000 比例的潮汐盆地模型研究满足弗劳德数相似准则的原型,则模型中多长时间代表原型中的一天?

10.4.2 验证表 10.3 中以下量的弗劳德数相似准则比例:速度、时间、加速度、流量、力、能量。

10.4.3 反弧形溢流道设计流量为 14 100 cf(ft³/s)。现设计一种耗能器,使溢流道末端产生水跃。100 ft 宽的原型,初始水流深度预计为 2.60 ft。假定惯性力和重力占主导地位,试确定 1:10 比例模型的流量及原型和模型中的流速。

10.4.4 设计一个 300 m 堰顶的溢流道,流量为 3 600 m³/s。大坝部分截面的 1∶20 模型建在 1 m 宽的实验室水槽中,假设黏度与表面张力影响均可忽略不计,计算所需的实验室流量。

10.4.5 假设惯性力与重力占主导地位,建立 1∶25 模型来研究陡坡溢洪道出口处的消力池。消力池含一水平地面(挡板),并安装了美国垦务局(USBR)Ⅱ型挡板以稳定水跃位置。原型的矩形横截面 82.0 ft 宽,设计以满足 2 650 cf(ft³/s)流量,水跃前瞬时流速为 32.8 ft/s。试确定以下值:
①模型流量;
②水跃前模型瞬时流速;
③该位置处原型与模型的弗劳德数;
④水跃下游处的原型水深(见第 8.10 节,图 8.20)。

10.4.6 溢洪道堰顶长 120 m,可从最大水头 2.75 m 的蓄水池中排放流量为 1 200 m³/s 的洪水。假设惯性力与重力占主导地位,在水力实验室中利用 1∶50 比例模型研究原型溢洪道的运行。
①若模型溢洪道底部(趾)的流速为 3.54 m/s,确定原型溢洪道在该位置处的流速。
②确定原型溢洪道底部的弗劳德数。
③若使用宽度为 50 m 的 USBR Ⅱ型消力池(第 8.10 节)来消散溢洪道趾端能量,则水跃下游的原型水深为多少?
④原型中的能量损失为多少 kW?
⑤原型中消能器的消能效率为多少?

(10.5 节)

10.5.1 测量装置含有给定几何形状的小玻璃管。为研究表面张力效应,建立了 5∶1 比例模型(大于原型),假设模型与原型中使用相同液体,试确定流量及力的比例。

10.5.2 若建立时间比例为 2 的 1∶10 比例模型,试确定原型中液体的表面张力。已知模型中液体表面张力为 150 dyn/cm,同时求力的比例。假设原型与模型中流体密度近似相同。

10.5.3 建立模型研究蓄水池中的表面张力现象。已知模型与原型中使用相同流体,若模型以 1∶100 比例建立,试确定模型与原型间的流量、能量、压力、功率的转换比例。

(10.7 节)

10.7.1 一艘 100 m 长的船在 20 ℃ 淡水中以 1.5 m/s 的速度移动。现对原型船的 1∶100 比例模型在拖曳水池中进行测试,池中液体比重为 0.90,问该液体黏度需为多少才能同时满足雷诺数及弗劳德数相似准则?

10.7.2 在波浪槽中拖曳比例为 1∶250 的船模,测得波阻力为 10.7 N。试确定原型中相应的波浪阻力。

10.7.3 一个 60 m 宽、120 m 长、12 m 高的混凝土沉箱在海水中沿纵向拖曳至海上施工现场，并在该处下沉。计算所得沉箱的浮动深度为 8 m，其中 4 m 位于水面以上。现建立 1:100 比例模型研究原型的运行。若模型在装有海水的波浪槽中拖曳，则与 1.5 m/s 的原型速度相对应的模型速度应为多少？已知模型研究同时考虑表面阻力和形状阻力（雷诺数）及运动中重力波产生的阻力（弗劳德数）。

10.7.4 一艘 1 m 长驳船在拖曳水池中以 1 m/s 的速度进行测试。若原型长 150 m，确定原型速度。该模型吃水深度为 2 cm，宽 10 cm。当 $Re > 5 \times 10^4$ 时，阻力系数 $C_D = 0.25$，且拖曳所需的牵引力大小为 0.3 N，问在水道中牵引驳船需要多大的力？

（10.8 节）

10.8.1 构建模型研究流段内的流动。已知该水流平均深度为 1.2 ft，宽约 20 ft，流速为 94.6 cf。现构造 1:100 比例的无畸变模型来研究流速 – 坡度关系，若河段内曼宁系数为 0.045，则粗糙度与流速的模型值为多少？

10.8.2 为例 10.8 的通道建模提供新的实验场地，使长度不再是一个限制。在可移动河床中使用材料的粗糙系数 $n_m = 0.018$，试确定适当的水平比例（采用相同的竖直比例）和相应的模型流速。

10.8.3 若采用的竖直比例为 400，与水平比例一样，确定例 10.8 中的模型粗糙度、模型流速及模型流量。所得的模型值是否合理？模型流动是否保持完全紊乱？

10.8.4 建立 1:300 比例模型，研究曼宁系数 $n = 0.031$ 河段内的流量 – 水深关系。若模型流量为 52 L/s，且曼宁系数 $n = 0.033$，则对原型来说，合适的竖直比例及相应流量分别为多少？假设河道宽深比较大，水力半径近似等于水深。

10.8.5 针对存在沉降问题的驳船航道（$n_p = 0.03$）进行模型研究。该航道流量为 10 600 ft³/s，已建立以下模型参数：竖直比例 1:65，粗糙系数 $n_m = 0.02$。试确定水平比例、时间比例及模型流量。假设航道宽深比较大，水力半径近似等于水深。

（10.9 节）

10.9.1 设计并建造一宽顶堰模型来研究原型每英尺的流量 q。由于溢流板相对较厚，因此流体表面张力和黏度对于研究分析影响不大，堰（原型）流量受到堰上水头 H、重力加速度 g 及堰高 h 的影响。试采用白金汉 π 定理（以堰上水头和重力加速度作为重复变量）推导每英尺堰的流量表达式。

10.9.2 利用白金汉 π 定理，得出与转矩和转速有关的电动机功率表达式（式（5.3））。提示：采用 FLT 单位制，而非 MLT 单位制。

10.9.3 不可压缩的牛顿流体在一长而光滑的水平管道中稳定流动，将管道直径 D、管道流速 v 及流体密度 ρ 作为重复变量，利用白金汉 π 定理推导单位长度管道内压强 ΔP_1 的表达式。流体黏度 μ 是唯一其他相关变量。提示：利用牛顿第二定律来确定 MLT 单位制中 ΔP_1 和 μ 的单位。

10.9.4 若在例 10.9 的量纲分析中将液体黏度 μ 和密度 ρ 作为变量包含在内，利用白金汉

π 定理,以溢洪道高度 h、重力加速度 g 及黏度为重复变量,写出所有的无量纲组。提示:采用 FLT 单位制,而非 MLT 单位制。

10.9.5 确定在静止液体中上升气泡的速度 v 表达式。已知相关变量有气泡直径 D、重力加速度 g、黏度 μ、密度 ρ 和表面张力 σ。将气泡直径、密度及黏度作为重复变量,并采用 MLT 单位制。

10.9.6 密度为 ρ,黏度为 μ 的液体沿宽度为 W 的明渠河道向下流动,河道坡度为 $\sin\theta$。平均流速 v 的大小被认为取决于水深 d、重力加速度 g 及粗糙度 ε。试找出所有可能影响公式 $v = k\sqrt{dg\sin\theta}$ 中系数 k 的无量纲参数。

11

水力设计水文学

　　尽管水文学和水力学有明显的相似性,但不应当将这两个术语混淆。如第 1 章所述,水力学是工程学的一个分支,它将流体力学原理应用于处理水的收集、储存、控制、运输、调节、测量和使用的问题。相比之下,水文学是一门分析地球水的属性、分布和循环的科学。因此,水文学通常指的是自然过程,而水力学通常指的是由人类设计、构建和控制的过程。

　　尽管水文学和水力学代表了不同的学科,但它们在工程实践中却总是联系在一起。许多水力项目需要进行水文研究以确定设计流量 Q。实际上,设计流量对于许多水力结构建立合适的尺度及设计是至关重要的。例如,降雨事件导致水从地表流向自然的或人造的渠道。雨水管道、渠道、水池和低影响开发设备的设计取决于为这些结构建立适当的设计流量。在可获得径流数据的情况下,第 12 章中讨论的统计方法可用于确定设计流量。但是,在大多数项目现场,只能获得降雨量数据,在这种情况下,我们将不得不使用水文方法来利用可用的降雨信息以确定设计流量。

　　本章并不打算对水文学进行全面的叙述。然而,为了更好地理解之前关于明渠流动和水力结构的章节,对水文概念和设计方法进行介绍是必要的。这将使读者了解许多水力分析和设计所依赖的流速所需的工作量。此外,还提供了一些水文方法给读者作为设计工具,这些工具在建立设计流速时非常普遍和有效。本章所提出的水文方法主要适用于小型城市流域,在美国的大部分水力设计都是针对城市环境中的水力基础设施。

11.1　水文循环

　　水在地球上随处可寻,即使最干旱的沙漠也不例外,水存在于地表、地下以及大气中。地球上大多数的水都在海洋之中,然而水不断地在海洋、空气和陆地之间循环,这种现象被称为水文循环。

　　水文循环是一个有着许多子循环的复杂过程,因此做一个简洁的概括是必要的。海洋中的水吸收太阳的能量而蒸发,增加了上方气团中的水蒸气。含有水蒸气的气团在大气中上升遇冷,进而发生冷凝和降水,如果降水发生在陆地上,那么水会有很多去向。其中有些被建筑物、树木或其他植被捕获(拦截),大部分水最终蒸发回大气。降落到地面的降水要么储存在洼地中,要么渗入地下,要么在重力驱动下在地上流淌。洼地中储存的水渗透或蒸发,渗透水要么保持在土壤孔隙中,要么向下移动到地下水位。土壤孔隙中的水可以被植物利用并通过蒸腾过程释放回大气。流到地下水含水层的水通常流向河流,并最终流入海洋,这也是地表径流水的最终目的地。图 11.1 是该过程的简单描述。

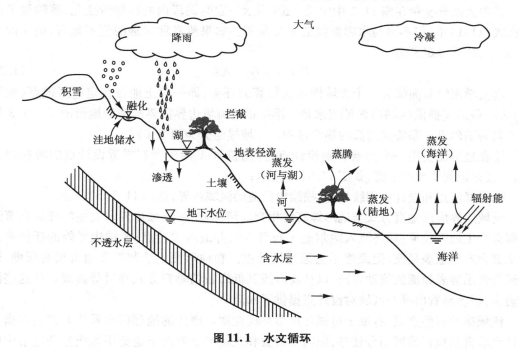

图 11.1　水文循环

　　水文预算代表一个系统内水的定量核算。一个封闭的系统不允许跨越其边界的质量传递,由于地球上的水量相对固定,地球的水文循环代表了一个封闭的系统。但是,大多数情况需要对边界传递进行核算,称之为开放系统。例如,可以在供水水库中使用的水量的计算受到边界传递的显著影响。考虑进入和离开供水水库的水流是必要的,考虑湖底水的渗透和湖面的蒸发和降水也可能是必要的。图11.2为预算中涉及的参数,水库中的水代表控制体积,并由控制表面界定。

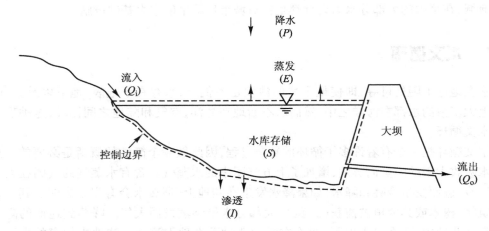

图11.2　水库水文预算

在方程式中,水文预算定义为

$$P + Q_i - Q_o - I - E - T = \Delta S \tag{11.1}$$

其中大部分变量在图11.2中定义。ΔS 表示一定时间段内的存储量变化,蒸腾量 T 出现在式(11.1)中,但不参与水库系统的水文预算。如果蒸发和渗透的值不显著,则水库系统的水文预算可定义为

$$P + Q_i - Q_o = \Delta S \tag{11.2}$$

水文学家经常面临为一个流域做水文预算的任务,即一片土地在特定的兴趣点(设计点)为一条河流提供(排放)的地表水量。准确描绘流域边界需要准确的地形图,图11.3给出了名为纳尔逊·布鲁克河流的描绘过程。流域描绘分为两个步骤:

①在地形图上用一个圆圈识别设计点,并用符号 X 标出所有靠近设计点的海拔峰值点,一直标记到流域的上游,如图11.3(a)所示;

②将峰值点和设计点用线相连,描绘出河流的流域边界,如图11.3(b)所示。

流域边界应以垂直方式与地形等高线相交。请注意,在流域边界内发生的任何显著降水都会产生地表径流,最终流入纳尔逊·布鲁克河并通过设计点;流域边界外的任何明显降水都会产生地表径流,但最终不会通过设计点。在地形图上绘制箭头通常很有帮助,这些箭头表示地表径流的流动方向,以从高海拔到低海拔的垂直方式穿过等高线。从这些流动箭头,很容易看出哪个区域对设计点提供了水流。

流域描绘有些直观,有助于可视化地形高程轮廓。现代的地理信息系统通常会在指定设计点后自动执行流域划分任务,但肉眼检查和现场验证有助于避免平坦或复杂地形中的程序故障。划定流域后,便可以执行水文预算。其他可以与流域互换使用的术语包括集水区、排水区和排水池,最后一个术语还包含了产生地下和地表水流的区域。

以下示例问题演示了水文预算在一个流域的应用。用于水文循环各个阶段的单位是典型的,不过由于需要进行许多转换,使得计算比较烦琐。

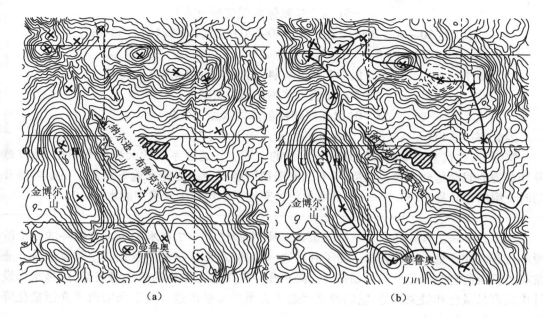

$$(a) \qquad\qquad (b)$$

图 11.3　流域划分

例 11.1

　　纳尔逊·布鲁克流域发生降雨事件,如图 11.3(b)所示。在 7 h 风暴期间,测量设计点每个小时内的平均降雨量(R/F)强度和平均流量的数据见表 11.1。

表 11.1　测量数据

参数	小时						
	1	2	3	4	5	6	7
流量(cf)	30	90	200	120	80	40	20
R/F 强度(in/h)	0.5	2.5	1.0	0.5	0.0	0.0	0.0

　　假设流域面积为 350 ac,确定在事件期间添加到地下水位多少 ac-ft 水量。ac-ft(英亩-英尺)是一个单位,1 ac-ft 表示 1 英亩地 1 英尺深的水量。假设流域中的小池塘和湿地(图 11.3 中的交叉阴影线)具有可忽略的存储容量。注意:流量以 ft³/s 或 cf 给出。

解:

　　纳尔逊·布鲁克流域是一个开放的系统,因此需要定义该系统的边界——控制体。很明显,流域边界将代表系统的面积限制,然后需要确立上边界和下边界。通过上边界的水量用降水量表示(质量传输),通过底边界的水量用渗透量表示。式(11.1)使用每小时的平均值来表示该系统在 7 h 风暴期间的水量变化,有

$$P + Q_i - Q_o - I - E - T = \Delta S$$

其中

$$P = (0.5 + 2.5 + 1.0 + 0.5)(1)(1/12)(350) = 131 \text{ ac-ft}$$

$$Q_i = 0(因为控制体内无流量进入)$$

$$Q_o = (30 + 90 + 200 + 120 + 80 + 40 + 20)(1)(3\,600/1)(1/43\,560)$$

$$= 47.9 \text{ ac} - \text{ft}$$

$$E = 0(假设 7\ h\ 风暴期间的蒸发量可忽略)$$

$$T = 0(假设蒸腾作用可忽略)$$

$$\Delta S = 0(风暴期间控制体内水量无变化)$$

因此,有 $I = 131 - 48 = 83.1$ ac – ft 的水流入地下水中。

实际上,这代表了可以添加到地下水位的上限。与通过系统的大量的水相比,没有蒸发和蒸腾的假设是合理的。但是,所有的渗透都可能不会最终流入地下水位。根据风暴开始时土壤的饱和程度,83.1 ac – ft 的水量将补充地下水位以上土壤中的水分。

水文预算是工程师和水文学家的重要工具,它提供了一个在水经过水文循环的各个阶段和位置时能够量化水的方法。为了利用这一工具,水文学家需要量化各个预算成分。通常很难获得所有组成部分的可靠估计。降水和径流是水文循环的两个组成部分,是水力设计中最容易量化和最关键的,它们通常代表了大量的质量传递。接下来的两节介绍量化降水和地表径流的方法。

一些政府机构收集和发布水文信息,也建立了标准的计量单位。例如,美国国家气象局有一个大型的测量系统来测量降雨深度(以英寸为单位)和降雨强度(以英寸/小时为单位);美国地质调查局(USGS)拥有广泛的流量计网络来测量河流流量(以立方英尺/秒为单位,cf);美国陆军工程兵团收集有关湖泊蒸发的信息(以英寸为单位),湖泊体积和其他大量的水通常以英亩 – 英尺(ac – ft)表示。

11.2　降水

降水是水文循环中最重要的阶段之一,降水代表了水蒸气从空气中以固体或液体形式重新分布到地球表面的过程。与水文循环的其他阶段相比,降水相对容易测量。然而,降水又在时间和空间分布上有很大的易变性,量化这种易变性也是一个挑战。

降水发生需要三个先决条件:①显著的大气湿度;②存在低温;③凝结核。大气水分的主要来源是海洋蒸发,植物的蒸腾和来自陆地及淡水表面的蒸发提供了额外的水分。存在于气团中的水分通常根据其绝对湿度(每单位体积空气的水蒸气质量)来测量。当气团在一定温度下容纳的水蒸气达到极值时,它是饱和的。因为空气保持水分的能力随着温度的降低而降低,所以当空气冷却到一定温度(露点)以下时,水蒸气会冷凝成液态。为此,水必须附着在冷凝核上,通常是海洋盐或燃烧副产物的颗粒。当水滴具有足以克服空气阻力的质量时,降水就会以多种形式(例如冰雹、雪、雨夹雪、雨水)中的一种形式发生。

产生降水的最常见方式是携带水蒸气的气团在上升过程中逐渐冷却,空气提升通过机械方式或热力学过程进行,地形性降水由机械提升引起。当风将潮湿空气从水面(通常是海洋)带到陆地表面时,这个过程就开始了。如果山脉阻挡了风的路径,那么潮湿的空气必须上升,高度的增加导致空气膨胀以及压力降低,并引起温度降低,不断降低的空气温度导致相对湿度增加。当空气温度降低到达到饱和湿度的程度时,水蒸气冷凝并发生降水。

　　热力学提升产生其他不同类型的降水。在夏季,热带地区和大城市出现对流降水,该过程始于白天地表发生快速的热量增加,随后随着蒸发加速,上升的气团被加热并吸收大量的水蒸气,加热的空气膨胀并上升,随着上升的气团冷却,它凝结并发生降水,这也可能会导致阵雨或剧烈雷暴。

　　气旋降水以锋面风暴为代表。来自高压区域的气团向低压区域移动,地球表面的受热不均会产生压力差异,当充满水分的暖气团遇到冷气团时,暖气流会上升,锋面发生冷凝和沉淀。

　　图 11.4 描绘了整个美国大陆的年平均降水量。降水量的变化是由许多因素造成的。例如,随着纬度增加,由于蒸发的潜力以及冷空气容纳水分的能力降低,大气湿度逐渐降低。此外,在西海岸,特别是在太平洋西北地区,地形效应也很明显。在喀斯喀特山脉的迎风(海洋)侧产生较多的降水,在背风侧产生较少的降水。也许影响降雨的最大因素是距离水汽源的距离,沿海地区的降雨量一般来说比内陆地区多。在较小的范围内,这种影响在五大湖的迎风(东部)一侧亦是显而易见。

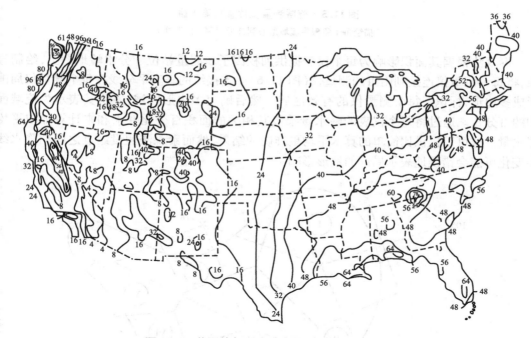

图 11.4　美国的年平均降水量(以英寸为单位)

　　水力工程师通常需要依据设计目的估算降水量。设计防洪和雨水管理结构需要在特定时间内预计最大降水量。中度降水事件的频率和持续时间对于非点源污染(在陆地表面积累,并在频繁但较小的降水事件中被冲走的自然和人为的污染物)的设计至关重要,设计大型蓄水和供水系统需要干旱期预计的最低降水量。

　　通过在整个流域安装雨量计可测降水量,三种主要类型的雨量计:①称重;②浮子和虹吸;③翻斗。如果测量仪均匀分布在流域中(图 11.5),一个简单的算术平均值就足以确定平均降雨深度。如果仪器的分布不均匀或降水变化很大,那么加权平均值是必要的。泰森法和等雨量线法是在水文计算机模型出现之前开发的两种方法。

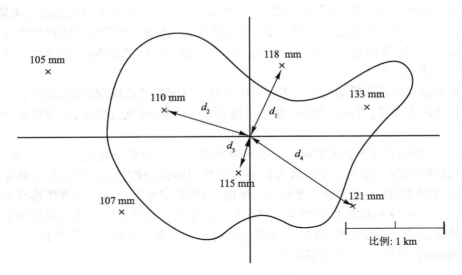

图 11.5　流域测量仪位置和降水量
（描绘每个象限中流域形心到最近观测点的距离）

　　泰森法根据其面积影响为每个仪表提供加权因子。测量站位于分水岭地图上,绘制直线,将每个测量仪连接到附近的测量仪(图 11.6)。连接线的垂直平分线在每个测量仪周围形成多边形,标识了每个测量仪的有效区域。然后确定多边形区域,并将其表示为流域面积的百分比。通过将每个仪表的降水量乘以其相关的面积百分比并求和来计算加权平均降水量。这可以提供比简单的算术平均更准确的结果,然而泰森法假设站点之间的降水线性变化可能会错误地表示局部的地形影响。

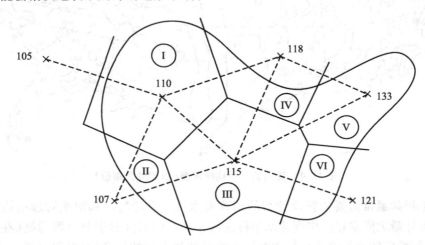

图 11.6　确定平均流域降水量的泰森法

　　当考虑非线性变化时,更准确地计算平均降水量的方法是等雨量线法。将每个仪表测量的降水深度标记在流域地图的仪表位置上,绘制等降水(等雨量)线,确定等雨量线之间的区域(图 11.7)。然后估算所有区域的平均降水量(通常是两个边界等雨量线的平均值),将这些降水值乘以面积百分比并求和,以获得加权平均降水量。

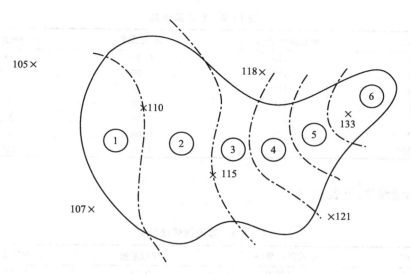

图 11.7　确定平均流域降水量的等雨量线法

现代水文模型通常使用其他方法来估算平均降水量,包括反距离加权法、基于网格方法和克里金法。反距离加权法需要确定流域的形心,用于将流域划分为象限(图 11.5),每个象限中到最近仪表的距离用于确定各个仪表的加权。仪表越靠近形心,加权因子越大,实例 11.2 中提供了加权方程和相关程序。

基于网格方法和克里金法是降水量估算的更先进程序。基于网格方法依赖于雷达信息,这些信息变得更加准确和可靠,通常以 4 km × 4 km 网格格式预选时间间隔的雷达信息(可以从国家气象局获得)。在现代水文模型中,流域被划分为匹配的网格,流域内的降水量可以被模型计算出来。克里金法是数据插值的地理统计方法,使用附近测量站点的观测值在未观测到的位置进行降水量预测,该方法依赖于线性最小二乘算法。许多水文模型都没有使用这种方法,但随着现有模型变得更加复杂,这种方法的应用可能会变得更加普遍。克里金法的开发超出了本书的范围。

例 11.2

通过所讨论的四种方法计算图 11.5、图 11.6 和图 11.7 所示流域的平均降水深度。

解:

①算数方法。

取流域中测量仪采集的降雨深度的平均值,有

$$(133 + 115 + 110)/3 = 119.3 \text{ mm}$$

讨论:计算中是否包含了流域外的测量仪?

②泰森法,见表 11.2。

表 11. 2　泰林法计算

区域	测量降水量（mm）	区域系数	加权降水量（mm）
I	110	0.30	33.0
II	107	0.07	7.5
III	115	0.30	34.5
IV	118	0.09	10.6
V	133	0.16	21.3
VI	121	0.08	9.7
总计	—	1.00	116.6

③等雨量线法，见表 11. 3。

表 11. 3　等雨量线法计算

区域	平均降水量（mm）	区域系数	加权降水量（mm）
1	109.0	0.18	19.6
2	112.5	0.36	40.5
3	117.5	0.18	21.2
4	122.5	0.11	13.5
5	127.5	0.08	10.2
6	133.0	0.09	12.0
总计	—	1.00	117.0

④反距离加权法（注意：AutoCAD 确定区域的形心），见表 11. 4。

表 11. 4　反距离加权法计算

象限	观测点到区域形心的距离 d（km）	观测降水量（mm）	加权系数[a]	加权降水量（mm）
1	0.78	118	0.15	17.7
2	0.82	110	0.14	15.4
3	0.38	115	0.65	74.8
4	1.31	121	0.06	7.3
总计	—	—	1.00	115.2

[a]象限 1 的加权系数的公式：$w_1 = (1/d_1^2)/[1/d_1^2 + 1/d_2^2 + 1/d_3^2 + 1/d_4^2]$。

11. 3　设计暴雨

　　设计事件是设计水力结构的基础。假设该结构能够满负荷地容纳设计事件，则该结构将正常运行。但是，如果超出设计事件的大小，结构将无法正常运行。出于经济原因，在选择设计事件时允许一些失败的风险。正如第 12 章将详细讨论的那样，这种风险通常与设计事件的重现期有关。重现期定义为具有一定幅度或更大幅度的水文事件发生之间的平均年数，重现期的倒数表示每一年超出设计事件大小的概率。例如，如果选择 25 年的事件（或具有 25 年重现期的事件）作为设计事件，则在任何给定年份中超过设计事件的概率为

$1/25 = 0.04 = 4\%$。

统计方法是用于分析历史记录,以确定不同大小的水文事件的重现期(详见第 12 章)。如果项目现场有历史径流数据,那么可以在选择重现期后直接确定设计流量。但是,如果只有历史降雨数据,那么应该选择设计暴雨并使用水文降雨 – 径流模型计算相应的径流量。设计暴雨的特征在于重现期、平均降雨强度或降雨深度、降雨持续时间、降雨的时间分布以及降雨的空间分布。降雨强度是指降雨的时间速率,与平均降雨强度、持续时间和重现期(或发生频率)相关的局部曲线(称为 IDF 曲线)可用于选择设计降雨量。确定这些曲线的过程将在第 12 章中讨论,也可以使用区域 IDF 关系,如图 11.8 所示。

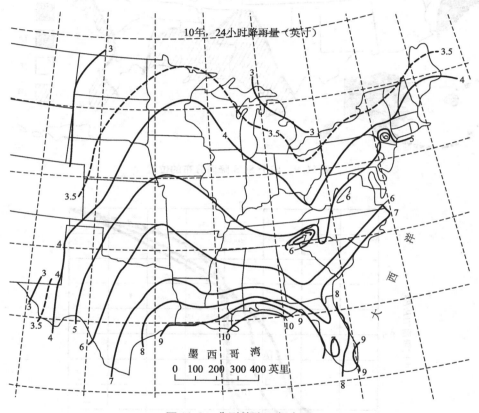

图 11.8　典型的降雨频率图

土壤保持服务(SCS)为美国不同地区划分了几种无量纲的降雨分布类型,如图 11.9 所示。这四种分布显示在图 11.10 中,并在表 11.5 中列出,其中 t 为时间,P_T 为总降雨深度,P 为累积到时间 t 的降雨深度。请注意,设计暴雨持续 24 h,在持续时间内嵌套较短且较强烈的降雨,因此这些分布无论是小流域和大流域都适用。应用 SCS 程序可以得到设计暴雨雨型、降雨强度与给定的位置及重现期的时间之间的关系。设计暴雨雨型是降雨 – 径流模型的主要输入。

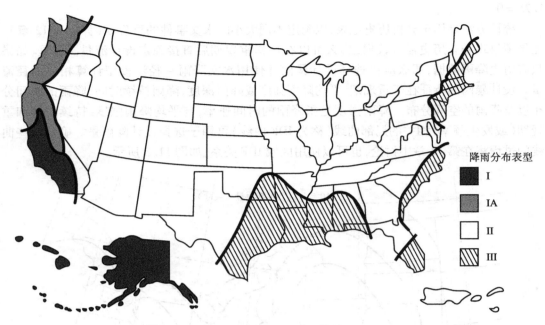

图 11.9　四个 SCS 降雨分布的位置

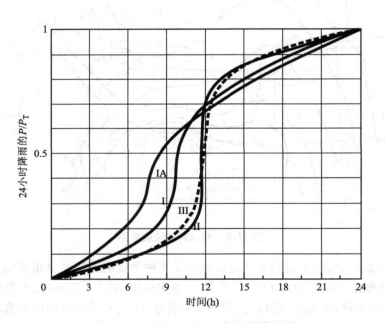

图 11.10　四个 SCS 24 小时降雨量分布

表 11.5 四个 SCS 24 小时降雨分布

$t(h)$	I P/P_T	IA P/P_T	II P/P_T	III P/P_T	$t(h)$	I P/P_T	IA P/P_T	II P/P_T	III P/P_T
0.0	0.000	0.000	0.000	0.000	12.5	0.706	0.683	0.735	0.702
0.5	0.008	0.010	0.005	0.005	13.0	0.728	0.701	0.776	0.751
1.0	0.017	0.022	0.011	0.010	13.5	0.748	0.719	0.804	0.785
1.5	0.026	0.036	0.017	0.015	14.0	0.766	0.736	0.825	0.811
2.0	0.035	0.051	0.023	0.020	14.5	0.783	0.753	0.842	0.830
2.5	0.045	0.067	0.029	0.026	15.0	0.799	0.769	0.856	0.848
3.0	0.055	0.083	0.035	0.032	15.5	0.815	0.785	0.869	0.867
3.5	0.065	0.099	0.041	0.037	16.0	0.830	0.800	0.881	0.886
4.0	0.076	0.116	0.048	0.043	16.5	0.844	0.815	0.893	0.895
4.5	0.087	0.135	0.056	0.050	17.0	0.857	0.830	0.903	0.904
5.0	0.099	0.156	0.064	0.057	17.5	0.870	0.844	0.913	0.913
5.5	0.112	0.179	0.072	0.065	18.0	0.882	0.858	0.922	0.922
6.0	0.125	0.204	0.080	0.072	18.5	0.893	0.871	0.930	0.930
6.5	0.140	0.233	0.090	0.081	19.0	0.905	0.884	0.938	0.939
7.0	0.156	0.268	0.100	0.089	19.5	0.916	0.896	0.946	0.948
7.5	0.174	0.310	0.110	0.102	20.0	0.926	0.908	0.953	0.957
8.0	0.194	0.425	0.120	0.115	20.5	0.936	0.920	0.959	0.962
8.5	0.219	0.480	0.133	0.130	21.0	0.946	0.932	0.965	0.968
9.0	0.254	0.520	0.147	0.148	21.5	0.956	0.944	0.971	0.973
9.5	0.303	0.550	0.163	0.167	22.0	0.965	0.956	0.977	0.979
10.0	0.515	0.577	0.181	0.189	22.5	0.974	0.967	0.983	0.984
10.5	0.583	0.601	0.203	0.216	23.0	0.983	0.978	0.989	0.989
11.0	0.624	0.623	0.236	0.250	23.5	0.992	0.989	0.995	0.995
11.5	0.654	0.644	0.283	0.298	24.0	1.000	1.000	1.000	1.000
12.0	0.682	0.664	0.663	0.600					

例 11.3

为弗吉尼亚州的弗吉尼亚海滩确定一个 10 年、24 小时的设计暴雨雨型。

解:

从图 11.8 确定弗吉尼亚州的弗吉尼亚海滩的 10 年、24 小时降雨量是 6 in。同样,图 11.9 表明 SCS II 型雨型可用于弗吉尼亚海滩(弗吉尼亚海滩位于 II 型和 III 型雨型的边界,但审查机构已经规定了 II 型。)。计算以表格形式进行,如表 11.6 所示。

表 11.6 设计暴雨雨型示例

(1) $t_1(h)$	(2) $t_2(h)$	(3) P_1/P_T	(4) P_2/P_T	(5) $P_1(in)$	(6) $P_2(in)$	(7) $\Delta P = P_2 - P_1$ (in)	(8) $i = \Delta P/\Delta t$ (in/h)
0.0	0.5	0.000	0.005	0.000	0.030	0.030	0.060
0.5	1.0	0.005	0.011	0.030	0.066	0.036	0.072
1.0	1.5	0.011	0.017	0.066	0.102	0.036	0.072
1.5	2.0	0.017	0.023	0.102	0.138	0.036	0.072
2.0	2.5	0.023	0.029	0.138	0.174	0.036	0.072
2.5	3.0	0.029	0.035	0.174	0.210	0.036	0.072

(1) t_1(h)	(2) t_2(h)	(3) P_1/P_T	(4) P_2/P_T	(5) P_1(in)	(6) P_2(in)	(7) $\Delta P = P_2 - P_1$ (in)	(8) $i = \Delta P/\Delta t$ (in/h)
3.0	3.5	0.035	0.041	0.210	0.246	0.036	0.072
3.5	4.0	0.041	0.048	0.246	0.288	0.042	0.084
4.0	4.5	0.048	0.056	0.288	0.336	0.048	0.096
4.5	5.0	0.056	0.064	0.336	0.384	0.048	0.096
5.0	5.5	0.064	0.072	0.384	0.432	0.048	0.096
5.5	6.0	0.072	0.080	0.432	0.480	0.048	0.096
6.0	6.5	0.080	0.090	0.480	0.540	0.060	0.120
6.5	7.0	0.090	0.100	0.540	0.600	0.060	0.120
7.0	7.5	0.100	0.110	0.600	0.660	0.060	0.120
7.5	8.0	0.110	0.120	0.660	0.720	0.060	0.120
8.0	8.5	0.120	0.133	0.720	0.798	0.078	0.156
8.5	9.0	0.133	0.147	0.798	0.882	0.084	0.168
9.0	9.5	0.147	0.163	0.882	0.978	0.096	0.192
9.5	10.0	0.163	0.181	0.978	1.086	0.108	0.216
10.0	10.5	0.181	0.203	1.086	1.218	0.132	0.264
10.5	11.0	0.203	0.236	1.218	1.416	0.198	0.396
11.0	11.5	0.236	0.283	1.416	1.698	0.282	0.564
11.5	12.0	0.283	0.663	1.698	3.978	2.280	4.560
12.0	12.5	0.663	0.735	3.978	4.410	0.432	0.864
12.5	13.0	0.735	0.776	4.410	4.656	0.246	0.492
13.0	13.5	0.776	0.804	4.656	4.824	0.168	0.336
13.5	14.0	0.804	0.825	4.824	4.950	0.126	0.252
14.0	14.5	0.825	0.842	4.950	5.052	0.102	0.204
14.5	15.0	0.842	0.856	5.052	5.136	0.084	0.168
15.0	15.5	0.856	0.869	5.136	5.214	0.078	0.156
15.5	16.0	0.869	0.881	5.214	5.286	0.072	0.144
16.0	16.5	0.881	0.893	5.286	5.358	0.072	0.144
16.5	17.0	0.893	0.903	5.358	5.418	0.060	0.120
17.0	17.5	0.903	0.913	5.418	5.478	0.060	0.120
17.5	18.0	0.913	0.922	5.478	5.532	0.054	0.108
18.0	18.5	0.922	0.930	5.532	5.580	0.048	0.096
18.5	19.0	0.930	0.938	5.580	5.628	0.048	0.096
19.0	19.5	0.938	0.946	5.628	5.676	0.048	0.096
19.5	20.0	0.946	0.953	5.676	5.718	0.042	0.084
20.0	20.5	0.953	0.959	5.718	5.754	0.036	0.072
20.5	21.0	0.959	0.965	5.754	5.790	0.036	0.072
21.0	21.5	0.965	0.971	5.790	5.826	0.036	0.072
21.5	22.0	0.971	0.977	5.826	5.862	0.036	0.072
22.0	22.5	0.977	0.983	5.862	5.898	0.036	0.072
22.5	23.0	0.983	0.989	5.898	5.934	0.036	0.072
23.0	23.5	0.989	0.995	5.934	5.970	0.036	0.072
23.5	24.0	0.995	1.000	5.970	6.000	0.030	0.060

表 11.6 用于确定各个时间增量间的降雨强度,并在第 1 列和第 2 列中列出时间增量,相应的累积降雨量与总降雨量比率分别列于第 3 列和第 4 列。对于 Ⅱ 型分布,这些值从表

11.5 中获得。在这个例子中,$P_T = 6$ in,要找到 $t = 9.5$ h 和 $t = 10$ h 之间的降雨强度,首先注意到 9.5 h 和 10 h 的降水率分别为 0.163 和 0.181。因此,$t = 9.5$ h 的降水深度是 $P = (0.163)(6) = 0.978$ in,$t = 10$ h 的降水深度是 $P = (0.181)(6) = 1.086$ in,所以 9.5 和 10 小时的降水深度差是 $1.086 - 0.978 = 0.108$ in,因此降雨强度就是 0.11 in/0.5 h = 0.216 in/h。同样,10 h 与 10.5 h 间的降雨强度就是 $[6(0.203) - 6(0.181)]/0.5 = 0.264$ in/h。可以通过重复所有时间间隔的计算来确定整个设计暴雨雨型的强度分布。

11.4 地表径流和流量

随着降水降落到地面,其中一部分必然满足拦截、洼地储存和土壤水分补给的各种需求。被截获的降雨被植被的叶子和茎或人造结构如屋顶捕获。洼地储存包括保留在水坑或小型孤立湿地中的水。土壤水分补给在土壤的较小孔隙空间中作为毛细水保持,或者作为吸附在土壤颗粒表面上的吸附水保持。在满足这三个要求之后,留在地面上的水通常被称为过量降水。

过量降水主要有两种路径通向河流。通过地面流动到最近通道的水通常称为地表径流(图 11.1)。其余的渗透到土壤中,可能会通过地下水流进入河流。第三条路径是壤中流,壤中流对河流的水量贡献较少。壤中流是通过地下水位以上的土壤流入水流的水。

陆上流量被归类为直接径流,这些水在落到地球表面后不久就到达溪流通道,对于小型流域盆地,在一两天内完全排出。通过土壤向下渗透到地下水位并最终到达附近溪流的水称为地下水径流。通常,地下水径流到达溪流需要更长的时间。直接径流和地下水径流的特征差别很大,以至于在分析特定的径流事件时会单独处理。两者分开处理的技术将在下一节中讨论。应该注意的是,一旦地下水径流和直接径流结合在河流中,就没有实际的方法来区分。

在水循环的流动阶段,水通常集中在单个通道中,这使得其非常适合测量。流量分析需要随时间进行记录,通常通过随时间记录水位,并将其转换为流量。给定河流位置处的水位 – 流量关系称为水位 – 流量关系曲线。

测量流量或河流水位的最简单方法是使用水位标尺,垂直标尺固定在通道底部,以便通过目视检查获得高度(水位)读数。USGS 运用连续记录流量的测量系统,测量室(图 11.11)靠近河流建造,包含一个静水井,通过进水管连接到河流,使用连接到数据记录器的浮子获得河流水位的变化。如果管道发生堵塞,压力传感器可以与存储在数据记录器中的水位读数相关联。在偏远地区,卫星遥测在检索数据方面经证明具有成本效益。

在第 9 章中讨论了几种在明渠中进行流量测量的方法,都涉及在河床中建造测量装置,例如堰或文丘里水槽。然而,在需要水位 – 流量关系曲线时,构建这些装置并不总是实用或经济的(例如在 USGS 流量观测站处)。如果是这种情况,则可以使用以下程序在天然或人造河道中测量流量。

河流横断面被分为几个垂直剖面,如图 11.12 所示。在每个部分中,流速在河道底部为零,到表面附近达到最大值。许多现场实验表明,采用水面以下 20% 和 80% 深度处流速仪测量的速度的平均值,可以很好地代表每部分的平均速度。流速仪(见第 9.2 节)使用旋转

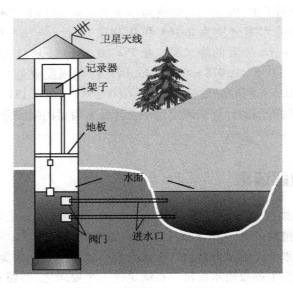

图 11.11　流量测量站的示意图

杯轮测量流速,就像风速计测量风速一样。每个垂直截面的平均速度乘以横截面面积,得到每个截面的流量,将这些相加得到该水位下河道中的总流量。

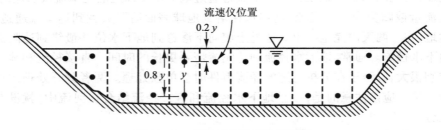

图 11.12　用流速仪进行流量测量

　　测量精度随垂直截面的数量增加而增大,但是精度必须限制在一定的范围内,即不能因为追求高精度而耗费过多的测量时间。在水位快速变化的情况下尤需注意这一点,因为流量通常与水位紧密相关。

　　在不同水位下重复上述过程便可以生成特定位置的水位－流量关系曲线。建立水位－流量关系曲线后,连续记录河流水位就足以将流量定义为时间的函数。该信息对于建立可靠的设计流量估算至关重要,接下来的几节将验证可靠的流量记录的重要性。

11.5　降雨－径流关系:单位线(单位流量曲线)

　　降雨－径流模型通常用于工程实践,以从给定了雨型的流域中确定径流量。谢尔曼提出的单位线理论构成了目前使用的一些降雨－径流模型的基础。

　　降雨和河流流量的测量是了解复杂降雨－径流过程的先决条件。在风暴期间和之后的流量测量提供了绘制流量线所需的数据,即随时间记录的流量曲线。通常在相同的时间尺度测量和绘制(雨量计),降雨单次风暴产生的典型流量线包括上升、高峰和下降,如图

11.13(a)所示。

在分析流量过程中,工程师经常将直接地表径流与地下水分开。最简单也比较容易证明的一种方法是从曲线上升开始的点到下降侧曲率最大的点之间画一条分界线,流量线(曲线)和地下水贡献(直线)之间的区域表示直接地表径流量,直线下方的区域代表地下水的贡献,也称为基流。图11.13(a)描绘了这种流量分离技术。

另外两种简单的基流分离技术如图11.13(b)所示。在第一种方法中,绘制水平直线,将上升开始的点 A 连接到下降曲线上的点 D,$A-D$ 线下方的区域归于基流。在第二种方法中,将上升开始前(点 A)的基流以直线的形式向前投射到峰值对应的时间(点 B),然后该点 B 在峰值之后的时间 N 处连接到下降曲线上的点 C,N 用经验公式确定,例如 $N=A^{0.2}$,在大流域 N 以天计数,A 以平方千米计数,线 $A-B-C$ 下方的区域代表基流。虽然这是一种经验和近似的方法,但这种方法反映了这样一个事实,即地下水的贡献应该随着河流流量和水面高度的增加而降低。随着风暴的进展,降雨渗入地下,最终进入地下水位。随着地下水位上升并且水流的水面高度减小,流中的基流增加。

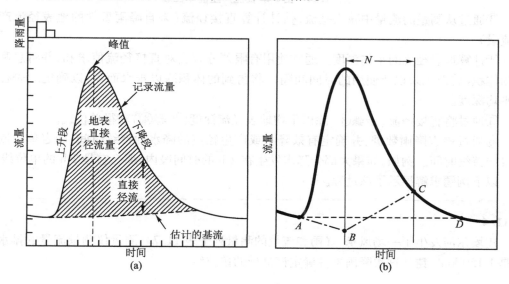

图11.13 单位流量曲线

流量曲线可以被认为是数学函数,代表了一个流域对特定刺激(降雨)的反应。换句话说,如果两次风暴在不同的时间在相同的流域发生,具有相同的强度、模式和先前的湿度条件(土壤湿度条件),有可能产生相同的流量曲线。为了有效地使用流量曲线进行设计需要确定单位线,单位线是由几乎均匀强度的降雨事件和在流域空间上几乎均匀产生1 in(或1 cm,即单位深度)径流的降雨产生的。图11.14以图形方式描绘了刺激(降雨)和响应(单位线图)。风暴的有效持续时间(t_r)是产生径流的降雨的长度,并且在有效风暴持续时间内的强度应该几乎是均匀的。

单位线的推导包括以下六个步骤。

①选择合理均匀的风暴(强度和面积覆盖),可获得可靠的降雨和河流流量数据。数据图很有用,如图11.14所示。

②估算来自地下水贡献的流量(基流)。

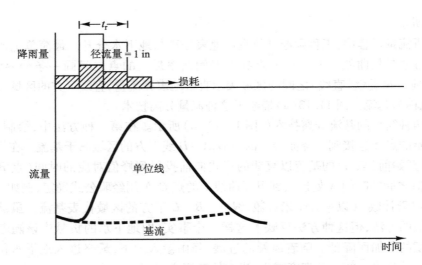

图 11.14　由 1 in 径流产生的单位线

③通过从测量的流量中减去基流,估计计算直接径流(来自降雨事件的地表径流产生的流量)。

④计算地表径流的平均深度。通常使用有限差分方法对直接径流值求和,并将总和变换为体积(将总和乘以所使用的时间间隔),将得到的体积除以排水面积,以确定地表径流的平均深度。

⑤通过将直接径流(步骤③)除以平均地表径流深度(步骤④)获得单位线。

⑥通过检查降雨数据,并确定有效降水或产生径流的降水的持续时间,确定单位流量风暴的持续时间。例如,如果大部分降水发生在 2 h 的时间段内,那么它是 2 h 的单位线。

以下例题求解显示了该过程。

例 11.4

皮埃尔河发生了一场风暴,降雨和流量的测量列于表 11.7。测量仪测量流量的排水面积是 1 150 km^2,请从这次降雨事件确定该流域的单位线。

表 11.7　降雨和流量的测量数据

日	小时	降雨量 (cm)	流量 (m^3/s)	基流 (m^3/s)	直接径流 (m^3/s)	单位线 (m^3/s)	开始后的 小时数
22	00:00		170	170	0		
		1.7					
	06:00		150	150	0	0	0
		5.1					
	12:00		400	157	243	38	6
		4.7					
	18:00		750	165	585	91	12
		0.8					
23	00:00		980	172	808	125	18
	06:00		890	180	710	110	24
	12:00		690	187	503	78	30
	18:00		480	195	285	44	36

续表

日	小时	降雨量 （cm）	流量 （m³/s）	基流 （m³/s）	直接径流 （m³/s）	单位线 （m³/s）	开始后的 小时数
24	00:00		370	202	168	26	42
	06:00		300	210	90	14	48
	12:00		260	217	43	7	54
	18:00		225	225	0	0	60
25	00:00		200	200	—	—	
	06:00		180	180	—	—	
	12:00		170	170	—	—	
		$\sum = 12.3$			$\sum = 3\,435$		—

解：

利用所提供的数据，采用六步计算程序来获得单位线的坐标数据。表 11.7 中每列中值解释如下。

日和小时：降雨和流量测量时间。

降雨量：在 6 h 内增加的降雨深度。例如，1.7 cm 为在第 22 天的 00:00 到 06:00 之间的降雨量。

流量：皮埃尔河的瞬时流量值，如图 11.15 所示。

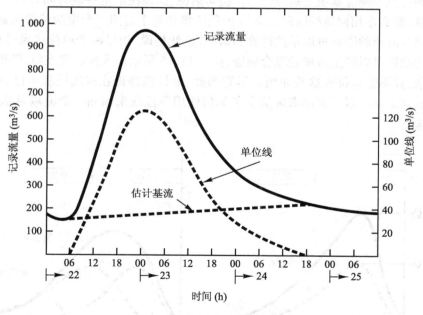

图 11.15　流域测量仪位置和降水量
（描绘了每个象限中流域形心到最近观测点的距离）

基流：从描绘的流量曲线获得基流估算，如图 11.15 所示。

直接径流：部分降雨从陆地表面流出并汇入河流流量中，通过从流量列减去基流列而得到。

单位线：将直接径流列除以径流深度。径流深度，通过将直接径流列相加，乘以时间增量 6 h,并除以排水面积得到。

$$径流深度 = \frac{(3\ 435\ m^3/s)(6\ h)(3\ 600\ s/h)(100\ cm/m)^3}{(1\ 150\ km^2)(10^5\ cm/km)^2} = 6.45\ cm$$

开始后的小时数:有效(径流产生)降雨开始后的小时数。建立这个时间框架对于使用单位线作为设计工具很重要。

注意,在测得的 12.3 cm 降雨量中,只有 6.45 cm 产生了径流,其余的降雨量因截获、洼地储存和渗透而丢失。事实上,下降的第一个 1.7 cm 的降雨(时间 00:00 到 06:00)和最后的 0.8 cm 的降雨(时间 18:00 到 24:00)可能都丢失了,这表示从 06:00 到 18:00 的 12 h 才产生了有效的径流。此外,请注意在此时间跨度内降雨强度相当均匀。由于有效降雨发生在这 12 h 内,因此被认为是 12 h 的单位线。6 h 的单位线看起来会有所不同。有关进一步的讨论,请参见习题 11.5.1。最后,将得到的单位线绘制在图 11.15 中的原始测量流量曲线下。如何将单位线用作设计工具将在下一个例题中描述。

单位线是特定流域所独有的,即使在同一个流域,单位线也会因不同的风暴持续时间(不同的有效降雨持续时间)而不同。例如,6 h 单位线可能比 12 h 单位线具有更大的峰值,即使两者都代表相同的径流量,比如该流域内 1 in(或 1 cm)的径流深度。

假设线性和叠加原理有效,则单位线可用于预测流域对任何风暴的响应。线性原理表明从流域到径流的响应本质上是线性的。换句话说,如果在给定持续时间 t_r 内 1 in 的径流产生单位线,那么在相同持续时间内 2 in 的径流将在每个时间点产生两倍的流量。叠加原理表明降雨对流域的影响可以单独计算和累积,也就是说,如果两个单位线风暴相邻发生,它们各自的响应可以产生流域的综合响应,如图 11.16 所示。大量研究表明,降雨 - 径流过程非常复杂,并不完全符合这些原则。尽管如此,单位线理论在应用过程中已被证明是一种有用的设计工具。以下例题求解演示了如何使用单位线来预测一个流域对未来(设计)风暴的响应。

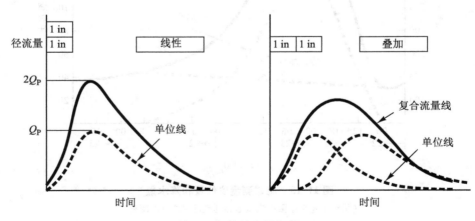

图 11.16　线性和叠加原理

例 11.5

对于例 11.4 中的皮埃尔河流域,假设一个 24 h 的设计风暴,在前 12 h 内径流为 5 cm,在随后的 12 h 内径流为 3 cm。使用在该例题中导出的单位线(UH),计算该设计风暴的预期流量。

解:

求解过程列在表 11.8 中。

表 11.8　求解过程

小时 (h)	单位线(UH) (m^3/s)	$5 \times (UH)$ (m^3/s)	$3 \times (UH)$ (m^3/s)	基流 (m^3/s)	流量 Q (m^3/s)
0	0	0	—	190	190
6	38	190	—	198	388
12	91	455	0	206	661
18	125	625	114	214	953
24	110	550	273	222	1 045
30	78	390	375	230	995
36	44	220	330	238	788
42	26	130	234	246	610
48	14	70	132	254	456
54	7	35	78	262	375
60	0	0	42	270	312
66	—	—	21	278	299
72	—	—	0	286	286

表 11.8 中每一列的计算如下。

小时:从风暴开始后的时间。

$5 \times$ 单位流量:第一次风暴的径流深度产生的流量,根据线性原理,将例 11.4 中的单位流量乘以 5。

$3 \times$ 单位流量:第一次风暴的径流深度产生的流量,根据线性原理,将例 11.4 中的单位流量乘以 3。

基流:根据风暴开始前存在的条件估算基流量。

流量:根据叠加原理将三列数据加和,即得到总流量。此列中的值绘制在图 11.17 中,以给出预期的总流量。

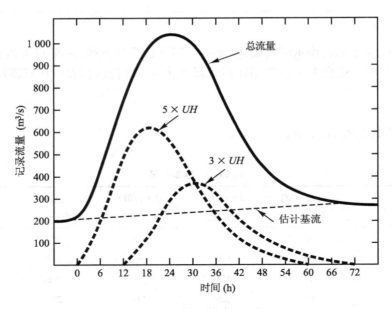

图 11.17　单位线应用示例

11.6　降雨 – 径流关系:SCS 程序

当遇到在河流上设计水力结构的任务时,工程师很少在拟建地点找到流量计。如果没有流量信息,则无法得到单位线和后续设计流量曲线。目前已经开发出综合单位线法来克服这个问题:利用现有流量计的数据,并将信息转移到其他缺乏计量信息的水文相似的流域。由于美国有许多水文特征不同的区域,因此在过去的 50 年中已经提出了许多综合单位线,其中最受欢迎和广泛使用的是土壤保持服务的综合单位线(SCS,现在被称为自然资源保护服务,或 NRCS)。SCS 降雨 – 径流模型就是基于综合单位线开发的,SCS 还开发了估算降雨损失和确定与流域径流有关的流量时间的程序。

11.6.1　降雨损失和过量降雨

降雨损失是对降雨中未形成径流的那部分降雨的集体参考,通常包括拦截、洼地储存、蒸发、蒸腾和渗透部分。在设计暴雨条件下,蒸发和蒸腾通常可以忽略不计。过量降雨是降雨中变成径流的部分,有时将过量降雨称为直接径流或径流。如前一章节(例 11.5)所述,需要知道在不同时间间隔内产生的过量降雨,以便通过使用单位线计算径流线(或流量线)。

SCS 根据径流曲线数和累积降雨深度开发了确定过量降雨的程序。径流曲线数 CN 是流域参数,范围为 0 到 100。CN 的值取决于土壤的前期水分条件(表 11.9)、土壤水文类型(表 11.9)、土壤覆盖类型(土地利用)和条件,以及流域不透水区域的百分比。表 11.10 给出了各种城市土地利用类型和一些农业用地的推荐 CN 值,这些 CN 值用于在风暴前平均水分条件。如果流域由具有不同 CN 的若干子区域组成,则可以获得整个流域的加权平均值

（基于面积）或复合 *CN*。

表 11.9 SCS 前期水分条件和土壤水文类型

先前的水分条件	土壤条件	土壤水文类型	土壤水文类型描述
AMC Ⅰ	低水分,土壤干燥	A	潮湿,土壤渗透率也高;主要是沙子和砾石
AMC Ⅱ	中等水分,设计中常见	B	潮湿,渗透率适中;质地从粗到细
AMC Ⅲ	高水分,持续几天大雨	C	土壤湿润时渗透率低;质地较为细腻
		D	土壤湿润时渗透率低;黏土或土壤具有较高的地下水位

表 11.10 AMC Ⅱ 的 SCS 径流曲线数

覆盖说明	不透水率/	土壤水文条件			
覆盖类型和水文条件	（%）	A	B	C	D
开放空间(公园、墓地等)					
条件差(草覆盖 <50%)		68	79	86	89
条件中等(草覆盖 50% ~75%)		49	69	79	84
条件好(草覆盖 > 75%)		39	61	74	80
不透水区域(停车场等)	100	98	98	98	98
市区					
商业区	85	89	92	94	95
工业区	72	81	88	91	93
住宅区(取平均)					
1/8 英亩或更小(城镇住宅)	65	77	85	90	92
1/4 英亩	38	61	75	83	87
1/3 英亩	30	57	72	81	86
1/2 英亩	25	54	70	80	85
1 英亩	20	51	68	79	84
2 英亩	12	46	65	77	82
新分级地区(无植被)		77	86	91	94
农业用地或开阔土地(条件好)					
休耕地(作物残茬)		76	85	90	93
行播作物(轮廓)		65	75	82	86
小杂粮(轮廓)		61	73	81	84
牧场,草地		39	61	74	80
草地(割干草)		30	58	71	78
林草组合(果园)		32	58	72	79
树林		30	55	70	77

选择径流曲线数后,累积降雨量 *P* 对应的累积径流量 *R* 可用下式计算:

$$R = \frac{(P-0.2S)^2}{P+0.8S} \tag{11.3}$$

其中

$$S = \frac{1\,000 - 10(CN)}{(CN)} \tag{11.4}$$

式中:*R* 为以英寸为单位的累积径流(或降雨量过剩);*P* 为以英寸为单位的累积降雨量以及在径流(与降雨相对)开始时的以英寸为单位的土壤水分存储亏缺。如果 $P > 0.2S$,则这些方程有效,否则 *R* = 0。图 11.18 所示为图形方式表达的方程式。在一个时间增量上产生的径流是在时间增量结束时和在时间增量开始时的累积径流之间的差。

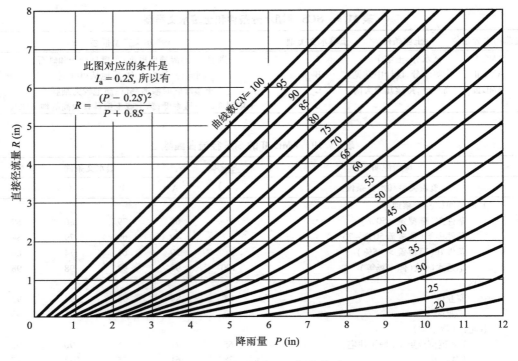

图 11.18　SCS 降雨 – 径流关系

例 11.6

某城市住宅区占地 1/3 ac，不透水率是 30%，该区的土壤水文类型为 B。确定 10 h 风暴产生的过量降雨（径流）量，该风暴产生的降雨强度见表 11.11 第三列。

表 11.11　SCS 曲线数示例

(1)	(2)	(3)	(4)	(5)	(6)	(7)	(8)	(9)
t_1(h)	t_2(h)	i(in/h)	ΔP(in)	P_1(in)	P_2(in)	R_1(in)	R_2(in)	ΔR(in)
0	2	0.05	0.10	0.00	0.10	0.00	0.00	0.00
2	4	0.20	0.40	0.10	0.50	0.00	0.00	0.00
4	8	1.00	2.00	0.50	2.50	0.00	0.53	0.53
6	8	0.50	1.00	2.50	3.50	0.53	1.12	0.59
8	10	0.25	0.50	3.50	4.00	1.12	1.46	0.34

解：

从表 11.10 中得到该城市流域的 $CN = 72$，计算过程在表 11.11 中。降雨强度每隔 2 h 计算一次，展示在第 3 列中，其中 t_1 和 t_2 分别代表每个时间间隔的开始和结束，它们分别列在第 1 列和第 2 列。在第 4 列，$\Delta P = i\Delta t = i(t_2 - t_1)$ 是在一个时间间隔内累积的降雨深度增量。在第 5 列，P_1 是 t_1 的累积降雨量。显然，在降雨刚开始的 t_1 时，$P_1 = 0$。在第 6 列，P_2 是 t_2 的累积降雨量，$P_2 = P_1 + \Delta P$。第 7 列的 R_1 值表示 t_1 时的累积径流量（或过量降雨量），R_1 值是利用给定的 CN 和 P_1，并用式（11.3）和式（11.4）（或图11.18）求得的。第8列的 R_2 值表示 t_2 时的累积径流量（或过量降雨量），R_2 值是利用给定的 CN 和 P_2，并用式（11.3）和式（11.4）求得的。在第9列，$\Delta R = R_2 - R_1$，是时间间隔 Δt 内的累积径流深度增量。

11.6.2 集流时间

集流时间定义为径流从流域中水文最偏远的点到达设计点所需的时间，虽然难以准确计算，但集流时间是许多水文分析和设计程序中的关键参数。许多设计工具可用于确定集流时间，大多数技术将陆上流动阶段和河道流动阶段加以区分。NRCS 推广的一种程序将流动时间分解为三个部分：①薄层（陆上）流动；②浅层集中流动；③明渠流动。

薄层流动定义为在非常浅的深度（<0.1 ft）处的表面上的流动，在水集中到洼地和溪谷之前，整个流域都会发生薄层流动。对薄层流动的阻力（曼宁值 n 在表 11.12 中列出）包括雨滴冲击、表面阻力、障碍物（例如垫料、草、石头）的阻力、侵蚀和沉积物运输。基于曼宁的运动学方法，奥弗顿和梅朵建议薄层流动时间为

$$T_{t_1} = [0.007 (nL)^{0.8}]/(P_2^{0.5} s^{0.4}) \tag{11.5}$$

式中：n 是曼宁的薄层流动粗糙度；L 是以英尺为单位的流动长度；P_2 是以英寸为单位的2年的24 h降雨量；s 是陆地坡度（ft/ft）。美国国家气象局以及国家海洋和大气管理局评估并公布了美国2年（重现区间）的24 h降水深度。NRCS 最初将薄层流动长度限制在300 ft或更短，但目前在实践中它通常限制在100 ft。

表 11.12 薄层流动的曼宁值 n

表面描述	n 值范围
混凝土、裸露土壤	0.011
草	
短草	0.15
茂密的草	0.24
狗牙根草	0.41
山脉（自然的）	0.13
休耕（无残茬）	0.05
耕作土壤	
残茬覆盖 <20%	0.06
残茬覆盖 >20%	0.17
树林	
轻型灌丛	0.4
密集灌丛	0.8

当两个单独的薄层流动汇聚但未能形成限定流或通道时，发生浅层集中流动。这种类型的流动经常发生在街道排水沟中。从 SCS 方程估算浅层集中流的流速如下。

未铺砌路面：

$$v = 16.134\ 5s^{0.5} \tag{11.6}$$

铺砌路面：

$$v = 20.328 \, 2s^{0.5} \tag{11.7}$$

式中：v 是平均速度；s 是水道坡度。通过将流动长度除以平均速度得到浅层集中流动的时间。

明渠流动开始于浅层集中流动结束的地方，这种转变可能是主观的，但通常明渠流动有着明确定义的河岸。现场侦察和等高线图很有帮助，美国地质调查局地图用蓝线描绘了河道或河流。明渠流动的平均速度由曼宁方程定义为

$$v = (1.49/n)(R_h)^{2/3}(S_e)^{1/2} \tag{11.8}$$

式中：v 是平均速度(ft/s)；n 是曼宁河道粗糙率系数(表 11.13)；R_h 是第 6.2 节中描述的水力半径(ft)；如果假设均匀流动，则 S_e 是能量梯度线的斜率(ft/ft)，或河道底坡坡度 S_0。河道流动时间 T_{t3} 由河道长度除以平均速度得到。

确定小流域(小于 2 000 ac)的集流时间的另一种方法是基于前一节讨论的径流曲线数，经验公式为

$$T_c = [L^{0.8}(S+1)^{0.7}]/(1 \, 140Y^{0.5}) \tag{11.9}$$

式中：T_c 是集流时间(h)；L 是流域中最长的流动路径的长度(从设计点到位于流域排水区域中水文最偏远的点，以英尺为单位，通常称为水力长度)；Y 是以百分比表示的平均水域坡度；S 由式(11.4)计算。

表 11.13　明渠流动的典型曼宁值 n

渠道表面	n 值
玻璃、聚氯乙烯、高密度聚乙烯	0.010
光滑的钢、金属	0.012
混凝土	0.013
沥青	0.015
波纹金属	0.024
土方开挖，清洁	0.022 ~ 0.026
土方开挖，砾石或鹅卵石	0.025 ~ 0.035
土方开挖，一些杂草	0.025 ~ 0.035
自然渠道，干净且直	0.025 ~ 0.035
自然渠道，石头和杂草	0.030 ~ 0.040
抛石衬砌渠道	0.035 ~ 0.045
自然渠道，干净且弯曲	0.035 ~ 0.045
自然渠道，弯曲且有水池和浅滩	0.045 ~ 0.055
自然渠道，杂草并有碎片以及深水池	0.050 ~ 0.080
山区河流，碎石或鹅卵石	0.030 ~ 0.050
山区河流，鹅卵石或巨砾	0.050 ~ 0.070

例 11.7

确定某流域的集流时间 T_c，该流域的特征如下：薄层流段 $n = 0.20$，$L = 120$ ft(坡度 0.005)；2 年、24 h 降雨量为 3 in；浅层集中流(未铺砌)段 $L = 850$ ft，坡度 0.012 5；明渠流段 $n = 0.025$，$A = 27$ ft²，$S_0 = 0.005$，$L = 6\,800$ ft。

解：

对薄层流段，由式(11.5)得

$$T_{t_1} = [0.007\{(0.20)(120)\}^{0.8}]/[(3.6)^{0.5}(0.005)^{0.4}] = 0.39 \text{ h}$$

对浅层集中流,由式(11.6)得

$$v = 16.134\ 5(0.012\ 5)^{0.5} = 1.80 \text{ ft/s}$$

又

$$T_{t_2} = 850/(180)(3\ 600) = 0.13 \text{ h}$$

对明渠流段,$R_h = A/P = 27/13 = 2.08$ ft。然后,由式(11.8)得

$$v = (1.49/0.025)(2.08)^{2/3}(0.005)^{1/2} = 6.87 \text{ ft/s}$$

又

$$T_{t_3} = 6\ 800/(6.87)(3\ 600) = 0.27 \text{ h}$$

因此,有

$$T_c = 0.39 + 0.13 + 0.27 = 0.79 \text{ h}$$

值得注意的一点是,薄层流长度(120 ft)只占总流动长度(120 + 850 + 6 800 = 7 770 ft)的1.5%。然而,薄层流时间(0.39 h)占总集流时间(0.79 h)的49%。

11.6.3 SCS 综合单位线

SCS 综合单位线仅需要两个参数:达到峰值的时间和峰值流量。利用这些参数,可以在任何无流量测量站的位置得到单位线。如第11.5节所述,设计流量线由单位线图演变而来,以下程序用于开发单位线。

达到峰值的时间是从有效降雨(径流产生)开始到流量经过的时间,如图11.19所示。

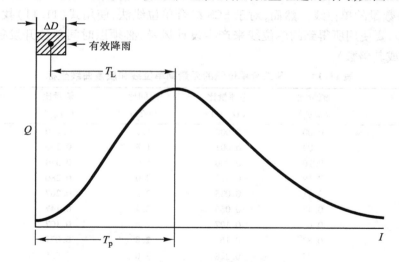

图 11.19　SCS 流量线参数

SCS 使用以下等式计算达到峰值的时间,有

$$T_p = \Delta D/2 + T_L \tag{11.10}$$

式中:ΔD 是有效降雨的持续时间(h);T_L 是滞后时间(h)。滞后时间是从有效降雨的形心到峰值流量经过的时间,滞后时间和风暴持续时间是相互关联的参数,并随着每次风暴而变化。

集流时间 T_c 是一个流域的重要特征，保持相对恒定并易于确定（第 11.6.2 节）。SCS 根据经验将 T_c 与有效降雨持续时间 ΔD 和滞后时间 T_L 相关联，以便计算综合单位线到达峰值的最佳时间。SCS 基于 SCS 曲线单位线的特征，建议将风暴持续时间设置为

$$\Delta D = 0.133 T_c \tag{11.11}$$

此外，滞后时间和集流时间的关系为

$$T_L = 0.6 T_c \tag{11.12}$$

因此，到达峰值的时间为

$$T_p = 0.67 T_c \tag{11.13}$$

使用式（11.5）至式（11.8）确定集流时间，这取决于流态（薄层流、浅层集中流或明渠流），或者可以使用式（11.9）替代。

SCS 综合单位线的峰值流量 q_p（ft^3/s）由下式确定：

$$q_p = (K_p A)/T_p \tag{11.14}$$

式中：A 是排水面积（mi^2）；T_p 是达到峰值的时间（h）；K_p 是经验常数。K_p 的范围是从平坦沼泽地区的 300 到陡峭地区的 600，但通常被指定为 484，当地的 NRCS 办公室可以为确定 K_p 的值提供指导。

峰值流量和到达峰值的时间与表 11.14 中的无量纲单位线坐标（仅 $K_p = 484$）相结合，可以得到 SCS 单位线，下面的例题演示了该过程。无量纲单位线如图 11.20 所示，其中也显示了质量累积。回想一下，流量线下的面积代表径流量（或质量），总径流量的三分之一多一点（37.5%）是在峰值之前累积的。

单位线的形状和峰值取决于有效（径流产生）风暴持续的时间。因此，对于特定的流域，存在无限数量的单位线。然而，对于 SCS 综合单位线法，使用式（11.11）找到有效风暴持续时间 ΔD，要使用所得到的单位线来产生设计风暴，必须以时间单位开发径流深度，其长度为 ΔD（或其倍数）。

表 11.14 SCS 综合单位线的无量纲单位线和质量曲线坐标

时间比 (t/t_p)	流量比 (q/q_p)	总流量比 (Q_a/Q)	时间比 (t/t_p)	流量比 (q/q_p)	总流量比 (Q_a/Q)
0.0	0.00	0.000	1.7	0.460	0.790
0.1	0.03	0.001	1.8	0.390	0.822
0.2	0.10	0.006	1.9	0.330	0.849
0.3	0.19	0.012	2.0	0.280	0.871
0.4	0.31	0.035	2.2	0.207	0.908
0.5	0.47	0.065	2.4	0.147	0.934
0.6	0.66	0.107	2.6	0.107	0.953
0.7	0.82	0.163	2.8	0.077	0.967
0.8	0.93	0.228	3.0	0.055	0.977
0.9	0.99	0.300	3.2	0.040	0.984
1.0	1.00	0.375	3.4	0.029	0.989
1.1	0.99	0.450	3.6	0.021	0.993
1.2	0.93	0.522	3.8	0.015	0.995
1.3	0.86	0.589	4.0	0.011	0.997
1.4	0.78	0.650	4.5	0.005	0.999
1.5	0.68	0.700	5.0	0.000	1.000
1.6	0.56	0.751			

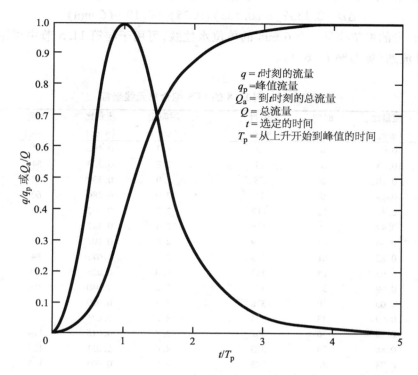

图 11.20 SCS 无量纲单位线和质量曲线

例 11.8

计划在弗吉尼亚州的阿尔伯马尔县开发大片土地,该项目包括 250 ac 的流域,水力长度为 4 500 ft,主要的土地用途是养马牧场(黏壤土),平均土地坡度为 8%。流域的土地使用计划在未来十年内改为单户住宅(1/2 ac 土地)。请在开发之前确定 SCS 综合单位线。

解:

达到峰值的时间:计算达到峰值的时间需要集流时间,应用式(11.9)有

$$T_c = [L^{0.8}(S+1)^{0.7}]/(1\,140Y^{0.5})$$

该方程需要确定最大潜在土壤水分保留 S,使用式(11.4)求得

$$S = (1\,000/CN) - 10 = (1\,000/74) - 10 = 3.51 \text{ in}$$

其中曲线数见表 11.10(牧场,良好条件和基于黏土壤土质的 C 土壤和表 11.9)。将水力长度和流域坡度代入式(11.9)得出

$$T_c = [(4\,500)^{0.8}(3.51+1)^{0.7}]/[1\,140\,(8)^{0.5}] = 0.75 \text{ h}(45 \text{ min})$$

应用式(11.13),得出达到峰值时间的估计值为

$$T_p = 0.67T_c = 0.67(0.75) = 0.50 \text{ h}(30 \text{ min})$$

峰值流量:流域峰值流量由式(11.14)求得

$$q_p = (K_pA)/T_p = 484[250(1/640)]/0.5 = 378 \text{ cf}$$

SCS 综合单位线:表 11.15 中显示的单位线图的坐标从表 11.14 中提取。峰值流量为

378 cf,在暴风雨中发生 30 min。风暴持续时间使用式(11.11)得出,有

$$\Delta D = 0.133 T_c = (0.133)(0.75) = 0.10 \text{ h}(6 \text{ min})$$

因此,开发的单位线是一个 6 min 的单位水位线,可用于与第 11.5 节中讨论的相同方式开发设计流速(见习题 11.6.3)。

表 11.15　例 11.8 的 SCS 综合单元线坐标

时间比 (t/t_p)	流量比 (q/q_p)	时间 (min)	流量 (cf)	时间比 (t/t_p)	流量比 (q/q_p)	时间 (min)	流量 (cf)
0.0	0.00	0	0	1.7	0.460	51	174
0.1	0.03	3	11	1.8	0.390	54	147
0.2	0.10	6	38	1.9	0.330	57	125
0.3	0.19	9	72	2.0	0.280	60	106
0.4	0.31	12	117	2.2	0.207	66	78
0.5	0.47	15	178	2.4	0.147	72	56
0.6	0.66	18	249	2.6	0.107	78	40
0.7	0.82	21	310	2.8	0.077	84	29
0.8	0.93	24	352	3.0	0.055	90	21
0.9	0.99	27	374	3.2	0.040	96	15
1.0	1.00	30	378	3.4	0.029	102	11
1.1	0.99	33	374	3.6	0.021	108	8
1.2	0.93	36	352	3.8	0.015	114	6
1.3	0.86	39	325	4.0	0.011	120	4
1.4	0.78	42	295	4.5	0.005	135	2
1.5	0.68	45	257	5.0	0.000	150	0
1.6	0.56	48	212				

11.6.4　SCS 设计流量线

假设需要做一个由 10 年、24 h 风暴产生的设计流量线,可以总结获得此设计流量线的程序如下:

①使用图 11.8 确定 10 年、24 h 的降雨量;

②使用图 11.9 选择 24 h SCS 风暴类型;

③使用第 11.6.1 节中讨论的曲线数方法,确定此设计降雨事件产生的径流;

④按照第 11.6.3 节中的描述生成 SCS 综合单位线;

⑤使用单位线理论(线性和叠加)构建 10 年设计流量线,如例 11.5 中所述。

上面描述的设计过程非常烦琐。幸运的是,可以使用计算机程序快速准确地执行任务。

11.7　调洪演算

在最后几节中开发的设计流量线可以被视为洪水波,随着这些波向下游移动,形状发生变化。如果在上游和下游观测点之间没有发生额外的流入,那么存储(在河道和洪泛平

原中)会减少洪峰并扩大洪水波。为了更大幅度地减少峰值需要更多的存储,并且需要构建防洪水库。尽管在美国很少有大型水库正在规划或建造,但在发展中的郊区,雨水管理池塘仍然很多。

调洪演算是评估通过池塘或水库时的风暴流量变化的过程。换句话说,使用流入流量线、现场的存储特性和出口的水力特性来开发流出流量线。假设的实验将帮助我们理解这个概念。在图 11.21 中,水龙头下方有一个底部带孔的水桶,水龙头开启(在 $t = 0$)并保持稳定的流速 Q_{in},直到它关闭(在 $t = t_0$)。最初,流入速率超过桶孔的流出速率,并且水开始在桶中积聚(即存储)。随着深度(头部)增加,流出速率随时间增加。当水龙头关闭时,达到最大值,因为没有额外的流入可用于进一步增加深度。关闭水龙头后,桶需要一段时间才能清空。

图 11.21 所示为实验的流入和流出流量线,注意稳定的流入量和随时间变化的流出量,流量线下的面积代表水的体积。因此,流入流量线下方的区域表示进入桶内的水量,流出流量线下方的区域表示从桶中排出的水量。流入和流出流量线之间的区域表示桶中水的存储,存储随着时间的推移累积,直到当水龙头关闭时达到最大值(由图 11.21 中的阴影区域表示)。从此时开始,流出流量线下方的面积表示在时间 t_0 之后从桶中排出的水量,此体积(面积)必须与先前定义的最大体积匹配。此外,流入流量线下的总面积和流出流量线下的总面积应基于质量平衡。

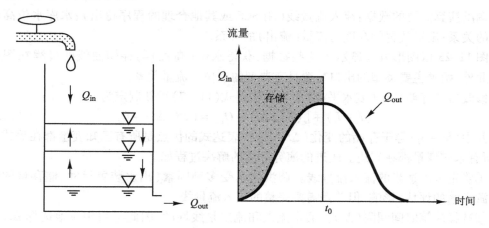

图 11.21 桶孔实验

为了解决数学上的调洪演算问题,必须应用质量守恒(具有恒定密度)。简单地说,存储的变化等于流入量减去流出量。在微分形式中,等式可以表示为

$$\mathrm{d}S/\mathrm{d}t = I - O \tag{11.15}$$

式中:$\mathrm{d}S/\mathrm{d}t$ 是储存相对于时间的变化率;I 是瞬时流入;O 是瞬时流出。如果使用流入和流出的平均速率,则可以使用离散时间步长 Δt 获得可接受的解决方案,有

$$\Delta S/\Delta t = \bar{I} - \bar{O} \tag{11.16}$$

式中:ΔS 是存储变化的时间步长。最后,通过假设跨时间步长的流量是线性的,质量平衡方程可以表示为

$$\Delta S = \left[(I_i + I_j)/2 - (O_i + O_j)/2 \right] \Delta t \tag{11.17}$$

下标 i 和 j 表示流入是在时间步的开头还是结尾。图 11.22 描述了等式中的变量,通过减小 Δt 来改善线性假设。

式(11.17)中的质量平衡关系包含两个未知数,因为必须在调洪演算完成之前定义流入流量线,所以流入值(I_i 和 I_j)是已知的。同样,选择时间增量 Δt,并且在先前的时间步长计算中解决时间步长开始时的流出值 O_i。只剩下存储增量 ΔS 和时间步长结束时的流出 O_j,事实上这两个未知数是相关的。如图 11.22 所示,随着 O_j 的增加,ΔS 减少。要解决质量平衡方程需要存储和流出之间的另一种关系,因为存储和流出(对于不受控制的出口装置)都与水库中的水深有关,所以它们彼此相关,这种关系用于完成解决方案。

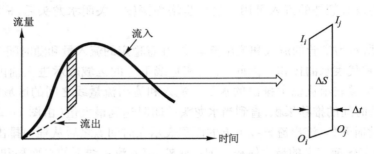

图 11.22　存储方程的图形表示

调洪演算需要的数据:流入流量线(用 SCS 或其他合理的程序得出);水库水位高度与储存的关系;出口装置的高度与流量(流出)的关系。

图 11.23 以图形方式显示了这些数据,获得水位(高程)与存储曲线的过程在图中描述。此外,两种主要类型的出口装置具有典型的水位－流量关系。

修改后的存储变化(或水平池)演算方法将式(11.17)重新制定为

$$(I_i + I_j) + \left[(2S_i/\Delta t) - O_i\right] = (2S_j/\Delta t) + O_j \tag{11.18}$$

其中($S_j - S_i$)等于存储的变化(ΔS),这个表达式的优点是所有已知变量都在等式的左边,所有未知变量都在右边。改进的演算方法的解决过程如下。

①确定水库适当的流入流量线。调洪演算受多种因素(出水装置尺寸、储存量的确定和下游洪水的评估)影响,但总是需要完整的流入流量线。

②选择演算时间间隔(Δt)。假定流入和流出是线性的,因此必须相应地选择 Δt,通常很好的估计是 $\Delta t = T_p/10$。

③确定水库的高程－存储关系以及所选出水装置的高程－出流关系。

④使用表 11.16 建立存储－出流关系。

表 11.16　测量数据

高程	流出流量(O)	存储(S)	$2S/\Delta t$	$(2S/\Delta t) + O$

⑤画出 $\left[(2S/\Delta t) + O\right]$ 与 O 的关系。

⑥使用有表 11.17 所示表头的表格执行调洪演算计算。

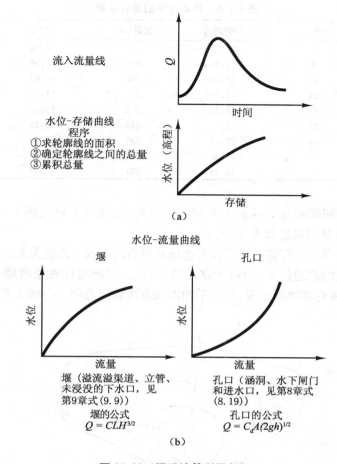

图 11.23 调洪演算所需数据

表 11.17 表头形式

高程	流入流量(I_i)	流入流量(I_j)	$(2S/\Delta t) - O$	$(2S/\Delta t) + O$	流出流量(O)

下面的例题更详细地说明了解决过程。

例 11.9

计划在弗吉尼亚州的阿尔伯马尔县开展一项开发项目,该项目包括一个 250 ac 的流域。弗吉尼亚州的雨水管理条例要求开发后的 2 年峰值流量不超过当前条件下的 2 年峰值流量(173 cf)。在流域出口处建议设置一个滞留池,以符合标准。如果开发后的峰值流量为 241 cf,请确定所需的存储和出水设备尺寸。

解:

①确定水库合理的流入流量线。用 SCS 程序来确定开发后 2 年、24 小时的流量,表 11.18 列出拟建水池的设计流量。

表 11.18 拟建水池的设计流量

时间	流量(cf)	时间	流量(cf)	时间	流量(cf)
11:30	8	12:15	72	13:00	156
11:35	9	12:20	119	13:05	126
11:40	11	12:25	164	13:10	114
11:45	12	12:30	210	13:15	100
11:50	13	12:35	240	13:20	85
11:55	15	12:40	241	13:25	79
12:00	18	12:45	227	13:30	67
12:05	27	12:50	202	13:35	59
12:10	43	12:55	181	13:40	52

②选择验算时间间隔 Δt。从流入流量线可以看出,流量需要大约 1 h 才能达到峰值。依据 $\Delta t = T_p/10$,时间增量选择为 5 min。

③确定水库的高程–存储关系以及所选出水设备的高程–出流关系。图 11.24 中的等高线图描绘了潜在的水池位置,即位于盆地的出口处,目前用作农场池塘。将建造一个土坝,并使用波纹管来释放池塘出流,使用平均面积方法确定高程–存储关系,见表 11.19。

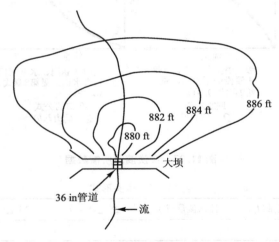

图 11.24 潜在池塘的等高线图

表 11.19 高程–存储关系

高程(ft,MSL)	面积(ac)	Δ存储(ac–ft)	存储(ac–ft)
878	0.00		0.00
		0.22	
880	0.22		0.22
		1.00	
882	0.78		1.22
		2.44	
884	1.66		3.66
		4.80	
886	3.14		8.46

两个 36 in 波纹金属管(CMP)将用于出水装置,出水设备的(管道的尺寸和数量)设计必须符合弗吉尼亚州的雨水管理标准。此时,仅是实验尺寸,直到水库调洪演算完成,才能确定实验尺寸是否符合设计要求。将 CMP 放置在现有的河床(海拔 878 ft,MSL)上,并在其

上建造土坝。将假设 CMP 作为孔口(进口控制)运行。因此,使用式(8.19),有

$$Q = 流出(O) = C_d A (2gh)^{1/2}$$

式中:C_d 是设定等于 0.6(方形边缘)的流量系数;A 是两个管道的流动面积;h 是从开口中间到水面的驱动头。

表 11.20 提供了高程 – 出流关系。

表 11.20 高程 – 出流关系

高程(ft,MSL)	水头(ft)	流出流量(cf)
878	0.0	0
880	0.5	48
882	2.5	108
884	4.5	144
886	6.5	173

④确定存储 – 出流关系,见表 11.21。

表 11.21 存储 – 出流关系

高程 (ft,MSL)	流出流量 O (cf)	存储 S (ac – ft)	$2S/\Delta t$ (cf)	$(2S/\Delta t) + O$(cf)
878	0	0	0	0
880	48	0.22	64	112
882	108	1.22	354	462
884	144	3.66	1 060	1 210
886	173	8.46	2 460	2 630

⑤画出 $[(2S/\Delta t) + O]$ 与 O 的关系图,如图 11.25(a)所示。

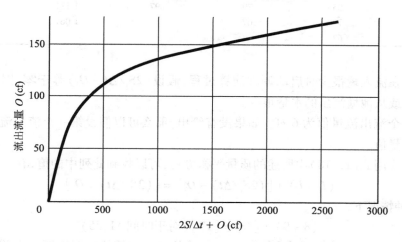

图 11.25(a)　$[(2S/\Delta t) + O]$ 与 O 间的演算关系

⑥执行调洪演算(修正的 Puls 法)的计算。

调洪(水库)演算表 11.22 的补充说明:第 1 列(时间)和第 2 列(流入)代表设计流入流

量线;第 3 列是第 2 列增加一个时间增量,即 I_j 比 I_i 增加一个时间增量;演算过程开始时,其余列未知或为空。演算的主要目的是得出代表流出流量线的最后一栏或来自滞留池的流量。以下说明适用于表 11.22 中包含上标的数据。

表 11.22　调洪演算

时间	流入流量(I_i) (cf)	流入流量(I_j) (cf)	$(2S/\Delta t) - O$ (cf)	$(2S/\Delta t) + O$ (cf)	流出流量(O) (cf)
11:30	8 +	9 +	0[1]		6[2]
11:35	9	11	3[5]	17[3]	7[4]
11:40	11	12	5	23	9
11:45	12	13	4	28	12
11:50	13	15	5	29	12
11:55	15	18	5	33	14
12:00	18	27	4	38	17
12:05	27	43	9	49	20
12:10	43	72	13	79	33
12:15	72	119	26	128	51
12:20	119	164	71	217	73
12:25	164	210	166	354	94
12:30	210	240	308	540	116
12:35	240	241	496	758	131
12:40	241	227	699	977	139
12:45	227	202	879	1 167	144
12:50	202	181	1 014	1 308	147
12:55	181	156	1 101	1 397	148
13:00	156	126	1 140	1 438	149
13:05	126	114	1 126	1 422	148
13:10	114	100	1 072	1 366	147
13:15	100	85	996	1 286	145
13:20	85	79	897	1 181	142
13:25	79	67	783	1 061	139
13:30	67				

①为了在流入量很少时启动调洪演算过程,假设$(2S_i/\Delta t - O_i)$等于零,因为池塘中的存储量很少或从池塘流出的水量很少。

②第一个流出流量值为 6 cf。如果没有给出,那么可以假设第一个流出流量值等于第一个流入流量值。

③通过应用式(11.18)中所述的质量平衡方程,可以找到此列中的值,有

$$(I_i + I_j) + [(2S_i/\Delta t) - O_i] = [(2S_j/\Delta t) + O_j]$$

或者,在这种情况下,

$$(8 + 9) + [O] = [17]\,(对于时间 11:35)$$

总的来说,在 11:35 时确定$[(2S_j/\Delta t + O_j)]$的值。该等式表明需要将当前流入添加到先前的流入量和之前的$[(2S_i/\Delta t - O_i)]$值,表中的加号表示要添加的数字。

④除第一处外,流出流量值是从步骤⑤中绘制的$[(2S/\Delta t) + O]$与 O 关系图中获得的,如图 11.25 (a)所示。对于时间 11:35,$[(2S/\Delta t) + O] = 17$ cf,使用比图 11.25(a)中显示

的更详细的图表读取出大约等于 7 cf 的流出值,也可以在计算步骤④中插入表格以获得大致相同的答案。

⑤使用代数得到 $[(2S/\Delta t)-O]$ 值,只需将最后一列中的流出值加倍,然后从 $[(2S/\Delta t)+O]$ 中减去它;在这种情况下,$17-2(7)=3$ cf。在完成时间 11:35 的调洪演算之后,继而进行时间 11:40。通过从质量平衡方程确定 $[(2S/\Delta t)+O]$,重复前面的步骤③到⑤,之后从计算步骤⑤中的图表中得到流出值 O,最后使用代数计算 $[(2S/\Delta t)-O]$。之后重复风暴的其余部分。

注意,修正的 Puls 调洪演算过程在时间 13:25 停止。此时,流出量已经开始减少。因为主要关注的是峰值流出,所以程序停止。流入流量线和计算出的流出流量线如图 11.25 (b)所示。峰值流量的衰减和时间滞后代表了滞洪区对洪水波的典型影响。较大的滞洪区或较小的出水装置会产生更明显的影响。两个流量线之间的区域面积代表了滞洪区中储存的水量,最大存储量发生在两个流量线相交时,图 11.25(b)中的大约 13:05。在此之前,流入率高于流出率,因此滞洪区正在填充。超过这个时间,流出率超过流入率,表明滞洪区正在排空。而且,当两个流量线相交时,峰值流出并不是巧合,存在单值存储 – 流出关系,其中流出量随着存储量的增加而增加。因此,在存储最大时,流出速率最大。

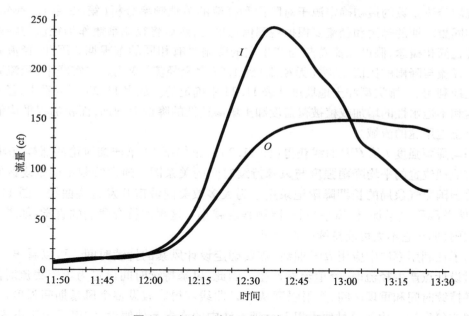

图 11.25(b)   流入 I 和流出 O 流量线

149 cf 的流出峰值低于 173 cf 的目标流出量。因此,对于已选的出水装置,设计风暴略微"过度控制",可以使用稍大的管道重复演算过程。较大的管道将花费更多,但在设计风暴期间池塘不会变得更深,这将留下更多可用土地,并可能抵消增加的管道成本。

使用步骤③中得到的高程 – 流出关系可以获得峰值流出(或任何流出)的池塘高度。通过使用 149 cf 的峰值流量进行插值,峰值高度为 884.3 ft MSL。峰值存储可以以相同的方式确定,峰值高程通常会确立紧急溢洪道高程。在罕见事件(100 年风暴)期间,将使用不同的设计风暴来确定紧急溢洪道(通常是堰)的尺寸,以防止大坝溢流。

这个雨水管理池被认为是一个"干池",在风暴期间和风暴后不久就会有水。但最终它会完全排水,因为管道已经放在河床上。干池通常放置在公园或球场的角落,以便在干燥时利用土地,"湿池"一直都有水。因此,必须在正常的水位之上预留额外的存储空间。

11.8 水力设计:利用率法

降雨事件引起的峰值流量代表了许多水力结构(例如排水入口、雨水管道、排水渠道和涵洞)的主要设计要求。第12章中介绍的统计技术是依据观测流量获得峰值流量及其相关概率的有效工具,但是大多数小流域都没有观测流量。此外,大多数水力结构安装在小流域中。利用率法是用于确定这种结构尺寸的最古老和使用最广泛的水文方法之一。

利用率法基于公式

$$Q_p = CIA \tag{11.19}$$

式中:C 是无量纲径流系数;I 是概率 P 的平均降雨强度(in/hr);A 是贡献排水面积(ac);Q_p 是峰值流量(ac-in/h 或 cf,1 ac-in/h 约等于 1 cf)。

流域径流系数的最初确定源于对降雨和径流的单独频率分析(第12章)。换句话说,具有相同重现期的降雨和径流要根据观测信息确定,然后将径流系数作为径流与降雨的比值。现在简化概念,假设径流总是与产生它的降雨具有相同的重现期。因此,径流系数基本上是径流与降雨的比值,从零(无径流)到1.0(完全径流)变化。在实践中,径流系数是根据土地利用、土壤类型和土地坡度从表11.23中确定的。从表11.23可以看出,径流量随着坡度和不透水性的增加或植被覆盖度和土壤渗透性的降低而增加,面积加权平均值 C 用于混合土地用途的流域。

平均降雨强度 I 从 IDF 曲线获得(图11.26),正如第12章详细讨论的那样,IDF 曲线是特定地理位置的平均降雨强度与风暴持续时间的关系图。通常绘制不同重现区间的阵列。美国国家气象局的长期降雨记录用于为大多数美国城市开发这些曲线。图11.26表明,虽然总降雨量增加,但风暴越长,降雨强度越小。这再次符合我们的直觉:如果下的是倾盆大雨,那么它不太可能持续很长时间。

为了在利用率法中应用 IDF 曲线,需要确定设计风暴的持续时间。可以看出,当整个流域对设计点产生径流时,峰值流量产生。因此,风暴持续时间设定为等于集流时间。根据风暴持续时间和重现区间,降雨强度从 IDF 曲线获得。假设整个风暴期间强度恒定,用于求解式(11.19),由于这种假设以及合理方法中的许多其他假设,它仅适用于小流域(例如200 ac 是通常提到的上限)。

表 11.23 径流系数的典型值范围

土地使用	径流系数(C)
停车场,屋顶	0.85 ~ 0.95
商业区	0.75 ~ 0.95
住宅区	
独户住宅	0.30 ~ 0.50
公寓	0.60 ~ 0.80

土地使用	径流系数(C)
工业区	0.50 ~ 0.90
公园,开放空间	0.15 ~ 0.35
森林,林地	0.20 ~ 0.40
草坪	
沙土,平坦(<2%)	0.10 ~ 0.20
沙土,陡峭(>7%)	0.15 ~ 0.25
黏土,平坦(<2%)	0.25 ~ 0.35
黏土,陡峭(>7%)	0.35 ~ 0.45
农田	
沙土	0.25 ~ 0.35
壤土	0.35 ~ 0.45
黏土	0.45 ~ 0.55

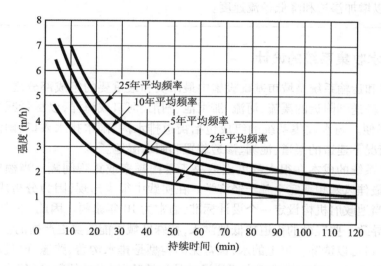

图 11.26 典型的强度 – 持续时间 – 频率(IDF)曲线

例 11.10

估算例 11.8 中描述的 250 ac 流域开发前后的 10 年峰值流量 Q_{10}。假设图 11.26 中的 IDF 曲线适合于该流域的位置。

解：

即使流域面积大于 20 ac,利用率方程也可用于估算峰值流量,将式(11.19)应用于前期开发条件得出

$$Q_p = CIA = (0.35)(2.8 \text{ in/h})(250 \text{ ac}) = 245 \text{ cf}$$

其中 C 见表 11.23,I 得自图 11.26(风暴持续时间等于 45 min 集流时间)。使用开放空间的 C 值,并选择该 C 值范围中的最高值,因为土壤是黏壤土,并且陆坡是陡峭的。

对于后期开发条件,必须计算新的集流时间。应用式(11.9),有

$$T_c = [L^{0.8}(S+1)^{0.7}]/(1\,140Y^{0.5})$$

需要确定最大潜在保留 S。因此，根据式(11.4)，有

$$S = (1\ 000/CN) - 10 = (1\ 000/80) - 10 = 2.50\ \text{in}$$

其中 CN 值来自表 11.10(居民区，1/2 ac 地段，C 型土)。将水力长度和流域坡度代入式(11.9)得出

$$T_c = [(4\ 500)^{0.8}(2.50 + 1)^{0.7}]/[1\ 140\ (8)^{0.5}] = 0.624\ \text{h}(37.4\ \text{min})$$

对后期开发条件应用式(11.19)得出

$$Q_p = CIA = (0.45)(3.1\ \text{in/h})(250\ \text{ac}) = 349\ \text{cf}$$

其中 C 见表 11.23，I 得自图 11.26(风暴持续时间等于 37.4 min 集流时间)。1/2 ac 的地块很大，表明该范围的 C 值较低，但黏土和陡坡增加了 C 值。因此，选择该范围上限的 C 值。

开发将 10 年的峰值流量从 245 cf 增加到 349 cf。这是不透水区域的增加使得径流更多(更高的 C 值)以及集流时间减少共同作用的结果，因为径流使其更快地接收水流(流过街道排水沟和风暴管道)。这些是流域城市化的典型后果，需要建立雨水管理条例和低影响发展计划，以增加渗透和降低径流速度。

11.8.1　雨水收集系统的设计

雨水收集和运输系统是城市基础设施中最昂贵和最重要的组成部分之一，系统收集雨水径流并将其输送到附近的溪流、河流、滞洪池、湖泊、河口或海洋，以尽量减少城市洪水带来的破坏和不便。雨水收集系统的组成包括街道排水沟、雨水排水入口、雨水管、检查井，以及在某些情况下建造的渠道、池塘、渗透装置和雨水湿地。

雨水收集系统的成本在很大程度上取决于暴雨频率或重现间隔。当额外容量的成本超过收益时，最佳风暴频率完全基于经济学。在实践中很少出现，因为分析成本高且困难。相反，一般由当地政府机构设定一个设计标准，通常为 10 年暴雨。因此，平均每 10 年一次，系统将超载，导致一些轻微的街道或低地洪水，特殊区域可能需要更严格的设计标准。

暴雨排水口可以清除街道上的水，最常见的类型是排水沟盖、路缘开口及其组合，如图 11.27 所示。定位入口通常构成雨水系统设计的初始阶段，入口的数量(每个入口必须设置管道)直接影响系统的成本。为了最大限度地降低成本，必须最大化街道排水沟的流量。通常，入口位于以下位置：

①在所有没有其他出水口的水池中；

②当超过排水沟容量(路缘高度)时，沿着路边设置；

③当水已经扩散到街道足够远，阻碍交通流量或安全时(许多地方政府建立了路面侵占标准)，沿着路边设置；

④升级所有桥梁(以防止寒冷天气中的桥梁结冰)；

⑤出于交通安全原因，在交叉路口前沿着路边设置。

限制街道扩展的入口位置设计结合了曼宁的排水沟容量方程和地表径流速率的合理方程。考虑到街道几何形状(横截面信息和街道坡度)、路面侵占标准(或沟槽高度，取决于路缘处的水流深度的限制)和曼宁的粗糙度系数，排水沟的容量公式为

$$Q = Av = (1.49/n)AR_h^{2/3}S_e^{1/2} \tag{11.20}$$

使用式(11.8)中定义的变量。

排水沟盖 路缘开口 前两者组合

图 11.27 典型暴雨排水入口

通过将得到的排水沟流量代入利用率方程,计算流入入口的排水区域面积,该方程重新排列为

$$A = Q/(CI) \tag{11.21}$$

使用地形图,将建议的入口位置在街道向上或向下移动以不断修正,直到入口表面流动的面积与上面计算的排水区域面积匹配。虽然这看似简单,但利用率方程需要降雨强度,这取决于集流时间。如果没有确定入口,则无法确定集流时间和进行迭代,以下例题将阐明该过程。

例 11.11

巴鲁迪街需要设置路边入水口,以为该住宅区的单户住宅区($C=0.35$)提供服务。该区域的等高线如图 11.28 所示(1 in = 100 ft 的比例),图 11.28 还显示了街道的横截面几何图形。沥青街道($n=0.015$)的横向坡度为 1 ft:1/4 in,纵向街道坡度为 2.5%。当地政府规定了一个为期 5 年的设计风暴,并允许在 30 ft 宽的街道两侧有 6 ft 的路面侵占。请问第一个入口应放置在排水管道以西多远,以充分排出街道北侧的水?2 年 24 h 降雨量为 3.2 in,图 11.26 中的 *IDF* 曲线适用。

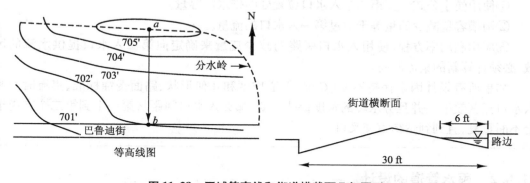

图 11.28 区域等高线和街道横截面几何图形

解:

根据 1 ft:1/4 in 的横向坡度和 6 ft 的限制范围,路边的水流深度为 1.5 in,计算得湿周为 6.13 ft。绘制三角形流动剖面并验证。应用曼宁方程式(11.20)得到沟槽容量为

$$\begin{aligned} Q &= (1.49/n)AR_{\text{h}}^{2/3}S_{\text{e}}^{1/2}\\ &= (1.49/0.015)(0.375)(0.375/6.13)^{2/3}(0.025)^{1/2}\\ &= 0.914 \text{ cf} \end{aligned}$$

然后应用利用率方程来确定在排水沟达到其容量之前可以排出多少表面积的水。从等高线图可以看出,集流时间主要包含从排水边界到街道的陆地流动时间,并且沟槽流动时间非常短。最大的陆上流动距离约为 100 ft(等高线图上的流线 $a, b, s = 3\%$)。将式(11.5)应用于薄层流得到

$$T_{t_1} = [0.007 (nL)^{0.8}] / (P_2^{0.5} s^{0.4})$$
$$= [0.007 \{(0.15)(100)\}^{0.8}] / [(3.2)^{0.5} (0.03)^{0.4}]$$
$$= 0.139 \text{ h} = 8.3 \text{ min}$$

表 11.12 提供了 n 值(短草),等高线图提供了上述等式中的陆地坡度和距离。在上面的薄层流动时间增加一点沟槽流动时间,得到一个大约 10 min 的集流时间,这等于利用率方法的风暴持续时间。应该提到的是,一些地方政府机构会指定雨水系统设计的集流时间(例如 5 或 10 min,取决于当地的传播标准和地形)。查图 11.26 中的 IDF 曲线,可以得到当风暴持续时间为 10 min 时,对于 5 年风暴会产生 5.2 in/h 的降雨强度。代入利用率方程式(11.21),得到

$$A = Q / (CI)$$
$$= 0.914 / [(0.35)(5.2)]$$
$$= 0.502 \text{ ac}(\text{大约 } 22\,000 \text{ ft}^2)$$

由于街道北侧的排水区域大致呈矩形,宽度为 100 ft,因此入水口位于分水岭以下约 220 ft 处。

除非位于集水池中,否则入水口很少捕获所有的排水沟流量。捕获的流量百分比取决于街道坡度、横向坡度、流速和入水口类型。入水口制造商会提供其入水口的捕获效率的信息。

可以使用类似设计程序来确定第二入水口位置。

①使用曼宁公式计算第二个入水口位置处的排水沟容量。

②沟槽容量减少的量等于通过第一入水口的流量。

③应用利用率方程,使用入水口旁路的减少流量来确定向第二入水口提供水流的区域,必须计算新的集流时间。

如果所有设计因素保持不变(C 值、街道坡度和几何形状、路面侵蚀标准、集流时间和入水口捕获效率),并且分水岭的宽度保持不变,那么入水口间距从第一个到第二个在街道上不断重复,直到到达街道交叉口。

11.8.2　雨水管道的设计

设计的下一阶段是雨水管道尺寸的确定。分析从第一个(最高)入水口开始,然后下坡到出水口,利用率方程用于计算每个管道的设计流量,曼宁方程用于确定水流刚刚充满管道(不受压力)以输送峰值流量时的管道尺寸。

除了在第一个入口处外,先前使用利用率方程确定入口位置的峰值流量的计算方法不能用于雨水管道尺寸的确定。入口位置设计仅考虑当地地表水的贡献,而雨水管道必须适应入口处的局部地表水贡献以及所有来自上游管道的流量。因此,利用率方程使用整个上游排水区域。另外,上游排水区域可能需要面积加权的径流系数 C。最后,使用入口流动时

间和到设计点的管道流动时间的最长组合(即管道的入口尺寸)来计算集流时间。使用这个集流时间,可从适当的 *IDF* 曲线获得降雨强度。

雨水管设计并不困难,但需要大量的数据收集工作。大部分必要的数据可以从该地区的等高线图中收集,通常需要间隔更小的等值线。精心设计的表格或电子表格有助于收集数据并进行必要的计算。利用率方程用于确定每个雨水管必须输送的峰值流量 Q_p(cf)。曼宁方程用于确定所需的管道直径 D_r(ft),可以写成

$$D_r = \left[\frac{nQ_p}{0.463\sqrt{S_0}} \right]^{3/8} \tag{11.22}$$

其中使用管道斜率 S_0 代替能量梯度线斜率 S_e。由于所需的管道直径不太可能在市场上买到,因此选择下一个更大的标准管道尺寸用于设计。标准管道尺寸通常以 3 in 为间隔,从 12 in 至 24 in 以 6 in 为间隔,从 24 in 至 48 in 以 1 ft 为间隔。因为需要每个管道中的流动时间(即利用率方程计算的集流时间)来确定下游管道的尺寸,所以需要管道几乎充满水时的水流速度。因此,选定的管道直径 D 用于确定全流动面积 A_f、全流动水力半径 R_f 和全流速 v_f。公式如下:

$$A_f = \pi D^2/4 \tag{11.23}$$

$$R_f = D/4 \tag{11.24}$$

$$v_f = (1.49/n)R_f^{2/3}S_0^{1/2} \tag{11.25}$$

一旦获得全流量条件,可以使用如图 11.29 所示的设计辅助工具来确定设计峰值流量 Q_p 的实际流动深度 y、流速 v 和流动时间 t。下面的例题将详细描述设计过程。

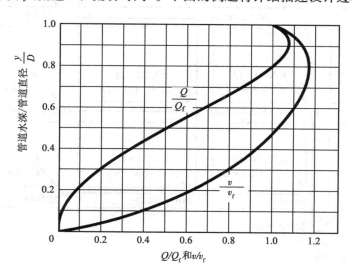

图 11.29 部分满水的管道水力特性

雨水管道设计通常受到公约或当地政府机构制定的某些设计标准的约束。典型标准如下。

①由于雨水管道被覆盖,出于结构和其他原因,需要在 3 ~4 ft 的管道顶部上覆盖最小的覆盖层。

②在可能的情况下,管道坡度与覆盖的地面坡度相匹配。

③在平坦地形中,最小坡度在流动时应产生 2～3 ft/s 的流速,以最大限度地减少沉积。最小管道直径为 12 in 或 15 in,需要减少堵塞问题。

①即使增加的斜坡提供足够的流量,管道尺寸也不会在下游减少,所以堵塞是需要关注的问题。

②由于可施工性和维护原因,在管道接头、等级变化和对准变化处提供了检查井(或入口)。

③由于清洁设备的限制,可以规定最大检查井间距(例如 400 ft),大型管道允许更长的距离。

④由于通过检查井的流量会产生较小的水头损失,因此建议从进水管到输出管的反转高度下降(例如 1 in 或 0.1 ft)。一些设计标准中提供了轻微损耗方程,以明确地对此进行评估。

例 11.12

设计雨水收集管道,为图 11.30 所示的小城镇部分区域提供服务。使用 5 年设计风暴(图 11.26 中的 *IDF* 曲线)和最小管道尺寸 15 in,入口时间以 min 为单位,排水区域以 ac 为单位和每个入口的径流系数。此外,还提供了每个人孔的地面高程(ft,MSL)。雨水管道(混凝土,$n = 0.013$)长度在计算表中提供。

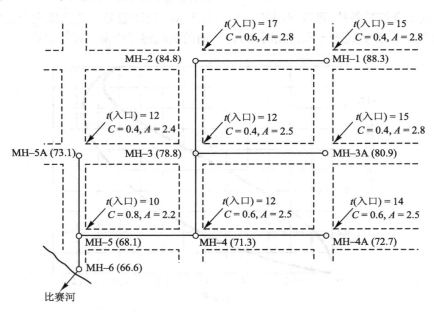

图 11.30　雨水管道设计

解:

表 11.24 可用于设计计算。该过程从最高的检查井(两个入口的)开始,然后一直到出口点。每列代表一个管道的计算,从一列到下一列一直计算,直到设计出所有管道。

表 11.24 雨水管道设计计算表

雨水管道	1－2	2－3	3A－3	3－4
长度(ft)	350	300	350	250
入口时间 T_i(min)	15	17	15	12
集流时间 T_c(min)	15	17	15	17.5
径流系数 C	0.4	0.5	0.4	0.45
R/F 强度 I(in/h)	4.3	4.1	4.3	4.0
排水面积 A(ac)	2.8	5.6	2.8	10.9
峰值流量 Q_p(cf)	4.8	11.5	4.8	19.6
坡度(ft/ft)	0.01	0.02	0.006	0.03
所需管道直径 D_r(in)	13.4	16.3	14.8	18.5
设计管道直径 D(in)	15	18	15	24
全管面积 A_f(ft^2)	1.23	1.77	1.23	3.14
全管流速 v_f(ft/s)	5.28	8.43	4.09	12.5
全管流量 Q_f(cf)	6.48	14.9	5.02	39.3
Q_p/Q_f(或 Q/Q_f)	0.74	0.77	0.96	0.50
y/D	0.63	0.65	0.78	0.50
v/v_f	1.11	1.13	1.17	1.02
水流深度 y(in)	9.45	11.7	11.7	12.0
管道流速 v(ft/s)	5.86	9.52	4.78	12.8
管道流动时间(min)	1.0	0.5	1.2	0.3

参数解释如下。

雨水管道:管道由检查井编号指定。

长度:管道长度从相应的地图获得。

入口时间:入口集流时间包括薄层流和排水沟流动时间。

集流时间:集流时间是通过任何流路到达当前管道(设计点)入口的最长流动时间。如果没有上游管道,则 T_c 是入口时间。否则,将当地入口时间与所有其他 T_c、上游检查井以及从该检查井到设计点的管道流动时间进行比较,对于管道 2－3,17 min 的入口时间超过管道 1－2 的集流时间加上路途时间(15＋1＝16 min)。

径流系数:计算整个上游排水区域的面积加权径流系数。对于管道 2－3:$C＝[(2.8)(0.4)＋(2.8)(0.6)]/5.6＝0.5$。

降雨强度:降雨强度来自 IDF 曲线(图 11.26)。

排水面积:确定导致管道流动的总排水面积。

峰值流量:使用式(11.19)计算合理峰值流量,即 $Q_p＝CIA$。

斜率:通过将管道长度除以管道末端(检查井)的表面高程差来找到管道斜率。管道将埋入足够深,以满足最低覆盖要求。如果不满足 2 ft/s(或更严格的当地标准)的全流速,则需要更大的斜率。

所需管道直径:使用式(11.22)确定 D_r,并转换为英寸。

设计管道直径:取所需的管道直径 D_r,并使用下一个更大的市售管道尺寸。最小尺寸为 15 in,21 in 不可用。

全管面积:使用设计管道直径 D(以英尺为单位)求解式(11.23)。

全管流速:解方程(11.25),$R_f＝D/4$(式(11.24),D 以英尺表示)。

全管流量:解方程 $Q = A_\mathrm{f} v_\mathrm{f}$。

$Q_\mathrm{p}/Q_\mathrm{f}$(或 Q/Q_f):获得合理峰值(设计)流量除以全管流量的比率。

y/D:使用 Q/Q_f 的比率,得到图 11.29 中流量与管径的比值。

v/v_f:使用 y/D 比率和图 11.29,获得实际(部分满水)管道流速与全管流速的比率。

流动深度:使用 y/D 和设计管道直径,确定实际流动深度 y。

管道流速:使用 v/v_f 和全管道流速,确定实际管道流速 v。

管道流动时间:管道长度除以管道速度,并将结果转换为分钟得到管道流动时间。

习 题
(11.1 节)

11.1.1 水文循环的组成部分可分类如下:

①持水元素;

②液体运输阶段;

③蒸汽输送阶段。

使用图 11.1,将这三个描述应用于水文循环的组成部分。您能想到图中未显示的水文循环的任何其他组成部分吗?三个描述中的哪一个适用于它们?

11.1.2 随着水流经水循环,由于自然现象或人为污染,水质变化很常见。使用图 11.1,描述在水文循环的每个阶段如何发生水质变化。例如,当湖水蒸发时,留下微量元素和盐,产生水质变化。

11.1.3 使用您的课程讲师提供的地形图和设计点描绘一个流域。或者,从 USGS 或其他网站获取样本地形图,沿流域指定任意设计点,并描绘贡献的流域。

11.1.4 地下游泳池可能有泄漏。6 月 1 日,在一个 30 ft × 10 ft × 5 ft(深)的泳池中加满水。6 月 13 日,使用软管以每分钟 10 gal 的速度向池中加水,1 h 后软管关闭。这个月有 4 in 的降雨量,附近湖泊的蒸发量为 8 in。据估计,池中的蒸发量将比湖面多 25%。7 月 1 日,游泳池位于顶部下方 5 in 处。游泳池有泄漏吗?如果有,每天泄漏率是多少?您是否有足够的信心在评估中作为法庭专家证人作证?

11.1.5 供水水库内衬有黏土,以阻止底部的渗漏(渗透)。为了履行施工合同的条款,需要对内衬黏土的有效性进行评估。在测试周,收集了表 P11.1.5 的数据。

表 P11.1.5 收集数据

参数	日						
	1	2	3	4	5	6	7
流入流量(m^3/s)	0.0	0.2	0.4	0.5	0.5	0.2	0.1
流出流量(m^3/s)	0.0	0.1	0.3	0.2	0.1	0.1	0.0
城市使用(m^3/s)	0.3	0.2	0.3	0.2	0.3	0.3	0.3
降水(cm)	0.0	1.5	7.0	2.5	0.0	0.0	0.0

湖的表面积为 40 公顷,本周水库表面高度下降 15.5 cm。如果一周的蒸发量估计

为 3 cm,那么本周的渗漏量(m^3)是多少?

11.1.6 降雨事件发生在 50 mi^2 的流域上。在 30 min 风暴期间,以 5 min 为增量,估算降水、拦截和渗透的增量深度,见表 P11.1.6。确定流入流域出口处的水库的总降雨量(ac−ft)和总径流量(ac−ft)。

表 P11.1.6 估算降水、拦截和渗透的增量深度

参数	时间增量					
	1	2	3	4	5	6
降水(in)	0.05	0.10	0.45	0.30	0.15	0.05
拦截(in)	0.05	0.03	0.02	0.00	0.00	0.00
渗透(in)	0.00	0.07	0.23	0.20	0.10	0.05

11.1.7 每年需要为关键供水盆地做水文预算。在这一年,以下数据是在 6 200 km^2 的流域上收集得到的:降水 = 740 mm,蒸发和蒸腾 = 350 mm,流出盆地的年平均流量 = 75.5 m^3/s,地下水流出量 = 0.200 km^3,地下水流入量(渗透) = 0.560 km^3。确定流域(地表水库)的储存量变化以及流域盆地(地表水库和地下水一起)的储存量变化,以 km^3 为单位。提示:绘制控制体,每个解决方案都需要不同的控制体。

(11.2 节)

11.2.1 空气中的水汽被提升,以及导致冷却和降水的机制是什么?降水的结果类别(类型)有哪些?

11.2.2 参见图 11.4,回答以下问题。

①弗吉尼亚为什么比堪萨斯州下雨多?

②为什么缅因州的雨量比弗吉尼亚少?

③为什么加州北部会下雨这么多?

④为什么内华达会下雨这么少?

⑤为什么北卡罗来纳州西部会下雨这么多?

⑥为什么落基山脉诸州下雨这么少?

11.2.3 大型流域盆地可分为四个子流域,四个子流域的面积分别是 52 km^2、77 km^2、35 km^2、68 km^2。每个子流域的年平均降雨量分别为 124 mm、114 mm、126 mm、99 mm。确定整个排水区的年平均降水量(cm)。

11.2.4 堪萨斯州的一位农民想要确定向日葵作物接收的平均降雨量。向日葵田占据整个区域(边长为 1 mi 的正方形,或 640 ac),农民的雨量计位于四角和中心。降雨深度 $NE = 3.2$ in, $NW = 3.6$ in, $SE = 3.8$ in, $SW = 4.0$ in,中心 = 3.8 in。使用泰森多边形方法确定平均降雨深度。注意:在网格纸上绘图,并使用求积仪计算方格的面积。

11.2.5 堪萨斯州的一位农民想要确定向日葵作物接收的平均降雨量。向日葵田占据整个区域(边长为 1 mi 的正方形,或 640 ac),农民的雨量计位于四角和中心。降雨深

度 $NE = 3.2$ in, $NW = 3.6$ in, $SE = 3.8$ in, $SW = 4.0$ in,中心 $= 3.8$ in。使用等雨量线方法确定平均降雨深度。注意:取雨量线间隔为 0.2 in,在网格纸上绘图,并使用求积仪计算方格的面积。

11.2.6 7 月风暴期间商业农场的降雨深度(以 cm 为单位)在图 P11.2.6 中的不同雨量计位置描绘。请注意,每个仪表的确切位置由与降雨深度相邻的点表示。使用泰森多边形方法确定场地上的平均降雨深度,通过计数方格来估算面积。225 个方格中的每一个方格代表 100 公顷。

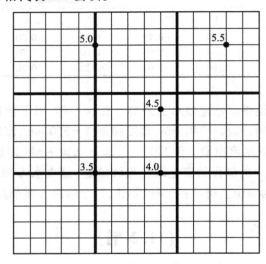

图 P11.2.6   商业农场降雨深度

11.2.7 7 月风暴期间商业农场的降雨深度(以 cm 为单位)在图 P11.2.6 中的不同雨量计位置描绘。请注意,每个仪表的确切位置由与降雨深度相邻的点表示。使用等雨量线方法确定场地上的平均降雨深度,通过计数方格来估算面积。225 个方格中的每一个方格代表 100 公顷。

11.2.8 7 月风暴期间商业农场的降雨深度(以 cm 为单位)在图 P11.2.6 中的不同雨量计位置描绘。请注意,每个仪表的确切位置由与降雨深度相邻的点表示。使用反距离加权方法确定场地上的平均降雨深度,通过计数方格来估算面积。225 个方格中的每一个方格代表 100 公顷。

11.2.9 降水站 X 已无法运行一个月,在此期间发生了风暴。风暴期间在三个周边站点(A、B 和 C)记录的降水深度分别为 6.02 in、6.73 in 和 5.51 in。X、A、B 和 C 站的正常年降水量分别为 53.9 in、61.3 in、72.0 in 和 53.9 in。讨论采用两种不同的方法来估算 X 站的降雨深度。您对哪种方法更有信心?为什么?

(11.3 节)

11.3.1 如果审查机构要求使用Ⅲ型分布而不是例 11.3 中使用的Ⅱ型,确定弗吉尼亚州弗吉尼亚海滩的 10 年 24 h 雨型,将此风暴的峰值强度和时间与Ⅱ型风暴的结果进行比较。

11.3.2 为佛罗里达州迈阿密确定一个 10 年 24 h 雨型,绘制风暴条形图(时间与降雨强度)。

11.3.3 例 11.3 确定了弗吉尼亚州弗吉尼亚海滩的 10 年 24 h 雨型。根据这些数据,估算同一地点的 10 年 6 h 雨型。

11.3.4 表 P11.3.4 给出了增量降雨深度(in)是在 45 min 的风暴中记录的。确定 150 mi^2 流域的总降雨深度、最大强度(in/h)和总降雨量(ac - ft)。

表 P11.3.4 增量降雨深度

风暴时间(min)	0 ~ 6	6 ~ 18	18 ~ 21	21 ~ 30	30 ~ 36	36 ~ 45
降雨深度(in)	0.06	0.28	0.18	0.50	0.30	0.18

(11.4 节)

11.4.1 美国地质调查局在全国大部分主要河流和小溪上运行着流量计网络,许多仪表位于桥梁交叉口,有什么好处?有什么缺点?

11.4.2 美国地质调查局每年在其年度水数据报告中按州和测量站发布流量信息。搜索服务的 Internet 站点(www.usgs.gov)以查找特定观测站的信息。各个观测站提供了哪些信息?报告流量的频率是多少?报告中还有哪些其他信息?

11.4.3 在图 11.12 所示的河流截面中收集表 11.4.3 所示的速度(m/s)和深度(m),其中每个垂直截面的宽度为 1.0 m。确定河流的流量(m^3/s)。

表 P11.4.3 收集的速度和深度

流速	截面编号(从左至右)										
	1	2	3	4	5	6	7	8	9	10	11
0.2y	0.2[a]	2.3	3.3	4.3	4.5	4.7	4.8	4.4	4.2	3.8	3.0
0.8y		1.4	2.3	3.3	3.7	3.9	3.8	3.6	3.4	2.0	1.2
深度[b]	1.0	1.6	1.8	2.0	2.0	2.0	2.0	2.0	2.0	1.6	1.6

[a] 表示平均流速(在一个点上的测量)。

[b] 给出的深度(以米为单位)位于垂直截面的右侧。

11.4.4 在图 11.12 所示的河流截面中收集表 P11.4.4 所示的速度(ft/s)和深度(ft),其中每个垂直截面的宽度为 2.0ft。确定河流的流量(ft^3/s)。

表 P11.4.4 收集的速度和深度

流速	截面编号(从左至右)										
	1	2	3	4	5	6	7	8	9	10	11
0.2y	0.1[a]	0.3	0.4	0.5	0.6	0.7	0.7	0.6	0.5	0.4	0.3
0.8y		0.1	0.2	0.3	0.4	0.5	0.5	0.4	0.3	0.2	0.1
深度[b]	1.8	3.6	4.2	4.8	4.8	4.8	4.8	4.8	4.8	3.6	1.0

[a] 表示平均流速(在一个点上的测量)。

[b] 给出的深度(以米为单位)位于垂直截面的右侧。

11.4.5 在风暴事件期间,在流量测量站处收集表 P11.4.5(a)所示的流量与水位信息。

表 P11.4.5(a)　流量与水位信息

水位(ft)	1.2	3.6	6.8	10.4	12.1	14.5	18.0
流量(cf)	8	28	64	98	161	254	356

①在横坐标上绘制水位流量关系曲线。
②在一段时间后的风暴事件中,记录表 P11.4.5(b)所示的水位信息。使用水位流量关系曲线绘制风暴事件的流量曲线(流量对横坐标的时间)。风暴期间的峰值流量是多少?

表 P11.4.5(b)　水位信息

小时	05:00	06:00	07:00	08:00	09:00	10:00	11:00	12:00	13:00
水位(ft)	2.2	6.6	12.8	16.4	14.1	11.5	9.2	6.8	4.2

(11.5 节)

11.5.1 参阅例 11.4 定性回答以下问题。
①如果 12.3 cm 的降水在 6 h 而不是 24 h 内下降,您是否能预计在流域测量的流量会发生变化?如果发生变化,是怎样的变化?
②为什么风暴事件发生后,地下水对溪流的贡献会增加?
③为什么在获得径流量时,需要把直接径流栏中流量的总和乘以 6 h?
④如果流量以 3 h 而不是 6 h 的增量进行测量,但是 6 h 数没有变化,单位线是否会发生变化?

11.5.2 2.5 in 雨水(总深度)的有效部分在 5 mi^2 的流域上持续 4 h,产生表 P11.5.2 所示的流量。假设基流从 20 cf(在时间 0)到 40 cf(在时间 20)线性变化,确定流域的 4 h 单位线。

表 P11.5.2　流量

时间(h)	0	2	4	6	8	10	12	14	16	18	20
流量(cf)	20	90	370	760	610	380	200	130	90	60	40

11.5.3 表 P11.5.3 中给出的流量是由 1 cm 的降雨事件(总深度)产生的。降雨的有效部分持续 1 h(从时间 9 到时间 10)。如果流域面积为 20 km^2,请推出流域 1 h 的单位线。假设地下水贡献从 1.4 m^3/s(在时间 9)到 3.0 m^3/s(在时间 17)是线性的。

表 P11.5.3　流量

时间(h)	8	9	10	11	12	13	14	15	16	17	18	19
流量(m^3/s)	1.6	1.4	4.6	9.7	13.0	10.5	7.8	5.8	4.5	3.0	2.9	2.8

11.5.4 风暴发生在一个 27 mi² 的流域上,测量的降雨量和流量如表 P11.5.4 所示。从数据中导出单位线。结果是 1 h、2 h,还是 3 h 的单位线?降雨中有多少部分形成径流?假设地下水的贡献从 100 cf(在 $t=06:00$)到 160 cf(在 $t=02:00$)是线性的。

表 P11.5.4 降雨量和流量

时间	5 ~ 6	6 ~ 7	7 ~ 8	8 ~ 9	9 ~ 10
降雨量(in)	0.2	0.8	0.6	0.6	0.1

时间(h)	04:00	06:00	08:00	10:00	12:00	14:00	16:00	18:00	20:00	22:00	24:00	02:00
流量(cf)	110	100	1200	2000	1600	1270	1000	700	500	300	180	160

11.5.5 在朱迪小溪的暴雨事件期间,测量的流量数据产生大致三角形的流量线形状。峰值发生在暴雨 3 h 后,测量值为 504 cf。在事件发生之前没有基流,因此流量在零时开始,在 3 h 内爬升到峰值,并在另外 5 h 内线性回退到零。排水面积为 1 000 ac,2.5 in 降雨量的大部分径流发生在 2 h 内。绘制风暴流量线并确定单位线。单位线是 1 h、2 h,还是 3 h 单位线?

11.5.6 陆斯特小溪在张伯伦大道的 1 h 单位线数据如表 P11.5.6 所示。如果 2 h 暴雨在第一个小时产生 2.0 cm 的降雨,在第二个小时产生 2.5 cm 的降雨,确定该地区小溪的预期流量。假设降雨量的损失恒定为 0.5 m/h,基流量恒定为 5 cm³/s。

表 P11.5.6 1 h 单位线数据

时间(h)	0.0	0.5	1.0	1.5	2.0	2.5	3.0	3.5	4.0	4.5
流量(m³/s)	0	10	30	70	120	100	70	40	20	0

11.5.7 参见例 11.5,确定在首个 24 h 内产生 6 cm 径流和在接下来的 12 h 内产生 4 cm 径流的新暴雨所预期的流量。假设基流与例 11.4 中的相同。

11.5.8 表 P11.5.8 列出了无名小河流域(307 ac)的 1 h 单位线数据。如果在 2 h 暴雨中以 30 min 为增量的过量降雨(径流)为 0.5 in、0.5 in、0.25 in 和 0.25 in,确定同一流域降雨事件可能产生的流量。假设基流为 10 cf,还要确定以 ac – ft 为单位的径流量。

表 P11.5.8 1 h 单位线数据

时间(h)	0	1	2	3	4	5	6
流量(cf)	0	60	100	80	50	20	0

11.5.9 在例 11.4 中,计算得到一个 12 h 单位线 UH_{12}。请使用 UH_{12},推求 24 h 单位线 UH_{14}。提示:24 h 单位线仍是产生 1 in 的径流,一半来自前 12 in,一半来自后 12 in。另外,6 h 单位线可以用相似方法推求出来吗?

11.5.10 均匀强度的 2 h 暴雨(2 cm 径流)会产生表 P11.5.10 所示的流量。确定 4 h 设计暴雨的峰值流量和达到峰值的时间,该风暴在前 2 h 内产生 1.5 cm 的径流,在随后的 2 h 内产生 3 cm 的径流。假设基流可以忽略不计。

表 P11.5.10　产生流量

时间(h)	04:00	05:00	06:00	07:00	08:00	09:00	10:00	11:00	12:00	13:00	14:00	15:00
流量(m³/s)	0	160	440	920	860	720	580	460	320	180	60	0

(11.6 节)

11.6.1 一个占地 200 ac 的流域位于伊利诺伊州芝加哥附近,包括 169 ac 的开放空间、90% 的草地覆盖和 31 ac 的工业开发公园。根据筛分实验,现有土壤具有粗糙至细微的质地。确定 10 年 24 h 降雨事件的径流深度(in)和体积(ac-ft)。

11.6.2 占地 100 公顷的分水岭由三种不同的土地用途组成:20 公顷的高尔夫球场(40% 在德雷克塞尔土壤中,其余在布雷默土壤中),30 公顷商业区(布雷默土壤)和住宅区(半英亩地段和多尼卡土壤)。确定 15 cm 暴雨的径流量(m³)。注意:德雷克塞尔土壤是粗糙到细纹理的土壤,布雷默纹理细腻,多尼卡是沙质土壤。

11.6.3 确定例 11.8 中流域的 10 年 24 h 降雨导致的过量降雨(径流),相当于完成第 11.6.4 节中描述的设计过程的步骤 1、2 和 3,并在例 11.6 中进行详细说明。位于弗吉尼亚州西部的阿尔伯马尔县在 10 年 24 h 的暴雨中降雨量为 6.0 in。使用 2 h 的时间步长。提示:将表 11.11 中的 i 和 ΔP 列替换为表 11.5 中的 II 型风暴的 P_1/P_T 和 P_2/P_T。

11.6.4 流域的水力长度(最长的流动路径)为 2 800 ft。沿着这条路径,径流最初在陆地表面上移动(通过短草在长度超过 200 ft 的地方下降 4 ft),然后进入浅层集中流动,流动距离为 600 ft,平均速度为 2 ft/s。行进路径的其余部分是通过直径为 2 ft(混凝土)的管道,在 1% 的坡度上完成。以 min 为单位确定集流时间。2 年 24 h 的降雨深度为 3.4 in。

11.6.5 一个 100 ac 的 B 型土壤流域已经进行了商业开发。最长流动路径的长度为 3 000 ft,平均流域坡度为 2.5%。确定 SCS 无量纲单位线的峰值流量和达到峰值时间。

11.6.6 参考例 11.8,使用电子表格程序绘制单位线,确定以 ac-ft 为单位的径流量和以 in 为单位的径流深度。

11.6.7 参考例 11.8,如果一半的流域是商业开发,其余的与联排别墅一起开发,确定开发后的 SCS 单位线。

11.6.8 芝加哥南部占地 400 ac 的小流域,目前种植着小杂粮。土壤主要是黏土,流域的水力长度约为 1 mi,平均土地坡度为 2%。在开发之前,确定 SCS 综合单位线。

11.6.9 如果将农田发展成工业园区,确定习题 11.6.8 的 SCS 综合单位线的变化。

(11.7 节)

11.7.1 在服务溢洪道顶部(正常池塘水位)1.0 m 深度的池塘,建立一个 0.2 m 增量的 $(2S/\Delta t + O)$ 对 O 的关系。池塘的高程－存储关系是 $S = 600h^{1.2}$,其中 S 为池塘的存储量(m^3),h 为服务溢洪道顶部的水位。溢洪道的流量 $O = k_w L (2g)^{0.5} h^{1.5}$,其中 O 是流量(m^3/s),$k_w = 0.45$(流量系数),$L = 0.3$ m(溢洪道顶部长度),$g = $ 重力加速度。起初,$h = 0$,$S = 0$,时间间隔 $\Delta t = 8$ min。

11.7.2 对于 2 ft 深、4 ft 长、3 ft 宽的地下蓄水池,以 0.5 ft 为增量,建立 S 对 O 关系。直径为 2 ft 的底部排水管用作排水口,其流量系数为 0.6,假设时间间隔为 10 s。

11.7.3 参考例 11.9,在时间 13:45 继续计算演算表,表 P11.7.3 列出了额外的流入量。绘制同一组轴上的流入和流出流量图,确定在设计风暴期间池塘中达到的最大高度和储存量。

表 P11.7.3 额外流入量

时间	13:30	13:35	13:40	13:45	13:50
流入流量 I_i(cf)	67	59	52	46	40

11.7.4 洪水发生在水库的蓄水池清空之前。根据表 P11.7.4 中的信息,确定洪水期间的峰值流出量。

表 P11.7.4 已知信息

水位(m,MSL)	流出流量 O(m^3/s)	存储 S($\times 10^3 m^3$)	$(2S/\Delta t) + O$(m^3/s)
0.0	0.0	0	0
0.5	22.6	408	136
1.0	64.1	833	295
1.5	118.0	1 270	471
2.0	118.0	1 730	662

时间 (h)	流入流量 I_i(m^3/s)	流入流量 I_j(m^3/s)	$(2S/\Delta t) - O$ (m^3/s)	$(2S/\Delta t) + O$ (m^3/s)	流出流量 (O)(m^3/s)
0:00	5		40	50	5
2:00	8				
4:00	15				
6:00	30				
8:00	85				
10:00	160				
12:00	140				
14:00	95				
16:00	45				
18:00	15				

11.7.5 水库调洪演算表的后面有一部分空白(流入洪水 90 min)。填写表 P11.7.5 中的空白,同时确定水库的峰值流出流量、水位 H 和水库在 120 min 时的水量。注意:1 英亩 = 43 460 平方英尺。

表 P11.7.5　水库调洪演算表

水位 H(ft)	流出流量 O(cf)	存储 S(ac – ft)	$(2S/\Delta t) + O$(cf)
0.0	0	0.0	?
0.5	3	1.0	?
1.0	8	?	298
1.5	17	?	453
2.0	30	?	611

时间 (min)	流入流量 I_i(cf)	流入流量 I_j(cf)	$(2S/\Delta t) - O$ (cf)	$(2S/\Delta t) + O$ (cf)	流出流量 O(cf)
90	50	45	?	514	23
100	45	?	?	563	?
110	?	30	?	599	?
120	30	26	554	614	30

11.7.6 参见例 11.9,使用 10 min 的演算增量再次执行调洪演算,从时间 11:30 开始,然后进行到 11:40,然后是 11:50,依此类推,在区间内流量下降。这是否需要新的 $(2S/\Delta t + O)$ 对 O 关系?如果需要,请在执行调洪演算之前对其进行修改。将新的峰值流出与例 11.9 的峰值流出(149 cf)进行比较。

11.7.7 表 P11.7.7 显示了防洪水库的高程 – 流出 – 存储数据。在一个 6 天风暴期间,产生了如表 P11.7.7 所示的流入流量,据此确定最大水池高程和峰值流出流量。

表 P11.7.7　防洪水库高程 – 流出 – 存储数据

高程 (ft, MSL)	流出流量 O(cf)	存储 S(ac – ft)	日/时间	流入流量 (cf)	日/时间	流入流量(cf)
865	0	0	1/中午	2	4/中午	366
870	20	140	午夜	58	午夜	302
875	50	280	2/中午	118	5/中午	248
880	130	660	午夜	212	午夜	202
885	320	1220	3/中午	312	6/中午	122
			午夜	466	午夜	68

11.7.8 水池的水位存储关系是 $S = 600 h^{1.2}$,其中 S 为水池的存储量(m^3),h 为服务溢洪道顶部的水位。溢洪道的流量 $O = k_w L (2g)^{0.5} h^{1.5}$,其中 O 是流量(m^3/s),$k_w = 0.45$(流量系数),$L = 0.3$ m(溢洪道顶部长度),g = 重力加速度。起初,$h = 0$,$S = 0$。在溢洪道顶部以 0.2 m 的增量建立 $(2S/\Delta t + O)$ 与 O 关系,以 0.2 m 的增量增加至 1.0 m。对表 P11.7.8 中的流入流量信息进行调洪演算以确定峰值流出和水位。

表 P11.7.8　调洪演算

时间(min)	流入流量 I_i(m³/s)	时间(min)	流入流量 I_i(m³/s)
0	0	40	0.58
8	0.15	48	0.46
16	0.38	56	0.35
24	0.79	64	0.21
32	0.71	72	0.1

11.7.9　直径为 20 m,高度为 5 m 的空储水箱(圆柱形)以 2.5 m³/s 的速度填充。然而,也以 $O=0.7(h)^{0.6}$ 的速度失水(因为水箱底部有一个洞),其中 h 是水深(m),O 是流出流量(m³/s)。4 min 后确定水箱中的水深。对于 $(2S/\Delta t + O)$ 与 O 关系使用 1 m 的深度间隔,并且演算间隔为 30 s。如果没有泄漏,水箱中的水深会是多少?

<h1 align="center">(11.8 节)</h1>

11.8.1　新的涵洞安装需要一个 20 ac 流域的峰值流量。丘陵流域(平均坡度7%)由牧草地、茂密的草地和黏土组成,流域的水力长度为 1 200 ft。该流域将在未来两年内进行商业开发,使用图 11.26 中的 IDF 曲线,确定开发前后的 10 年峰值流量。

11.8.2　正在建造一个直径为 400 ft 的大型圆形停车场,作为州展览场地的停车场。所有雨水都会形成薄层流向中心流动,并流入落水口,然后通过管道系统流向最近的水流。停车场将修剪草(黏土),指向中心的坡度为 2%。2 年 24 h 降雨量为 2.4 in。使用 SCS 程序确定集流时间和图 11.26 中的 IDF 曲线,确定设计管道系统所需的 10 年峰值流量。

11.8.3　使用利用率方程为 300 ft 宽、600 ft 长的混凝土停车场确定 10 年峰值流量。最长的流动路径是薄层流动时的 300 ft,坡度为 0.5%。浅层集中流动时的 600 ft,流动发生在坡度为 1.5% 的铺设的通道中。使用 SCS 程序,使用 2 年 24 h 的 2.4 in 降雨量来确定集流时间,使用图 11.26 得出利用率方程中的降雨强度。

11.8.4　图 P11.8.4 所示的铺砌停车场,在薄层流流入混凝土排水道时排水,经矩形通道排入雨水管理池。确定 5 年峰值流量。假设 2 年 24 h 降雨量为 2.8 in,使用图 11.26 表示利用率方程中的降雨强度。提示:假设通道在 1 ft 的深度流动以确定通道流动时间。

11.8.5　不久将开发一个占地 150 ac 的森林流域,集流时间为 90 min,土地用途如下:60 ac 的单户住宅,40 ac 的公寓,其余在原生森林中。开发后,最长的流动路径为 5 600 ft;一个 100 ft 的薄层流段穿过带有轻型灌木的树林,坡度为 2%;在 1% 坡度的未铺砌区域上发生 1 200 ft 的浅层集中流动。在石质天然河流中,在 0.5% 的坡度上的剩余距离上发生通道流动。该流动的典型横截面具有 18 ft² 的流动面积和 24 ft 的湿周,2 年 24 h 的降水量为 3.8 in,使用图 11.26 中的 IDF 曲线,使用利用率方程确定开发前后的 25 年峰值流量。

11.8.6　图 P11.8.4 所示的铺砌停车场,在薄层流流入混凝土侧通道时排水,该通道排入雨水管理池。薄层流在整个停车场的行进时间是 5 min,通过整个排水通道的行进时

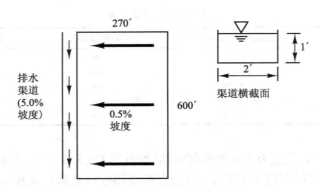

图 P11.8.4　铺砌停车场

间是 2 min。因此,停车场的集流时间是 7 min。根据降雨强度的图 11.26 中的利用率方程,确定 5 年 5 min 暴雨产生的峰值流量。

11.8.7　参考例 11.11,主观地描述(不需要分析)如果出现以下情况,入口的位置将如何变化(一次变化一个,而不是共同变化):

①10 年设计暴雨的标准;

②路面侵占标准是 8 英尺;

③草坪是狗牙根草;

④纵向街道坡度为 3%;

⑤街道横坡为每英尺 3/8 英寸;

此外,街道南侧是否需要入口? 为什么?

11.8.8　参见例 11.11,如果设计条件中的以下变化被集体采用,则找到第一个入口的位置:

①10 年设计暴雨的标准;

②路面侵占标准是 8 英尺;

③草坪是狗牙根草;

④街道横坡为每英尺 3/8 英寸。

所有其他设计条件保持不变。

11.8.9　参见例 11.11,找到下一个下游入口。假设街道坡度从 2.5% 增加到 3%,第一个入口拦截了 75% 的排水沟流量,其他所有数据可以从例 11.11 中获得。

11.8.10　参考例 11.11,确定将设计流输送离开第一个入口所需的管道尺寸(混凝土)。如果社区标准规定的最小管道尺寸为 12 in,那么在峰值流量(0.914 cf)下管道的流动深度是多少? 每 100 ft 管道的行程时间是多少?

11.8.11　参考例 11.12,在设计条件下给出以下变化时,将管道尺寸调整到 MH – 4(以下变化同时发生,而不是一次一个):

①10 年设计暴雨的标准;

②所有入口时间均为 15 min;

③MH – 3A 的径流系数为 0.5。

所有其他设计条件不变。

11.8.12　参见例 11.12,通过确定从 MH – 4 到 MH – 6 的管道尺寸来解决问题。管长如下:

MH - 4A 至 4 350 ft;MH - 4 至 5 320 ft;MH - 5A 至 5 250 ft;MH - 5 至 6 100 ft。

11.8.13 为图 P11.8.13 中的住房细分设计雨水收集管(混凝土,最小尺寸为 12 in)。表 P11.8.13 提供了每个排水区域(盆地)的数据,包括入口时间 T_i 和径流系数 C,此外还给出了雨水管信息,包括每个检查井的地面高程。设计暴雨的降雨强度 - 持续时间关系可用 $i = 18/(t_d^{0.50})$ 来描述,其中 i 为强度,单位为 in/h;t_d 为暴雨持续时间,等于以分钟为单位的集流时间。

表 P11.8.13 每个排水区域的数据

排水区	面积(ac)	T_i(min)	C	雨水管道	长度(ft)	上游高程(ft)	下游高程(ft)
1	2.2	12	0.3	AB	200	24.9	22.9
2	1.8	10	0.4	CB	300	24.4	22.9
3	2.2	13	0.3	BD	300	22.9	22.0
4	1.2	10	05	DR	200	22.0	21.6

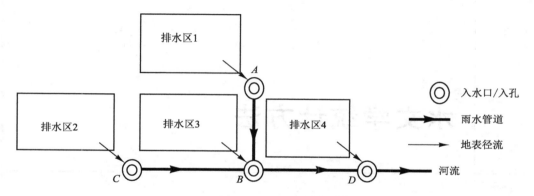

图 P11.8.13 住房细分设计雨水收集管

11.8.14 在给出以下数据变化的情况下,在习题 11.8.13 中设计雨水收集管道。管 AB 的上游高程为 23.9 ft,而不是 24.9 ft;水池 1 的入口时间为 14 min,而不是 12 min;水池 3 的入口时间为 10 min,而不是 13 min。

11.8.15 在给出以下数据变化的情况下,在习题 11.8.13 中设计雨水收集管道。管道 CB 的上游高程为 23.5 ft,而不是 24.4 ft;水池 2 的入口时间为 14 min,而不是 10 min;管道 DR 的下游高程为 22.0 ft,而不是 21.6 ft。

12

水文学统计方法

　　统计方法是水文学中不可缺少的工具,大多数水文过程,例如降雨,由于其本身的不确定性,纯粹的确定性分析不再适用。不确定性的产生是由于自然过程具有随机性,缺乏足够数量和质量的数据,以及对复杂水文过程中的因果关系缺乏了解。统计方法解释了不确定性,用统计方法进行的有效预测,总是伴随着发生的概率或可能性。在应用统计方法时,假设自然过程受一些数学规律的支配,而不是其潜在的物理法则,按照这种假设,统计方法可以被用来分析各种水文过程。

　　本章中的统计方法重点涵盖了频率分析技术和在这些技术中使用的概念。频率分析的目的是从观测到的水文数据中提取有用的信息,从而做出关于未来事件的某些决策。例如,假设一个水文系列数据包含了过去 20 年观测到的流段的瞬时流量,并且在这条河流上正在规划一座公路桥,该桥的设计必须能够通过设计流量而不被洪水淹没,在设计中应该使用什么流量? 如果使用特定的设计流量,桥梁在其寿命期间被淹没的可能性是多少? 从过去 20 年的洪峰流量图来看,其流量值是非常不稳定的,无法提供上述问题的答案。只有对径流数据进行频率分析之后,才能够明智地回答这些类型的问题。

用于频率分析的水文数据必须代表当前研究的情况,即数据组必须是同类型的。例如,不能用在不发达地区观察到的历史径流数据来预测一个发达地区城市化区域的地表径流。在已经设定的观测期间内,其他会影响数据组的变化因素包括测量工具的重新放置、径流分流以及大坝和水库的建造。

现有的水文数据可能包含比频率分析所需的信息更多的信息,在这种情况下,数据应该简化为有用的形式。例如,假设在过去的 N 年,在一个测量站有每日的径流记录,这样的记录被称为完整的持续时间序列。然而,大多数情况下,关心的是极值,尤其是洪水研究中的最大流量值。通过考虑记录中最高的 N 值,可以形成一个年超定值序列,或者利用 N 年中出现的最大 N 值来得到一个年最大值序列,无论是年超定值序列还是年最大值序列都可以用于频率分析。在研究极端罕见事件时,两种方法的结果非常相似。然而,通常使用年最大值序列,因为这个序列中的值更有可能在统计上独立,就像频率分析方法中假设的那样。

12. 1 概率的概念

理解概率的概念需要定义一些关键术语:随机变量、样本、总体和概率分布。随机变量是一个无法精确预测的数值变量。在概率方法中,将所有水文变量视为随机变量,其中包括但不限于降雨、水流、蒸发、风速和水库蓄水率,任意一组随机变量的观测值被称为样本。例如,在过去的 N 年中,在一个特定的观测站上观测到的年最大流量形成了一个样本。同样地,在未来某一特定时期发生的年最大流量形成另一个样本。假设样本是从一个无限的假设总体中提取出来的,被定义为表示所研究随机变量的所有值的完整组合。更简单地说,指定地点的年最大流量值的总体应该包含无穷多年内观测到的年最大值。概率分布是描述总体概率特征的数学表达式,概率分布在计算来自总体的随机变量落在指定的数值范围内的概率时是有用的。例如,年最大流量的概率分布能够估计最大流量在未来任何一年超过某一特定规模的可能性。

12. 2 统计参数

大多数理论上的概率分布都是用描述总体的统计参数来表示的,如均值、标准差和偏度,我们不能精确地确定这些参数,因为不知道包含在整个总体中的所有值。然而,可以从一个样本中估计这些统计参数。

让一个样本包含一个随机变量的 N 个观测值 x_i, $i = 1, 2, \cdots, N$。对于一个年最大流量序列,x_i 表示第 i 年观测到的最大流量,均值 m 的样本估计值为

$$m = \frac{1}{N} \sum_{i=1}^{N} x_i \tag{12.1}$$

简单地说,m 是样本中所有观测值的平均值。

方差是数据可变性的度量。方差的平方根称为标准差 s,标准差的样本估计值为

$$s = \left[\frac{1}{N-1}\sum_{i=1}^{N}(x_i - m)^2\right]^{1/2} \tag{12.2}$$

偏度,或称偏态,是概率分布关于平均值对称程度的度量。可以从数据中估计偏态系数为

$$G = \frac{N\sum_{i=1}^{N}(x_i - m)^3}{(N-1)(N-2)s^3} \tag{12.3}$$

当对在观测站观测到的数据进行频率分析时,G 经常被称为样本的站偏态。

经验表明,许多水文变量的观测值的对数更容易遵循一定的概率分布。因此,上述统计参数计算如下:

$$m_1 = \frac{1}{N}\sum_{i=1}^{N}\lg x_i \tag{12.4}$$

$$s_1 = \left[\frac{1}{N-1}\sum_{i=1}^{N}(\lg x_i - m_1)^2\right]^{1/2} \tag{12.5}$$

$$G_1 = \frac{N\sum_{i=1}^{N}(\lg x_i - m_1)^3}{(N-1)(N-2)s_1^3} \tag{12.6}$$

式中:m_1、s_1 和 G_1 是观测数据值的对数(底数为 10)的均值、标准差和偏态系数。在本文中,lg 指运算数中的常用对数(底数为 10),而 ln 指自然对数(底数为 e = 2.718)。

例 12.1

表 12.1 中第二列列出了 1952—1990 年期间弗吉尼亚州安波里亚梅赫林河的年最大流量 Q_i,确定这些数据的均值、标准差和偏态系数。

解:

利用式(12.1)、式(12.2)、式(12.3)计算,将 x_i 换成 Q_i,计算最好采用如表 12.1 所示的表格(或电子表格)的形式。计算中每列的总和需要在表格的最后一行给出,所有数据采用三位有效数字的形式表示,和原始的流量数据保持一致。均值用式(12.1)计算,$N = 39$,有

$$m = \frac{1}{N}\sum_{i=1}^{N}Q_i = (3.83 \times 10^5)/39 = 9\ 820\ \text{cf}$$

标准差用式(12.2)计算:

$$s = \left[\frac{1}{N-1}\sum_{i=1}^{N}(Q_i - m)^2\right]^{1/2} = [(8.24 \times 10^8)/38]^{1/2} = 4\ 660\ \text{cf}$$

偏态系数用式(12.3)计算:

$$G = \frac{N\sum_{i=1}^{N}(Q_i - m)^3}{(N-1)(N-2)s^3} = (39)(3.45 \times 10^{12})/[(38)(37)(4\ 660)^3] = 0.946$$

例 12.2

以例 12.1 中给出的梅赫林河的流量为例,计算观测流量对数的均值、标准差和偏态系数。

解:

表 12.1　均值、标准差和偏态系数(梅赫林河峰值流量)

年份	Q_i	$Q_i - m$	$(Q_i - m)^2$	$(Q_i - m)^3$	$\lg Q_i$	$(\lg Q_i - m_1)$	$(\lg Q_i - m_1)^2$	$(\lg Q_i - m_1)^3$
1952	9 410	$-4.08E+02$	$1.66E+05$	$-6.78E+07$	$3.97E+00$	$2.59E-02$	$6.70E-04$	$1.73E-05$
1953	11 200	$1.38E+03$	$1.91E+06$	$2.64E+09$	$4.05E+00$	$1.02E-01$	$1.03E-02$	$1.05E-03$
1954	5 860	$-3.96E+03$	$1.57E+07$	$-6.20E+10$	$3.77E+00$	$-1.80E-01$	$3.23E-02$	$-5.81E-03$
1955	1 2600	$2.78E+03$	$7.74E+06$	$2.15E+10$	$4.10E+00$	$1.53E-01$	$2.33E-02$	$3.56E-03$
1956	7 520	$-2.30E+03$	$5.28E+06$	$-1.21E+10$	$3.88E+00$	$-7.15E-02$	$5.11E-03$	$-3.65E-04$
1957	7 580	$-2.24E+03$	$5.01E+06$	$-1.12E+10$	$3.88E+00$	$-6.80E-02$	$4.63E-03$	$-3.15E-04$
1958	12 100	$2.28E+03$	$5.21E+06$	$1.19E+10$	$4.08E+00$	$1.35E-01$	$1.82E-02$	$2.46E-03$
1959	9 400	$-4.18E+02$	$1.74E+05$	$-7.29E+07$	$3.97E+00$	$2.54E-02$	$6.46E-04$	$1.64E-05$
1960	8 710	$-1.11E+03$	$1.23E+06$	$-1.36E+09$	$3.94E+00$	$-7.69E-03$	$5.91E-05$	$-4.54E-07$
1961	6 700	$-3.12E+03$	$9.72E+06$	$-3.03E+10$	$3.83E+00$	$-1.22E-01$	$1.48E-02$	$-1.80E-03$
1962	12 900	$3.08E+03$	$9.50E+06$	$2.93E+10$	$4.11E+00$	$1.63E-01$	$2.65E-02$	$4.32E-03$
1963	8 450	$-1.37E+03$	$1.87E+06$	$-2.56E+09$	$3.93E+00$	$-2.08E-02$	$4.35E-04$	$-9.06E-06$
1964	4 210	$-5.61E+03$	$3.14E+07$	$-1.76E+11$	$3.62E+00$	$-3.23E-01$	$1.05E-01$	$-3.38E-02$
1965	7 030	$-2.79E+03$	$7.77E+06$	$-2.17E+10$	$3.85E+00$	$-1.01E-01$	$1.02E-02$	$-1.02E-03$
1966	7 470	$-2.35E+03$	$5.51E+06$	$-1.29E+10$	$3.87E+00$	$-7.44E-02$	$5.53E-03$	$-4.12E-04$
1967	5 200	$-4.62E+03$	$2.13E+07$	$-9.85E+10$	$3.72E+00$	$-2.32E-01$	$5.37E-02$	$-1.24E-02$
1968	6 200	$-3.62E+03$	$1.31E+07$	$-4.73E+10$	$3.79E+00$	$-1.55E-01$	$2.41E-02$	$-3.75E-03$
1969	5 800	$-4.02E+03$	$1.61E+07$	$-6.49E+10$	$3.76E+00$	$-1.84E-01$	$3.40E-02$	$-6.26E-03$
1970	5 400	$-4.42E+03$	$1.95E+07$	$-8.62E+10$	$3.73E+00$	$-2.15E-01$	$4.64E-02$	$-9.98E-03$
1971	7 800	$-2.02E+03$	$4.07E+06$	$-8.21E+09$	$3.89E+00$	$-5.56E-02$	$3.09E-03$	$-1.72E-04$
1972	19 400	$9.58E+03$	$9.18E+07$	$8.80E+11$	$4.29E+00$	$3.40E-01$	$1.16E-01$	$3.93E-02$
1973	21 100	$1.13E+04$	$1.27E+08$	$1.44E+12$	$4.32E+00$	$3.77E-01$	$1.42E-01$	$5.34E-02$
1974	10 000	$1.82E+02$	$3.32E+04$	$6.06E+06$	$4.00E+00$	$5.23E-02$	$2.73E-03$	$1.43E-04$
1975	16 200	$6.38E+03$	$4.07E+07$	$2.60E+11$	$4.21E+00$	$2.62E-01$	$6.85E-02$	$1.79E-02$
1976	8 100	$-1.72E+03$	$2.95E+06$	$-5.07E+09$	$3.91E+00$	$-3.92E-02$	$1.54E-03$	$-6.03E-05$
1977	5 640	$-4.18E+03$	$1.75E+07$	$-7.29E+10$	$3.75E+00$	$-1.96E-01$	$3.86E-02$	$-7.58E-03$
1978	19 400	$9.58E+03$	$9.18E+07$	$8.80E+11$	$4.29E+00$	$3.40E-01$	$1.16E-01$	$3.93E-02$
1979	16 600	$6.78E+03$	$4.60E+07$	$3.12E+11$	$4.22E+00$	$2.72E-01$	$7.42E-02$	$2.02E-02$
1980	11 100	$1.28E+03$	$1.64E+06$	$2.11E+09$	$4.05E+00$	$9.76E-02$	$9.53E-03$	$9.30E-04$
1981	4 790	$-5.03E+03$	$2.53E+07$	$-1.27E+11$	$3.68E+00$	$-2.67E-01$	$7.15E-02$	$-1.91E-02$
1982	4 940	$-4.88E+03$	$2.38E+07$	$-1.16E+11$	$3.69E+00$	$-2.54E-01$	$6.45E-02$	$-1.64E-02$
1983	9 360	$-4.58E+02$	$2.09E+05$	$-9.59E+07$	$3.97E+00$	$2.36E-02$	$5.56E-04$	$1.31E-05$
1984	13 800	$3.98E+03$	$1.59E+07$	$6.32E+10$	$4.14E+00$	$1.92E-01$	$3.69E-02$	$7.10E-03$
1985	8 570	$-1.25E+03$	$1.56E+06$	$-1.94E+09$	$3.93E+00$	$-1.47E-02$	$2.17E-04$	$-3.19E-06$
1986	17 500	$7.68E+03$	$5.90E+07$	$4.53E+11$	$4.24E+00$	$2.95E-01$	$8.72E-02$	$2.58E-02$
1987	16 600	$6.78E+03$	$4.60E+07$	$3.12E+11$	$4.22E+00$	$2.72E-01$	$7.42E-02$	$2.02E-02$
1988	3 800	$-6.02E+03$	$3.62E+07$	$-2.18E+11$	$3.58E+00$	$-3.68E-01$	$1.35E-01$	$-4.98E-02$
1989	7 390	$-2.43E+03$	$5.89E+06$	$-1.43E+10$	$3.87E+00$	$-7.91E-02$	$6.25E-03$	$-4.94E-04$
1990	7 060	$-2.76E+03$	$7.60E+06$	$-2.10E+10$	$3.85E+00$	$-9.89E-02$	$9.78E-03$	$-9.67E-04$
总计	$3.83E+05$	$-3.27E-11$	$8.24E+08$	$3.45E+12$	$1.54E+02$	$3.11E-14$	$1.47E+00$	$6.53E-02$

　　首先,计算 Q 的对数并在表 12.1 的第六列中列出,然后像例 12.1 那样以表格的形式进行计算。但是,在这种情况下,用 $\lg Q_i$ 代替 $\lg x_i$,应利用式(12.4)、式(12.5)、式(12.6)进行计算,因此有

$$m_1 = \frac{1}{N} \sum_{i=1}^{N} \lg Q_i = (1.54 \times 10^2)/39 = 3.95$$

$$s_1 = \left[\frac{1}{N-1} \sum_{i=1}^{N} (\lg Q_i - m_1)^2 \right]^{1/2} = [(1.47)/38]^{1/2} = 0.197$$

$$G_1 = \frac{N \sum_{i=1}^{N} (\lg Q_i - m_1)^3}{(N-1)(N-2)s_1^3} = (39)(6.53 \times 10^{-2})/[(38)(37)(0.197)^3] = 0.237$$

注意,通过取反对数(有时也称逆对数)可以找到对数转换数据集的平均流,比算数平均值低很多。

$$Q(\lg m_1) = 10^{3.95} = 8\ 910\ \text{cf}$$

12.3 概率分布

现有的许多理论概率分布中,在水文学中最常使用的是正态分布、对数正态分布、耿贝尔分布和对数 – 皮尔逊 Ⅲ 型分布。

12.3.1 正态分布

正态分布,又称高斯分布,可能是最常见的概率模型,但在水文学中应用较少。正态分布的主要限制在于它允许随机变量的假设范围为 $-\infty \sim +\infty$,而大多数水文变量,像河流流量,是非负的。换句话说,在现实中,不存在用正态分布计算的负流量。

正态分布用概率密度函数 $f_X(x)$ 表示,有

$$f_X(x) = \frac{1}{s\sqrt{2\pi}} \exp\left[-\frac{(x-m)^2}{2s^2} \right] \tag{12.7}$$

式中:"exp"是自然对数的底(即 2.718 28……);样本的均值 m 和标准差 s 作为总体均值和标准差的估计值。

为了解释概率密度函数的含义,随机变量 X 代表一条河流的年最大流量。假设通过分析该河流的年最大流量序列得到参数 m 和 s 的值,进一步假设希望确定未来某一年的最大流量介于两个指定的数值 x_1 和 x_2 之间的概率,这个概率可以计算为

$$P[x_1 \leqslant X \leqslant x_2] = \int_{x_1}^{x_2} f_X(x)\,\mathrm{d}x \tag{12.8}$$

或者,换句话说,特定值 X 落在 x_1 和 x_2 之间的概率可以计算为概率密度函数 x_1 到 x_2 的定积分。

12.3.2 对数正态分布

水文随机变量的对数变换比原始值更容易服从正态分布,在这种情况下,随机变量称为对数正态分布,对数正态分布的概率密度函数为

$$f_X(x) = \frac{1}{(x)s_1\sqrt{2\pi}} \exp\left[\frac{-(\lg x - m_1)^2}{2s_1^2} \right] \tag{12.9}$$

式中:"exp"是自然对数的底(即 2.718 28……),括号中的对数函数是 x 的常用对数(底数为 10)。

12.3.3 耿贝尔分布

耿贝尔分布,也称为 I 型极值分布,常用于洪水和最大降雨量的频率分析,这种分布的概率密度函数为

$$f_X(x) = (y)\{\exp[-y(x-u) - \exp[-y(x-u)]]\} \tag{12.10}$$

式中:y 和 u 是中间参数,定义为

$$y = \frac{\pi}{s\sqrt{6}} \tag{12.11}$$

和

$$u = m - 0.45s \tag{12.12}$$

式中:m 和 s 分别表示前面定义的样本的均值和标准差。

12.3.4 对数 – 皮尔逊Ⅲ型分布

美国水资源委员会建议采用对数 – 皮尔逊Ⅲ型分布来模拟年最大径流序列。1981 年,美国地质调查局水数据机构兼咨询委员会接管了该委员会在洪水频率研究准则方面的职责。对数 – 皮尔逊Ⅲ型分布的概率密度函数为

$$f_X(x) = \frac{v^b (\lg x - r)^{b-1} \exp[-v(\lg x - r)]}{x\Gamma(b)} \tag{12.13}$$

这里 Γ 是伽马函数,伽马函数的值可以在标准数学表中找到。参数 b、v 和 r 通过下列表达式与样本统计参数相关联:

$$b = \frac{4}{G_1^2} \tag{12.14}$$

$$v = \frac{s_1}{\sqrt{b}} \tag{12.15}$$

和

$$r = m_1 - s_1\sqrt{b} \tag{12.16}$$

从式(12.4)、式(12.5)和式(12.6)分别获得样本统计参数 m_1、s_1 和 G_1。

在对数 – 皮尔逊Ⅲ型分布中使用的偏态系数对样本大小是敏感的。对于数据值小于 100 的样本,水资源委员会建议使用从样本中获得的偏态系数的加权平均值和图 12.1 中给出的广义地图偏差。按照水资源数据机构兼咨询委员会描述的加权步骤,加权偏态系数(对于数据点少于 100 的样本)表示为

$$g = \frac{0.302\,5 G_1 + v_G G_m}{0.302\,5 + v_G} \tag{12.17}$$

式中:G_1 是样本利用式(12.6)计算得到的偏态系数;G_m 是根据地理位置从图 12.1 获得的广义地图偏差;v_G 是样本偏斜的均方误差。根据沃利斯等人的研究,v_G 可以近似为

$$V_G \approx 10^{A - B\lg(N/10)} \tag{12.18}$$

式中:N 是样本中数据值的数量。另外,有

$$A = -0.33 + 0.08|G_1|, \quad |G_1| \leq 0.90 \tag{12.19a}$$
$$A = -0.52 + 0.30|G_1|, \quad |G_1| > 0.90 \tag{12.19b}$$
$$B = 0.94 - 0.26|G_1|, \quad |G_1| \leq 1.50 \tag{12.19c}$$
$$B = 0.55, \quad |G_1| > 1.50 \tag{12.19d}$$

如果样本数据点多于100,那么在对数－皮尔逊Ⅲ型分布中使用的偏态系数便是简单的G_1(在这种情况下也称为"站偏态"),也就是使用式(12.6)计算。

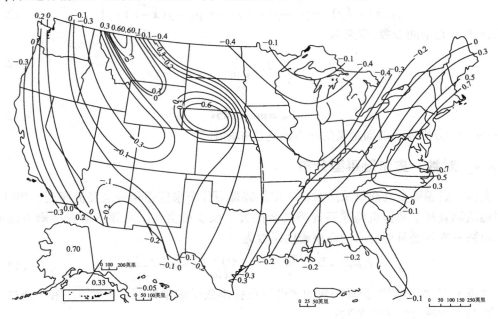

图 12.1　水资源委员会广义地图偏差

来源:水数据机构兼咨询委员会,1982 年

例 12.3

在例 12.2 中计算了梅赫林河的对数转化年峰值流量序列的偏态系数 $G_1 = 0.237$,计算这条河的加权偏态系数。

解:

例 12.2 中使用的梅赫林河观测站位于弗吉尼亚州的安波里亚,根据图 12.1,该位置的广义地图偏差为 0.7,将 $G_1 = 0.237$ 代入式(12.19),得

$$A = -0.33 + 0.08|0.237| = -0.311$$
$$B = 0.94 - 0.26|0.237| = 0.878$$

然后将 $N = 39$ 代入式(12.18),有

$$V_G \approx 10^{-0.311 - 0.878\lg(39/10)} = 10^{-0.830} = 0.148$$

最后,代入式(12.17),加权偏态系数为

$$g = [0.302\,5(0.237) + 0.148(0.7)]/(0.302\,5 + 0.148) = 0.389$$

12.4 重现期和水文风险

第12.3节总结了不同概率分布的概率密度函数,从实际的角度来看,累积密度函数更有用,给出概率密度函数 $f_X(x)$,任何分布的累积密度函数都可以表示为

$$F_X(x) = \int_{-\infty}^{x} f_X(u)\,\mathrm{d}u \tag{12.20}$$

式中:u 是一个虚拟的积分变量。如果分布只允许正值,则积分的下限应改为零。

$F_X(x)$ 的数值表示模型中随机变量取值小于 x 的概率。假设第12.3节中讨论的概率分布之一可用于描述河流的年最大流量序列,用样本的均值、标准差、偏态系数和所选择的概率密度函数,以式(12.20)的积分上限 $x = 3\ 000$ cf 进行计算。进一步假设使用式(12.20)计算得到的累计密度结果为0.80,那么可以说,所研究的河流在未来任何一年的年最大流量小于 3 000 cf 的概率为 0.80 或 80%。应该注意的是 $F_X(x)$ 的值总是在 0 和 1 之间。有时 $F_X(x)$ 被称为非超越概率,处理洪水研究的水文学家通常对超越概率 p 更感兴趣,表示为

$$p = 1 - F_X(x) \tag{12.21}$$

显然,p 取 0 到 1 之间的值。在之前的样本中,$p = 1 - 0.80 = 0.20$,意思是在未来的任何一年,年最大流量超过 $x = 3\ 000$ cf 的概率为 0.20 或 20%。有时,水文学家说 3 000 cf 的超越概率为 0.20 或 20% 来表达相同的意思。

重现期,也称为重复间隔,定义为一定大小或特大水文事件发生的平均间隔年数,用 T 表示重现期,有

$$T = \frac{1}{p} \tag{12.22}$$

根据定义,在前面的例子中,3 000 cf 的重现期是 1/0.20 = 5 年。换句话说,所考虑的河流的年最大流量平均每 5 年超过一次 3 000 cf,可以陈述为 5 年一遇流量(或 5 年一遇洪水)为 3 000 cf 来表达相同的结果。

水工建筑物的尺寸通常要在满载的情况下容纳指定重现期的设计流量。一般来说,如果设计流量过大,水工建筑物将无法正常工作。水文风险是指在项目使用寿命期间流量超过设计流量一次或多次的概率,用 R 表示风险,n 表示项目的使用寿命,有

$$R = 1 - (1 - p)^n \tag{12.23}$$

例 12.4

一个公路涵洞需要容纳重现期为 50 年的设计流量,涵洞的使用寿命为 25 年。确定与此设计相关的水文风险,即该涵洞在 25 年的使用寿命内超载的概率是多少?

解:

根据式(12.22),$p = 1/50 = 0.02$。然后根据式(12.23),有
$$R = 1 - (1 - 0.02)^{25} = 0.397 = 39.7\%$$

12.5　频率分析

对水文变量的一系列观测值进行频率分析的目的是为了确定对应于不同兴趣重现期该变量的未来值。为此,需要用统计方法确定适合现有水文数据的概率分布,只有在确定了一个足够代表该数据序列的概率分布之后,才能以智能的方式从观测到的数据值中进行插值和推算。频率系数以及特殊概率图纸对此都是有用的。

12.5.1　频率系数

对于水文学中使用的大多数理论分布,封闭形式的解析表达式不适用于累积密度函数。然而,周·V. T. 表示式(12.21)可以写成更简便的形式,即

$$x_T = m + K_T s \tag{12.24}$$

式中:m 和 s 分别是样本的均值和标准差;x_T 是对应于指定重现期 T 水文变量的大小;K_T 是重现期的频率系数。在使用对数变换变量时,如对数正态分布和对数 – 皮尔逊Ⅲ型分布,有

$$\lg x_T = m_1 + K_T s_1 \tag{12.25}$$

频率系数的值取决于考虑的概率分布。

K_T 的明确分析表达式仅适用于耿贝尔分布,有

$$K_T = \frac{-\sqrt{6}}{\pi}\left(0.577\,2 + \ln\left[\ln\left(\frac{T}{T-1}\right)\right]\right) \tag{12.26}$$

表 12.2 列出了各重现期的耿贝尔频率系数。

对于正态和对数正态分布,按照阿布拉莫维茨和斯泰根的研究,可以将频率系数近似为

$$K_T = z \tag{12.27}$$

这里

$$z = w - \frac{2.515\,517 + 0.802\,853w + 0.010\,328w^2}{1 + 1.432\,788w + 0.189\,269w^2 + 0.001\,308w^3} \tag{12.28}$$

$$w = \left[\ln(T^2)\right]^{1/2} \tag{12.29a}$$

或

$$w = \left[\ln(1/p^2)\right]^{1/2} \tag{12.29b}$$

表 12.2　耿贝尔、正态和对数正态分布的频率系数

T(年)	p	K_T(耿贝尔)	K_T(正态)	K_T(对数正态)
1.11	0.9	−1.100	−1.282	−1.282
1.25	0.8	−0.821	−0.841	−0.841
1.67	0.6	−0.382	−0.253	−0.253
2	0.5	−0.164	0	0
2.5	0.4	0.074	0.253	0.253
4	0.25	0.521	0.674	0.674
5	0.2	0.719	0.841	0.841

续表

T(年)	p	K_T(耿贝尔)	K_T(正态)	K_T(对数正态)
10	0.1	1.305	1.282	1.282
20	0.05	1.866	1.645	1.645
25	0.04	2.044	1.751	1.751
40	0.025	2.416	1.960	1.960
50	0.02	2.592	2.054	2.054
100	0.01	3.137	2.327	2.327
200	0.005	3.679	2.576	2.576

式(12.27)到式(12.29)适用于 p 的值小于或等于0.5的情况(即 T 的值大于或等于2年)。当 $p > 0.5$ 时,用 $1-p$ 替换式(12.29b)中的 p,在式(12.29b)的 z 前面插入一个负号,利用这些方程得到表12.2中各重现期的频率系数。

可以使用由凯特研究的关系近似表示重现期为 $2 \sim 200$ 年的对数 - 皮尔逊Ⅲ型分布的频率系数,表示为

$$K_T = z + (z^2 - 1)k + (z^3 - 6z)\frac{k^2}{3} - (z^2 - 1)k^3 + zk^4 + \frac{k^5}{3} \qquad (12.30)$$

这里

$$k = \frac{G_1}{6} \qquad (12.31a)$$

z 由式(12.28)计算。如果使用水资源委员会的加权偏态系数概念,有

$$k = \frac{g}{6} \qquad (12.31b)$$

表12.3给出了对应于不同 g 值的 K_T 值,不建议对表中没有列出的 g 值进行线性插值,相反应使用式(12.27)至式(12.31)进行计算。注意 $g = 0$ 时,对数 - 皮尔逊Ⅲ型分布和对数正态分布的频率系数相同。另外,只有在指定概率分布时,表中提供的频率系数才能用于估计未来事件的大小。下一节将讨论检验概率分布与数据之间拟合优度的方法。

表12.3 对数 - 皮尔逊Ⅲ型分布的频率系数(K_T)

偏态系数 g	超越概率 p				
	0.5	0.1	0.04	0.02	0.01
	重现期 T(年)				
	2	10	25	50	100
2.0	-0.307	1.302	2.219	2.912	3.605
1.5	-0.240	1.333	2.146	2.743	3.330
1.0	-0.164	1.340	2.043	2.542	3.022
0.8	-0.132	1.336	1.993	2.453	2.891
0.6	-0.099	1.328	1.939	2.359	2.755
0.4	-0.066	1.317	1.880	2.261	2.615
0.2	-0.033	1.301	1.818	2.159	2.472
0.1	-0.017	1.292	1.785	2.107	2.400
0.0	0.000	1.282	1.751	2.054	2.326
-0.1	0.017	1.270	1.716	2.000	2.252

偏态系数 g	超越概率 p				
	0.5	0.1	0.04	0.02	0.01
	重现期 T(年)				
	2	10	25	50	100
−0.2	0.033	1.258	1.680	1.945	2.178
−0.4	0.066	1.231	1.606	1.834	2.029
−0.6	0.099	1.200	1.528	1.720	1.880
−0.8	0.132	1.166	1.448	1.606	1.733
−1.0	0.164	1.128	1.366	1.492	1.588
−1.5	0.240	1.018	1.157	1.218	1.257
−2.0	0.307	0.895	0.959	0.980	0.990

例 12.5

在例 12.1 和例 12.2 中梅赫林河年最大流量序列的统计参数计算如下：$m = 9\,820$ cf，$s = 4\,660$ cf，$m_1 = 3.95$，$s_1 = 0.197$。在例 12.3 中确定了该序列的加权偏态系数 $g = 0.389$。如果数据符合①正态分布、②对数正态分布、③耿贝尔分布和④对数 – 皮尔逊Ⅲ型分布，确定梅赫林河 25 年一遇流量的大小。

解：

①从表 12.2 中得到 $p = 0.04$（$T = 25$ 年）时，$K_{25} = 1.751$，然后根据式（12.24），有

$$Q_{25} = m + K_{25}(s) = 9\,820 + 1.751(4\,660) = 18\,000 \text{ cf（正态）}$$

②可以使用相同的频率系数 $K_{25} = 1.751$ 来解决②部分的问题，根据式（12.25），有

$$\lg Q_{25} = m_1 + K_T(s_1) = 3.95 + 1.751(0.197) = 4.29$$

然后求 4.29 的反对数，得到 $Q_{25} = 19\,500$ cf（对数正态）。

③对于耿贝尔分布，从表 12.2 中得到 $p = 0.04$（$T = 25$ 年）时，$K_{25} = 2.044$，然后根据式（12.24），有

$$Q_{25} = m + K_{25}(s) = 9\,820 + 2.044(4\,660) = 19\,300 \text{ cf（耿贝尔）}$$

④使用式（12.28）至式（12.31）解决④部分对数 – 皮尔逊Ⅲ型分布的问题。顺序依次为式（12.31b）、式（12.29a）、式（12.28）、式（12.30）：

$$k = g/6 = 0.389/6 = 0.064\,8$$

$$w = \left[\ln T^2\right]^{1/2} = \left[\ln (25)^2\right]^{1/2} = 2.54$$

$$z = w - \frac{2.515\,517 + 0.802\,853w + 0.010\,328w^2}{1 + 1.432\,788w + 0.189\,269w^2 + 0.001\,308w^3}$$

$$= 2.54 - \frac{2.515\,517 + 0.802\,853(2.54) + 0.010\,328(2.54)^2}{1 + 1.432\,788(2.54) + 0.189\,269(2.54)^2 + 0.001\,308(2.54)^3} = 1.75$$

$$K_T = z + (z^2 - 1)k + (z^3 - 6z)(k^2/3) - (z^2 - 1)k^3 + zk^4 + k^5/3$$

$$= 1.75 + (1.75^2 - 1)0.064\,8 + (1.75^3 - 6(1.75))(0.064\,8^2/3)$$

$$- (1.75^2 - 1)0.064\,8^3 + 1.75(0.064\,8)^4 + 0.064\,8^5/3 = 1.877$$

然后根据式（12.25），有

$$\lg Q_{25} = m_1 + K_T(s_1) = 3.95 + 1.877(0.197) = 4.32$$

求 4.32 的反对数，得到 $Q_{25} = 20\,900$ cf(对数－皮尔逊Ⅲ型)。

12.5.2 拟合优度检验

卡方检验是用于确定数据与概率分布拟合优度的一种统计程序。在该测试中，将水文变量的整个可能值范围划分为 k 组区间，然后将这些区间内的数据值的实际数量与根据测试的概率分布预期的数据值的数量进行比较。组区间的数目 k 的选择要使得在每个区间至少有 3 个预期的数据值。确定组区间的限制，以使每个区间中的预期数据值的数量相同。第 12.5.1 节中讨论的频率系数可用于确定区限。

进行卡方检验，首先必须选择显著性水平 α。通常在水文学中 $\alpha = 0.10$，α 的意义可以解释如下：如果使用 $\alpha = 0.10$ 作为卡方检验的结果拒绝考虑概率分布，那么拒绝满意分布的概率是 10%。

测试统计用下式计算：

$$\chi^2 = \sum_{i=1}^{k} \frac{(O_i - E_i)^2}{E_i} \tag{12.32}$$

式中：O_i 和 E_i 是第 i 区间观测和预期的数据值的数量。如果满足式 $\chi^2 < \chi_\alpha^2$，接受被测试的分布，否则拒绝。这里 χ_α^2 是 χ^2 在显著性水平 α 的临界值。对于 $\alpha = 0.05, 0.10$ 和 0.50 时 χ_α^2 的值，作为 v 的函数在表 12.4 中给出。其中

表 12.4 χ_α^2 的值

v	$\alpha = 0.05$	$\alpha = 0.10$	$\alpha = 0.50$
	显著性水平		
1	3.84	2.71	0.455
2	5.99	4.61	1.39
3	7.81	6.25	2.37
4	9.49	7.78	3.36
5	11.1	9.24	4.35
6	12.6	10.6	5.35
7	14.1	12.0	6.35
8	15.5	13.4	7.34
9	16.9	14.7	8.34
10	18.3	16.0	9.34
15	25.0	22.3	14.3
20	31.4	28.4	19.3
25	37.7	34.4	24.3
30	43.8	40.3	29.3
40	55.8	51.8	39.3
50	67.5	63.2	49.3
60	79.1	74.4	59.3
70	90.5	85.5	69.3
80	101.9	96.6	79.3
90	113.1	107.6	89.3
100	124.3	118.5	99.3

$$v = k - k_k - 1 \tag{12.33}$$

k_k 为样本统计数量,像均值、标准差和偏态系数一样用来描述被测试的概率分布。对于正态,对数正态和耿贝尔分布,$k_k = 2$;对于对数 – 皮尔逊Ⅲ型分布,$k_k = 3$。同样,k 是测试中使用的组区间的数量。需要注意的是,卡方检验的结果对 k 值敏感,因此必须谨慎使用该测试。

例 12.6

考虑例 12.2 所示的梅赫林河的年最大流量(对数变换),样本统计数据 $m_1 = 3.95$,$s_1 = 0.197$。使用 5 个组区间,即 $k = 5$,检验这些数据在显著性水平 $\alpha = 0.10$ 时对数正态分布的拟合度。

解:

因为概率的范围是 $0 \sim 1.0$,对于每个组区间,超出概率增量为 $(1.0 - 0.0)/5 = 0.20$。据此计算 5 组区间的概率极限的上下限并列于表 12.5 中。$p = 0.8$、0.6、0.4 和 0.2 的超出概率对应 $T = 1.25$、1.67、2.50 和 5.00 年的重现期。对数正态分布的这些回归周期的频率系数从表 12.2 中取得 $K_T = -0.841$、-0.253、0.253 和 0.841。使用式(12.25)确定相应的流量,其中 $m_1 = 3.95$,$s_1 = 0.197$,分别得到 $Q = 6\,090$、$7\,940$、$9\,990$ 和 $13\,100$ cf。表 12.5 所列出的流量极限的最高值和最低值根据这些值确定。注意,超出概率的上限对应每个组区间流量的下限。

表 12.5　例 12.6 的卡方检验

组区间	概率极限		流量极限(cf)				
i	上限	下限	最低	最高	E_i	O_i	$(O_i - E_i)^2/E_i$
1	1.0	0.8	0	6 090	7.8	9	0.185
2	0.8	0.6	6 090	7 940	7.8	9	0.185
3	0.6	0.4	7 940	9 990	7.8	7	0.082
4	0.4	0.2	9 990	13 100	7.8	6	0.415
5	0.2	0.0	13 100	∞	7.8	8	0.005
				合计	39	39	0.872

每个区间预期的数据值为 $E_i = N/5 = 39/5 = 7.8$。观察值 O_i 从表 12.1 中获得。例如,表 12.1 中对于组 1 的 $0 \sim 6\,090$ cf 只包含 9 个数据。第 8 列中组 1 的数值计算为

$$\chi^2 = \frac{(9 - 7.8)^2}{7.8} = 0.185$$

按同样的方法计算第 8 列的其他值。

通过将表 12.5 的第 8 列中的值相加为 0.872 来计算检验统计量。在这个例子中,$k = 5$,$k_k = 2$(使用的是对数正态分布),因此 $v = 5 - 2 - 1 = 2$。然后根据表 12.4 有 $\alpha = 0.10$,得到 $\chi_\alpha^2 = 4.61$。因为 $\chi^2 < \chi_\alpha^2$(即 $0.872 < 4.61$),我们得出结论,对数正态分布确实足以适合梅赫林河年最大流量数据序列(对数变换)。

12.5.3　置信限

使用频率系数进行的估算存在不确定性。通常,在称为置信区间的范围内呈现这些估计值,置信区间的上限和下限称为置信限。置信区间的宽度取决于样本的大小和置信水平,如果预计估计的水文变量的真实值落在该范围内的概率为 0.90 或 90%,则区间被认为具有 90% 的置信水平。置信上限和下限分别表示为

$$U_T = m + K_{TU}(s) \tag{12.34}$$

$$L_T = m + K_{TL}(s) \tag{12.35}$$

式中:K_{TU} 和 K_{TL} 是由周等人开发的对于对数变换样本的修正频率系数,相应的公式为

$$\lg U_T = m_1 + K_{TU}(s_1) \tag{12.36}$$

$$\lg L_T = m_1 + K_{TL}(s_1) \tag{12.37}$$

修正频率系数的近似表达式为

$$K_{TU} = \frac{K_T + \sqrt{K_T^2 - ab}}{a} \tag{12.38}$$

$$K_{TL} = \frac{K_T - \sqrt{K_T^2 - ab}}{a} \tag{12.39}$$

式中:K_T 是式(12.24)和式(12.25)中出现的频率系数。对于大小为 N 的样本:

$$a = 1 - \frac{z^2}{2(N-1)} \tag{12.40}$$

$$b = K_T^2 - \frac{z^2}{N} \tag{12.41}$$

参数 z 的取值取决于置信水平。在实践中,90% 的置信水平是最常用的,$z = 1.645$。对于其他的置信水平,可以用式(12.28)计算 z,式中 w 为

$$w = \left[\ln \left(\frac{2}{1-\beta} \right)^2 \right]^{1/2} \tag{12.42}$$

这里 β 是以分数表达的置信水平。

例 12.7

梅赫林河年最大流量序列的统计参数在例 12.1 和例 12.2 中计算为 $m = 9\,820$ cf,$s = 4\,660$ cf,$m_1 = 3.95$ 和 $s_1 = 0.197$。此外,在例 12.3 中得到加权偏态系数 $g = 0.389$。确定 25 年一遇流量的置信限为 90%,假设数据拟合①正态分布、②对数正态分布、③耿贝尔分布、④对数 – 皮尔逊Ⅲ型分布。

解:

在例 12.5 中,确定在正态分布和对数正态分布中 $K_{25} = 1.751$,耿贝尔分布中 $K_{25} = 2.044$,对数 – 皮尔逊Ⅲ型分布中 $K_{25} = 1.877$。此外,当使用 90% 的置信水平时,对于 $\beta = 0.90$,$z = 1.645$。根据式(12.40),有

$$a = 1 - \frac{z^2}{2(N-1)} = 1 - \frac{(1.645)^2}{2(39-1)} = 0.964\,4$$

对于这个问题的①和②部分,首先用式(12.41)计算参数 b,有

$$b = K_T^2 - \frac{z^2}{N} = (1.751)^2 - \frac{(1.645)^2}{39} = 2.997$$

接着,根据式(12.38)和式(12.39),有

$$K_{25U} = \frac{K_T + \sqrt{K_T^2 - ab}}{a} = \frac{1.751 + \sqrt{(1.751)^2 - (0.964\ 4)(2.997)}}{0.964\ 4} = 2.25$$

$$K_{25L} = \frac{K_T - \sqrt{K_T^2 - ab}}{a} = \frac{1.751 - \sqrt{(1.751)^2 - (0.964\ 4)(2.997)}}{0.964\ 4} = 1.38$$

然后,对于正态分布使用式(12.34)和式(12.35),置信限为

$$U_{25} = m + K_{25U}(s) = 9\ 820 + 2.25(4\ 660) = 20\ 300\ \text{cf}$$

$$L_{25} = m + K_{25L}(s) = 9\ 820 + 1.38(4\ 660) = 16\ 300\ \text{cf}$$

对于对数正态分布,置信限用式(12.36)和式(12.37)计算为

$$\lg U_{25} = m_1 + K_{25U}(s_1) = 3.95 + 2.25(0.197) = 4.39\ (U_{25} = 24\ 500\ \text{cf})$$

$$\lg L_{25} = m_1 + K_{25L}(s_1) = 3.95 + 1.38(0.197) = 4.22\ (L_{25} = 16\ 600\ \text{cf})$$

③和④部分可以用类似的方法解决。对于③部分,根据式(12.41),有

$$b = K_T^2 - \frac{z^2}{N} = (2.044)^2 - \frac{(1.645)^2}{39} = 4.109$$

根据式(12.38)和式(12.39),有

$$K_{25U} = \frac{K_T + \sqrt{K_T^2 - ab}}{a} = \frac{2.044 + \sqrt{(2.044)^2 - (0.964\ 4)(4.109)}}{0.964\ 4} = 2.60$$

$$K_{25L} = \frac{K_T - \sqrt{K_T^2 - ab}}{a} = \frac{2.044 - \sqrt{(2.044)^2 - (0.964\ 4)(4.109)}}{0.964\ 4} = 1.64$$

然后,对于耿贝尔分布使用式(12.34)和式(12.35)计算置信限为

$$U_{25} = m + K_{25U}(s) = 9\ 820 + 2.60(4\ 660) = 21\ 900\ \text{cf}$$

$$L_{25} = m + K_{25L}(s) = 9\ 820 + 1.64(4\ 660) = 17\ 500\ \text{cf}$$

解决这个问题的④部分,对数 – 皮尔逊Ⅲ型分布的 $K_{25} = 1.877$,根据式(12.41),有

$$b = K_T^2 - \frac{z^2}{N} = (1.877)^2 - \frac{(1.645)^2}{39} = 3.454$$

根据式(12.38)和式(12.39),有

$$K_{25U} = \frac{K_T + \sqrt{K_T^2 - ab}}{a} = \frac{1.877 + \sqrt{(1.877)^2 - (0.964\ 4)(3.454)}}{0.964\ 4} = 2.40$$

$$K_{25L} = \frac{K_T - \sqrt{K_T^2 - ab}}{a} = \frac{1.877 - \sqrt{(1.877)^2 - (0.964\ 4)(3.454)}}{0.964\ 4} = 1.49$$

对于对数 – 皮尔逊Ⅲ型分布,使用式(12.36)和式(12.37)计算置信限为

$$\lg U_{25} = m_1 + K_{25U}(s_1) = 3.95 + 2.40(0.197) = 4.42\ (U_{25} = 26\ 300\ \text{cf})$$

$$\lg L_{25} = m_1 + K_{25L}(s_1) = 3.95 + 1.49(0.197) = 4.24\ (L_{25} = 174\ 00\ \text{cf})$$

例 12.8

梅赫林河年最大流量序列的统计参数在例 12.1 和例 12.2 中计算为 $m = 9\ 820\ \text{cf}, s = $

4 660 cf,$m_1 = 3.95$ 和 $s_1 = 0.197$。此外,在例 12.6 中确定梅赫林河的数据符合对数正态分布,确定梅赫林河 1.25、2、10、25、50、100 和 200 年一遇峰值流量和梅赫林河 90% 置信限。

解：

解决方案见表 12.6。第 2 列中的值从表 12.2 中获得,式(12.25)用于确定第 3 列中的条目。第 3 列中值的反对数成为第 4 列中列出的流量值。式(12.40)和式(12.41)分别用于计算第 5 列和第 6 列的值。同样,式(12.38)和式(12.39)用于确定第 7 列和第 8 列的条目。第 9 列和第 10 列分别列出了通过式(12.36)和式(12.37)计算得到的置信上限和置信下限的对数。置信上限和下限的反对数分别列在第 11 列和第 12 列。

表 12.6 梅赫林河峰值流量和 90% 置信限

1	2	3	4	5	6	7	8	9	10	11	12
T	K_T	$\lg Q_T$	Q_T	a	b	K_{TU}	K_{TL}	$\lg U_T$	$\lg L_T$	U_T	L_T
1.25	-0.841	3.78	6.09E+03	0.964	0.638	-0.557	-1.187	3.840	3.716	6.92E+03	5.20E+03
2	0	3.95	8.91E+03	0.964	-0.069	0.268	-0.268	4.003	3.897	1.01E+04	7.89E+03
10	1.282	4.20	1.59E+04	0.964	1.574	1.697	0.962	4.284	4.140	1.92E+04	1.38E+04
25	1.751	4.29	1.97E+04	0.964	2.997	2.251	1.381	4.393	4.222	2.47E+04	1.67E+04
50	2.054	4.35	2.26E+04	0.964	4.150	2.613	1.647	4.465	4.274	2.92E+04	1.88E+04
100	2.327	4.41	2.56E+04	0.964	5.346	2.941	1.884	4.529	4.321	3.38E+04	2.10E+04
200	2.576	4.46	2.87E+04	0.964	6.566	3.242	2.100	4.589	4.364	3.88E+04	2.31E+04

12.6 使用概率图进行频率分析

12.6.1 概率图

水文数据的图形表示是统计分析的重要工具,一般在特别设计的概率纸上绘制数据,纵坐标通常表示水文变量的值,横坐标表示重现期 T 或超越概率 p。纵坐标刻度可以是线性的或对数的,这取决于所使用的概率分布。横坐标刻度的设计要使得式(12.24)或式(12.25)能够绘制成理论直线。绘制时,如果使用的概率分布充分表示数据序列,则数据点应落在该直线上或附近。通过这种线性关系,能够轻松地插值和外推绘制的数据。

正态分布、对数正态分布和耿贝尔分布图纸可以通过商业途径获得,图 12.2 提供了正态分布概率图纸的一个例子。对于对数 – 皮尔逊 Ⅲ 型分布,每个不同的偏态系数值都必须有不同的图纸。鉴于这种原因,没有商业对数 – 皮尔逊 Ⅲ 型图纸。对数正态概率图纸可以用于对数皮尔逊 Ⅲ 型分布,但是式(12.25)将绘制为平滑的理论曲线而不是直线,而绘制数据的外推将相对困难。

12.6.2 绘图位置

绘图位置是指分配给将要绘制在概率图纸上的每个数据值的重现期 T(或超越概率 $p = 1/T$),在文献中可获得的许多方法中大多数是经验方法,本文采用威布尔方法。在该方法中,数据值按大小递减的顺序列出,并为每个数据值指定一个秩 r。换句话说,如果序列中有 N 个数据值,$r = 1$ 表示序列中的最大值,$r = N$ 表示最小值。然后,为绘图目的分配给

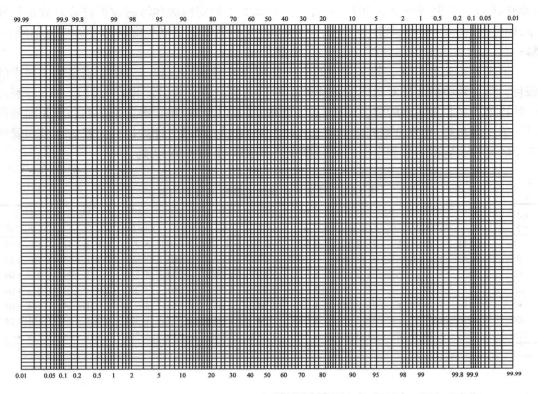

图 12.2　正态分布概率图纸

每个数据值的超越概率为

$$p = \frac{r}{N+1} \tag{12.43}$$

这相当于美国水资源委员会采用的绘图位置准则,有

$$T = \frac{N+1}{r} \tag{12.44}$$

式中:T 是用于绘图目的的指定重现期。

例 12.9

梅赫林河的年最大流量序列按表 12.1 的时间顺序列出,确定分配给这些数据值的重现期以用于绘图目的。

解:

这个问题可以用表格形式解决,如表 12.7 所示,年峰值流量的观测值按降序列出。然后在第 1 列中输入秩 $r = 1 \sim 39$。随后,使用式(12.43)和式(12.44)计算每个流量的超越概率 p 和重现期 T,分别列在第 3 列和第 4 列中。

表 12.7 例 12.9 的绘图位置

秩 r	流量(cf)	绘图位置 p	绘图位置 T(年)
1	21 100	0.025	40.00
2	19 400	0.050	20.00
3	19 400	0.075	13.33
4	17 500	0.100	10.00
5	16 600	0.125	8.00
6	16 600	0.150	6.67
7	16 200	0.175	5.71
8	13 800	0.200	5.00
9	12 900	0.225	4.44
10	12 600	0.250	4.00
11	12 100	0.275	3.64
12	11 200	0.300	3.33
13	11 100	0.325	3.08
14	10 000	0.350	2.86
15	9 410	0.375	2.67
16	9 400	0.400	2.50
17	9 360	0.425	2.35
18	8 710	0.450	2.22
19	8 570	0.475	2.11
20	8 450	0.500	2.00
21	8 100	0.525	1.90
22	7 800	0.550	1.82
23	7 580	0.575	1.74
24	7 520	0.600	1.67
25	7 470	0.625	1.60
26	7 390	0.650	1.54
27	7 060	0.675	1.48
28	7 030	0.700	1.43
29	6 700	0.725	1.38
30	6 200	0.750	1.33
31	5 860	0.775	1.29
32	5 800	0.800	1.25
33	5 640	0.825	1.21
34	5 400	0.850	1.18
35	5 200	0.875	1.14
36	4 940	0.900	1.11
37	4 790	0.925	1.08
38	4 210	0.950	1.05
39	3 800	0.975	1.03

12.6.3 数据绘制和理论分布

如前所述,可以通过在特殊设计的概率图纸上绘制数据点来获得水文数据序列的图形表示,所使用的概率图纸的类型取决于适合于数据的概率分布或正在测试的概率分布,使用前一节中讨论的绘图位置绘制数据。

可以使用第 12.5.1 节中讨论的频率系数绘制表示概率分布的理论直线。尽管两点足以绘制直线,但最好使用至少三个点来发现计算错误,为了完美贴合,所有的数据点必须落在直线上。我们从未在实际应用中看到完美贴合;如果数据点足够接近理论直线,则测试的概率分布是可接受的。如第 12.5.2 节所述,可以使用拟合优度统计检验来量化和测试应用于给定数据分布的适用性,在这种情况下,可以使用理论(直线)概率分布直接从图中确定对应于所选概率界限的组区间的上限和下限。

如第 12.5.3 节所述,不确定性与使用统计方法进行的估计有关,通常给出这些估计值的置信区间。通过在概率图纸上绘制上、下置信限得到一个置信区间,通过计算的置信下限绘制一条线,得到置信区间的下边界,通过计算的置信上限定义上边界的直线。显然,理论概率分布必须在这个区间内,区间的宽度取决于第 12.5.3 节讨论的置信水平,在水文学中,常用 90% 的置信水平。

例 12.10

编制梅赫林河年最大流量序列的对数正态图,绘制理论(直线)概率分布和 90% 置信区间。

解:

图 12.3 在对数正态概率图纸上呈现了梅赫林河的数据,使用在例 12.9 中计算的绘图位置绘制所观察到的数据点,并在表 12.7 中汇总。

在例 12.8 中,计算了对数正态分布对应于不同重现期的流量,这里有理论值用于绘制理论概率分布,绘制直线只需两个点,但在这个例子中使用三个点。

对于置信区间,在例 12.8 中计算了对于不同重现期的置信上限和下限。通过在概率图纸上绘制 U_T 与 T 的关系,得到置信区间的上限。同样地,如图 12.3 所示,L_T 与 T 的关系图将给出下限。

12.6.4　估计未来数量

当统计分布适合某一数据序列并建立了置信区间时,所考虑的水文变量的未来预期值可以很容易地估计出来。例如,在例 12.6 中已经表明,梅赫林河的年最大流量序列符合对数正态分布,相应的理论直线和置信区间如图 12.3 所示。现在可以使用图 12.3 来估算几乎任何重现期的流量,即使原始数据序列仅包含 39 年的数据。

假设要估计重现期为 100 年的流量,使用 $T = 100$ 年和图 12.3 中的理论直线,可以直接从对数正态图中读取 Q_{100},或者如例 12.8 中计算的那样,$Q_{100} = 25\,600$ cf。同样,在例 12.8 中计算,并在表 12.6 和图 12.3 中展示的对于 90% 的置信区间,$U_{100} = 33\,800$ cf、$L_{100} = 21\,000$ cf。现在可以将这些结果解释如下:实际的 100 年一遇流量仅有 5% 的可能性大于 33 800 cf;同样,实际值小于 21 000 cf 的概率为 5%,100 年一遇流量的最可能值是 25 600 cf。

概率图的理论直线也可用于估计给定位置处给定流量值的重现期。例如,和梅赫林河的其他地方一样,流量为 20 000 cf 的重现期可以直接从图 12.2 中读出为 25 年。

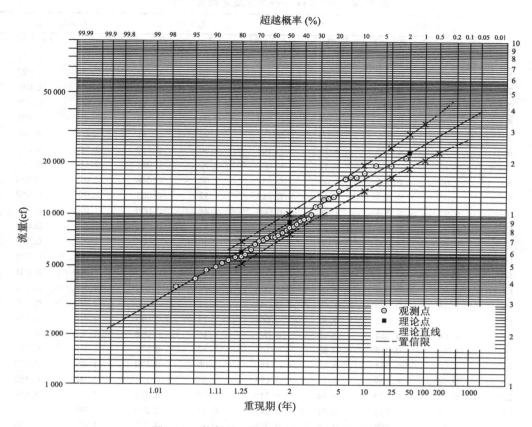

图 12.3　梅赫林河数据的对数正态概率图纸

12.7　降雨的强度、持续时间、频率之间的关系

频率分析技术可用于建立平均降雨强度、持续时间和重现期之间的关系,这些关系通常以图表形式呈现为强度－持续时间－频率(IDF)曲线,IDF 曲线用于工程实践中设计各种城市水工建筑物。

为了形成给定位置的 IDF 曲线,首先从降雨记录中提取与所选降雨持续时间相对应的年最大降雨深度。然后,每个持续时间的数据序列符合概率分布。接下来,使用该分布确定各种降雨深度的重现期。最后,将这些深度除以持续时间,以找到 IDF 关系。通常,耿贝尔分布用于降雨频率分析,下面举例的问题将有助于说明这个过程。

例 12.11

表 12.8 的第 2、4、6 和 8 列给出了 25 年的年最大降雨深度 P 序列,对应的风暴持续时间 t_d 分别为 15、30、60 和 120 min。假设数据符合耿贝尔分布,绘制 IDF 曲线。

表 12.8　例 12.11 中降雨深度的均值和标准差

| | $t_d = 15$ min | | $t_d = 30$ min | | $t_d = 60$ min | | $t_d = 120$ min | |
| | P_j | $(P_j - m)^2$ | P_j | $(P_j - m)^2$ | P_j | $(P_j - m)^2$ | P_j | $(P_j - m)^2$ |
j	(in)	(in^2)	(in)	(in^2)	(in)	(in^2)	(in)	(in^2)
1	1.55	0.436	2.20	0.985	2.80	1.775	3.20	2.027
2	1.40	0.260	2.00	0.628	2.55	1.172	2.80	1.048
3	1.35	0.212	1.85	0.413	2.20	0.536	2.60	0.678
4	1.26	0.137	1.72	0.263	2.00	0.283	2.47	0.481
5	1.20	0.096	1.60	0.154	1.90	0.187	2.40	0.389
6	1.16	0.073	1.53	0.104	1.80	0.110	2.29	0.264
7	1.10	0.044	1.47	0.069	1.70	0.054	2.18	0.163
8	1.05	0.026	1.40	0.037	1.60	0.018	2.07	0.086
9	1.01	0.014	1.34	0.018	1.52	0.003	2.00	0.050
10	0.97	0.006	1.28	0.005	1.48	0.000	1.90	0.015
11	0.92	0.001	1.24	0.001	1.43	0.001	1.81	0.001
12	0.88	0.000	1.20	0.000	1.40	0.005	1.71	0.004
13	0.86	0.001	1.14	0.005	1.35	0.014	1.64	0.019
14	0.82	0.005	1.09	0.014	1.29	0.032	1.60	0.031
15	0.80	0.008	1.04	0.028	1.25	0.047	1.53	0.061
16	0.75	0.020	1.00	0.043	1.21	0.066	1.46	0.100
17	0.71	0.032	0.95	0.066	1.18	0.083	1.40	0.142
18	0.68	0.044	0.90	0.095	1.16	0.095	1.35	0.182
19	0.65	0.058	0.86	0.121	1.12	0.121	1.29	0.237
20	0.60	0.084	0.82	0.150	1.08	0.150	1.22	0.310
21	0.56	0.109	0.78	0.183	1.05	0.174	1.16	0.380
22	0.53	0.130	0.74	0.219	1.00	0.219	1.11	0.444
23	0.50	0.152	0.71	0.248	0.93	0.289	1.09	0.471
24	0.48	0.168	0.68	0.278	0.86	0.369	1.07	0.499
25	0.46	0.185	0.65	0.311	0.83	0.407	1.06	0.513
Σ	22.25	2.300	30.19	4.436	36.69	6.210	44.41	8.594
m	0.890		1.208		1.468		1.776	
s		0.310		0.430		0.509		0.598

解：

计算可以由表格形式呈现。降雨深度的均值和标准差（每个持续时间）在表 12.8 中使用式（12.1）和式（12.2）计算。4 个风暴持续时间的降雨深度的频率分析是分开进行的，表 12.9 总结了计算结果。表 12.9 的第 2 列中显示的 K_T 值从表 12.2 的耿贝尔分布获得。使用式（12.24）计算相应的降水深度并在表 12.9 的第 3、5、7 和 9 列中列出。对应于每个降水深度的平均降雨强度 i_{avg} 通过将 P 除以持续时间 t_d（h）来计算，结果如图 12.4 所示。

表 12.9　例 12.11 中降雨强度计算

| | | $t_d = 15$ min
$m = 0.890$ in
$s = 0.310$ in^2 | | $t_d = 30$ min
$m = 1.208$ in
$s = 0.430$ in^2 | | $t_d = 60$ min
$m = 1.468$ in
$s = 0.509$ in^2 | | $t_d = 120$ min
$m = 1.776$ in
$s = 0.598$ in^2 | |
T	K_T	P	i_{avg}	P	i_{avg}	P	i_{avg}	P	i_{avg}
5	0.719	1.113	4.450	1.517	3.033	1.833	1.833	2.207	1.103
10	1.305	1.294	5.176	1.769	3.537	2.131	2.131	2.557	1.279

续表

T	K_T	$t_d = 15$ min $m = 0.890$ in $s = 0.310$ in^2		$t_d = 30$ min $m = 1.208$ in $s = 0.430$ in^2		$t_d = 60$ min $m = 1.468$ in $s = 0.509$ in^2		$t_d = 120$ min $m = 1.776$ in $s = 0.598$ in^2	
		P	i_{avg}	P	i_{avg}	P	i_{avg}	P	i_{avg}
25	2.044	1.523	6.091	2.086	4.173	2.507	2.507	3.000	1.500
50	2.592	1.692	6.770	2.322	4.644	2.786	2.786	3.327	1.664
100	3.137	1.861	7.444	2.556	5.112	3.063	3.063	3.654	1.827

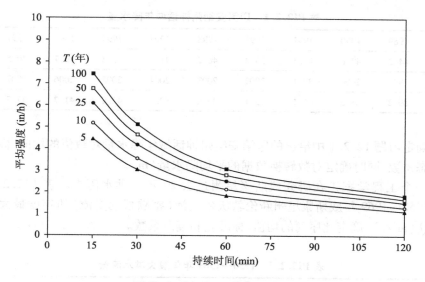

图12.4 例12.11 的 *IDF* 曲线

12.8 统计方法的适用性

本章提出的统计方法,特别是频率分析方法,适用于广泛的水文问题。本章的大部分内容都探讨了频率分析在河流流量中的应用。然而,这些技术可用于预报洪水位高程、蓄洪量、降水深度、污染物负荷和许多其他与水文有关的现象。

要使用本章中的技术,必须给出一个年最高或年超越序列。例如,不能从13年的流量数据中选取27个流量测量值,并将这27个值当作27年的数据来使用。此外,要分析的数据必须代表水文独立事件。换句话说,一个事件的大小不能与另一个事件的大小相关,也不能是另一个事件的一部分。例如,与年底发生的大规模降雨事件相关的高洪水位高程应仅用于表示两年中的一年的高峰高程。

只要选择的频率分布适合所进行的分析类型,并且满足上述条件,统计结果就应该是有效的。开发对数 – 皮尔逊Ⅲ型分布和耿贝尔分布以预测与暴雨相关的流量,但并不擅长预测干旱条件。在任何情况下,都可以并且应该使用拟合优度检验(例如卡方检验)我们的统计结果。

习 题

(12.2 节)

12.2.1 表 P12.2.1 显示了印第安纳州神话城 20 年来的年降水量 P_i(in)，确定此序列的均值、标准差和偏态系数。

表 P12.2.1 印第安纳州神话城年降水量

年份	1989	1990	1991	1992	1993	1994	1995	1996	1997	1998
P_i	44.2	47.6	38.5	35.8	40.2	41.2	38.8	39.7	40.5	42.5
年份	1999	2000	2001	2002	2003	2004	2005	2006	2007	2008
P_i	39.2	38.3	46.1	33.1	35.0	39.3	42.0	41.7	37.7	38.6

12.2.2 确定习题 12.2.1 中给出的印第安纳州神话城年降水量对数值的均值、标准差和偏态系数，同时确定对数转换数据的平均降水量(in)。

12.2.3 一个工程学家正在研究威斯康星州过去 20 年的洪水历史。表 P12.2.3 列出了 1950—1969 年威斯康星州新伦敦沃尔夫河(密歇根湖支流)的年度最大洪水流量 Q_i(m³/s)，确定此序列的均值、标准差和偏态系数。

表 P12.2.3 1950—1969 年年最大洪水流量

年份	1950	1951	1952	1953	1954	1955	1956	1957	1958	1959
Q_i	114	198	297	430	294	113	165	211	94.0	91.0
年份	1960	1961	1962	1963	1964	1965	1966	1967	1968	1969
Q_i	222	376	215	250	218	98.0	283	147	289	175

12.2.4 确定习题 12.2.3 中给出的沃尔夫河年最大洪水流量对数值的均值、标准差和偏态系数，同时确定对数转换数据的平均年洪水量(m³/s)。

(12.3 节)

12.3.1 利用例 12.1 和例 12.2 的结果，写出假设弗吉尼亚州布里亚市梅赫林河年峰值流量 Q_i 为正态分布和对数正态分布的概率密度函数。

12.3.2 利用例 12.1 的结果，写出假设梅赫林河年峰值流量 Q_i 为耿贝尔分布的概率密度函数。

12.3.3 利用例 12.2 和例 12.3 的结果，写出假设弗吉尼亚州布里亚市梅赫林河年峰值流量 Q_i 为对数 – 皮尔逊Ⅲ型分布的概率密度函数。

(12.4 节)

12.4.1 一位沿岸财产所有者被告知,她一楼的车库比 5 年一遇的洪水高度略低。虽然她有保险,但她想确定把一些物品(希望在三年内卖掉)留在车库里的风险。明年车库被淹的概率是多少? 在接下来的三年里至少会被洪水淹没一次的概率是多少?

12.4.2 参考例 12.4,在 25 年的使用寿命中,大约有 40% 的可能性会超过涵洞的容量。确定涵洞需要设计的重现期,以便将使用寿命内容量超过的风险降低到 20%。

12.4.3 一个城市的供水取决于附近河流的流量,如果流量降到基准线 30 m^3/s 以下,则开始采取各种紧急行动。在连续两天的地下水流出后,一个小型水库被投入使用;在连续 10 天的地下水流出后,必须通过管道从附近城镇输送水。评估河流流量记录,以确定两天干旱(70%)和 10 天干旱(20%)的超出概率。确定以下内容:
① 未来两年必须至少利用水库一次的可能性;
② 未来两年不依赖水库的可能性;
③ 未来两年每年依赖水库的可能性;
④ 未来两年恰好依赖水库一次的可能性。

12.4.4 一个城市的供水取决于附近河流的流量,如果流量降到基准线 30 m^3/s 以下,则开始采取各种紧急行动。在连续两天的地下水流出后,一个小型水库被投入使用;在连续 10 天的地下水流出后,必须通过管道从附近城镇输送水。评估河流流量记录,以确定两天干旱(70%)和 10 天干旱(20%)的超出概率。确定以下内容:
① 未来两年必须至少用管道输水一次的可能性;
② 未来两年不需要管道输水的可能性;
③ 未来两年每年需要管道输水的可能性;
④ 未来两年恰好需要管道输水一次的可能性。

12.4.5 计划建设一座河岸发电厂,正在修建一个临时围堰,以保护施工现场免受十年一遇洪水的影响。在四年建设期的第一年,施工现场被淹的概率是多少? 在四年建设期间被淹的风险是多少? 施工期间不被淹的概率是多少? 如果发电厂的业主希望将施工期间的洪水风险降低到 25%,那么施工完成的速度有多快(多少年)?

(12.5 节)

12.5.1 习题 12.2.1 给出了印第安纳州神话城的年降水量 P_i(in)。该年度序列的统计参数计算为 $m = 40.0$ in, $s = 3.50$ in, $G = 0.296$。如果数据符合正态分布和耿贝尔分布,确定 10 年一遇降水深度的大小。在习题 12.2.1 所给出的 20 年降水记录中,超过 P_{10}(正态分布)多少次?

12.5.2 习题 12.2.1 给出了印第安纳州神话城的年降水量 P_i(in)。在习题 12.2.2 中,该年度序列的统计参数计算为 $m_1 = 1.60$, $s_1 = 0.0379$, $G_1 = 0.0144$。如果数据符合对数正态分布和对数 – 皮尔逊Ⅲ型分布,确定 10 年一遇降水深度的大小。在习题 12.2.1 所给出的 20 年降水记录中,超过 P_{10}(对数正态分布)多少次?

12.5.3 习题12.2.3 给出了1950—1969 年威斯康星州新伦敦沃尔夫河(密歇根湖支流)的年度最大洪水流量 $Q_i(\text{m}^3/\text{s})$。该年度序列的统计参数计算为 $m=214 \text{ m}^3/\text{s},s=94.6 \text{ m}^3/\text{s},G=0.591$。如果数据符合正态分布和耿贝尔分布,确定1953年洪水的重现期($430 \text{ m}^3/\text{s}$)。

12.5.4 习题12.2.3 给出了1950—1969 年威斯康星州新伦敦沃尔夫河(密歇根湖支流)的年度最大洪水流量 $Q_i(\text{m}^3/\text{s})$。在习题12.2.4 中,该年度序列的统计参数计算为 $m_1=2.29,s_1=0.202,G_1=-0.227$。如果数据符合对数正态分布和对数 - 皮尔逊Ⅲ型分布,确定1953年洪水的重现期($430 \text{ m}^3/\text{s}$)。

12.5.5 在例12.6 中确定对数变换的梅赫林河数据符合显著性水平 $\alpha=0.10$ 的对数正态分布,当 $\alpha=0.05$ 或 0.50 时,结果会有所不同吗?

12.5.6 在例12.6 中确定对数变换的梅赫林河数据符合显著性水平 $\alpha=0.10$ 的对数正态分布,如果在相同的显著性水平上测试失败,需要在第一组区间中增加多少流量(最低流量,从中间区间转移)? 如果在相同的显著性水平上测试失败,需要在第一组区间中增加多少流量(最低流量,从第五组区间或最大流量转移)?

12.5.7 考虑例12.1 给出的梅赫林河年最大流量序列,样本统计参数 $m=9\,820 \text{ cf},s=4\,660 \text{ cf}$。测试显著性水平 $\alpha=0.10$ 时,这些数据与正态分布的拟合优度。使用5组区间($k=5$)。

12.5.8 考虑例12.1 给出的梅赫林河年最大流量序列,样本统计参数 $m=9\,820 \text{ cf},s=4\,660 \text{ cf}$。测试显著性水平 $\alpha=0.50$ 时,这些数据与耿贝尔分布的拟合优度。使用5组区间($k=5$)。

12.5.9 习题12.2.1 给出了印第安纳州神话城的年降水量 $P_i(\text{in})$ 的20年记录,该年度序列的统计参数计算为 $m=40.0 \text{ in},s=3.50 \text{ in},G=0.296$。假设数据符合正态分布和耿贝尔分布,确定10年一遇降水深度的90%置信区间。

12.5.10 习题12.2.1 给出了印第安纳州神话城的年降水量 $P_i(\text{in})$ 的20年记录,在习题12.2.2 中,该年度序列的统计参数计算为 $m_1=1.60,s_1=0.037\,9,G_1=0.014\,4$。假设数据符合对数正态分布和对数 - 皮尔逊Ⅲ型分布,确定10年一遇降水深度的90%置信区间。

12.5.11 考虑例12.1 给出的梅赫林河年最大流量序列,样本统计参数 $m=9\,820 \text{ cf},s=4\,660 \text{ cf}$。习题12.5.7 显示梅赫林河数据符合正态分布。确定梅赫林河1.25年、2年、10年、25年、50年、100年和200年一遇峰值流量及90%置信区间。

12.5.12 考虑例12.1 给出的梅赫林河年最大流量序列,样本统计参数 $m=9\,820 \text{ cf},s=4\,660 \text{ cf}$。习题12.5.8 显示梅赫林河数据符合耿贝尔分布。确定梅赫林河1.25年、2年、10年、25年、50年、100年和200年一遇峰值流量及90%置信区间。

(12.6节)

12.6.1 在39年期间,观测站(例12.10)记录的梅赫林河最大流量为21 100 cf。基于对数正态分布,以两种不同的方式确定此流量的重现期,注意 $m_1=3.95,s_1=0.197$。

12.6.2 在例12.10 给出测量流量的场地附近的梅赫林河上将建造一座桥梁,拟建桥梁的使用寿命为 50 年。如果该桥梁的设计流量为 25 500 cf,基于对数正态分布:①这座桥梁在任何一年被淹的概率是多少? ②这座桥梁在其使用寿命期间至少被淹没一次的概率是多少?

12.6.3 习题 12.2.1 给出了印第安纳州神话城的年降水量 $P_i(in)$ 的 20 年记录。以绘图为目的,使用在因特网上找到的正态分布的概率图纸或使用图 12.2,确定分配给这些数据值的重现期,绘制年度最大降水量系列的概率图(正态分布)。此外,在图上绘制理论(直线)概率分布,该年度序列的统计参数计算为 $m = 40.0$ in,$s = 3.50$ in,$G = 0.296$。

12.6.4 从因特网(例如从国家气象局网站)获取感兴趣地点的年降水深度测量记录。使用此数据,确定以下内容:
①该数据序列的均值、标准差和偏态系数;
②对数变换数据的均值、标准差和偏态系数;
③这些数据与正态分布的拟合优度($\alpha = 0.10, k = 5$);
④这些数据与对数正态分布的拟合优度($\alpha = 0.10, k = 5$);
⑤2 年、10 年、25 年、50 年和 100 年—遇降水深度以及正态分布和对数正态分布的 90% 置信区间;
⑥具有理论(直线)概率分布和 90% 置信区间的降水序列的正态概率图;
⑦具有理论(直线)概率分布和 90% 置信区间的降水序列的对数正态概率图。
注意:特殊概率图纸可在因特网上的不同地方获得。

12.6.5 从因特网(例如从美国地质调查局网站)获取感兴趣地点的年峰值流量值测量记录。使用此数据,确定以下内容:
①该数据序列的均值、标准差和偏态系数;
②对数变换数据的均值、标准差和偏态系数;
③这些数据与耿贝尔分布的拟合优度($\alpha = 0.10, k = 5$);
④这些数据与对数 – 皮尔逊Ⅲ型分布的拟合优度($\alpha = 0.10, k = 5$);
⑤2 年、10 年、25 年、50 年和 100 年—遇峰值流量值以及耿贝尔分布和对数 – 皮尔逊Ⅲ型的 90% 置信区间;
⑥具有理论(直线)概率分布和 90% 置信区间的年峰值流量序列的耿贝尔概率图;
⑦具有理论(直线)概率分布和 90% 置信区间的年峰值流量序列的对数 – 皮尔逊Ⅲ型概率图。
注意:特殊概率图纸可在因特网上的不同地方获得。

常用的常数和单位制转换

水的物理性质

单位制*	比重 (γ)	密度 (ρ)	动力黏度 (μ)	运动黏度 (ν)	表面张力 (σ)	蒸气压
正常环境（20.2 ℃（68.4 ℉）和 760 mm Hg（14.7 lb/in^2））						
SI	9 790 N/m^3	998 kg/m^3	1.00×10^{-3} N·s/m^2	1.00×10^{-6} m^2/s	7.13×10^{-2} N/m	2.37×10^3 N/m^2
BG	62.3 lb/ft^3	1.94 slug/ft^3	2.09×10^{-5} lb·s/ft^2	1.08×10^{-5} ft^2/s	4.89×10^{-3} lb/ft	3.44×10^{-1} lb/in^2
正常环境（4 ℃（39.2 ℉）和 760 mm Hg（14.7 lb/in^2））						
SI	9 810 N/m^3	1 000 kg/m^3	1.57×10^{-3} N·s/m^2	1.57×10^{-6} m^2/s	7.36×10^{-2} N/m	8.21×10^3 N/m^2
BG	62.4 lb/ft^3	1.94 slug/ft^3	3.28×10^{-5} lb·s/ft^2	1.69×10^{-5} ft^2/s	5.04×10^{-3} lb/ft	1.19×10^{-1} lb/in^2

* 国际单位制（SI）或英制单位（BG）。

体积弹性模量,比热容,熔化/蒸发热

体积弹性模量(水)* = 2.2×10^9 N/m^2(3.2×105 lb/in^2,或 psi)

水的比热容** = 1 cal/(g·℃)(1.00 BTU/(lbm·℉))

冰的比热容** = 0.465 cal/(g·℃)(0.465 BTU/(lbm·℉))

水蒸气的比热容 = 0.432 cal/(g·℃)(固定压力)

水蒸气的比热容 = 0.322 cal/(g·℃)(固定体积)

熔化热(潜热) = 79.7 cal/g(144 BTU/lbm)

蒸发热 = 597 cal/g(1.08×10^4 BTU/lbm)

* 适用于正常的压力和温度范围。

** 在标准大气压下。

常用的常数

设计常数	SI	BG
标准大气压	1.014×10^5 N/m^2(帕斯卡)	14.7 lb/in^2
	760 mm Hg	29.9 in Hg
	10.3 m H$_2$O	33.8 ft H$_2$O
引力常数	9.81 m/s^2	32.2 ft/s^2

常用的转换

1 N(kg·m/s^2) = 100 000 dyne(g·cm/s^2)	1 ha = 10 000 m^2(100 m by 100 m)
1 ac = 43 560 ft^2	1 mi^2 = 640 ac
1 ft^3 = 7.48 gal	1 hp = 550 ft·lb/s
1 ft^3/s = 449 gal/min(gpm)	

单位转换:国际单位制到英制单位

测量单位	原单位	转换单位	系数
面积	m^2	ft^2	1.076×10^1
	cm^2	in^2	1.550×10^{-1}
	ha	ac	2.471
密度	kg/m^3	slug/ft^3	1.940×10^{-3}
力	N	lb	2.248×10^{-1}
长度	m	ft	3.281
	cm	in	3.937×10^{-1}
	km	mi	6.214×10^{-1}

测量单位	原单位	转换单位	系数
质量	kg	slug	6.852×10^{-2}
功率	W	ft·lb/s	7.376×10^{-1}
	kW	hp	1.341×10^{1}
能量	N·m(焦耳)	ft·lb	7.376×10^{-1}
压强	N/m²(帕斯卡)	lb/ft²(psf)	2.089×10^{-2}
比重	N/m²(帕斯卡)	lb/in²(psi)	1.450×10^{-4}
温度	℃	℉	$T_f = 1.8 T_c + 32°$
速度	m/s	ft/s	3.281
动力黏度	N·s/m²	lb·s/ft²	2.089×10^{-2}
运动黏度	m²/s	ft²/s	1.076×10^{1}
体积	m³	ft³	3.531×10^{1}
	liter	gal	2.642×10^{-1}
流量	m³/s	ft³/s(cf)	3.531×10^{1}
	m³/s	gal/min	1.585×10^{4}